21 世纪重点大学规划教材

Java Web 应用开发技术与案例教程

张继军　董 卫　编著

机 械 工 业 出 版 社

本书从实用的角度出发，为 Java Web 开发人员提供了一套实用的开发技术，通过案例由浅入深地介绍这些技术的基本原理和应用，以及它们的整合应用。全书共 12 章，第 1～7 章是基础篇，介绍了 Java Web 开发所必需的基础知识，主要包括：Java Web 开发环境的搭建、静态网页设计技术（HTML、JavaScript、CSS）、JSP 技术、Servlet 技术、JavaBean 技术、JDBC 技术，并基于 Java Web 常用的开发模式介绍了这些技术之间的关系与整合方法；第 8～12 章为提高篇，介绍了 Java Web 应用程序开发的高级技术和常用框架技术，主要包括：EL、JSTL、Ajax 界面设计技术，过滤器、监听器技术，Web 开发中常用的实用技术，Struts2 框架技术、Hibernate 框架技术。

本书提供了丰富的案例程序，通过这些应用案例对开发、集成、部署及具体实现的过程和方法都给出了详尽阐释，使理论与实践紧密结合。力求让读者通过这些案例领会并掌握 Java Web 开发中的各种基本技巧和设计方法。

本书主要面向初学者，特别适合于高等院校和职业院校学生学习 Java Web 应用程序开发技术课程，也可作为 Java Web 开发人员的学习资料和参考书。

本书配套授课电子课件，需要的教师可登录 www.cmpedu.com 免费注册、审核通过后下载，或联系编辑索取（QQ：2399929378，电话：010-88379753）。

图书在版编目（CIP）数据

Java Web 应用开发技术与案例教程/张继军,董卫编著. —北京:机械工业出版社,2013.9（2017.7 重印）

21 世纪重点大学规划教材

ISBN 978-7-111-44207-3

Ⅰ. ①J… Ⅱ. ①张… ②董… Ⅲ. ①JAVA 语言-程序设计-高等学校-教材 Ⅳ. ①TP312

中国版本图书馆 CIP 数据核字（2013）第 230514 号

机械工业出版社（北京市百万庄大街 22 号　邮政编码 100037）
责任编辑：郝建伟
责任印制：李　飞

北京铭成印刷有限公司印刷
2017 年 7 月第 1 版 · 第 5 次印刷
184mm×260mm · 20.5 印张 · 509 千字
11501—13400 册
标准书号：ISBN 978-7-111-44207-3
定价：55.00 元

出版说明

随着我国信息化建设步伐的逐渐加快，对计算机及相关专业人才的要求越来越高，许多高校都在积极地进行专业教学改革的研究。

加强学科建设，提升科研能力，这是许多高等院校的发展思路。众多重点大学也是以此为基础，进行人才培养。重点大学拥有非常丰富的教学资源和一批高学历、高素质、高科研产出的教师队伍，通过多年的科研和教学积累，形成了完善的教学体系，探索出人才培养的新方法，搭建了一流的教学实践平台。同学科建设相匹配的专业教材的建设成为各院校学科建设的重要组成部分，许多教材成为学科建设中的优秀成果。

为了体现以重点建设推动整体发展的战略思想，将重点大学的一些优秀成果和资源与广大师生共同分享，机械工业出版社策划开发了“21 世纪重点大学规划教材”。本套教材具有以下特点：

1）由来自于重点大学、重点学科的知名教授、教师编写。

2）涵盖面较广，涉及计算机各学科领域。

3）符合高等院校相关学科的课程设置和培养目标，在同类教材中，具有一定的先进性和权威性。

4）注重教材理论性、科学性和实用性，为学生继续深造学习打下坚实的基础。

5）实现教材“立体化”建设，为主干课程配备了电子教案、素材和实验实训项目等内容。

欢迎广大读者特别是高校教师提出宝贵意见和建议，衷心感谢计算机教育工作者和广大读者的支持与帮助！

机械工业出版社

前　言

Java Web 应用开发技术是目前最主流的 Web 应用开发技术之一。无论是高校的计算机专业还是计算机相关的专业、IT 培训机构都将 Java Web 应用技术作为教学的内容之一。但目前有关 Java Web 应用的书多为技术参考书，不适合作为教材；而教材类书籍大多都以 JSP 为主，缺乏多种 Web 技术的整合应用，不适应社会对 Web 技术人才的需求，更不能满足学生学习的需要。

目前，Java Web 应用的开发，都是多种 Web 技术的结合或整合的应用。一个 Web 应用系统是由多种组件构成的，在开发、设计时，要根据不同的组件功能特点，选取不同的 Web 技术给予实现，并将这些技术整合，从而完成应用系统的开发。为此，笔者以培养和提高学生解决实际问题的应用能力，并能适应社会对 Web 应用开发的需求为目标编写了本书。

本书从实用的角度出发，介绍了 Java Web 应用开发的编程技术，从最基本的网页技术到 Struts2 MVC 框架技术和 Hibernate 框架技术，都给出了较详细的介绍和应用案例。

本书的编写特别突出了以下两点：

（1）突出“系统观点和系统设计”的思想。Java Web 应用的开发实际上就是一个应用系统的开发，需要读者有一个整体的系统观念来组织、理解各部分的功能及其所使用的技术，在内容组织上围绕着提高“系统能力”，提高读者的“系统设计能力”为目标。

（2）贯穿“项目驱动、设计主导、案例教学”的思想。通过典型的案例，将知识要点融入案例中，在求解案例时，进一步加深对有关技术方法、知识的理解和应用；同时，每个案例都是一个 Web 应用系统，在设计中需要采用工程、系统的思想和方法。

书中的每个案例都按照软件工程的思想给出了详细的设计思想、设计方法、实现步骤的分析和描述，使读者在阅读学习中逐渐培养应用系统的开发方法和技能，提高读者的设计能力，这也是本书较突出的特点。

本书的编写按 Web 技术设置章节，每种开发技术都与其相关的开发案例相结合。对每种技术，采用“技术的基本知识”→“技术的应用案例”→“使用该技术所遇到的问题及其解决方法”的线路组织内容，在应用中提出问题，解决问题，引导读者探讨解决方法，提高读者的学习兴趣和积极性。

本书的第 7 章是第 1～6 章技术的整合应用，基于 Web 开发模式，实现 Web 技术之间的融合，将 Web 开发模式集中介绍并形成对比，同时开发方法由简单模式到 MVC 模式逐步加深扩展，是培养读者提高系统认知能力和系统设计能力的特色内容；第 12 章的应用案例整合了 Struts2+Hibernate 及其相关的技术，便于读者理解和掌握各种开发方法的使用及其特点，加深学生对 Web 技术的理解和掌握。

本书中所介绍的案例和例题都是在 Win7 和 MyEclipse、MySQL 环境下调试运行通过的。每个案例都按软件工程的思想，给出了完整的设计思想和设计步骤，以帮助读者顺利地完成开发任务。从应用程序的设计到应用程序的发布，读者都可以按照书中所讲述内容实施。作为教材，每章后附有习题。

本书主要面向初学者，特别适合作为高等院校和职业院校学生学习 Java Web 应用程序开发技术课程的教材，也可作为 Java Web 应用开发人员的学习资料和参考书。

本书由张继军、董卫编著。其中，第 1～4 章、第 7 章、第 11 章由张继军编写，第 5 章、第 6 章、第 8 章、第 9 章由张继军、董卫共同编写，第 10 章、第 12 章由董卫编写。另外，特别感谢费玉奎教授对本书的编写提出了很多宝贵的建议。

为了方便教师备课，本书还配有电子教案（PPT 文件）和案例的源代码。如有需要可在机械工业出版社网站下载。

感谢读者选择使用本书，由于时间仓促，书中难免存在不妥之处，欢迎广大读者对本书内容提出意见和建议，我们将不胜感激。

编　者

目　录

出版说明
前言
第 1 章　Java Web 应用开发技术概述 …… 1
1.1　Java Web 应用开发技术简介 …… 1
1.1.1　Java Web 应用 …… 1
1.1.2　Java Web 应用开发技术 …… 3
1.2　Java Web 开发环境及开发工具 … 4
1.2.1　JDK 的下载与安装 …… 5
1.2.2　Tomcat 服务器的安装和配置 …… 5
1.2.3　MyEclipse 集成开发工具的安装与操作 …… 7
1.3　Java Web 应用程序的开发与部署 …… 8
1.3.1　Java Web 应用程序的开发过程示例 …… 8
1.3.2　Java Web 应用程序的目录结构 … 14
1.3.3　Java Web 应用程序的打包与部署以及导入与导出 …… 14
1.3.4　配置虚目录 …… 15
本章小结 …… 16
习题 …… 17
第 2 章　静态网页开发技术 …… 18
2.1　HTML 网页设计 …… 18
2.1.1　HTML 文档结构与基本语法 …… 18
2.1.2　HTML 基本标记与使用 …… 20
2.1.3　HTML 表单标签与表单设计 …… 25
2.1.4　表单设计案例——学生入校注册页面设计 …… 27
2.1.5　HTML 框架标签与框架设计 …… 28
2.1.6　框架设计案例——多媒体播放系统设计 …… 30
2.2　CSS 样式表 …… 32
2.2.1　CSS 样式表的定义与使用 …… 32
2.2.2　CSS 常用属性 …… 35
2.2.3　案例——利用 CSS 对注册页面实现修饰 …… 36
2.3　JavaScript 脚本语言 …… 38
2.3.1　JavaScript 的基本语法 …… 39
2.3.2　JavaScript 的事件 …… 40
2.3.3　JavaScript 的对象 …… 42
2.3.4　案例——JavaScript 实现输入验证 …… 44
2.4　基于 HTML+JavaScript+CSS 的开发案例 …… 46
2.4.1　JavaScript+CSS+DIV 实现下拉菜单 …… 46
2.4.2　JavaScript +CSS+DIV 实现表格变色 …… 48
本章小结 …… 49
习题 …… 50
第 3 章　JSP 技术 …… 52
3.1　JSP 技术简介 …… 52
3.1.1　JSP 页面的结构 …… 52
3.1.2　JSP 程序的运行机制 …… 53
3.2　JSP 语法 …… 54
3.2.1　JSP 基本元素 …… 54
3.2.2　JSP 指令元素 …… 56
3.2.3　JSP 动作元素 …… 59
3.3　JSP 内置对象概述 …… 62
3.4　request 对象 …… 63
3.4.1　request 对象的常用方法 …… 63
3.4.2　访问（获取）请求参数 …… 64
3.4.3　新属性的设置和获取 …… 66
3.4.4　获取客户端信息 …… 68
3.5　response 对象 …… 68
3.5.1　response 对象的常用方法 …… 69

3.5.2 重定向网页 …………………… 69
3.5.3 页面定时刷新或自动跳转……… 70
3.6 session 对象 …………………… 70
3.6.1 session 对象主要方法 ………… 71
3.6.2 创建及获取客户的会话信息 …… 71
3.7 application 对象 ……………… 72
3.7.1 application 对象的主要方法 …… 72
3.7.2 案例——统计网站访问人数 …… 72
3.8 out 对象 ………………………… 73
3.9 JSP 应用程序设计综合示例 …… 74
3.9.1 网上答题及其自动评测系统 …… 74
3.9.2 设计简单的购物车应用案例 …… 76
本章小结……………………………… 79
习题…………………………………… 79
第 4 章 JDBC 数据库访问技术 ……… 81
4.1 JDBC 技术简介 ………………… 81
4.1.1 驱动程序接口 Driver ………… 82
4.1.2 驱动程序管理器 DriverManager… 82
4.1.3 数据库连接接口 Connection …… 82
4.1.4 执行 SQL 语句接口 Statement … 82
4.1.5 执行动态 SQL 语句接口 PreparedStatement……………… 83
4.1.6 访问结果集接口 ResultSet……… 83
4.2 JDBC 访问数据库 ……………… 83
4.2.1 注册驱动 MySQL 的驱动程序 … 84
4.2.2 JDBC 连接数据库创建连接对象 ………………… 84
4.2.3 创建数据库的操作对象………… 86
4.2.4 执行 SQL …………………… 87
4.2.5 获得查询结果并进行处理……… 88
4.2.6 释放资源……………………… 89
4.2.7 数据库乱码解决方案 ………… 90
4.3 综合案例——学生身体体质信息管理系统的开发……………… 91
4.3.1 数据库和数据表的建立………… 91
4.3.2 注册驱动并建立数据库的连接 … 92
4.3.3 添加记录模块的设计与实现 …… 92
4.3.4 查询记录模块的设计与实现 …… 95
4.3.5 修改记录模块的设计与实现 …… 99
4.3.6 删除记录模块的设计与实现 …… 104
4.3.7 数据库操作的模板 …………… 107
4.3.8 整合各设计模块形成完整的应用系统…………………… 107
4.3.9 问题与思考 …………………… 109
4.4 数据源与连接池技术 ………… 109
4.4.1 配置数据源 …………………… 110
4.4.2 使用连接池技术访问数据库的处理步骤……………………… 111
4.4.3 连接池应用——学生身体体质信息显示模块的设计与实现 ……… 111
4.4.4 问题与思考 …………………… 113
本章小结……………………………… 113
习题…………………………………… 113
第 5 章 JavaBean 技术 …………… 115
5.1 JavaBean 技术 ………………… 115
5.1.1 JavaBean 的设计 ……………… 115
5.1.2 JavaBean 的安装部署 ………… 116
5.2 在 JSP 中使用 JavaBean ……… 116
5.2.1 声明 JavaBean 对象 …………… 118
5.2.2 访问 JavaBean 属性——设置 JavaBean 属性值 ……………… 118
5.2.3 访问 JavaBean 属性——获取 JavaBean 属性值并显示 ……… 120
5.2.4 访问 JavaBean 方法——调用 JavaBean 业务处理方法 ……… 120
5.2.5 案例——基于 JavaBean+JSP 求任意两数代数和 ……………… 121
5.3 多个 JSP 页面共享 JavaBean … 122
5.3.1 共享 JavaBean 的创建 ………… 122
5.3.2 案例——网页计数器 JavaBean 的设计与使用……………………… 123
5.4 综合案例——数据库访问 JavaBean 的设计 ……………… 125
本章小结……………………………… 129
习题…………………………………… 129
第 6 章 Servlet 技术 ……………… 130
6.1 Servlet 技术 …………………… 130
6.1.1 Servlet 编程接口 ……………… 130

6.1.2 设计 Servlet …………………… 130
6.2 Servlet 常用对象及其方法 …… 136
6.3 综合案例——基于 JSP+Servlet 的用户登录验证 …………………… 137
6.4 在 Servlet 中使用 JavaBean …… 139
6.5 JSP 与 Servlet 的数据共享 …… 139
6.5.1 基于请求的数据共享 ………… 139
6.5.2 基于会话的数据共享 ………… 140
6.5.3 基于应用的数据共享 ………… 141
6.6 JSP 与 Servlet 的关联关系 …… 141
6.7 基于 JSP+Servlet+JavaBean 实现复数运算 …………………… 143
6.8 Cookie 管理 …………………… 146
6.8.1 Cookie 的基本用法 ………… 146
6.8.2 Cookie 的相关方法 ………… 147
6.8.3 案例——利用 Cookie 实现自动登录 …………………… 148
本章小结……………………………… 150
习题…………………………………… 150
第 7 章 Java Web 常用开发模式与案例……………………………… 151
7.1 单纯的 JSP 页面开发模式 …… 151
7.1.1 单纯的 JSP 页面开发模式简介 … 151
7.1.2 JSP 页面开发模式案例——求和运算 …………………… 151
7.1.3 JSP+JDBC 开发模式案例——实现基于数据库的登录验证 ……… 153
7.1.4 单纯的 JSP 页面开发模式存在的问题与缺点…………………… 155
7.2 JSP+JavaBean 开发模式 ……… 155
7.2.1 JSP+JavaBean 开发模式简介 …… 155
7.2.2 JSP+JavaBean 开发案例——求和运算 …………………… 156
7.2.3 JSP+JavaBean+JDBC 案例——基于数据库的登录验证 …………… 157
7.2.4 JSP+JavaBean 开发模式的优点与缺点 …………………… 159
7.3 JSP+Servlet 开发模式 ………… 159
7.3.1 JSP+Servlet 开发模式简介……… 159
7.3.2 JSP+Servlet 开发案例——求和运算 …………………… 160
7.3.3 JSP+Servlet+JDBC 开发案例——基于数据库的登录验证 …………… 162
7.3.4 JSP+Servlet 开发模式的优点与缺点…………………… 164
7.4 JSP+Servlet+JavaBean 开发模式…………………… 164
7.4.1 基于 JSP+Servlet+JavaBean 的 MVC 的实现 …………………… 164
7.4.2 JSP+Servlet+JavaBean 开发案例——求和运算…………………… 165
7.4.3 JSP+Servlet+JavaBean 案例——基于数据库的登录验证 …………… 166
7.4.4 JSP+Servlet+JavaBean 案例——学生体质信息管理系统 …………… 168
7.5 JSP+Servlet+JavaBean+DAO 开发模式…………………… 176
7.5.1 DAO 模式与数据库访问架构 … 176
7.5.2 JSP+Servlet+JavaBean+DAO 案例——学生体质信息管理 …………… 176
本章小结……………………………… 181
习题…………………………………… 181
第 8 章 EL、JSTL 和 Ajax 技术 …… 183
8.1 表达式语言 EL ………………… 183
8.1.1 EL 语法 …………………… 183
8.1.2 EL 内部对象 ………………… 186
8.1.3 EL 对 JavaBean 的访问………… 190
8.2 JSTL 标签库 …………………… 191
8.2.1 JSTL 简介 ………………… 191
8.2.2 常用 JSTL 标签 ……………… 192
8.3 综合案例——使用 EL 和 JSTL 显示查询结果 ………………… 195
8.4 Ajax 技术 ……………………… 197
8.4.1 Ajax 技术简介 ……………… 197
8.4.2 XMLHttpRequest 对象 ………… 197
8.5 Ajax 应用案例 ………………… 200
8.5.1 案例——异步表单验证………… 201
8.5.2 案例——实现级联列表………… 203

8.5.3 案例——输入提示和自动完成 …… 205
本章小结 …… 208
习题 …… 208
第 9 章 过滤器和监听器技术 …… 209
9.1 过滤器技术 …… 209
9.1.1 过滤器编程接口 …… 209
9.1.2 设计过滤器 …… 210
9.1.3 案例——基于过滤器的用户权限控制 …… 213
9.1.4 案例——基于过滤器的中文乱码解决 …… 214
9.1.5 案例——禁止未授权的 IP 访问站点过滤器 …… 215
9.2 监听器技术 …… 216
9.2.1 监听器编程接口 …… 216
9.2.2 设计监听器 …… 218
9.2.3 案例——会话计数监听器的设计 …… 219
本章小结 …… 220
习题 …… 220
第 10 章 Java Web 实用开发技术 …… 221
10.1 图形验证码 …… 221
10.1.1 图形验证码简介 …… 221
10.1.2 图形验证码的实现 …… 221
10.1.3 案例——带图形验证码的登录模块 …… 223
10.2 MD5 加密 …… 224
10.2.1 MD5 加密算法简介 …… 224
10.2.2 MD5 算法的实现 …… 225
10.3 在线编辑器 …… 225
10.3.1 在线编辑器简介 …… 225
10.3.2 CKEditor 的使用 …… 226
10.3.3 案例——使用 CKEditor 编辑公告内容 …… 227
10.4 文件的上传与下载 …… 228
10.4.1 常见文件上传下载组件 …… 228
10.4.2 文件上传的实现 …… 229
10.4.3 文件下载的实现 …… 230
10.4.4 案例——使用 Cos 组件实现作业上传 …… 230
10.5 Java Mail 编程 …… 232
10.5.1 Java Mail 简介 …… 232
10.5.2 使用 Java Mail 发送邮件 …… 232
10.5.3 案例——使用 Java Mail 实现邮件发送 …… 233
10.6 页面分页技术 …… 234
10.6.1 分页技术的设计思想 …… 234
10.6.2 分页具体实现 …… 235
本章小结 …… 237
习题 …… 237
第 11 章 Struts2 框架技术 …… 238
11.1 Struts2 简介 …… 238
11.1.1 Struts2 的组成与工作原理 …… 238
11.1.2 搭建 Struts2 开发环境 …… 239
11.1.3 Struts2 入门案例——基于 Struts2 任意两数据的代数和 …… 241
11.1.4 Struts 2 的中文乱码问题处理 …… 244
11.2 Struts2 的配置文件 …… 244
11.3 Struts2 的业务控制器——Action 类设计 …… 248
11.3.1 Action 实现类 …… 248
11.3.2 Action 访问 Web 对象 …… 250
11.3.3 多方法的 Action …… 255
11.4 Struts2 的 OGNL 表达式、标签库、国际化 …… 259
11.4.1 Struts2 的 OGNL 表达式 …… 259
11.4.2 Struts2 的标签库 …… 260
11.4.3 Struts2 的国际化 …… 266
11.4.4 Struts2 的国际化应用案例 …… 268
11.5 Struts2 的拦截器 …… 270
11.5.1 Struts2 的内建拦截器 …… 270
11.5.2 Struts2 拦截器的自定义实现 …… 271
11.5.3 案例——文字过滤器的设计与应用 …… 273
11.6 Struts2 的文件上传和下载 …… 275
11.6.1 文件上传 …… 276
11.6.2 文件下载 …… 278

11.7 Struts2 的输入验证 …………… 280
11.7.1 使用 validate()方法实现验证 ……………………… 280
11.7.2 使用验证文件实现验证 ……… 280
11.7.3 案例——实现客户注册输入验证 …………………… 283
本章小结……………………………… 289
习题…………………………………… 289
第 12 章 Hibernate 持久化技术 …… 291
12.1 Hibernate 技术简介 …………… 291
12.1.1 Hibernate 简介 ………………… 291
12.1.2 Hibernate 的体系结构 ………… 291
12.2 Hibernate 软件包的下载与配置 ……………………… 292
12.3 Hibernate 核心组件 …………… 293
12.3.1 Hibernate 核心类 ……………… 294
12.3.2 Hibernate 的 PO 对象 ………… 296
12.3.3 Hibernate 配置文件…………… 296
12.3.4 Hibernate 映射文件…………… 297
12.4 Hibernate 运行过程与编程步骤………………………… 298
12.4.1 Hibernate 运行过程 …………… 298
12.4.2 使用 Hibernate 编程步骤 ……… 299
12.4.3 Hibernate 编程入门案例 ……… 300
12.5 Hibernate 的实体映射 ………… 303
12.5.1 实体映射基础 ………………… 303
12.5.2 实体关系映射 ………………… 304
12.6 Hibernate 的实体操作与数据查询………………………… 307
12.6.1 实体操作 ……………………… 307
12.6.2 数据查询 ……………………… 308
12.6.3 案例——使用 Hibernate 实现 UserDao ……………………… 310
12.7 综合案例——基于 Struts2+Hibernate 的学生信息管理系统………… 311
本章小结……………………………… 317
习题…………………………………… 317
参考文献……………………………… 318

第 1 章 Java Web 应用开发技术概述

Java Web 应用程序会生成各种类型的标记语言（HTML、XML 等）和动态内容的交互 Web 网页。它通常由 Web 组件（如 JSP、Servlet、JavaBean 等）组成，可用来修改和临时存储数据，与数据库和 Web 服务器交互，以及根据客户端的请求呈现内容。开发 Web 应用程序需要有关的技术和工具，本章简单介绍 Java Web 开发所需要的主流技术和常用框架技术，以及开发 Java Web 应用所需要的开发环境、运行环境和开发工具。

1.1 Java Web 应用开发技术简介

Java Web 应用开发是基于 JavaEE（Java Enterprise Edition）框架的，而 JavaEE 是建立在 Java 平台上的企业级应用的解决方案。JavaEE 框架提供的 Web 开发技术主要支持两类软件的开发和应用，一类是做高级信息系统框架的 Web 应用服务器（Web Application Server），另一类是在 Web 应用服务器上运行的 Web 应用（Web Application）。本书所介绍的 Java Web 应用开发就是这里的第 2 类，即在 Web 应用服务器上运行的 Web 应用开发。

JavaEE 框架是由 J2EE 更名的。Sun 公司在 1998 年发布 JDK1.2 版本的时候，开始使用名称 Java 2 Platform，即 Java 2 平台，修改后的 JDK 称为 Java 2 Platform Software Developing Kit，即 J2SDK，并分为标准版（Standard Edition，J2SE）、企业版（Enterprise Edition，J2EE）和微型版（Micro Edition，J2ME）。2006 年 5 月，Sun 公司推出 JavaSE5，此时，Java 的各种版本又更名，J2EE 更名为 JavaEE，J2SE 更名为 JavaSE，J2ME 更名为 JavaME。

1.1.1 Java Web 应用

“Java Web 应用”一般定义为：一个由 HTML/XML 文档、Java Servlet、JSP（Java Server Pages）、JSTL（Java Server Pages Standard Tag Library）、类以及其他任何种类文件可以捆绑起来，并在来自多个厂商的多个 Web 容器上运行的 Web 资源构成的集合。可以将 Web 应用从一个服务器移到另外一个服务器，或者移动到同一服务器的不同位置，而不需要对组成 Web 应用的任何种类的文件作任何改动。而 Java Web 应用开发是基于 JavaEE 框架的，需要在该框架的容器和组件支持下完成。

1．容器

“容器（Container）”指的是提供特定程序组件服务的标准化运行环境，通过这些组件可以在 JavaEE 平台上得到所期望的服务。容器的作用是为组件提供与部署、执行、生命周期管理、安全和其他组件需求相关的服务。此外，不同类型的容器明确地为它们管理的各种类型的组件提供附加服务。例如，Web 容器都提供响应客户请求、执行请求时间的处理，以及将结果返回到客户端的运行时环境支持；Web 容器还负责管理某些基本服务，像诸如组件的生命周期、数据库连接资源的共享、数据持久性等。

一般来说，软件开发人员只要开发出满足 JavaEE 应用需要的组件并能安装在容器内就可以了。程序组件的安装过程包括设置各个组件在 JavaEE 应用服务器中的参数，以及设置 JavaEE 应用服务器本身，这些设置决定了在底层由 JavaEE 服务器提供的多种服务（例如安全、交易管理、JNDI 查寻和远程方法调用等）。

JavaEE 平台对每一种主要的组件类型都定义了相应的容器类型。JavaEE 平台由 Applet 容器、应用客户端容器（Application Client Container）、Web 容器（Servlet、JSP 容器）和 EJB 容器（Enterprise JavaBeans Container）4 种类型的程序容器组成。

（1）EJB 容器——为 Enterprise JavaBean 组件提供运行时环境，它对应于业务层和数据访问层，主要负责数据处理以及和数据库或其他 Java 程序的通信。

（2）Web 容器——管理 JSP 和 Servlet 等 Web 组件的运行，主要负责 Web 应用和浏览器的通信，它对应于表示层。Web 容器是本书所使用的容器。

（3）应用客户端容器——负责 Web 应用在客户端组件的运行，对应于用户界面层。

（4）Applet 容器——负责在 Web 浏览器和 Java 插件（Java Plug-in）上运行 Java Applet 程序，对应于用户界面层。

每种容器内都使用相关的 Java Web 编程技术。这些技术包括应用组件技术（如 Servlet、JSP、EJB 等技术构成了应用的主体）、应用服务技术（如 JDBC、JNDI 等服务保证组件具有稳定的运行时环境）、通信技术（如 RMI、JavaMail 等技术在平台底层实现机器和应用程序之间的信息传递）等 3 类。

2．组件

为了降低软件开发成本，适应企业快速发展的需求，JavaEE 平台提供了基于组件的方式设计、开发、组装和部署企业应用系统。按照这种方式开发出来的 JavaEE 组件，不依赖于某个特定厂商提供的产品或者 API，不管是开发商还是最终用户，都有最大的自由去选择那些能更好地满足业务或技术需求的产品或组件。

组件（Component）是指在应用程序中能发挥特定功能的软件单位，实质上是几种特定的 Java 程序，只不过这些程序被规定了固定的格式和编写方法，它们的功能和使用方式在一定程度上被标准化了。例如，在 Java 2 标准版中提供的 JavaBean 组件，就是按照特定格式编写的 Java 类文件，JavaBean 可以通过 get/set 方法访问对象中的属性数据。

JavaEE 平台主要提供了以下 3 类 JavaEE 组件：

（1）客户端组件——客户端的 Applet 和客户端应用程序。

（2）Web 组件——Web 容器内的 JSP、Servlet、Web 过滤器、Web 事件监听器等。

（3）EJB 组件——EJB 容器内的 EJB 组件。

3．组件与容器的关系

组件是组装到 JavaEE 平台中独立的软件功能单元，每一个 JavaEE 组件在容器中执行，容器为组件提供标准服务和 API，容器充当通向底层 JavaEE 平台的接口。“连接器（Connector）”在概念上驻留在 JavaEE 平台的下方，连接器提供了可移植服务的 API，JavaEE 应用使用这些 API 来插入到现有的企业应用中。连接器也称为资源适配器，它为 JavaEE 体系结构增加了另一种灵活性。

4．Java Web 应用的定义

基于“组件”和“容器”的视角，在 JavaEE 平台下，Web 应用是满足下列要求的软件体系。

（1）Java Web 应用由软件组件构成，这些组件根据其各自所属的层进行分类。

（2）组成 Java Web 应用的各种组件在对应容器中执行，容器为组件提供底层 JavaEE API 的统一视图。

（3）容器管理组件并为组件提供多种系统级服务。例如，生命周期管理、事务管理、数据缓存、异常处理实例池、线程以及安全性。Java Web 应用以分布式组件集合的形式存在，而各分布式软件组件在其各自的容器中运行。

（4）Java Web 应用客户为应用提供用户界面，客户端向最终用户提供了一个窗口，最终用户可以通过该窗口使用 Java Web 应用提供的各种服务。

1.1.2 Java Web 应用开发技术

Java Web 应用程序供用户通过浏览器（如 IE）发送请求，程序通过执行产生 Web 页面，并将页面传递给客户机器上的浏览器，将得到的 Web 页面呈现给用户。

一个完整的 Java Web 应用程序通常由多种组件构成的，一般由表示层组件、控制层组件、业务逻辑层组件及其数据访问层（或持久层）组件组成。

- 表示层组件一般由 HTML 和 JSP 页面组成。
- 控制层组件一般由 Servlet 组成。
- 业务逻辑层一般是 JavaBean 或 EJB。
- 持久层组件一般是 JDBC、Hibernate。
- 此外，Java Web 应用的各个组件需要在 XML 格式的配置文件中进行声明，然后打包，部署到 Java Web 服务器（如 Tomcat）中运行。

下面简单介绍 HTML、CSS、JavaScript JSP、Servlet、JavaBean、JDBC、XML、Tomcat 技术以及 Struts2、Hibernate 等框架技术。对于它们的具体内容，将在以后各章中将详细介绍。

1．HTML

HTML（Hypertext Markup Language）即超文本链接标示语言，使用它可以设计静态网页。

2．CSS

CSS（Cascading Style Sheets）即层叠样式表，简称“样式表”，是一种美化网页的技术，主要完成字体、颜色、布局等方面的各种设置。

在 HTML 基础上，使用 CSS 不仅能够统一、高效地组织页面上的元素，还可以使页面具有多样的外观。

3．JavaScript

JavaScript 是一种简单的脚本语言，在浏览器中直接运行，无须服务器端的支持。这种脚本语言可以直接嵌套在 HTML 代码中，它响应一系列的事件。当一个 JavaScript 函数响应的动作发生时，浏览器就会执行对应的 JavaScript 代码，从而在浏览器端实现与客户的交互。

JavaScript 增加了 HTML 网页的互动性，它可以在浏览器端实现一系列动态的功能，仅仅依靠浏览器就可以完成一些与用户的互动。

4．JSP

JSP 页面由 HTML 代码和嵌入其中的 Java 代码组成。在页面被客户端请求后，Web 服务器对 Java 代码进行处理，然后将生成的 HTML 页面返回客户端的浏览器。JSP 页面一般包含 JSP 指令、JSP 脚本元素、JSP 标准动作以及 JSP 内置对象。

5．Servlet

Servlet（Java 服务器小程序）是用 Java 语言编写的服务器端程序，是由服务器端调用和执行的。它可以处理客户端传来的 HTTP 请求，并返回一个响应。它是按照 Servlet 自身规范设计的一个 Java 类，具有可移植性、功能强大、安全、继承、模块化和可扩展性好等特点。

6．JavaBean

JavaBean 用 Java 语言编写并遵循一定规范的类，该类的一个实例称为 JavaBean，简称 Bean。JavaBean 可以被 JSP 引用，也可以被 Servlet 引用。

7．JDBC

JDBC（Java Database Connectivity，数据库访问接口）是 Java Web 应用程序开发中最主要的 API 之一，任何应用程序总是需要访问数据库。它使数据库开发人员能够用标准的 Java API 编写数据库应用程序。JDBC API 主要用来连接数据库和直接调用 SQL 命令执行各种 SQL 语句。

8．XML

XML（eXtensible Markup Language，可扩展的标记语言），在 Java Web 应用程序中，XML 主要用于描述配置信息。Servlet、Struts2 以及 Hibernate 框架都需要配置文件，它们的配置文件都是 XML 格式的。

9．Struts2

Struts2 框架，提供了一种基于 MVC 体系结构的 Web 程序的开发方法，具有组件模块化、灵活性和重用性等优点，使基于 MVC 模式的程序结构更加清晰，同时也简化了 Web 应用程序的开发，是目前最常用的开发框架。

10．Hibernate

Hibernate 是一个面向 Java 环境的对象/关系数据库映射工具，即 ORM（Object-Relation Mapping 对象——关系映射）工具。它对 JDBC API 进行了封装，负责 Java 对象的持久化，在分层的软件架构中位于下持久化层，封装了所有数据访问细节，使业务逻辑层可以专注于实现业务逻辑。

另外，还有 Ajax、EL、JSTL、过滤器、监听器等技术。

1.2 Java Web 开发环境及开发工具

Java Web 应用开发，就是如何使用 Java 语言及其相关的开发技术，来完成 Web 应用程序的开发过程。开发 Java Web 应用程序，需要相应的开发环境和开发工具。本节主要介绍 Java Web 开发环境的搭建和开发工具的使用。

主要内容包括：下载并安装 Java 的 JDK，下载并安装（Tomcat）服务器，下载集成开发工具并配置开发环境，设计简单的 Java Web 应用程序并部署和测试，并给出如何创建定制的 Web 应用。

1.2.1 JDK 的下载与安装

JDK 即 Java Development Kit（Java 开发工具包）的缩写。它是整个 Java 的核心，其中不仅包含了 Java 运行环境 JRE（Java Runtime Environment），还包括了众多的 Java 开发工具和 Java 基础类库（*.jar）。

目前主流的 JDK 是 Sun 公司发布的 JDK。在开发和运行 Java Web 程序前，首先必须安装 JDK。本书所使用的 JDK 是 Sun 公司发布的 JDK6。

1．下载 JDK 安装程序

Sun 公司提供免费的 JDK 供 Windows 以及 Linux 平台使用，可从http://java.sun.com/javase/downloads/index.jsp 网站下载最新的 JDK 版本。在本书中，使用了基于 Windows 操作系统的“jdk-6u7-windows-i586-p.exe”文件。

2．安装 JDK

双击安装文件“jdk-6u7-windows-i586-p.exe”，系统自动进入安装进程，按照向导指示即可完成安装。假设将 JDK 安装于“C:\Java\”目录下，则在该目录下有 jdk1.6.0_20 和 jre6 两个子目录，分别存放 Java 程序的开发开发环境和运行环境。

另外，一般还需要对安装后的 JDK 进行配置（设置环境变量）。由于本书中使用的是 MyEclipse 开发工具，将在 1.3 节中开发案例中给出，此处将不再配置。

1.2.2 Tomcat 服务器的安装和配置

Tomcat 是一个免费的开源的 Servlet 容器，可从 http://tomcat.apache.org 处下载最新版本。本书使用 tomcat-6.0.26 版本。对于 Windows 操作系统，tomcat-6.0.26 提供了两种安装文件，一种是 apache- tomcat-6.0.26.exe，一种是 apache-tomcat-6.0.26.zip。本书下载 apache-tomcat-6.0.26.exe。

1．安装和配置 Tomcat

双击 Tomcat 安装文件 apache-tomcat-6.0.26.exe 将启动 Tomcat 安装程序，如图 1-1 所示。按照向导一直单击 Next，可自动完成 Tomcat 的安装。但要注意以下几点：

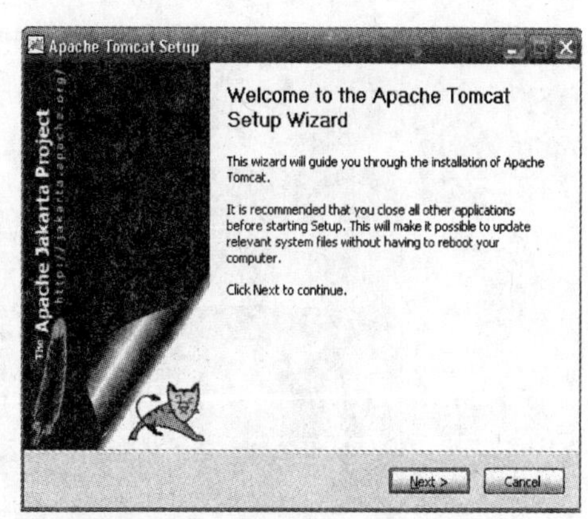

图 1-1 Tomcat 安装向导首页

（1）安装目录：此处设置 Tomcat 的安装路径“C:\Java”。通常其默认路径是“C:\Program Files\Apache Software Foundation\Tomcat 6.0”。

（2）安装到图 1-2 所示的安装界面时，要选择端口号和配置管理员的用户名和密码。可按照默认值安装，也可根据需要修改各项内容，但一定要记住修改后的端口号和管理员的用户名及密码，因为在以后使用 Tomcat 的过程中要用到这两项内容。一般按默认值安装（端口号为：8080，用户名：admin，密码：空）。

（3）在安装过程中安装程序会自动搜索 Java 虚拟机的安装路径，然后提供给用户确认，如图 1-3 所示。

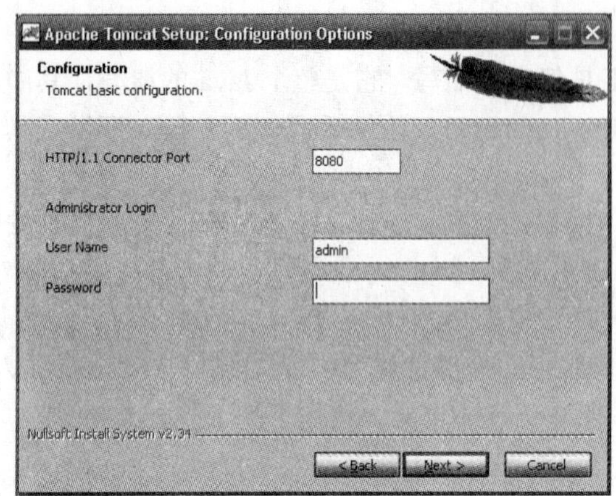

图 1-2　安装设置

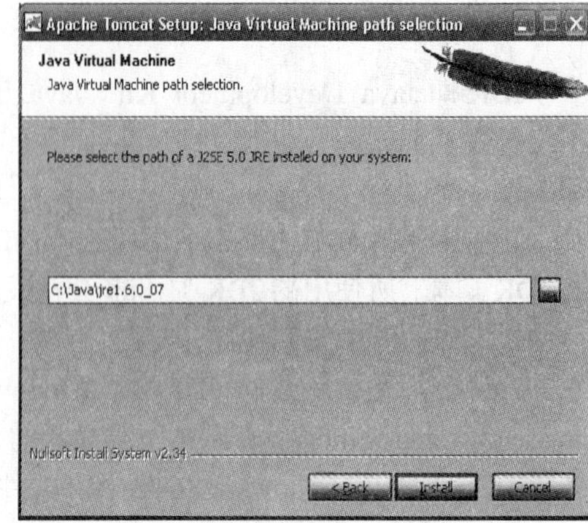

图 1-3　自动选择 JDK 安装路径

（4）最后选择安装，则可完成 Tomcat 6.0 的安装。安装完成后，在 Windows 系统的“开始”->“程序”菜单下会添加 Apache Tomcat 6.0 菜单组。

2．测试 Tomcat

打开 IE 浏览器，在地址栏中输入 http://localhost:8080 或 http://127.0.0.1:8080（localhost 和 127.0.0.1 均表示本地机器，8080 是 Tomcat 默认监听的端口号），将会打开 Tomcat 的默认主页，如图 1-4 所示，表示 Tomcat 安装成功。

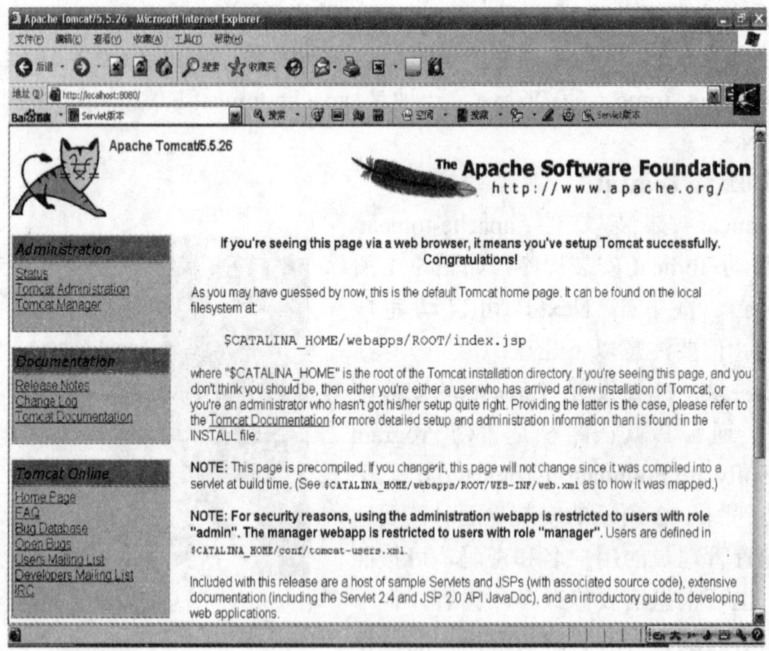

图 1-4　Tomcat 默认主页

3．Tomcat 的目录结构

Tomcat 6.0 安装目录下有 bin、conf、lib、logs、temp、webapps 和 work 等子目录，其目录结构及其用途，如表 1-1 所示。

表 1-1　Tomcat 的目录结构及用途

Tomcat 目录	用　途
/bin	存放启动和关闭 Tomcat 的命令文件
/lib	存放 Tomcat 服务器及所有 Web 应用程序都可以访问的 JAR 文件
/conf	存放 Tomcat 的配置文件，如 server.xml，web.xml 等
/logs	存放 Tomcat 的日志文件
/temp	存放 Tomcat 运行时产生的临时文件
/webapps	通常把 Web 应用程序的目录及文件放到这个目录下
/work	Tomcat 将 JSP 生成的 Servlet 源文件和字节码文件放到这个目录下

注意：对于开发的 Java Web 应用程序，在部署后，其应用程序按照一定的目录结构放置在目录/webapps 下。

1.2.3　MyEclipse 集成开发工具的安装与操作

MyEclipse 是一个基于 Java 的开放源代码的可扩展的应用开发平台，它为编程人员提供了一流的 Java 集成开发环境。MyEclipse 更新比较快，目前最新的版本为 MyEclipse 11 版本。无论新版本还是以前的版本，其基本操作类似，只是在新版本中集成了更多的框架和第三方的 jar 包。本书使用 MyEclipse 6.0 版本。

1．安装、配置 MyEclipse

MyEclipse 是一款商业的基于 Eclipse 的 Java EE 集成开发工具，官方站点是 http://www.myeclipseide.com/。进入到 MyEclipse 的下载页面后，有几个不同版本可供下载，推荐下载 ALL in ONE 版本。双击下载的文件，然后一直单击 Next，直至结束。

2．运行 MyEclipse

安装完成后可以单击“开始”下的“所有程序”，找到 MyEclipse 6.0 程序组中的 MyEclipse 6.0，单击即可启动 MyEclipse 6.0。

第一次启动后主界面显示欢迎页面，关闭欢迎页面后就可以开发 Web 程序了。这时 MyEclipse 界面如图 1-5 所示。

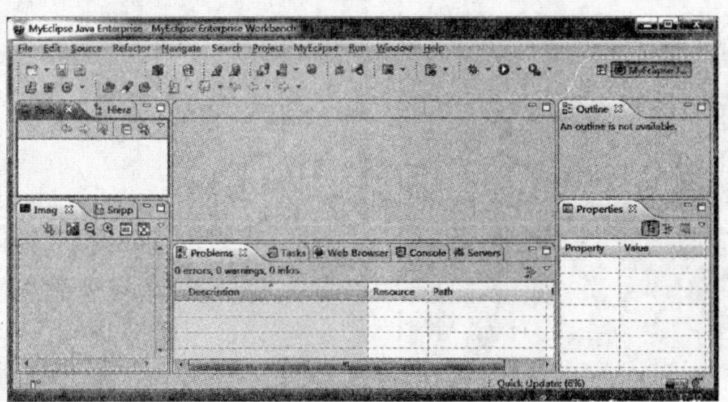

图 1-5　MyEclipse 的工作界面

3．MyEclipse 的操作与快捷键

利用 MyEclipse，可以较容易地开发 Java Web 的各组件，并能部署和运行，具体操作过程将在后面的开发案例中给出。在 MyEclipse 中，为了提高开发效率，提供了一些快捷键，使用时可以通过 MyEclipse 的帮助菜单了解各快捷键的使用。

1.3 Java Web 应用程序的开发与部署

使用 MyEclipse 可以创建多种类型的项目，本节介绍如何在 MyEclipse 下创建 Web 项目以及如何部署、运行。

建立与部署 Java Web 项目的步骤：

（1）启动 MyEclipse，选择或创建新（设置）工作区。

（2）建立 Java Web 项目。

（3）设计并编写有关的代码（网页和 Servlet）。

（4）部署。

（5）启动 Web 服务器（Tomcat），然后运行程序。

（6）若需要部署到其他服务器，还需要生成并发布 war 文件。

1.3.1 Java Web 应用程序的开发过程示例

本节创建一个 Web 项目，其工程名为：HelloApp，并设计一个 JSP 程序 hello.jsp，运行后，在浏览器上显示页面运行结果："HolleWord!"。

下面给出较详细的设计过程和设计说明。

第 1 步：启动 MyEclipse，选择或创建新（设置）工作区。

启动 MyEclipse，选择或设置工作区（工作区是项目所在的根目录位置），这里设置的工作区为：D:\java_web，如图 1-6 所示。启动后，首先进入欢迎页面，如图 1-7 所示。关闭该页面后，进入开发界面，如图 1-8 所示。

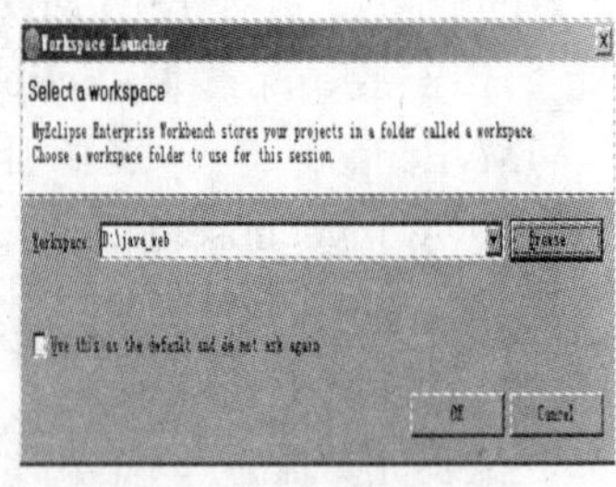

图 1-6 设置工作区

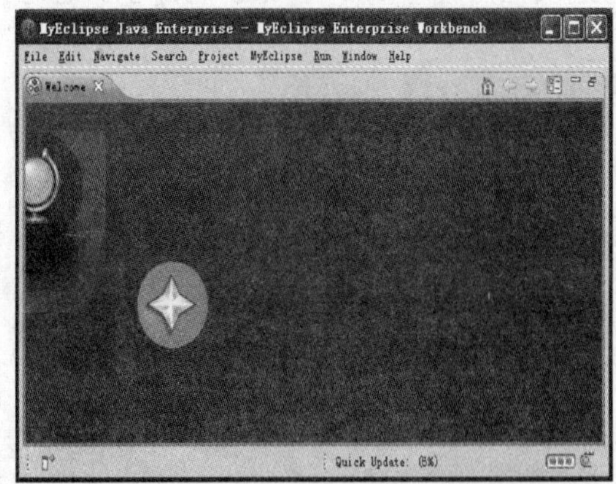

图 1-7 欢迎界面

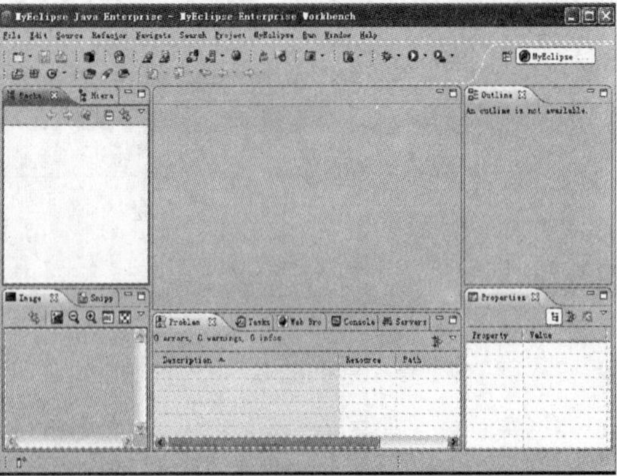

图 1-8 开发界面

第 2 步：设置运行服务器 Tomcat 6.0 和运行环境 JDK。

MyEclipse 支持多达 20 种应用服务器（Application Server），要想对这些服务器进行管理，要进行配置。

📖 说明：MyEclipse 是一个集成开发工具，在该工具中，已经内置服务器（MyEclipse-Derby 和 MyEclipse-Tomcat）以及 JDK，用户可以不需要配置服务器和 JDK 在该开发工具中就可以部署和运行所设计的 Web 程序。但是，Web 程序需要单独的运行环境，所以，在实际开发 Web 程序时，都需要配置自己所需要的服务器和运行环境 JDK。

下面仅介绍对 Tomcat 服务器的配置和 JDK 的配置。

（1）利用菜单中的选项“Windows”->“Preferences”，进入图 1-9 所示的对话框，并按操作次序，设置 Tomcat 服务器，并进入图 1-10 的操作。找到 Tomcat 6.0 安装目录后，单击“确定”，就出现图 1-11 所示的结果（注意方框内的信息）。完成服务器设置即指定了运行 Web 工程所需要的服务器。

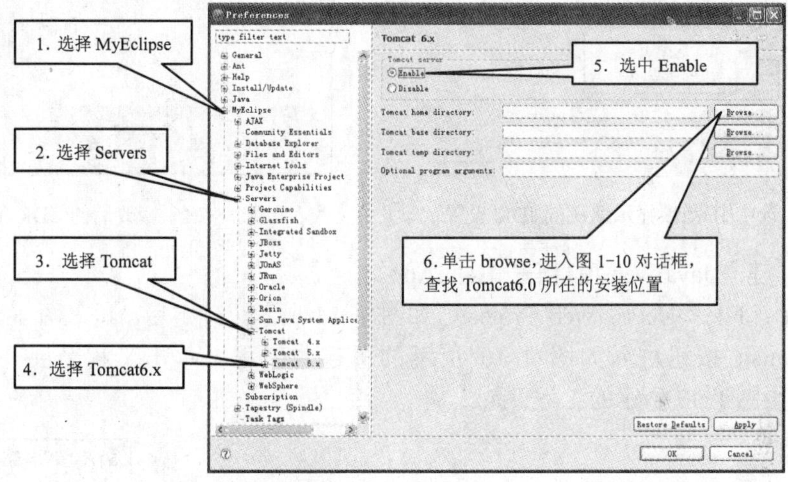

图 1-9　配置 Tomcat 的有关选项

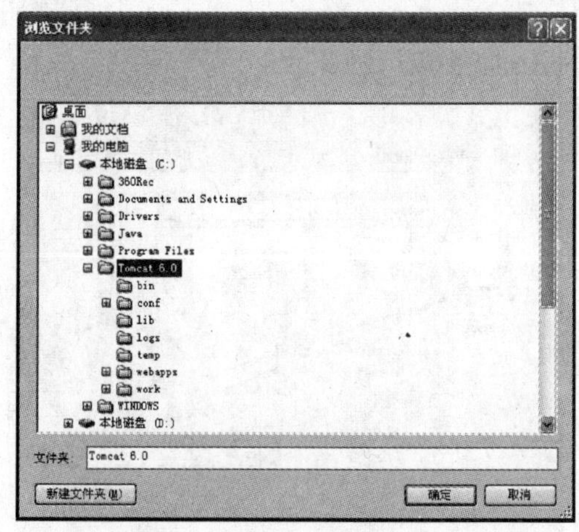

图 1-10　查找 Tomcat 6.0 所在的位置

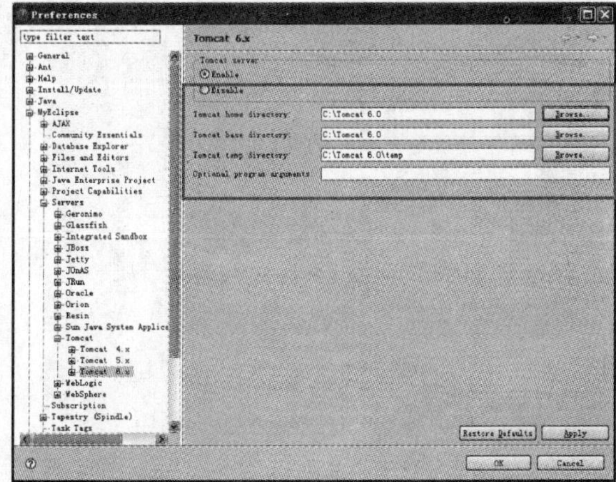

图 1-11　配置 Tomcat 完成

（2）配置 JDK

在图 1-11 中的 Tomcat 6.0 的节点下选择 JDK 子节点，进入图 1-12 界面，单击 Add 按钮，在弹出的界面窗口中单击 Browse 命令，选择 JDK 的安装目录，获得图 1-13 所示安装结果（注意：若不配置 JDK，MyEclipse 就使用其自带的默认的 JDK）。

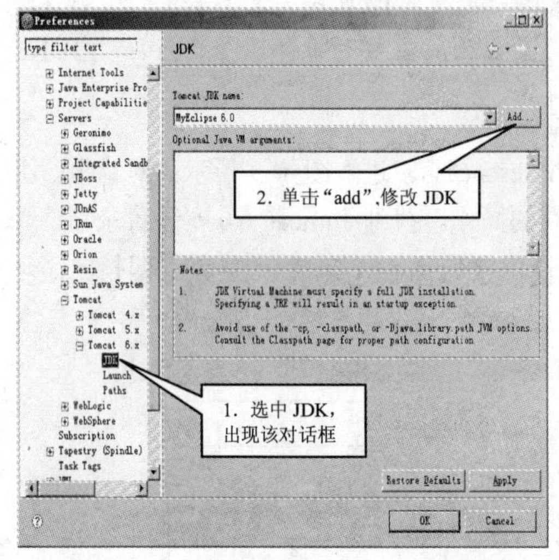

图 1-12　选中 JDK 项显示默认的 JDK 设置

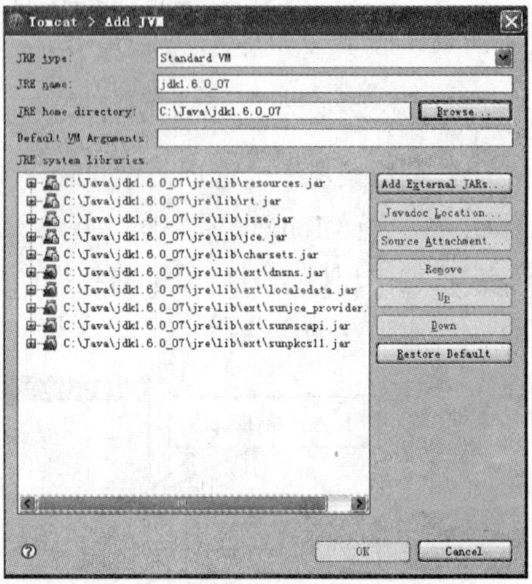

图 1-13　修改后的 JDK 的配置

第 3 步：建立 Java Web 项目——HelloApp。

利用菜单：File->New->Web Project，如图 1-14 所示，确定后，进入图 1-15 所示的界面。单击 Finish 按钮进入如图 1-16 所示的所建的工程。单击工程名展开图 1-16 的 helloapp，可得图 1-17 所示的工程目录。

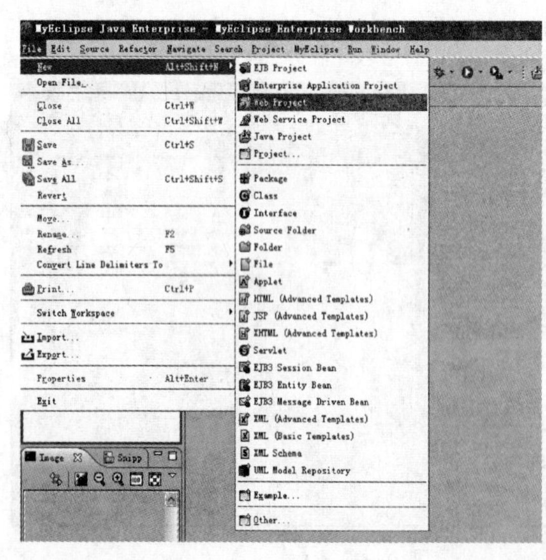

图 1-14　选择 Web Project

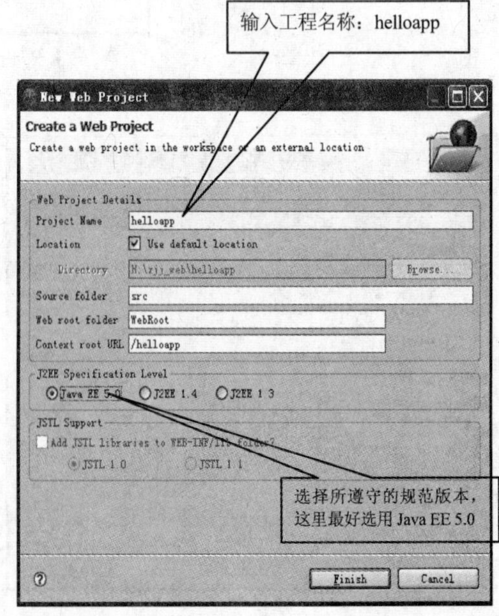

图 1-15　输入工程名并选择规范版本

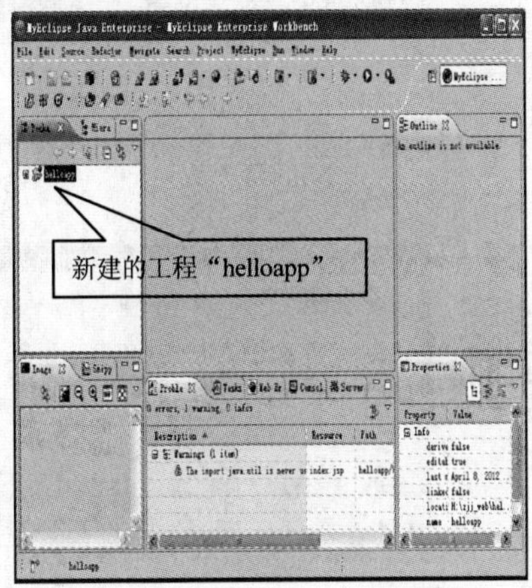

图 1-16　新建工程

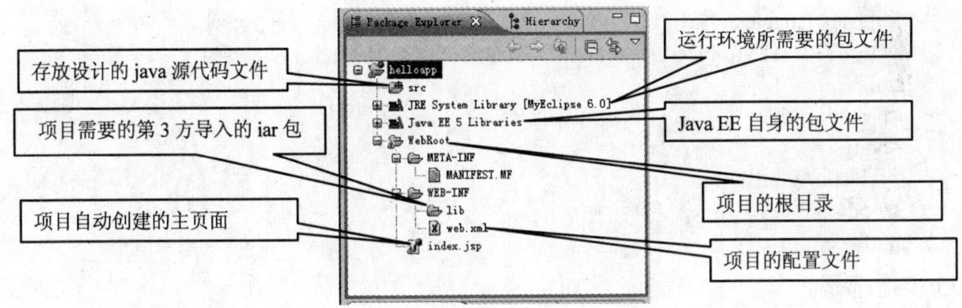

图 1-17　新建工程的目录结构

第 4 步：编写页面或 java 代码。

编写一个在浏览器上显示“Hello World!”的 JSP 页面，假设页面名称为：“hello.jsp”

（1）建立 hello.jsp 文档。选中工程的 WebRoot 目录，并选择“New”->“JSP”类型文档，如图 1-18 所示。

（2）在图 1-19 中，输入文档名称“hello.jsp”，进入图 1-20 所示的代码编写界面。

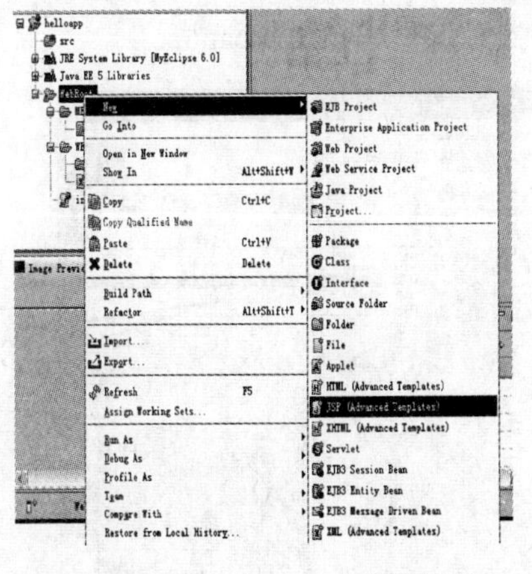

图 1-18　建立 jsp 文档的操作

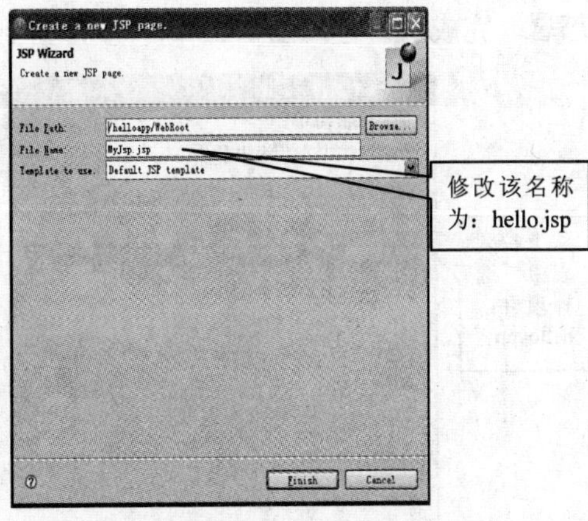

图 1-19　输入 hello.jsp 文档名

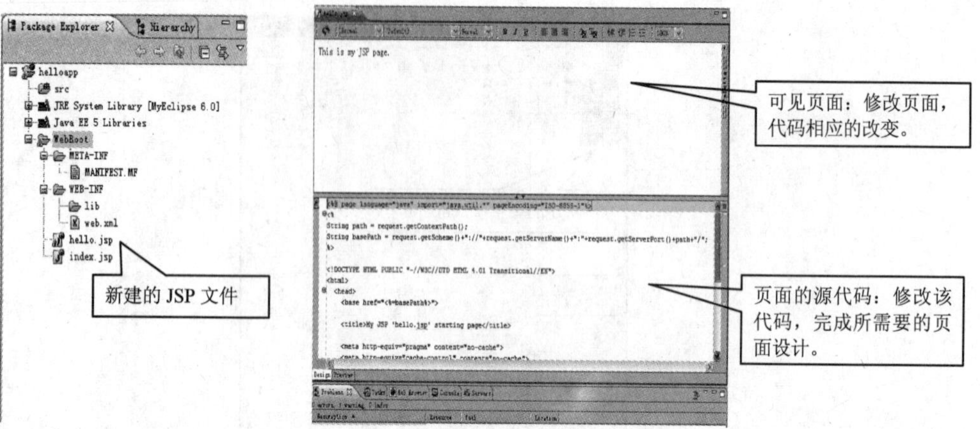

图 1-20　JSP 代码编写界面

（3）在设计窗口，修改成如下代码，设计完成后保存该文件。

```
<%@ page language="java" import="java.util.*" pageEncoding="UTF-8"%>
<!DOCTYPE HTML PUBLIC "-//W3C//DTD HTML 4.01 Transitional//EN">
<html>
  <head>   <title>我的第一个 jsp 页面</title>   </head>
  <body>
     Hello Word!! <br>
  </body>
</html>
```

第 5 步：部署。

（1）选中工具栏中的部署按钮，如图 1-21 所示。

图 1-21　部署按钮和启动服务器按钮

（2）在工程列表中，选择工程，如图 1-22 所示，然后单击“add”按钮（第 1 次部署）。若以前已经部署过，由于修改工程后，重新部署，则可单击“Redeploy”按钮，重新部署。完成后，进入图 1-23 选择要部署到的服务器，这里选择 Tomcat 6.x。

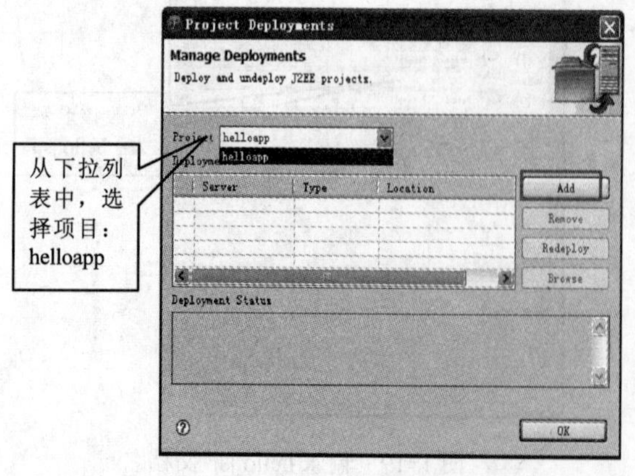

图 1-22　选择部署工程

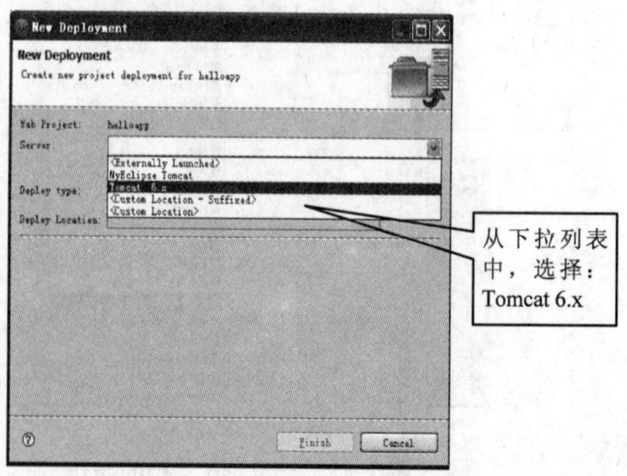

图 1-23　选择服务器 Tomcat

（3）选择部署类型。按图 1-24 中的提示，选择部署类型。单击完成后，出现图 1-25，表示部署成功。

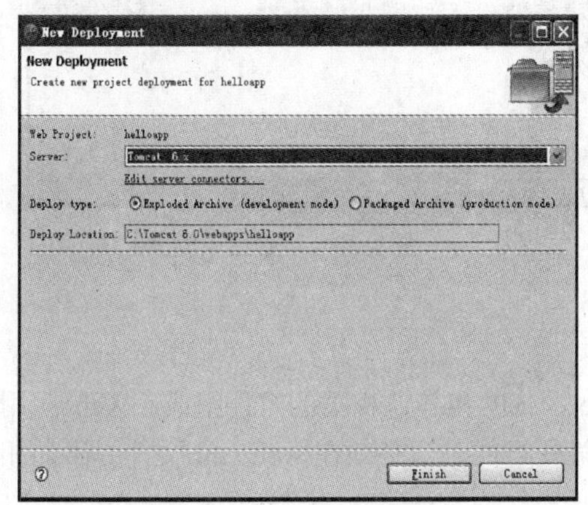

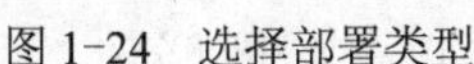

图 1-24　选择部署类型

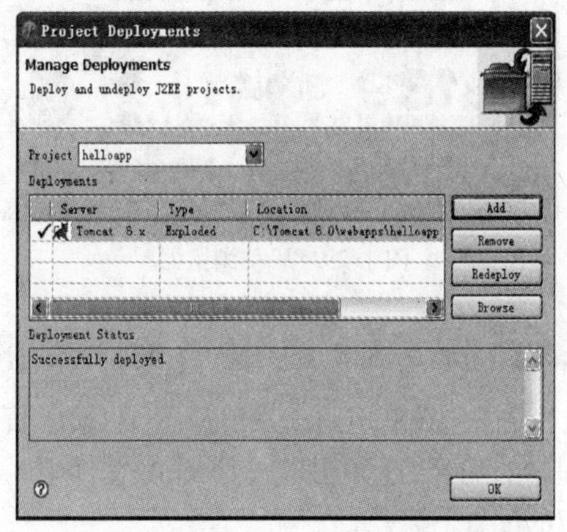

图 1-25　部署成功

（4）部署后，在服务器 Tomcat 的 webapps 的目录下，创建如图 1-26 所示的目录结构（注意其根目录：方框内的部分）。部署完成即是将开发的项目按服务器的目录要求放置到服务器指定位置。

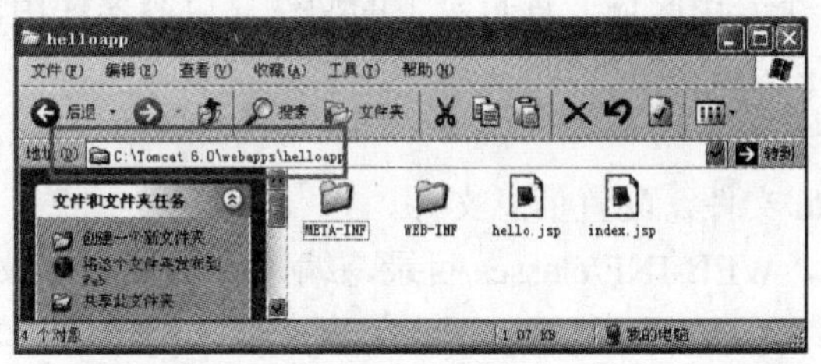

图 1-26　部署后的工程目录结构

第 6 步：运行项目。

（1）启动服务器。单击图 1-27 中的下拉列表，并从中选择 Tomcat 6.x 服务器，并单击"Start"命令，启动服务器。若在控制面板上无异常提示，如图 1-28 所示，则表示 Tomcat 正常启动。

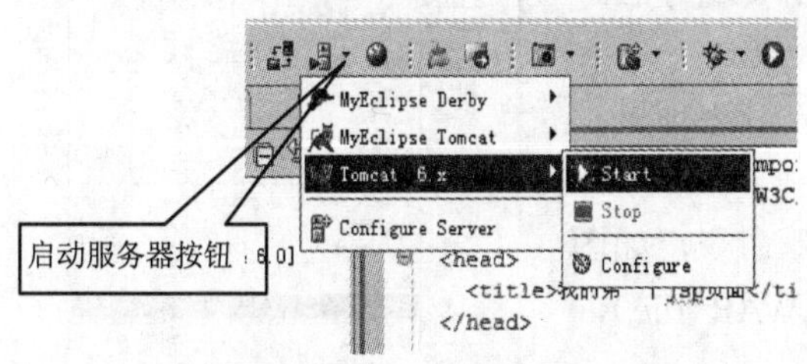

图 1-27　启动 Tomcat 服务器

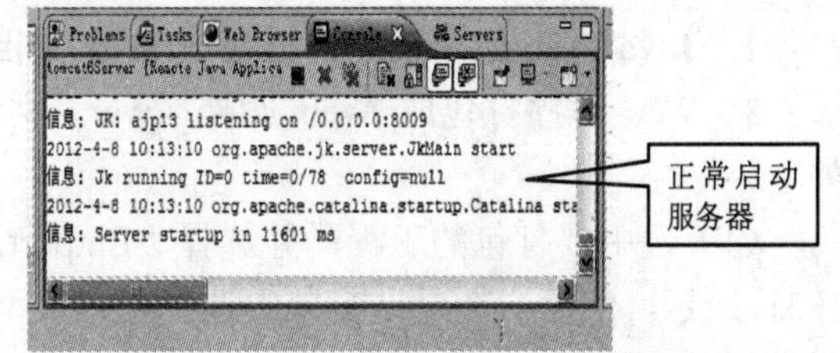

图 1-28　正常启动服务器的标记

（2）启动浏览器。在地址栏中输入网址：http://127.0.0.1:8080/helloapp/hello.jsp，如图 1-29 所示。运行后界面如图 1-30 所示，在网页上显示"Hello World!!"。若运行结果不是我们所希望的，则需要修改代码，并重复部署和运行操作。

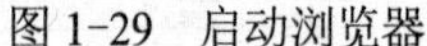
图 1-29 启动浏览器

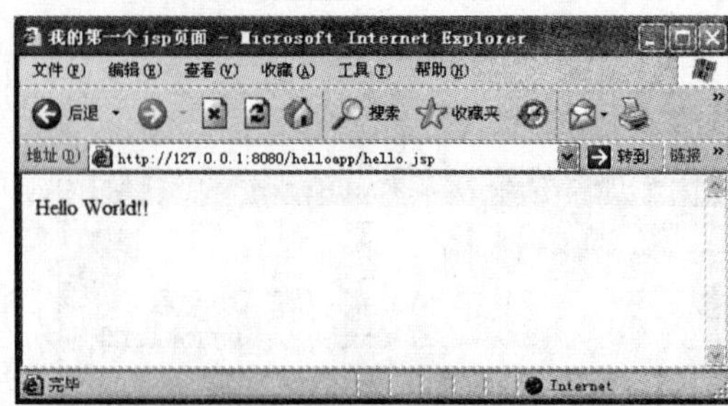

图 1-30 运行结果界面

1.3.2 Java Web 应用程序的目录结构

Java Web 应用由一组静态 HTML 页、Servlet、JSP 和其他相关的组件组成。Web 应用程序的配置信息存放在 web.xml 文件中。在发布某些组件时，必须在 web.xml 文件中添加相应的配置信息。

按照 JavaEE 规范的规定，一个典型的 Web 应用程序包含以下 4 个部分：

（1）公开目录。

公开目录存放所有可被访问的资源，如.html、.jsp、.gif、.jpg、.css、.js、.swf 等。

（2）WEB-INF 目录。

WEB-INF 目录是一个专用区域，该目录下的文件只供容器使用，Web 容器要求在应用程序中必须有 WEB-INF 目录。

WEB-INF 目录中包含：

- WEB-INF/web.xml 文件，配置信息文件。
- 一个 classes 目录，WEB-INF/classes 目录，编译后的 Java 类文件。
- 一个 lib 目录，WEB-INF/lib 目录，Java 类库文件（*.jar）。

1.3.3 Java Web 应用程序的打包与部署以及导入与导出

在前面的示例中，将开发的应用程序，直接部署到开发环境中的 Tomcat 下并运行。但若将一个 Web 程序部署到另一台计算机上，如何实现呢？如果将目前正在编辑、设计的 Web 程序，转移到另外一台计算机上继续编辑、设计，如何实现呢？下面分别给出实现方法。

1．Java Web 应用程序的打包成 War 文档

将 Web 程序打包成 Web 归档（war）文件，其处理过程如下。

（1）选中要打包的工程，并选择“Emport...”命令，如图 1-31 所示，然后，在对话窗口中选择打包类型（WAR file），如图 1-32 所示。

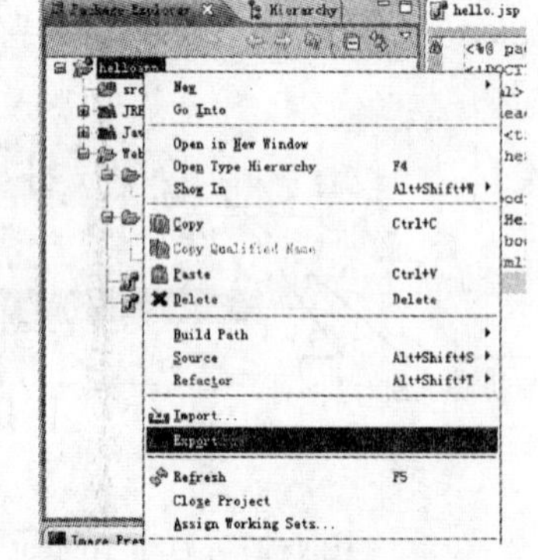

图 1-31 打包命令

（2）选择图 1-32 中的“Next”命令，进入图 1-33 所示对话框，选择或创建要打包到的路径，这里给出的打包路径是“E:\helloapp.war”。然后，单击“Finish”按钮，完成打包，这样就在 E 盘上建立了 war 文件“helloapp.war”。

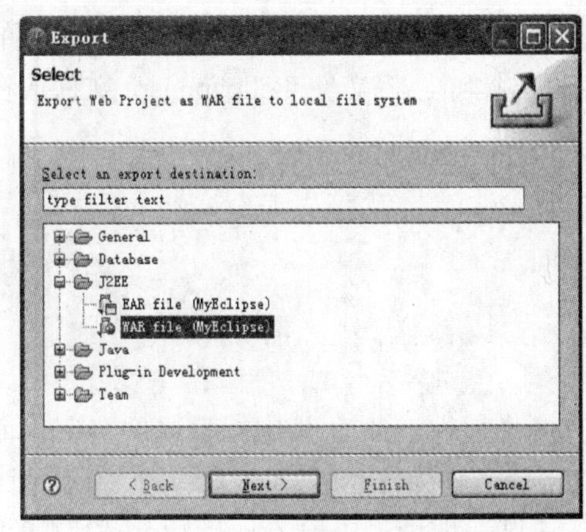

图 1-32　选择打包类型图

图 1-33　创建打包路径

2．Java Web 应用程序打包后的部署

可以将打包后的 Web 工程部署到另一台计算机的服务器下（Tomcat）或上传到其他网站的服务器上，实现重新部署。

将打包形成的 war 文件，直接复制（或上传）到 Tomcat 的 webapps 子目录下，系统自动解压。然后，重新启动服务器和浏览器，就可以像图 1-30 那样运行系统。

除了在 Tomcat 的 webapps 目录下创建（或部署）这个目录结构，还可以将此目录结构放在别的位置，然后通过配置虚拟目录的方法发布应用，具体方法在 1.3.4 节介绍。

3．Java Web 应用程序的导入与导出

在开发 Web 工程时，经常需要将工程或工程中的一部分，从一个工作区移到另一个工作区，这里需要采用 MyEclipse 中的导出和导入操作。

（1）导出：首先选中要导出的文件（工程或某文件夹），然后导出。导出操作过程与工程打包类似，如图 1-31、1-32 和 1-33 所示。注意选择导出的类型。

（2）导入：其操作过程是在 MyEclipse 中，选择命令“File->Import->General-> Existing Projects->Copy Into Workspace->Next->选择保存的目录->Finish”。注意，在导入时，要根据导出时创建的类型，选择导入类型。

（3）工程文件移植，并重新编辑：若将目前正在编辑、设计的 Web 程序转移到另外一台计算机上继续编辑、设计，需要如下两步。

- 首先将工程保存，并复制到另一台计算机上。
- 进入 MyEclipse 环境，将复制的工程导入即可，其操作过程是：在 MyEclipse 中，选择命令“File->Import->General->Existing Projects->选中 Copy Into Workspace->Next->选择复制的工程目录->Finish”。

1.3.4　配置虚目录

在 Tomcat 服务器上部署 Web 程序时，默认的路径是 Tomcat 的根目录下的 webapps 目录，当不想把 Web 工程的文件部署在 Tomcat 的根目录下，可以采用虚拟目录的方法。

虚拟目录实际上是在服务器上做一个映射，把某个名称命名的目录指向另外一个实际上存在的目录。

在 Tomcat 中配置虚拟目录无须重新启动，只需要在 Tomcat 安装目录下的“conf/catalina/localhost”文件夹下新建一个.xml 文件。比如，将文件 helloapp.jsp 文件放在 d:/helloapp/目录下，需要用如下语句配置虚拟目录：

```
<context    path="/jsp"
      docBase="d:/helloapp"
      debug="0"
      reloadable="true"
      crossContext="true">
</context>
```

其中，<context>表示一个虚拟目录，它主要有两个属性，path 为虚拟目录的名字，而 docBase 则是具体的文件位置。在这里配置的虚拟路径名称为 jsp，文件的实际存放地址为 d:/helloapp。将此文件保存为 jsp.xml，这样就可以通过在地址栏中输入地址http://127.0.0.1/jsp/*.jsp 来访问这个虚拟目录中的文件了。

例如，在 d:/helloapp 中存放一个名称为 first.jsp 的 jsp 文件，则可以在 IE 地址栏中输入“http://localhost:8080/jsp/first.jsp”来访问该文件，该文件代码如下：

```
<!---    程序 first.jsp    -->
<%@ page contentType="text/html;charset=GB2312"%>
<html>
   <head><title>虚拟目录测试页面</title></head>
   <body>
      <br>
      <%out.println("虚拟目录测试页面<br>");
         out.println("Hello World!");
      %>
   </body>
</html>
```

浏览结果如图 1-34 所示。

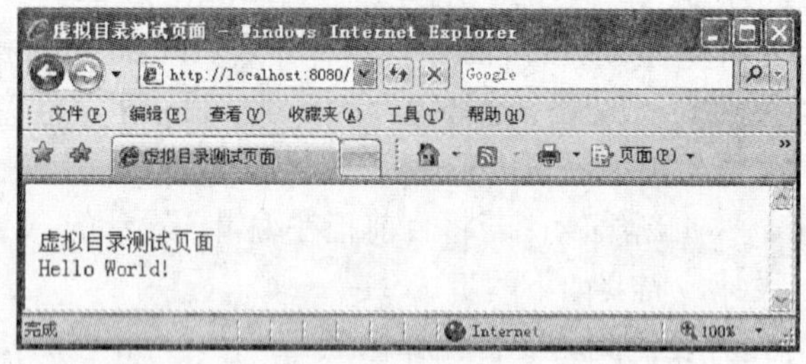

图 1-34　通过设置虚拟目录来访问页面

本章小结

本章重点介绍了 Java Web 应用开发与运行环境的建立，要建立、开发、运行环境需要安装 JDK 及 Tomcat，本章详细讲解了两种软件的下载、安装及配置，然后介绍了如何创建和发布 Java Web 应用程序。MyEclipse 是 JSP 程序开发的可视化集成开发环境，可以方便快捷地进行 JSP 程序的开发，本章最后介绍了其安装、配置及使用的方法。

习题

按照本章所介绍的方法，下载和安装 JDK、Tomcat 和 MyEclipse，配置 Windows 操作系统下的 Java Web 应用开发环境。

（1）安装 JDK，配置系统的环境变量，测试 JDK 安装是否成功。

（2）安装并配置 Tomcat，安装完成后发布 Tomcat 的默认主页，完成 Tomcat 的启动和停止操作。

（3）安装 MyEclipse，开发一个简单的 JSP 程序，并实现部署和运行。

（4）创建一个虚拟发布目录，将例 helloapp.jsp 存入虚拟目录发布，重新运行。

第 2 章　静态网页开发技术

静态网页是指可以由浏览器解释执行而生成的网页，其开发技术主要有 HTML、JavaScript 和 CSS。HTML 是一组标签，负责网页的基本表现形式；JavaScript 是在客户端浏览器运行的语言，负责在客户端与用户的互动；CSS 是一个样式表，起到美化整个页面的功能。

本章主要介绍 HTML、JavaScript 和 CSS 3 种技术及其使用，并给出设计案例。

2.1　HTML 网页设计

HTML（Hyper Text Markup Language）即超文本标记语言，是用来编写网页文件的标准，定义了一组标记（tag，也称标签）用来描述 Web 文档数据。

目前 HTML 已经升级到 HTML 5 版本，HTML 5 是近十年来 Web 开发标准最巨大的飞跃。和以前的版本不同，HTML 5 不仅用来表示 Web 内容，而且在 HTML 5 上，视频、音频、图像、动画以及同计算机的交互都被标准化了。在本章中，主要介绍 HTML 最基本的内容，所以采用 HTML 4 版本，若需要了解和使用 HTML 5，请在此基础上查阅有关 HTML 5 的专门书籍。

2.1.1　HTML 文档结构与基本语法

用 HTML 编写的超文本文档称为 HTML 文档（文件），是一个放置了“标签”的文本文件，以“.html”或“.htm”为扩展名，可供浏览器解释执行的网页文件。

注意：对于 HTML 文档可以直接通过浏览器打开并解释执行，不需要使用服务器。

一个 HTML 文档（如例 2-1 所示）的内容一般位于<html>和</html>之间，分为头部（head）和主体（body）两部分。在头部，可定义标题、样式等，文档的主体就是要显示的信息。

【例 2-1】　一个简单的 HTML 例子，文件名为：ch02_1.html。

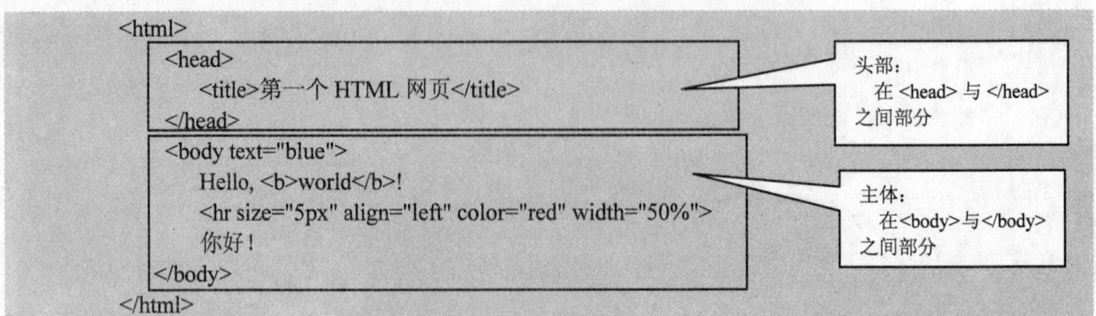

将文档以“ch02_1.html”保存，并在浏览器中打开，运行界面如图 2-1 所示。

图 2-1　例 2-1 的运行界面

1．HTML 标记

在例 2-1 的代码中，用“< >”括起来一些单词或字母，如<html>、<head>、<body>等称为“标记（或标签）”。标记用来分割和标记网页中的元素，以形成网页的布局、格式等。标记分为单标记和双标记两种类型。

（1）单标记：单标记仅单独使用就可以表达完整的意思。

基本语法：

```
<标记名称/>
```

例如：
、<hr/>是单标记，其中，
实现换行功能，<hr/>绘制水平直线。

（2）双标记：双标记由“首标记”和“尾标记”构成，成对使用。

基本语法：

```
<标记名称>内容</标记名称>
```

其中，“内容”部分就是要被这对标记施加作用的部分。例如：

```
<b>计算机</b>
```

该语句表示“计算机”以粗体显示，其中，<b>是首标记，</b>是尾标记，该对标记规定它们之间的信息以粗体字显示在页面上。

2．标记的属性

HTML 通过标记告诉浏览器如何显示网页内容，另外，对标记元素还附加“控制信息”，进一步“规定”如何在网页上显示内容，这些控制信息称为“属性（attribute）”。

基本语法：

```
<标记名称 属性名 1="属性值" 属性名 2="属性值" … 属性名 n="属性值">
```

语法说明：属性应写在首标记内，并且和标记名之间有一个空格分隔。

例如，标记<hr>的作用是在网页中插入一条水平线，但是，要绘制什么类型（线的粗细、颜色等）的直线呢？对直线的粗细、颜色的限制，就需要标记的属性。

```
<hr size="5px" align="center" color="blue" width="80%">
```

其中，align 为属性，center 为属性值（表示居中）；color 为颜色属性，其属性值为 blue（蓝色）；size 为字体大小属性，其属性值为 5px。该语句的作用在页面上绘制一条粗细为 5px 的蓝色直线，直线居页面的中间，宽度占页面的 80%。

注意：属性值一般用""括起来，且必须使用英文双引号。

3．注释标记

注释标记用于在 HTML 源码中插入注释。一般，注释会被浏览器忽略。

基本语法：

```
    <!-- 注释内容 -->
```

2.1.2 HTML 基本标记与使用

在 HTML 中，其常用标记主要有网页基本结构、注释标签、文本、图片、超级链接、滚动字幕、定时刷新或跳转、表格、框架、层、表单等，下面给出这些基本标记的使用方法和使用格式。

1．网页基本结构控制标记

一个 HTML 文档的架构，一般由 3 对标签构成：<html></html>、<head></head>和<body></body>。

（1）<html></html>

这对标签用来标记该文件是 HTML 文档。<html>用于 HTML 文档的最前面，标识 HTML 文档的开始，</html>放在 HTML 文档的最后，标识 HTML 文档的结束。

（2）<head></head>

这对标签内的“内容”是文档的头部信息，说明文档的基本情况，如文档的标题等，其内容不会显示在网页中。在此标签对之间可使用<title></title>、<script></script>等描述 HTML 文档相关信息的标签对。

（3）<body></body>

这对标签内的“内容”是 HTML 文档的主体部分，可包含显示信息及其控制信息显示的各种标签，例如<p></p>、<h1></h1>、
、<hr/>等标签，它们所定义的文本、图像等将会在网页中显示出来。<body>标记中常用属性如下。

- bgcolor：设置背景颜色，例：<body bgcolor="red">，设置红色背景。
- text：设置文本颜色，例：<body text="#00000ff">，设置蓝色文本。

📖 说明：以上各个属性可以组合使用，如<body bgcolor="red" text="#00000ff">。引号内的 6 位十六进制数表示红（r）、绿（g）、蓝（b）三色的组合颜色，其格式为 rrggbb），如#0000ff 对应的是“蓝色（blue）”，blue、red 是 HTML 语言所规定的常量名字。

2．文本与段落标记

文本与段落标记是控制在网页上显示信息的，常用的标记如表 2-1 所示。

表 2-1 文本与段落标记

标　记	说　明
<h#></h#>	标题标记，#=1,2,3,4,5,6，定义了 6 级标题，每级标题的字体大小依次递减 属性 align 设定对齐方式：center：居中；left：左对齐（默认）；right：右对齐
<b></b>	黑体标记
<i></i>	斜体标记
<strong></strong>	加重文本标记（通常是斜体加黑体）
<font></font>	字体标记：size 属性，设置字体大小，取值 1～7；color 属性，设计字体颜色，使用名字常量或 RGB 的十六进制值，face 属性，设计字体字型，例如“宋体”、“楷体”等
<p></p>	段落标记：属性 align 指定对齐方式。
<hr/>	水平分隔线标记：属性 width 设置线的长度（单位像素），size 设置线的粗细（单位像素），color 设置线的颜色，align 设置对齐方式
 	插入一个回车换行符

注意：各种标签可以嵌套，但不允许交叉。例如：

```
<p align="center"> <b><font size="3">静夜思</font></b> </p>
```

该语句的功能是显示一个段落，要求居中，同时，以黑体字显示，字体大小是 3 号字显示。

【例 2-2】 图 2-2 给出了一首唐诗欣赏的页面，根据该页面，设计 HTML 文档 ch02_2.html。请仔细分析所使用的标记及其属性，以及它们的作用。

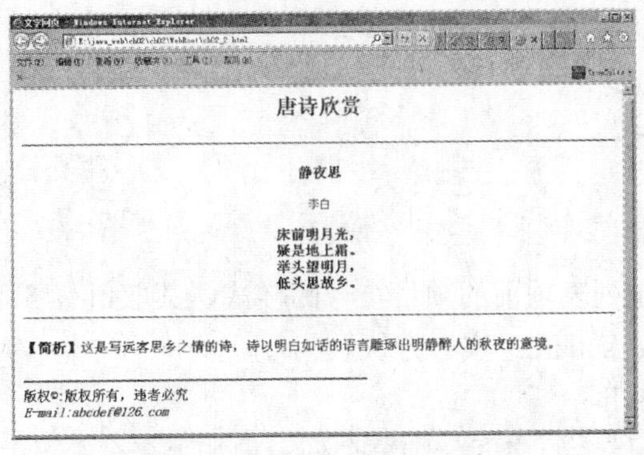

图 2-2　例 2-2 唐诗欣赏页面

```
<html>
  <head> <title>文字网页</title> </head>
  <body>
    <h2 align=center>唐诗欣赏</h2>
    <hr width="100%" size="1" color="#00ffee">
    <p align="center"> <b><font size="3">静夜思</font></b> </p>
    <p align="center">
      <font size="2">李白</font><br/><br/>
      <b>床前明月光，<br/> 疑是地上霜。<br/>
         举头望明月，<br/> 低头思故乡。<br/>
      </b>
    </p>
    <hr width="100%" size="1" color="#00ffee"/>
    <p>
       <b>【简析】</b>这是写远客思乡之情的诗，诗以明白如话的语言雕琢出明静醉人的秋夜的意境。
    </p>
    <hr width="400" size="3" color="#00ee99" align="left"/>
     版权&copy;:版权所有，违者必究
    <address>E-mail:abcdef@126.com</address>
  </body>
</html>
```

3．列表标签

列表标签分两类：有序标签和无序标签。

（1）有序列表标记：<ol></ol>。

```
格式：<ol type="序号类型">
        <li>…….</li>
        <li>……</li>
```

………….
</ol>

其中，属性 type 指定列表项前的项目编号的样式，其取值说明如下。

"1"：编号为阿拉伯数字（默认值）；　　"a"：小写英文字母；

"A"：大写英文字母；　　"i"：小写罗马数字；

"I"：为大写罗马数字。

（2）无序列表标记：<ul></ul>

格式：<ul type="类型样式">

<li>…….</li>

<li>……</li>

………….

</ul>

其中，属性 type 指定列表项前的项目符号的样式，其取值有 3 种。disc：实心圆点（默认值）；circle：空心圆点；square：实心方块。

（3）元素列表：<li></li>

形成列表项，若在<ol></ol>之间，则每个列表项加上一个编号，若在<ul></ul>之间，则每个列表项加上一个规定的符号样式。

【例 2-3】 有序列表与无序列表应用示例，设计如图 2-3 所示的运行界面。

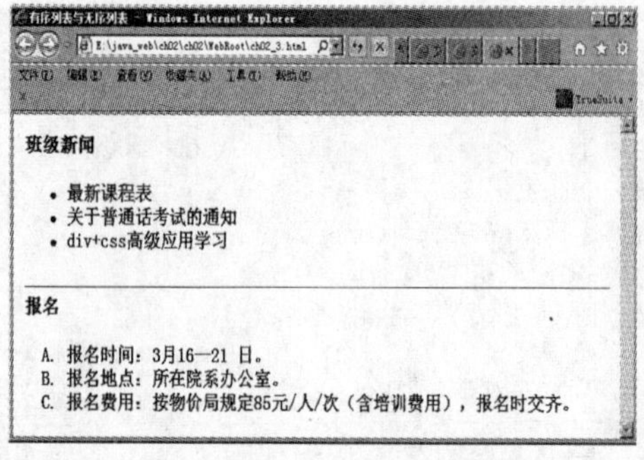

图 2-3　例 2-3 要求的设计界面

```
<!--程序 ch02_3.html -->
<html>
  <head> <title>有序列表与无序列表</title> </head>
  <body>
    <b>班级新闻</b>
    <ul type="disc">
        <li>最新课程表</li>
        <li>关于普通话考试的通知</li>
        <li>div+css 高级应用学习</li>
    </ul>
    <hr width="100%" size="1" color="red">
    <strong>报名</strong>
    <ol type="A">
        <li>报名时间：3 月 16—21 日。</li>
        <li>报名地点：所在院系办公室。</li>
```

```
            <li>报名费用：按物价局规定 85 元/人/次（含培训费用），报名时交齐。</li>
        </ol>
    </body>
</html>
```

4．超链接标签

超链接是指从一个对象指向另一个对象的指针，它可以是网页中的一段文字也可以是一张图片，以实现从一个页面到另一个页面的跳转。

格式：

```
<a href="url" >超链接名称或图片</a>
```

其中，属性 href：指定链接的目标（另一个网页的路径）。

5．图片标记

格式：

```
<img src="url" alt="" height="" width ="">
```

其中，属性 src：指定图像源的 URL 路径；alt：替代文本；height：图片的高度；width：图片的宽度。

【例 2-4】 设计如图 2-4a 所示的页面（ch2_4.html），该页面中有超链接和图片链接，当单击其中之一（单击超链接或图片），都跳转到图 2-4b 所示的页面（“泰山自然网页”，网址为：http://www.mount-tai.com.cn/nature.shtml）。

页面 ch2_4.html 的代码如下：

```
<html>
    <head> <title>超链接页面</title> </head>
    <body>
        <h4>超链接标签的使用</h4>
         <a href="http://www.mount-tai.com.cn/nature.shtml" >泰山风景介绍</a>
        <hr width="100%" size="1" color="red">
        <h4>图片链接标记的使用</h4>
        <a href="http://www.mount-tai.com.cn/nature.shtml" >
            <img src="image/taishan.jpg" width="80px" height="80px" alt="请点击该图片">
        </a>
        <br/> 泰山风景介绍
    </body>
</html>
```

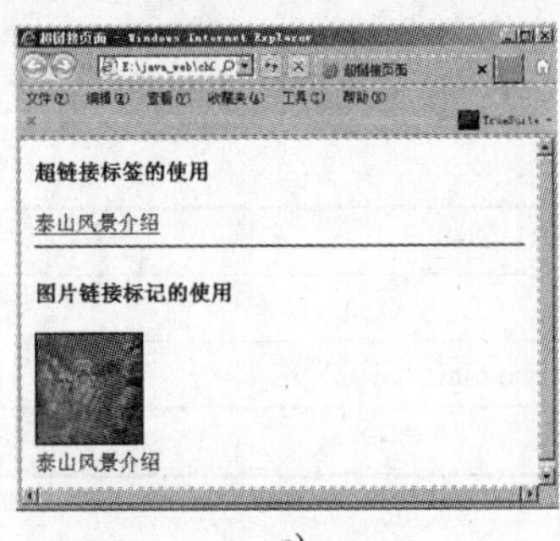

a)

b)

图 2-4　例 2-4 的界面

a) ch2_4.html 的页面　b) 当单击超链接或图片跳转到的页面

6．定时刷新或跳转

（1）定时自刷新，基本语法：

```
<meta http-equiv="refresh" content="1" />
```

该语句表示，页面每隔一秒刷新一次，其中属性 content 的值，代表间隔的时间。

（2）定时自动跳转，基本语法：

```
<meta http-equiv="refresh" content="3;url=http://www.sohu.com" />
```

该语句表示，页面 3 秒后自动转到搜狐主页。

注意：上述标签一般放在 head 标签中。

7．表格

表格由行、列、单元格组成，可以很好地控制页面布局，固定文本或图像的输出，还可以任意进行背景和前景颜色的设置。

一个表格是由<table>、<tr>、<td>或<th>标记来定义的，分别表示表格、表格行、单元格。

（1）基本语法：

```
<table>
    <caption>表格标题</caption>
    <tr><th>列名一</th><th>列名二</th>…...</tr>
    <tr><td>数据一</td><td>数据二</td>…...</tr>
    ……
</table>
```

（2）表格属性（<table>属性）：

整个表格始于<table>而终于</table>，是一个容器标记。常用属性如表 2-2 所示。

表 2-2　标记<table>的属性

属　性	用　途	属　性	用　途
width	表格宽度	cellpadding	边距
height	表格高度	cellspacing	间距
align	表格水平对齐方式	bgcolor	表格背景颜色
border	表格边框厚度	background	表格背景图像

（3）表格行的属性（<tr>属性）：

<tr>的属性用于设定表格中某一行的属性。常用属性如表 2-3 所示。

表 2-3　标记<tr>的属性

属　性	用　途
align	单元格水平对齐方式
valign	单元格中内容的垂直对齐方式：top：顶端对齐；middle：中间对齐；bottom：底端对齐
bgcolor	背景颜色

（4）<td>、<th>属性：

<td>的属性用于设定表格中某一单元格的属性；具体内容的容器，使用时要放在<tr>与</tr>之间。常用属性如表 2-4 所示。

表 2-4　标记<td>、<th>的属性

属　性	用　途	属　性	用　途
align	水平对齐方式	valign	垂直对齐方式
background	背景图像	bgcolor	背景颜色
colspan	跨列数目（横向合并）	rowspan	跨行数目（纵向合并）
height	高度	width	宽度

【例 2-5】 设计如图 2-5 所示的表格，该表格中有跨行、跨列单元格。

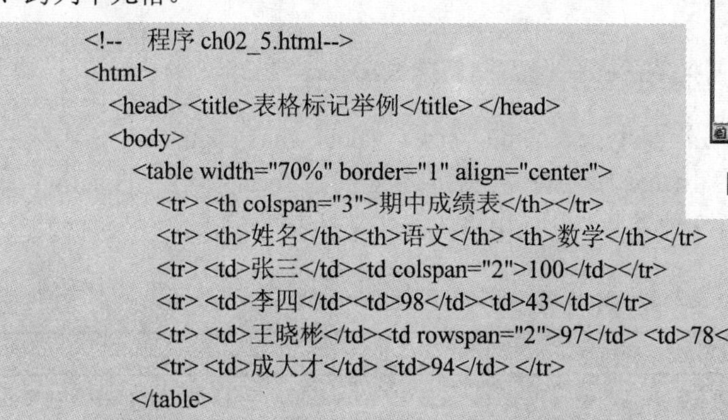

```
<!--   程序 ch02_5.html-->
<html>
  <head> <title>表格标记举例</title> </head>
  <body>
    <table width="70%" border="1" align="center">
      <tr> <th colspan="3">期中成绩表</th></tr>
      <tr> <th>姓名</th><th>语文</th> <th>数学</th></tr>
      <tr> <td>张三</td><td colspan="2">100</td></tr>
      <tr> <td>李四</td><td>98</td><td>43</td></tr>
      <tr> <td>王晓彬</td><td rowspan="2">97</td> <td>78</td></tr>
      <tr> <td>成大才</td> <td>94</td> </tr>
    </table>
  </body>
</html>
```

图 2-5　例 2-5 所要求的设计界面

2.1.3　HTML 表单标签与表单设计

表单是用户与服务器交互的主要方法，用户在表单中填入数据，提交给服务器程序来处理。表单是 Web 程序中使用最多的。

图 2-6 所示就是一个含有表单的页面。表单是由文本框、密码框、多行文本框、单选按钮、复选框、下拉菜单/列表、按钮、文件域、隐藏域等各种表单元素及其标记组成的。下面介绍表单的各种标签及其使用，以及表单的设计。

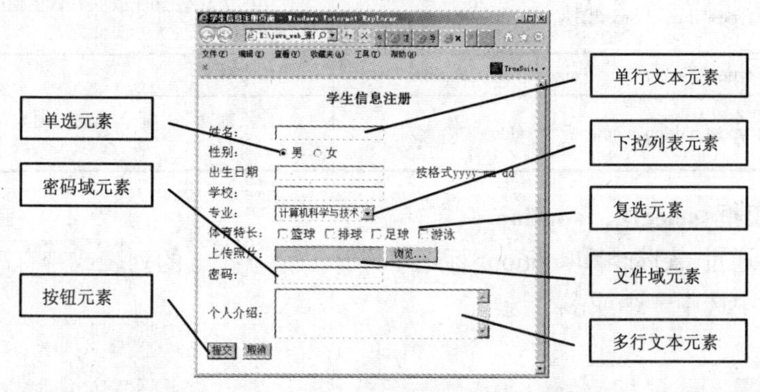

图 2-6　一个表单示例

1．<form>标记及其属性

表单使用<form>和</form>来定义的，<form>标记有属性：name、method、action、

target 等属性。

语法格式：

```
<form name="表单名称" method="提交方法" action="处理程序">
   ………..
</form>
```

其中：属性 name 是表单对象名称，具体使用在本章的第 3 节给出。对于 method 和 action 属性的含义和使用，将在第 3 章中给出。在本节中 3 个属性都给出“空值”。

2．<input>标记及其属性

<input>是个单标记，它必须嵌套在表单标记中使用，用于定义一个用户的输入项。

基本语法：

```
<input name="输入域名称" type="域类型" value="输入域的值">
```

<input>标记主要有 6 个属性，即 type、name、size、value、maxlength、check。其中，name 和 type 是必选的两个属性，name 属性的值是响应程序（由 form 标记中的 action 属性指定）中的变量名。type 主要有 9 种类型，其使用格式和含义见表 2-5 所示。

表 2-5　input 输入域的 9 种类型

名　称	格　式	说　明
文本域	<input　type="text" name="文本字段名称" maxlength=" " size=" " value=" ">	size 与 maxlength 属性用来定义此区域显示的尺寸大小与输入的最大字符数
密码域	<input type="password"　name="密码字段名称" size=" "　maxlength=" " value=" " >	当用户输入密码时，区域内将会显示“*”号代替用户输入的内容
单选按钮	<input type="radio" name=" " value=" " checked />	checked 属性用来设置该单选按钮默认状态是否被选中。当有多个互斥的单选按钮时，设置相同的 name 值
复选框	<input type="checkbox" name=" " value=" " checked />	checked 属性用来设置该复选框默认状态是否被选中，当有多个复选框时，可设置相同的 name 值，也可以设置不同的 name 值
提交按钮	<input type="submit" name=" " value=" "/>	将表单内容提交给服务器的按钮
取消按钮	<input type="reset" name=" " value=" "/>	将表单内容全部清楚，重新填写的按钮
图像按钮	<input type="image" src="图片"/>	使用图像代替 submit 按钮，图像的源文件名由 src 属性指定
文件域	<input type="file" name=" " size=" " maxlength=" ">	上传文件
隐藏域	<input type="hidden" name=" "　value=" " />	用户不能在其中输入信息，用来预设某些要传递的信息

3．下拉列表框<select>、<option>

在表单中，通过<select>和<option>标记可设计一个下拉式的列表或带有滚动条的列表，用户可以在列表中选中一个或多个选项。

基本语法：

```
<select name="" size="" multiple>
   <option value="" selected>…</option>
   <option value="">…</option>
   ……
</select>
```

语法说明：

（1）<select>标记有 name、size、multiple 3 个属性。

- name：设定下拉列表名字。
- size：用于改变下拉框的大小，默认值为 1。
- multiple：表示允许用户从列表中选择多项，若缺省，则表示单选。

（2）<option>标记有两个属性，即 value 和 selected，它们都是可选项。

- value：用于设置当该选项被选中并提交后，浏览器传送给服务器的数据。
- selected：用来指定选项的初始状态，表示该选项在初始时被选中。

4．多行文本框<textarea>标记

基本语法：

```
<textarea   name="" rows="" cols="" wrap="off|virtual|physical">
   初始值
</textarea>
```

其中，rows 设置输入域的行数，cols 设置输入域的列数，wrap 设置是否自动换行。

2.1.4 表单设计案例——学生入校注册页面设计

前几节介绍了 HTML 的基本语法和常用标记，本小节设计一个注册网页，从而掌握 HTML 网页的设计思想和设计方法。

【例 2-6】 设计图 2-6（2.1.3 节中给出的）所示的学生信息注册网页。

【分析】 该页面采用表单的方式设计，为了使页面各元素整齐，采用表格的方式控制元素的位置。该例中给出了表单常用的各种元素，请注意它们的使用特点。

【实现代码】

```
<html>
  <head> <title>学生信息注册页面</title> </head>
  <body>
   <h3 align="center">学生信息注册</h3>
     <form   name="stu" action="">
      <table>
       <tr> <td>姓名：</td> <td><input type="text" name="stuName"></td> </tr>
       <tr> <td>性别：</td>
             <td><input type="radio" name="stuSex" checked="checked">男
                  <input type="radio" name="stuSex">女
             </td>
       </tr>
       <tr> <td>出生日期</td>
           <td><input type="text" name="stuBirthday"></td>
           <td>按格式 yyyy-mm-dd</td>
       </tr>
       <tr> <td>学校：</td><td><input type="text" name="stuSchool"></td></tr>
       <tr><td>专业：</td>
           <td><select name ="stuSelect2">
                   <option selected>计算机科学与技术</option>
                   <option >网络工程</option>
                   <option >物联网工程</option>
                   <option >应用数学</option>
```

```
            </select>
        </td>
    </tr>
    <tr> <td>体育特长：</td>
        <td colspan="2">
            <input type="checkbox" name="stuCheck" >篮球
            <input type="checkbox" name="stuCheck" >排球
            <input type="checkbox" name="stuCheck" >足球
            <input type="checkbox" name="stuCheck" >游泳
        </td>
    </tr>
    <tr><td>上传照片：</td> <td colspan="2"><input type="file"></td></tr>
    <tr><td>密码：</td><td><input type="password" name="stuPwd"></td> </tr>
    <tr><td>个人介绍：</td>
        <td colspan="2"><textarea name="Letter" rows="4" cols="40"></textarea> </td>
    </tr>
    <tr>
      <td><input type="submit" value="提交"><input type="reset" value="取消"></td>
    </tr>
   </table>
  </form>
 </body>
</html>
```

2.1.5 HTML 框架标签与框架设计

框架将浏览器窗口分割为几个窗口，图 2-7 就是一个框架，该框架被分为 4 个窗口，每一部分如图所示。

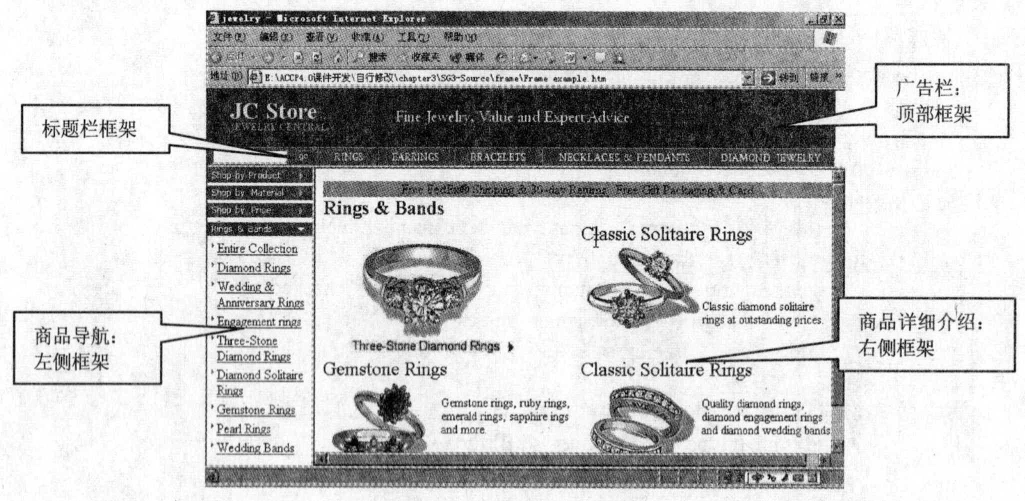

图 2-7　框架的简单结构

如何对页面进行分割呢？它是利用<frame>标记与<frameset>标记来定义。其中，<frame>标记用于定义框架，而<frameset>标记则用于定义框架集。框架标记要在 head 和 body 外部。框架的形成，需要水平分割和垂直分割，下面就给出具体的分割方式。

1．窗口的分割与设置

框架集标记用于窗口的分割，可以水平分割，也可以垂直分割，还可以嵌套分割。分割时，可以指定具体子窗口的大小，也可以采用所占有的比例（百分比）。

（1）分割框架的语法结构。

```
<frameset rows="高度 1,高度 2…"  或者  cols="宽度 1,宽度 2…">
    <frame src="网页 1">
    <frame src="网页 2">
        …
</frameset>
```

语法说明：

① rows 属性表示是水平分割，cols 属性表示是垂直分割。

② rows（或 cols）属性的值代表各子窗口的高度（或宽度）。

- 对于 rows，是从向上向下分割，各子窗口的高度依次为高度 1，高度 2，……，直到最后一个*（代表最后一个子窗口的高度，值为其他子窗口高度分配后所剩余的高度）。
- 对于 cols，是从左到右分割，各子窗口的宽度依次为宽度 1，宽度 2，……，直到最后一个*。

③ 设置高度（宽度）数值的方式有以下两种。

- 采用整数设置，单位为像素（px），例如：

```
<frameset rows="100,200,*">
```

该语句将窗口水平分为 3 个子窗口，第 1 个高度为 100 单位，第 2 个为 200 单位，第 3 个的高度是原窗口高度值-300。

- 用百分比设置，例如：

```
<frameset rows="20%,50%,*">
```

该语句将窗口水平分为 3 个子窗口，第 1 个高度占原高度的 20%，第 2 个占原高度的 50%，第 3 个占原高度的 30%。

（2）窗口的嵌套分割。

将水平分割框架与垂直分割框架实现嵌套，可以设计所需要的任意框架结构。

注意：在嵌套分割时，每个被分割的窗口都是相对独立的，其分割形成子窗口大小都是相对被分割窗口的。

2．子窗口的设置

基本语法：

```
<frame src="html 文件的位置" name="子窗口名称" scrolling="yes 或 no 或 auto">
```

语法说明：

① name 属性指定子窗口的名称，在该子窗口内显示由 src 属性指定的 HTML 文件网页内容。

② scrolling 属性用于控制窗口框架中是否显示滚动条，yes 表示为显示滚动条，no 表示不显示滚动条，auto 为自动设置。

例如：框架中定义了一个子窗口 main，在 main 中显示 jc.html 网页，则代码为：

```
<frame src="jc.html" name="main" scrolling="auto">
```

3．target 属性

在框架结构子窗口的 HTML 文档中如果含有超链接，当用户点击该链接时，目标网页显示的位置由 target 属性指定，若没有指定则在当前子窗口打开。

target 属性使用格式：

```
<a href="目标网页地址" target="显示目标网页的子窗口名字">超链接文字</a>
```

若 jc.html 中有一个超链接，在点击该链接后，网页 new.html 将要显示在名为 main 的子窗口中，则代码为：

```
<a href="new.html" target="main">需要链接的文本</a>
```

2.1.6　框架设计案例——多媒体播放系统设计

将浏览器画面分割成多个子窗口时，可赋予各子窗口不同的功能。最常见的应用方式就是以一个子窗口作为网页的主画面，另一个窗口则用于控制该窗口的显示内容。要达到这个目的，运用<a>标记的 target 属性来指定显示链接网页的子窗口。

【例 2-7】 设计如图 2-8 所示的页面，被划分为 3 个子窗口，上面的窗口为页面功能提示区，下左部分为不同类型播放的功能选项，下右部分为播放系统显示播放信息窗口。图示显示的是，当单击“图像显示”时，所显示的图像（小鸭）。

图 2-8　例 2-8 所要求的设计页面

【分析】 该题目首先进行页面框架设计，采用的是“厂”型的结构，整个页面分上下两部分，而下部分又分为左右两部分。架构结构设计由程序 ch02_7_main.html 实现；上部分显示标题，由程序 ch02_7_top.html 实现；下左部分显示操作菜单，由 ch02_7_left.html 实现；右下部分显示运行界面，由 ch02_7_right.htm 实现，由 imgTag.html、imgTag.html 和 soundTg.html 实现具体的功能，通过主页面左边的操作选项实现超链接。

【实现】

（1）网页框架结构的设计，其代码如下：

```
<!--程序 ch02_7_main.html-->
```

```
<html>
    <head>  <title>多媒体播放系统</title> </head>
    <frameset rows="80,*">
        <frame src="ch02_7_top.html" name="top" scrolling="no">
        <frameset cols="140,*">
            <frame src="ch02_7_left.html" name="left" scrolling="no">
            <frame src="ch02_7_right.htm" name="right" scrolling="auto">
        </frameset>
    </frameset>
</html>
```

（2）最上方的显示标题，代码如下：

```
<!--程序 ch02_7_top.html-->
<html>
    <head> <title>页面标题</title>  </head>
    <body> <center> <h1>多媒体播放系统</h1> </center> </body>
</html>
```

（3）左边显示操作菜单，代码如下：

```
<!--程序 ch02_7_left.html-->
<html>
    <head> <title>菜单页面</title> </head>
    <body> <br><br><br>
        <p><a href=" ch02_7_imgTag.html" target="right">图像显示</a></p>
        <p><a href=" ch02_7_viwTag.html" target="right">视频播放</a></p>
        <p><a href=" ch02_7_soundTag.html" target="right">音乐播放</a></p>
    </body>
</html>
```

（4）右边显示运行界面，代码如下：

```
<!--程序 ch02_7_right.htm-->
<html>
    <head> <title>信息显示页面</title> </head>
    <body background="image/2.jpg"></body>
</html>
```

（5）图像显示页面，代码如下：

```
<!--程序 ch02_7_imgTag.html-->
<html>
  <head> <title>插入图像</title> </head>
  <body>
    小鸭！ <img src="image/xy.gif" alt="小鸭" width="200" height="100" align="left">
  </body>
</html>
```

（6）音乐播放页面，代码如下：

```
<!--程序 ch02_7_soundTag.html-->
<html>
  <head> <title>音乐无限</title>  </head>
  <body> <br> <br>
    <h2 align="center">笔记</h2>
    <img align="left" src="image/周笔畅.jpg" width="200" height="200" alt="歌手.周笔畅">
    <bgsound src="image/笔记.mp3" loop="1">
```

```
    </body>
</html>
```

（7）视频播放页面，代码如下：

```
<!--程序 ch02-7-viwTag.html-->
<html>
  <head> <title>插入视频</title> </head>
  <body>
    backkom 熊<br><br>
    <img dynsrc="image/Backkom.wmv" loop="3">
  </body>
</html>
```

2.2　CSS 样式表

在前面的内容中讲解了 HTML，基本上可以编写出一个网页，但是这是不够的，一个好的网页需要在字体、颜色、布局等方面需要进行设置，需要给用户带来视觉的冲击，下面介绍这种美化技术——CSS 技术。

CSS（Cascading Style Sheets，层叠样式表），就是通常说的样式表。CSS 是一种美化网页的技术，通过使用 CSS 可以方便、灵活地设置网页中不同元素的外观属性，使网页在外观上达到一个更好的效果。

2.2.1　CSS 样式表的定义与使用

CSS 的处理思想是首先指定对什么“对象”进行设置，然后指定对该对象的哪方面的“属性”进行设置，最后给出该设置的“值”。因此，CSS 就是由 3 个基本部分——“对象”、“属性”和“值”组成的。

在 CSS 的 3 个组成部分中，“对象”是最重要的，它指定了对哪些网页元素进行设置，因此，它有一个专门的名称——选择器（Selector）。

定义选择器的基本语法：

```
selector{属性:属性值;属性:属性值;………}
```

说明：

（1）选择器通常是指希望定义的 HTML 元素或标签。CSS 的选择器分为如下 3 种类型。

- 标记选择器，通过 HTML 标签定义选择器。
- 类别选择器，使用 class 定义选择器。
- ID 选择器，使用 id 定义选择器。

（2）属性（property）是希望要设置的属性，并且每个属性都有一个值。属性和值被冒号分开，属性之间用分号间隔，并由花括号包围。例如：

```
p {background-color:blue;color:red}             //定义标记选择器 p
.cs1{font-family:华文行楷;font-size:15px}       //定义类别选择器.csl
#cs2{color:yellow}                              //定义 ID 选择器#cs2
```

1．CSS 样式表的定义

CSS 样式表的定义实际就是定义 CSS 选择器，由于 CSS 选择器有 3 种类型，所以其定义方式也有 3 种。

（1）标记选择器——通过 HTML 标签定义样式表。

基本语法格式：

```
引用样式的对象{标签属性:属性值;标签属性:属性值;标签属性:属性值;……}
```

例如：在<h1></h1>标签对和<h2></h2>标签对内的文本居中显示，并采用蓝色字体的样式表为：

```
h1,h2{text-align:center;color:blue;}      //定义标记 h1，h2 的选择器
<h1>中国</h1>                             //使用选择器，在页面中以标题 1 的字体居中、蓝色字显示
<h2>北京天安门</h2>                       //使用选择器，在页面中以标题 2 的字体居中、蓝色字显示
```

（2）类别选择器——使用 class 定义样式表。

若要为同一元素创建不同的样式或为不同元素创建相同的样式，可以使用 CSS 类选择器，CSS 类有两种格式，定义时在各自定义类的名称前面加一个点号。

格式 1：

```
标签名.类名{标签属性:属性值;标签属性:属性值;标签属性:属性值;……}
```

注意：这种格式的类指明所定义的样式只能用在类名前所指定的标签上。

例如，两个不同的段落，若要使一个段落向右对齐，一个段落居中对齐，则先定义两个类别选择器：

```
p.center{text-align:center;}
p.right{text-align:right;}
```

然后用在不同的段落里，只要在 HTML 标记里加入上面定义的“类”即可：

```
<p class="right"> 这个段落向右对齐</p>
<p class="center"> 这个段落向右对齐</p>
```

格式 2：

```
.类名{标签属性:属性值;标签属性:属性值;标签属性:属性值;……}
```

注意：该格式的类使所有 class 属性值为该类名的标签都遵守该类所定义的样式。

例如：

```
.text {font-family: 宋体;color: red;}     //定义类别选择器 text
<p class ="text">段落文本</p>             //p 标记引用类别选择器 text
<h1 class ="text">标题文本</h1>           //h1 标记引用类别选择器 text
```

该定义的功能：在<p></p>标签对和<h1></h1>标签对上分别使用 text 类使标签对中的文本字体为宋体，颜色为红色。

（3）ID 选择器——使用 id 定义样式表

在 HTML 页面中 ID 选择符用来对某个单一元素定义单独的样式，定义 ID 选择符要在 ID 名称前加上一个“#”号。

基本语法：

```
#id 名称{标签属性:属性值标签属性:属性值;标签属性:属性值;……}
```

注意：使用该类样式表时，需要将该样式的网页内容前加一个 id="id 名称"。

例如：

```
#sample{font-family:宋体;font-size:60pt}    //首先定义 id 选择器
<p id=sample>段落文本</p>   //使用 id 选择器，使标签内的文本以 sample 样式显示
```

2．样式表的使用

在 HTML 中使用 CSS 有 4 种方式：行内式、内嵌式、链接式、导入式。

（1）行内式（不需要定义选择器）：利用 style 属性直接为元素设置样式，只对当前的标签起作用。例如：

```
<p style="color:#FF0000; font-size:20px; text-decoration:underline;">正文内容 1</p>
<p style="color:#000000; font-style:italic;">正文内容 2</p>
```

（2）内嵌式：这种方式，需要先定义有关的选择器，然后再使用。利用<style></style>标签对，将样式表（选择器）定义在<head></head>标签对之间，内嵌式样式表的作用范围是该 HTML 文档内。例如：

```
<html>
    <head>
      <title>页面标题</title>
      <style type="text/css">
          p{color:#0000FF;text-decoration:underline;font-weight:bold; font-size:25px;}
          .info{font-size:12px;color:red;}
      </style>
    </head>
    <body>
        <p>这是第 1 行正文内容……</p>
        <p class="info">这是第 2 行正文内容……</p>
    </body>
</html>
```

定义两个选择器：
标签选择器 p 和类选择器 info

使用选择器：
第 1 行：标签选择器使用
第 2 行：类选择器使用

（3）链接式：外联式样式表是将定义好的 CSS 单独放到一个以.css 为扩展名的文件中，再使用<link>标签链接到所需要使用的网页中，在<head>与</head>之间。

<link>标签链接到网页的格式：

```
<link href="*.css 文件路径" type="text/css" rel="stylesheet">
```

例如：首先定义一个 sheet_x.css 文档，其代码如下：

```
h2{ color:#0000FF; }
p{ color:#FF0000; text-decoration:underline;font-weight:bold; font-size:15px;}
```

其次，在 HTML 中使用：

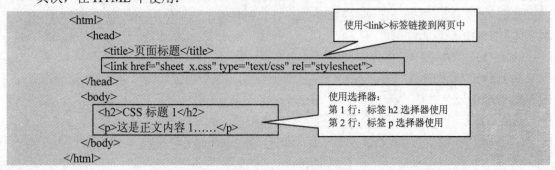

```
<html>
   <head>
      <title>页面标题</title>
      <link href="sheet_x.css" type="text/css" rel="stylesheet">
   </head>
   <body>
      <h2>CSS 标题 1</h2>
      <p>这是正文内容 1……</p>
   </body>
</html>
```

使用<link>标签链接到网页中

使用选择器：
第 1 行：标签 h2 选择器使用
第 2 行：标签 p 选择器使用

（4）导入式：该方式与链接式方法类似，只是通过 import 导入到页面中。

import 导入格式：（注意 import 句尾的分号不要省略）

```
<style type="text/css"> @import url(*.css 文件路径); </style>
```

3．CSS 样式表继承性

CSS 是级联样式表，级联是指继承性，即在标签中嵌套的标签继承外层标签的样式。级联的优先级顺序：

（1）嵌入式样式表（优先级最高）。

（2）内联式样式表。

（3）外联式样式表。

（4）浏览器默认（优先级最低）。

注意：当样式表继承遇到冲突时，总是以最后定义的样式为准，例如：

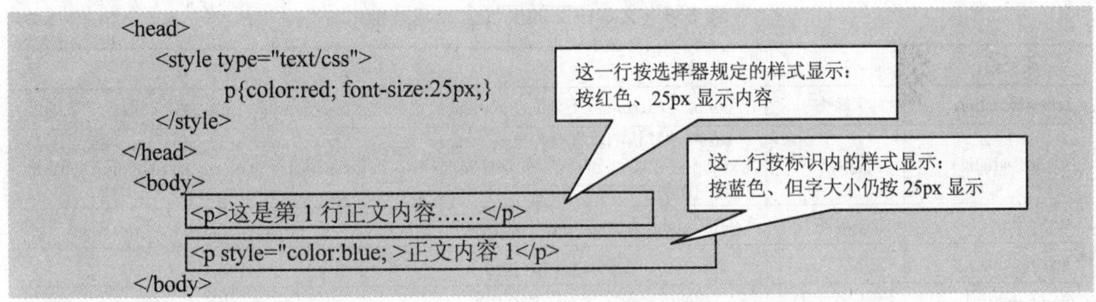

2.2.2 CSS 常用属性

从 CSS 选择器的定义可看出，CSS 美化网页是通过设置网页元素的属性来实现的，主要有字体属性、颜色属性、背景属性、文本段落属性等。

1．字体属性

字体属性主要有 font-family、font-size、font 等，其具体含义与取值如表 2-6 所示。

表 2-6 字体属性含义与取值

属 性 名	属 性 含 义	属 性 值
font-family	字体	取值（如“宋体”）
font-size:	字体大小（字号）	取值单位：pt（点数），例“12pt”
font-style	字体风格	normal（普通，默认值），italic 斜体，oblique 中间状态
font-weight	字体加粗	normal（普通，默认值），bold（一般加粗），bolder（重加粗），lighter（轻加粗），number:100～900 的加粗
font	字体复合属性	用来简化 css 代码，可以取值以上所有属性值，之间用空格分开

2．颜色和背景属性

颜色和背景属性主要有 color、background-color、background-image、background-position、background，其具体含义与取值如表 2-7 所示。

表 2-7　颜色和背景属性含义与取值

属 性 名	属 性 含 义	属 性 值
color	颜色	颜色值是英文名称或 16 进制 RGB 值，例如 red 为#ff0000
background-color	背景颜色	同 color 属性
background-image	背景图像	none：不用背景；url：图像地址
background-position	背景图片位置	top，left，right，bottom，center 等
background	背景复合属性	简化 css 代码，可取值以上所有属性值，之间用空格分开

3．文本段落属性

文本段落的属性，包括单词间隔、字符间隔、文字修饰、纵向排列、文本转换、文本排列水平对齐方式、文本缩进、文本行高、处理空白、文本反排等。主要属性有 text-align、text-decoration 等，具体含义与取值如表 2-8 所示。

表 2-8　文本段落的属性含义与取值

属 性 名	属 性 含 义	属 性 值
text-decoration	文字修饰	none，underline：下划线，overline：上划线，line-through：删除线，blink：文字闪烁
vertical-align	垂直对齐	baseline:默认的垂直对齐方式，super 文字的上标，sub 文字的下标，top 垂直靠上，text-top 使元素和上级元素的字体向上对齐，middle 垂直居中对齐，text-bottom 使元素和上级元素的字体向下对齐
text-align	水平对齐	left，right，center，justify：两段对齐
text-indent	文本缩进	缩进值（长度或百分比）
line-height	文本行高	行高值（长度，倍数，百分比）
white-space	处理空白	normal 将连续的多个空格合并，nowrap 强制在同一行内显示所有文本，直到文本结束或者遇到 对象

若需要其他的有关属性，可查看有关的书籍，这里不再介绍了。

2.2.3　案例——利用 CSS 对注册页面实现修饰

【例 2-8】 设计如图 2-9 所示的注册网页，该页面没有修饰，不够美观，采用 CSS 修饰页面，重新设计页面，如图 2-10 所示。

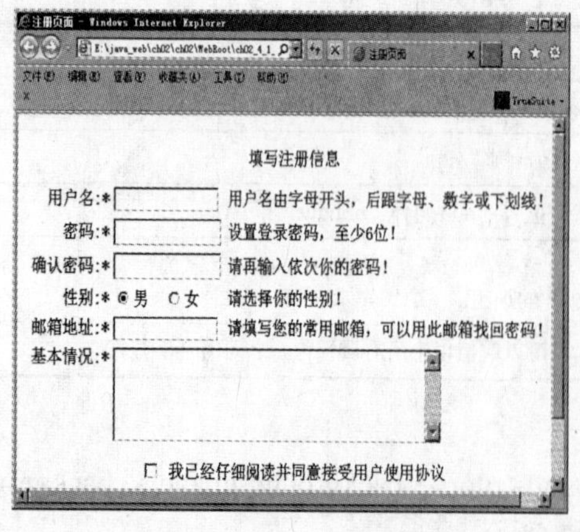

图 2-9　未修饰的注册页面

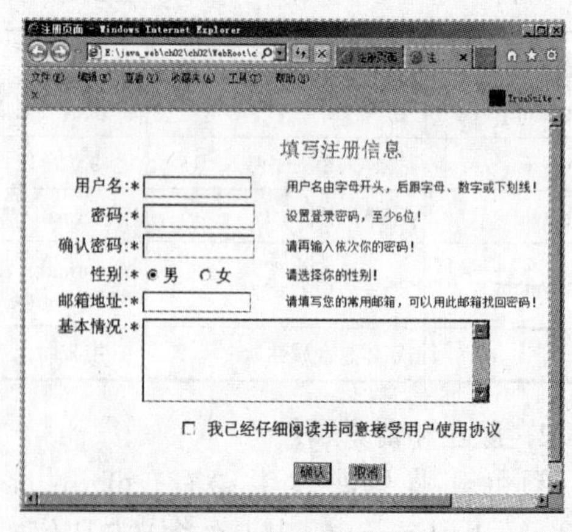

图 2-10　修饰后的注册页面

【分析】 为了便于理解其设计过程，这里采用分三步实现，逐渐完善设计。

第 1 步：按所给出的原始界面，设计 HTML 文档：ch02_8_1_register.html。

第 2 步：设计 CSS 文档：ch02_8_Css.css，在该文档中包含所需要的格式控制，从而形成修饰后的页面。

第 3 步：利用 ch02_8_Css.css 中定义的样式，重新设计 ch02_8_1_register.html，形成新网页 ch02_8_2_registerCss.html。

【实现 1】 HTML 文档的实现

由图 2-9 所给出的页面，实际上就是一个提交表单，即需要设计注册网页（ch02_8_1_register.html），同时，为了使表单信息整齐，采用表格的形式组织表单元素。其代码如下：

```
<!--程序 ch02_8_1_register.html-->
<html>
   <head> <title>注册页面</title> </head>
  <body>
    <form action="">
      <table border="0" align="center" width="600">
        <tr> <td colspan="3" align="center" height="40" >  填写注册信息</td></tr>
        <tr> <td align="right">用户名:*</td>
            <td><input type="text" name="userName"/></td>
            <td>用户名由字母开头，后跟字母、数字或下划线！ </td>
        </tr>
        <tr> <td align="right">密码:*</td>
            <td><input type="password" name="userPwd"/></td>
            <td>设置登录密码，至少 6 位！ </td>
        </tr>
        <tr> <td align="right">确认密码:*</td>
            <td><input type="password" name="userPwd1"/></td>
            <td>请再输入一次你的密码！ </td>
        </tr>
         <tr> <td align="right">性别:*</td>
             <td><input type="radio" name="userSex" value="男" checked/>男
                 <input type="radio" name="userSex" value="女"/>女</td>
             <td>请选择你的性别！ </td>
        </tr>
        <tr> <td align="right">邮箱地址:*</td>
             <td><input type="text" name="userEmail" /></td>
             <td>请填写您的常用邮箱，可以用此邮箱找回密码！ </td>
        </tr>
        <tr> <td align="right" valign="top">基本情况:*</td>
             <td colspan="2">
                 <textarea name="userBasicInfo" rows="5" cols="50"></textarea></td>
        </tr>
        <tr> <td colspan="3" align="center" height="40">
              <input type="checkbox" name="accept" value="yes"/>
               我已经仔细阅读并同意接受用户使用协议</td>
        </tr>
        <tr><td colspan="3" align="center" height="40">
              <input type="submit" value="确认"/> 
              <input type="reset" value="取消"/>
          </td>
```

```
            </tr>
        </table>
    </form>
</body>
</html>
```

目前代码的运行界面如图 2-9 所示，页面不够美观，需要改进，为此，需要使用 CSS 样式修饰页面。

【实现 2】 设计 CSS 样式表文档

从图 2-9 和图 2-10 对比看，图 2-10 改变了页面所有字体的大小，页面最上面的“填写注册信息”也改变了颜色、字体等，每项输入域后面的提示信息也改变了，根据这些变化，编写 CSS 文档：ch02_8_Css.css，在该文档中定义整体样式，例如控制页面的字体大小、内容标题的样式、表格的行高、提示信息的样式，以及定义表单域的样式，例如表单域的宽度和高度等。该文档的代码如下：

```
<!--程序 ch02_4_Css.css -->
<style type="text/css">
        #title{color:#FF7B0B;font-size:20px;font-weight:bod;}
        #i{width:350px;height:15px;color:blue;font-size:12px;}
        table{text-align:left;}
        #t{text-align:right;}
</style>>
```

【实现 3】 利用 CSS 对页面实现修饰

利用 CSS 样式表中所定义的样式，对程序 ch02_8_1_register.html 修改，形成新代码文档 ch02_8_2_registerCss.html。

首先，通过 import 导入，将样式表文档导入页面 ch02_8_1_register.html 中，修改的这部分代码如下（注意 import 句尾的分号不要省略）：

```
<head>
    <title>注册页面</title>
    <style type="text/css"> @import url(ch02_4_Css.css); </style>
</head>
```

然后，修改页面的<body></body>之间的代码，其部分代码如下：

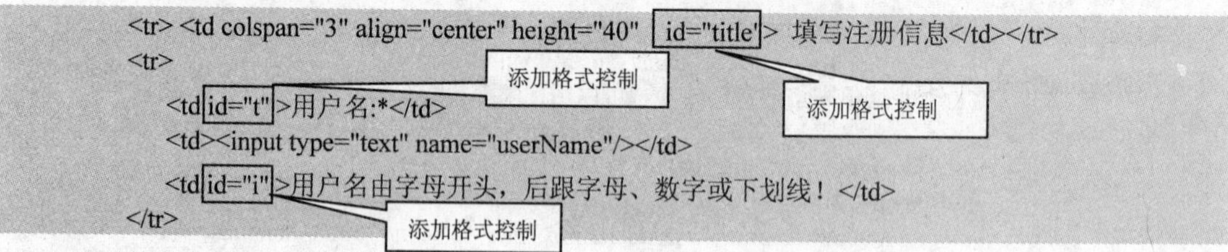

```
<tr> <td colspan="3" align="center" height="40"  id="title'>  填写注册信息</td></tr>
<tr>
    <td id="t">用户名:*</td>
    <td><input type="text" name="userName"/></td>
    <td id="i">用户名由字母开头，后跟字母、数字或下划线！ </td>
</tr>
```


对于其他行也采用这样的修改。通过这样的修改，运行界面如图 2-10 所示，页面就比较美观了。

2.3 JavaScript 脚本语言

JavaScript 是一种简单的脚本语言，可以在浏览器中直接运行，是一种在浏览器端实现网页与客户交互的技术。

JavaScript 代码可以直接嵌套在 HTML 网页中，它响应一系列的事件，当一个 JavaScript 函数响应的动作发生时，浏览器就执行对应的 JavaScript 代码。本小节主要介绍 JavaScript 的基本语法、事件和常用对象以及使用方法。

2.3.1 JavaScript 的基本语法

JavaScript 是一种简单的脚本语言，该脚本语言的基本成分：数据类型、常量变量、运算符、表达式、控制语句、函数等。

1．数据类型

JavaScript 有主要数据类型：int、float、string（字符串）、boolean、null（空类型）。

2．变量

在 JavaScript 中，使用命令 var 声明变量。在声明变量时，不需要指定变量的类型，而变量的类型将根据其变量赋值来确定。

（1）变量声明，格式如下：

```
var 变量名[=值];   （变量声明可以省略）
```

例如：

```
var i;
var message="hello";
```

（2）数组的声明：数组的声明有如下 3 种方式（数组元素类型可以不同）。

```
var array1=new Array();                //array1 是一个默认长度的数组
var array2=new Array(10);              //array2 是长度为 10 的数组
var array3=new Array(" aa",12,true);   //array1 是一个长度为 3 的数组，且元素类型不同
```

3．运算符

在 JavaScript 中提供了算术运算符、关系运算符、逻辑运算符、字符串运算符、位操作运算符、赋值运算符和条件运算符等运算符。这些运算符与 Java 语言中支持的运算符及其功能相同。

4．控制语句

JavaScript 中的控制语句：分支语句（if、switch），循环语句（while 、do-while、for），这些语句的语法规则和使用与 java 语言中的要求一样。

5．函数的定义和调用

在 JavaScript 中，函数需要先声明定义，然后再调用。

在 JavaScript 中定义函数，有两种实现方式：一种是在 Web 页面中直接嵌入 JavaScript，另一种是链接外部 JavaScript 文件。

（1）在页面中直接嵌入 JavaScript 代码。

使用<script></script>标记对封装代码，且必须放在<head>与</head>之间，其语法格式：

```
<head>
    <script language="javascript" >
        function functionName([parameter1, parameter2,…]){
        //有关的处理语句;
        }
```

```
    </script>
</head>
```

例如：

定义了一个函数，也可以同时定义多个函数

```
<head>
    <script language="javascript">
        function test(){
            window.alert("事件引发一操作，并成功执行了这个操作！");
        }
    </script>
</head>
```

（2）链接外部 JavaScript。

将脚本代码保存在一个单独的文件中，其扩展名为.js，然后在需要的 Web 页面中链接该 JavaScript 文件，同样，也必须放在<head>与</head>之间，其链接语法格式：

```
<script language="javascript" src="url"></script>
```

其中，url 指明 JavaScript 外部文档的地址（相对路径），其文件后缀为“.js”，在外部文档中不需要将脚本代码用<script>和</script>标记括起来。

例如：设计脚本文件 test.js，其代码如下（在一个文件中可以设计多个函数）。

```
//脚本文件：test.js
function test1(){
    window.alert("事件引发一操作，并成功执行了这个操作！");
}
```

而在 HTML 中，需要采用如下方式（与要使用它的网页在同一目录下）：

```
</head>
    <script language="javascript" src="test.js"></script>
</head>
```

📖 提示：当 JavaScript 的代码量比较大的时候，或者在多个页面都会用到同样功能的 JavaScript 代码时，通常存放到*.js 文件中。

（3）函数的调用

在 JavaScript 中，函数的调用一般是由事件引起的，调用方法见 2.3.2 中例子。

2.3.2 JavaScript 的事件

在浏览器中网页与客户的交互都是通过“事件”引发的，当一个事件发生时，例如“用户单击某个按钮”，浏览器认为在这个按钮上发生了一个 click 事件，然后根据该按钮所定义的事件处理函数，执行相应的 JavaScript 脚本。

1．JavaScript 的事件的含义

JavaScript 的事件是指用户对网页的一些特定“操作”，例如：鼠标的单击、键盘键被按下等行为都是事件。而事件会引起要处理的“事务”，例如，点击一个超链接，这里的“单击鼠标”就是一个事件，然后由该事件引发网页的加载处理（一般称为事件处理函数）。

事件处理函数是指用于响应某个事件而执行的处理程序。在 JavaScript 中，规定“on 事件名”是对应事件处理程序句柄的名字，例如，当用户单击按钮时，将触发按钮的 onClick

函数。表 2-9 给出常用的事件、事件处理函数及何时触发事件处理函数。

表 2-9 常用的事件、事件处理函数

事 件	事件处理函数名	何 时 触 发
blur	onBlur	元素或窗口本身失去焦点时触发
change	onChange	当表单元素获取焦点，且内容值发生改变时触发
click	onClick	单击鼠标左键时触发
focus	onFocus	任何元素或窗口本身获得焦点时触发
keydown	onKeydown	键盘键被按下时触发，如果一直按着某键，则会不断触发
load	onLoad	页面载入后，在 window 对象上触发；所有框架都载入后，在框架集上触发；<object>标记指定的对象完全载入后，在其上触发
select	onSelect	选中文本时触发
submit	onSubmit	单击提交按钮时，在<form>上触发
unload	onUnload	页面完全卸载后，在 window 对象上触发；或者所有框架都卸载后，在框架集上触发

2．在 HTML 中引用（指定）事件处理函数

在 HTML 中指定事件处理程序，需要在 HTML 标记中添加相应的事件处理程序的属性，并在其中指定作为属性值的代码或是函数名称。使用格式：

```
<标签 各有关属性及其属性值 on 事件名称="函数名称(参数)">
```

【例 2-9】 通过 input 输入标签，引发一个单击事件，该事件的处理函数名是 onClick()，其要完成的功能是通过函数 test()实现的，而函数 test()的功能是显示一个提示窗口（由 Windows 的 alert 方法完成），并提示“事件引发一操作，并成功执行了这个操作！”。

这里采用在页面中直接嵌入 JavaScript 代码的实现方式，其代码如下：

```
<!--程序 ch02_9.html -->
<html>
  <head>
    <title>单击按钮事件示例</title>
    <script language="javascript">
        function test(){
            window.alert("事件引发一操作，并成功执行了这个操作！");
        }
    </script>
  </head>
  <body>
    <form action="">
        <input type="Button" value="警告对话框" onclick="test()"><br/>
    </form>
  </body>
</html>
```

该程序的运行界面如图 2-11 和 2-12，当浏览器运行程序 ch02_9.html 时，首先显示图 2-11 所示的页面，但单击“按钮”时，出现图 2-12 所示的提示对话框，当单击“确定”后，该提示对话框消失。

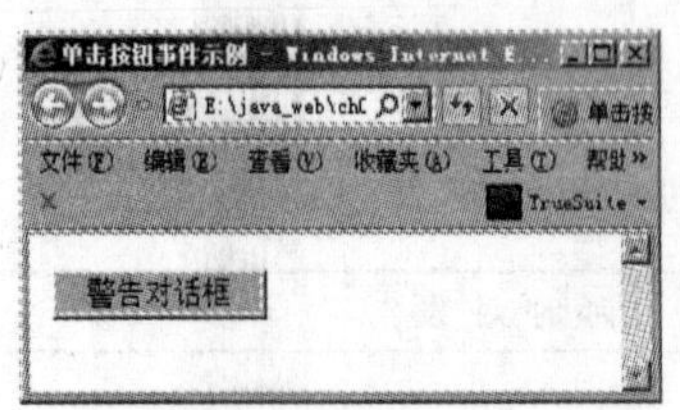

图 2-11　例 2-9 运行界面

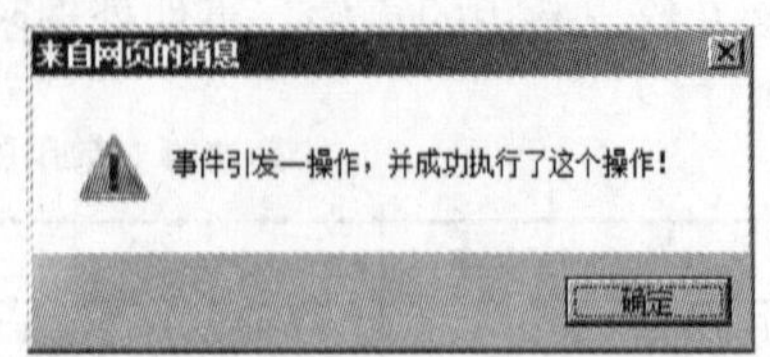

图 2-12　提示对话框

在 HTML 文档中，需要 JavaScript 对 HTML 文档内的有关信息和数据进行加工处理。如何获取 HTML 文档中的各种信息和数据呢？需要通过 JavaScript 内置实现。

2.3.3　JavaScript 的对象

JavaScript 所实现的动态功能，基本上都是对 HTML 文档或者是 HTML 文档运行的环境进行的操作，这些操作必须找到相应的对象，通过这些对象，实现对网页信息的操作和处理加工。

JavaScript 中设有内置对象，常用的内置对象有 String、Date 和浏览器的文档对象（window、navigator、screen、history、location、document）等。对于 String 对象和 Date 对象与 Java 语言中的类似。这里重点介绍 window、history、location、 document 对象的属性、方法和应用。

1．window 对象

HTML 文档内容在 window 对象中显示，同时，window 对象提供了用于控制浏览器窗口的方法。window 对象属性的常用方法如表 2-10 所示。

表 2-10　window 对象属性的常用方法

方　法	描　述
alert()	弹出一个警告对话框
confirm()	显示一个确认对话框，单击“确认”按钮时返回 true，否则返回 false
prompt()	弹出一个提示对话框，并要求输入一个简单的字符串
setTimeout(timer)	在经过指定的时间后执行代码
clearTimeout()	取消对指定代码的延迟执行
setInterval()	周期执行指定的代码
clearInterval()	停止周期性地执行代码

在这些方法中，警告对话框——window.alert()与确认对话框——window.confirm()是使用较多的方法，当某些事件发生时，需要通过对话框给用户显示提示信息，其使用方法参考上一小节例 2-9。

2．location 对象

location 对象实现网页页面的跳转。在 HTML 中使用标记<a></a>来实现页面的跳转，在 JavaScript 中，利用 location 对象实现页面的自动跳转。使用格式：

```
window.location.href="网页路径";
```

例如，跳转到搜狐网页：

```
window.location.href="http://www.sohu.com";
```

3．history 对象

history 对象可以访问浏览器窗口的浏览历史，通过 go、back、forward 等方法控制浏览器的前进和后退。表 2-11 给出了 history 对象的属性和方法。

表 2-11　history 对象的属性和方法

属性、方法	含　义
length 属性	浏览历史记录的总数
go(index)方法	从浏览历史中加载 URL，index 参数是加载 URL 的相对路径，index 为负数时，表示当前地址之前的浏览记录，index 正数时，表示当前地址之后的浏览记录
forward()方法	从浏览历史中加载下一个 URL，相当于 history.go(1)
back()方法	从浏览历史中加载上一个 URL，相当于 history.go(-1)

例如：从当前网页，回退到刚访问过的上一个网页页面，需要的语句为：

```
window. history.back();    或 window. history.go(-1);
```

4．document 对象

每个 HTML 文档被加载后都会在内存中初始化一个 document 对象，该对象存放整个网页 HTML 内容，从该对象中，可获取页面表单的各种信息。这里重点介绍获取 HTML 页面中表单内各输入域信息的方法和使用。

（1）获取表单域对象。

获得表单域对象的主要方法有如下两种：通过表单访问与直接访问。

假设有如下的表单：

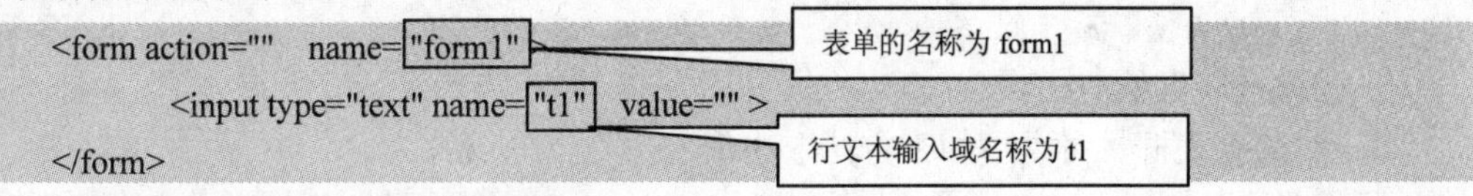

则可以通过以下方法获取输入域对象：

① 通过表单访问。

```
var fObj=document.form1.t1;                    //form1 为表单的名字，t1 为某表单域的 name 值
var fObj=document.form1.elements["t1"];        //form1 为表单的名字，t1 为某表单域的 name 值
var fObj=document.forms[0].t1;           //不使用表单的名字，采用表单集合，[0]表示第 1 个表单
```

② 直接访问。

```
var fObj=document.getElementsByName("t1")[0];     //通过名字访问，t1 为表单域的 name 值
var fObj=document.getElementsById("t1");          //通过 id 访问，t1 为某表单域的 id 值
var fObj=document.all("t1").value ;        //通过名字访问，t1 为某表单域的 name 值
```

（2）获取表单域的值。

若表单域对象为 fObj，由于表单域类型不同，其获取表单域值的方法也不同，常用的方法：

① 获取文本域、文本框、密码框的值。

```
var   v=fObj.value;
```

② 获取复选框的值。

例如，对于如下的一组复选框：

```
<input type="checkbox" name="c1" value="1"/>
<input type="checkbox" name="c1" value="2"/>
<input type="checkbox" name="c1" value="3"/>
```

利用 JavaScript 取值的方法：

```
var fObj=document.form1.c1;          //form1 为表单的名字
var s="";
for(var i=0;i<fObj.length;++i){
    if(fObj[i].checked==true)   s=s+fObj[i].value;    //将获得的值连成一个字符串 s
}
widow.alert(s);                              //通过警告框，输出 s 的信息值
```

③ 获取单选按钮的值。

例如，对于如下的一组单选按钮：

```
<input type="radio" name="p" checked/>加
<input type="radio" name="p"/>减
<input type="radio" name="p"/>乘
<input type="radio" name="p"/>除<br/>
```

利用 JavaScript 取值的方法如下：

```
var fObj=document.form1.p;          //form1 为表单的名字
for(var i=0;i<fObj.length;++i)
   if(fObj[i].checked)   break;
switch(i){
   case 0:……;break;
   case 1: ……;break;
   case 2: ……;break;
   case 3: ……;
```

④ 获取列表框的值。

对于单选列表框，可以用如下方法取出值：

```
var index=fObj.selectedIndex;        //fObj 为列表对象，取出所选项的索引，索引从 0 开始
var val=fObj.options[index].value;   // 取出所选项目的值
```

对于多选列表，取值需要循环：

```
var fObj=document.form1.s1;          //form1 为表单的名字
var s="";
for(var i=0;i<fObj.options.length;++i){
    if(fObj[i].options[i].selected==true) s=s+fObj.options[i].value;
}
window.alert(s);                             //通过警告框，输出 s 的信息值
```

2.3.4 案例——JavaScript 实现输入验证

对于一个 HTML 页面中的表单，可以获取其中的各项表单域的信息，利用这些信息，可以判定各表单域所提供的输入值是否合法，是否符合所要求的格式，这就是表单的输入验证，也是 JavaScript 最重要的应用。下面通过一个案例，给出具体的实现方法。

【例 2-10】 例 2-9 中已经设计了一个注册页面，并利用 CSS 样式表进行美化了，在本例中，根据图 2-13 页面所给出的不同信息的输入要求，利用 JavaScript 进行表单数据有效性

验证，当不符合要求时，通过警告框，给出提示，并重新输入。

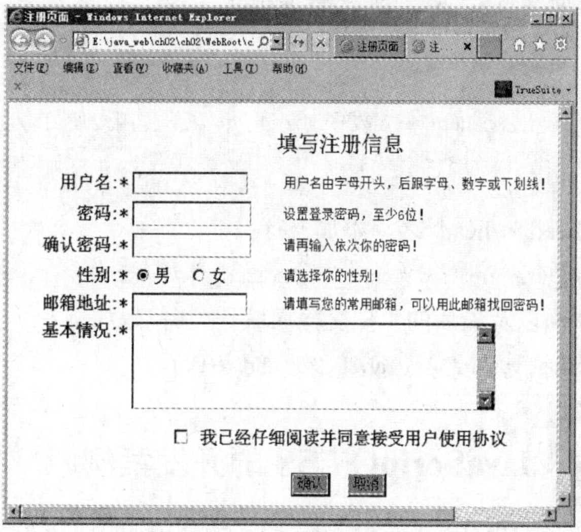

图 2-13　例 2-9 给出的修饰后的页面

【分析】 输入表单的验证就是对表单中输入的数据进行检验，如果表单中填入的数据不符合要求，则禁止提交，并给用户适当的提示信息，以便用户重新输入。只有当所有输入的数据符合所要求后，才允许提交，并进入表单标签的 action 属性所指定的处理程序，即<form action="提交后，进入的处理页面">。

（1）由图 2-13，该注册页面，需要验证的表单输入域和要求。

- 用户名：用户名是否为空，是否符合规定的格式（用户名由字母开头，后跟字母、数字或下划线！）。
- 密码：密码长度是否超过 6，两次密码输入是否一致。
- 邮箱地址：邮箱地址必须符合邮箱格式。

（2）必须注意提交表单并实现输入验证的方式。

一般使用“button 类型”按钮提交，“提交”时先执行“响应函数”。提交方式：

```
<input type="button"    value="提交"    onClick="响应函数">
```

另外，在验证函数中，当都满足格式后，采用如下格式，实现提交：

```
document.forms[0].submit();
```

【设计与实现】 对于验证输入格式，实际上就是编写有关的 Javascript 函数，去验证表单中各输入域是否符合规定，若不符合规定，给出提示信息。为此，使用 JavaScript 编写验证函数，并形成文件 ch02_10_JavaScript.js，其代码如下：

```
function validate(){
    var name=document.forms[0].userName.value;
    var pwd=document.forms[0].userPwd.value;
    var pwd1=document.forms[0].userPwd1.value;
    var email=document.forms[0].userEmail.value;
    var accept=document.forms[0].accept.checked;
    var regl=/[a-zA-Z]\w*/;
    var reg2= /\w+([-+.']\w+)*@\w+([-.]\w+)*.\w+([-.]\w+)*/;
```

```
            if(name.length<=0) alert("用户名不能为空！");
            else if(!regl.test(name)) alert("用户名格式不正确！");
            else if(pwd.length<6) alert("密码长度必须大于等于 6！");
            else if(pwd!=pwd1) alert("两次密码不一致！");
            else if(!reg2.test(email)) alert("邮件格式不正确！");
            else if(accept==false) alert("您需要仔细阅读并同意接受用户使用协议！");
            else document.forms[0].submit();
        }
```

然后，在页面的<head></head>之，添加一行：

```
<script language="javascript" src=" ch02_10_JavaScript.js"></script>
```

最后，修改注册页面以及最后的“提交输入域”，其代码如下：

```
<input type="Button" value="确认" onClick="validate()"/>;
```

2.4 基于 HTML+JavaScript+CSS 的开发案例

前面 3 节分别介绍了 HTML、JavaScript、CSS 的使用方法，并给出了利用 JavaScript 实现表单输入验证，本节再通过两个案例给出它们的应用设计。

2.4.1 JavaScript+CSS+DIV 实现下拉菜单

利用 JavaScript + CSS 设计页面的一些特殊功能，例如，页面的下拉菜单和折叠菜单的实现。本小节利用 HTML 的层标签<div>，并与 CSS、JavaScript 结合，实现网页下拉菜单。

1．层标签<div>

<div>（division）是块级元素，可以包含段落、标题、表格，乃至诸如章节、摘要和备注等。由于是块级元素，在段落开始、结束处会插入一个换行。

在 HTML 文件内，要定义区域间不同样式时，使用<div>为文档的任意部分绑定脚本或样式，同时，通过设置<div>的 z-index 属性还可以设置层次的效果。

基本语法：

```
<div id="层编号" style="position:absolute; left:29px;top:12px;
        width:200px;height:100px; background-color:#33CC99;
        float:none; clear:none;z-index:1>
</div>
```

语法说明：

- position 属性主要是来定义层的定位方式。
- left 和 top 是用来定位层的位置，表示与其他对象的左部、顶部的相对位置。
- width 和 height 用来定义层的宽度和高度。
- float 是层的浮动属性，用来设置层的浮动位置。
- clear 是层的清除属性，表示是否允许在某个元素的周围有浮动元素，它和浮动属性是一对相对立的属性，浮动属性用来设置某个元素的浮动位置，而清除属性则要去掉某个位置的浮动元素。
- z-index 主要是设置区域的上下层关系，利用此属性设置可以让区域更多层次的效果，相当于三维空间的 z 坐标，z-index 越大，区域在堆中的位置就越高。

2．利用 JavaScript+DIV+CSS 实现下拉菜单

在 Web 应用中，下拉菜单的使用很广泛，利用 JavaScript、CSS 以及 DIV 可以很容易的实现。其原理就是在用 JavaScript 控制不同 DIV 的显示和隐藏，其中所有的 DIV 都是用 CSS 定位方法提前定义好位置和表现形式，下拉的效果只是当鼠标经过的时候触发一个事件。

【例 2-11】 利用 JavaScript+DIV+CSS 实现图 2-14 所示的下拉菜单。在“系列课程”下有 3 项子菜单：c++程序设计、Java 程序设计、c#程序设计；在“教学课件”下有 3 项子菜单：c++课件、Java 课件、c#课件；在“课程大纲”下也有 3 项子菜单：c++教学大纲、Java 教学大纲、c#教学大纲。当鼠标移动到最上行菜单的某项时，就自动显示其下拉子菜单项，图 2-14 显示的是当鼠标移到“系列课程”菜单项时，显示的子菜单项。

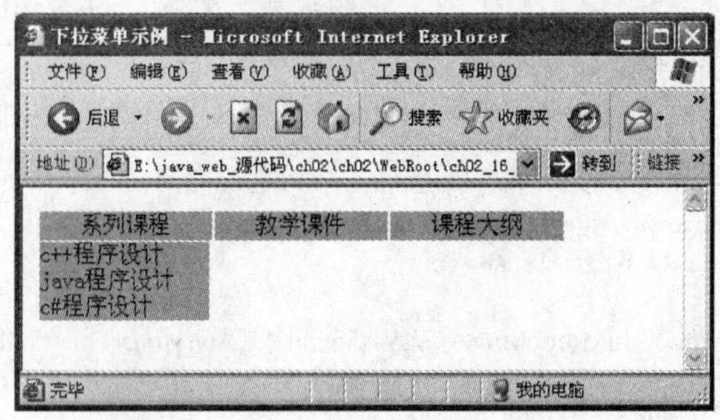

图 2-14　例 2-11 所要求的设计界面

【分析】 网页下拉菜单的设计实际上就是菜单项的显示与隐藏，当鼠标移到某菜单时，其下的菜单项就显示，当鼠标离开该菜单及其子菜单项，其子菜单项就隐藏。实现菜单项的显示与隐藏，需要使用 JavaScript 设计鼠标事件函数。同时，使用 DIV 标记，确定每个菜单的位置。

【设计】

（1）首先利用 JavaScript 设计两个鼠标事件函数。

当鼠标移动到菜单选项时显示对应的 DIV：function show(menu)。

当鼠标移出时隐藏所有的 DIV：function hide()。

（2）设计 3 个 DIV，每个 DIV 对应一个菜单项及其对应的子菜单项，3 个菜单项对应的 DIV 的 id 分别为 menu1、menu2、menu3。

（3）设计关键：3 个 DIV 的位置确定。

【实现】 所编写的代码如下：

```
<!--程序 ch02_11_Menu.html-->
<html>
    <head>
        <title>下拉菜单示例</title>
        <script language="javaScript">
            //当鼠标移动到菜单选项的时候显示对应的 DIV
            function show(menu)
            { document.getElementById(menu).style.visibility="visible"; }
            //当鼠标移出的时候隐藏所有的 DIV
```

```
            function hide() {
                document.getElementById("menu1").style.visibility="hidden";
                document.getElementById("menu2").style.visibility="hidden";
                document.getElementById("menu3").style.visibility="hidden";
            }
        </script>
    </head>
    <body>
      <table>
        <tr bgcolor="#9999FF" align="center">
        <td width="120" onMouseMove="show('menu1')" onMouseOut="hide()">系列课程</td>
        <td width="120" onMouseMove="show('menu2')" onMouseOut="hide()">教学课件</td>
        <td width="120" onMouseMove="show('menu3')" onMouseOut="hide()">课程大纲</td>
      </tr>
      </table>
      <div id="menu1" onMouseMove="show('menu1')"   onMouseOut="hide()"
            style="background:#9999FF;position:absolute;left:12;top:38;width:120;
            visibility:hidden">
            <span>c++程序设计</span><br>
            <span>java 程序设计</span><br>
             <span>c#程序设计</span><br>
        </div>
        <div id="menu2" onMouseMove="show('menu2')"   onMouseOut="hide()"
            style="background:#9999FF;position:absolute;left=137;top=38;width=120;
            visibility=hidden">
            <span>c++课件</span><br>
            <span>java 课件</span><br>
            <span>c#课件</span><br>
        </div>
        <div id="menu3" onMouseMove="show('menu3')"   onMouseOut="hide()"
            style="background:#9999FF;position:absolute;left=260;top=38;width=120;
            visibility=hidden">
               <span>c++教学大纲</span><br>
               <span>java 教学大纲</span><br>
               <span>c#教学大纲</span><br>
        </div>
    </body>
  </html>
```

2.4.2 JavaScript +CSS+DIV 实现表格变色

在一些 Web 应用中间经常会用表格来展示数据，当表格行数比较多的时候，就容易出现看错行的情况，所以需要一种方法来解决这个问题。在这里我们采取这样一种措施，当鼠标移到某一行时，这行的背景颜色发生变化，这样当前行就会比较突出，不容易出错。

【例 2-12】 利用 JavaScript+CSS 实现表格变色，当鼠标移到某一行时，这行的背景颜色发生变化，图 2-15 所示的是当鼠标移到“清华”这一行时的结果。

图 2-15　例 2-12 所要求的设计页面

【分析】 对于该题目，实际上就是设计一个表格，但当鼠标移到某行后，该行的显示颜色发生变化，为此，对每一行需要两个鼠标事件：鼠标覆盖（onMouseOver）、鼠标离开（onMouseOut），同时这两个事件需要调用事件函数，分别完成对该行的颜色设置 resetColor(row)和改变颜色函数 changeColor(row)。

【实现】 具体的实现代码如下：

```
<!--程序 ch02_12_ColorTable.html  -->
<html>
    <head>
        <title>变色表格示例</title>
        <script language="javascript">
          function changeColor(row){
              document.getElementById(row).style.backgroundColor='#CCCCFF';
          }
        function resetColor(row){
              document.getElementById(row).style.backgroundColor='';
          }
      </script>
    </head>
    <body>
        <table width="200" border="1" cellspacing="1" cellpadding="1" align="center">
            <tr><th>学校</th><th>专业</th><th>人数</th></tr>
            <tr align="center" id="row1"
                onMouseOver="changeColor('row1')" onMouseOut="resetColor('row1')">
              <th>北大</th><th>法律</th><th>2000</th>
            </tr>
            <tr align="center" id="row2"
                onMouseOver="changeColor('row2')" onMouseOut="resetColor('row2')">
              <th>清华</th><th>计算机</th><th>5000</th>
            </tr>
            <tr align="center" id="row3"
                onMouseOver="changeColor('row3')" onMouseOut="resetColor('row3')">
              <th>人大</th><th>经济</th><th>6000</th>
            </tr>
        </table>
    </body>
</html>
```

本章小结

HTML 是组织展示内容的标记语言，JavaScipt 是客户端的脚本语言，CSS 是美化页面的样式表，这 3 种技术结合在一起构成了 Web 开发最基础的知识，所有的 Web 应用开发都是在这个基础之上进行的。

本章对这 3 种技术进行了简单介绍，可以迅速对 Web 开发的基础知识有一个宏观的、清楚的认识，从而可以快速进入后面章节的学习。如果读者对这方面基础知识有更深一步了解的需要，就有必要参考相关的专题书籍。

习题

1．设计如图 2-16 所示的页面：ch02_zy_1.html。

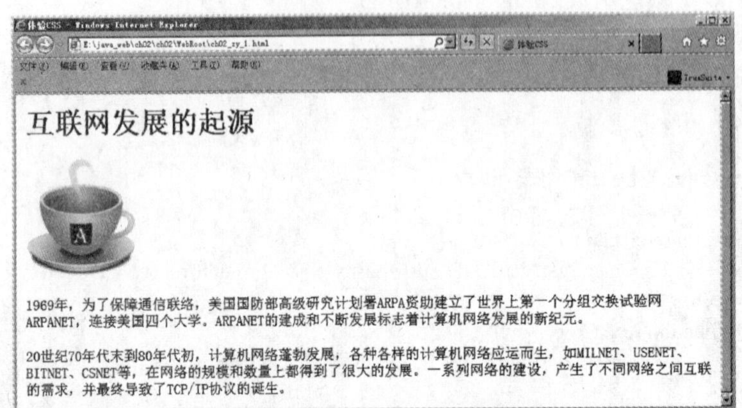

图 2-16　练习 1 所要求的页面

2．利用 CSS 对网页文件 ch02_zy_1.html（练习 1）做如下设置：

（1）h1 标题字体颜色为白色、背景颜色为蓝色、居中、四个方向的填充值 15px。

（2）使文字环绕在图片周围，图片边线：粗细 1px，颜色#9999cc，虚线，与周围元素的边界 5px。

（3）段落格式：字体大小 12px，首行缩进两字符，行高 1.5 倍行距，填充值 5px。

（4）消除网页内容与浏览器窗口边界间的空白，并设置背景色#ccccff。

（5）给两个段落加不同颜色的右边线：3px double red 和 3px double orange。

最终显示效果如图 2-17 所示。

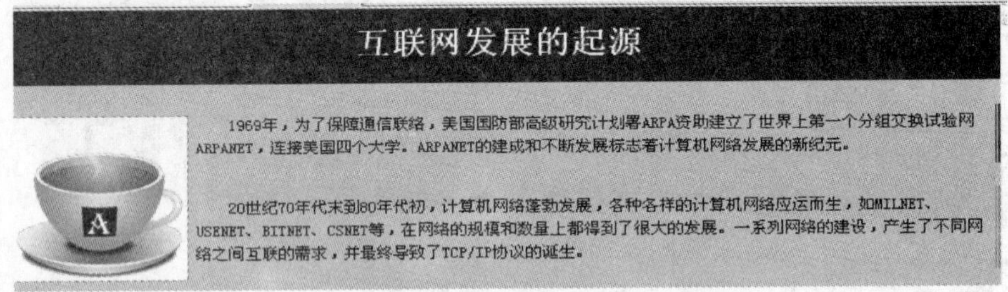

图 2-17　练习 2 所要求的设计页面

3．简单设计题：

（1）在网页上显示当前时间（客户端机器），一秒刷新一次。

（2）延迟执行某段代码，如让网页 3 秒钟后转到网页 http://www.163.com。

（3）在网页上显示当前日期，星期（客户端机器）。如果时间在 6:00～12:00，输出“早上好”；如果时间在 12:00～18:00，输出“下午好”；如果时间在 18:00～24:00，输出“晚上好”；如果时间在 0:00～6:00，输出“凌晨好”。

4．利用框架的嵌套分割设计如图 2-18 所示的页面架构。

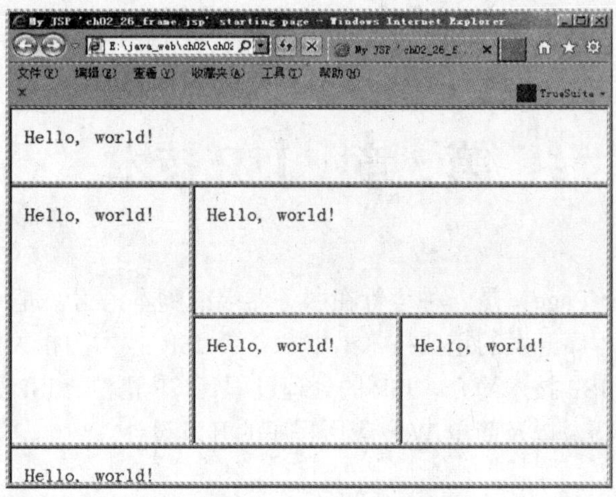

图 2-18　框架的设计

5. 自定义一个信息输入界面，并实现对输入信息格式等进行验证。

第3章　JSP技术

JSP（Java Server Page）是一种运行在服务器端的脚本语言，是用来开发动态网页的技术，它是 Java Web 程序开发的重要技术。本章介绍 JSP 技术的相关概念以及如何开发 JSP 程序，主要内容包括JSP技术简介、JSP的处理过程、JSP语法、JSP的内置对象、每种对象的使用方法和使用技巧，以及简单 Web 应用程序的开发设计。

3.1　JSP 技术简介

在第 2 章中，介绍了静态网页设计技术，静态网页运行时由浏览器直接解释执行，并将运行结果在浏览器中直接显示。而 JSP 是一种动态网页技术标准，它是在静态网页 HTML 代码中加入 Java 程序片段（Scriptlet）和 JSP 标签（tag），构成 JSP 网页文件，其扩展名为“.jsp”。当客户端请求 JSP 文件时，Web 服务器执行该 JSP 文件，然后以 HTML 的格式返回给客户（浏览器显示），即 JSP 程序的执行是由 Web 服务器（常用 Tomcat 服务器）来完成的。所以，要运行 JSP 必须安装并配置服务器，具体安装和配置在第 1 章中已经介绍。下面就介绍 JSP 技术的有关内容。

3.1.1　JSP 页面的结构

JSP 页面主要由 HTML 和 JSP 代码构成，JSP 代码是通过“<%”和 “%>”符号加入到 HTML 代码中间的。例 3-1 的程序代码体现了 JSP 程序的结构。

【例 3-1】 一个简单的JSP程序（ch03_1_first.jsp）代码，该程序的功能是计算 1～10 的和，并在页面上输出计算结果。注意代码中标注的各部分的名称。

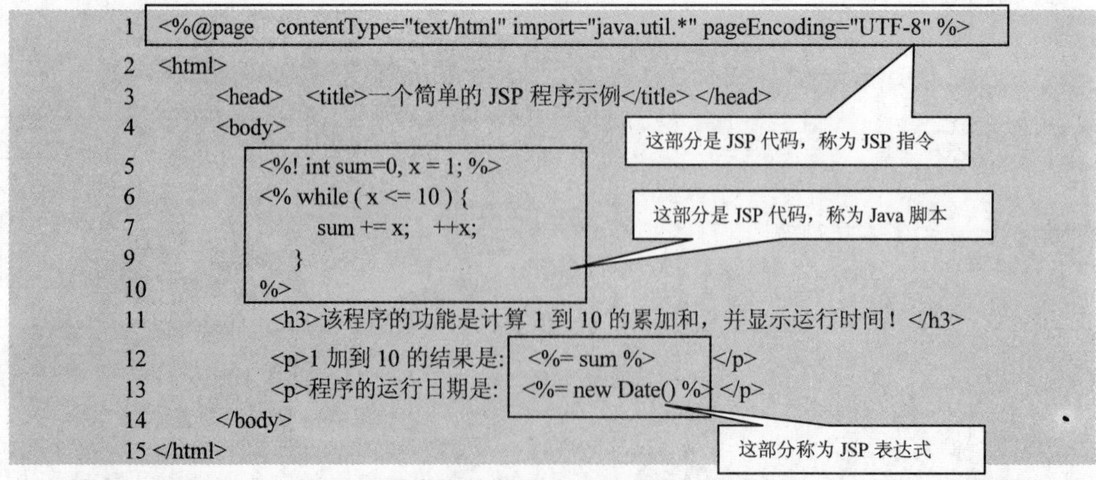

```
<%@page   contentType="text/html" import="java.util.*" pageEncoding="UTF-8" %>
<html>
      <head>   <title>一个简单的 JSP 程序示例</title> </head>
      <body>
            <%! int sum=0, x = 1; %>
            <% while ( x <= 10 ) {
                  sum += x;    ++x;
               }
            %>
            <h3>该程序的功能是计算 1 到 10 的累加和，并显示运行时间！</h3>
            <p>1 加到 10 的结果是:  <%= sum %>        </p>
            <p>程序的运行日期是:  <%= new Date() %> </p>
      </body>
</html>
```


其中，处于“<%”和“%>”中间的代码为 JSP 代码，其余部分为 HTML 标记代码。

- 第 1 行是 JSP 指令，规定该页面所使用的字符编码、使用的工具 Jar 包等信息。
- 第 5 行是 JSP 的变量声明，并提供初始值。
- 第 6～10 行是 JSP 的 Java 代码段，其功能是累加求和。
- 第 12、13 行中的“<%=　%>”是 JSP 表达式。

它们的具体格式与使用，将在本章第 2 小节给出详细介绍。

在 MyEclipse 开发工具下，首先建立工程 ch03，然后建立 JSP 程序 ch03_1_first.jsp，并进行部署，启动 Tomcat 服务器（具体操作步骤见第 1 章中的 1.3 节），然后在 IE 地址栏中填入地址http://localhost:8080/ch03/ch03_1_first.jsp。执行该程序后的运行结果如图 3-1 所示。

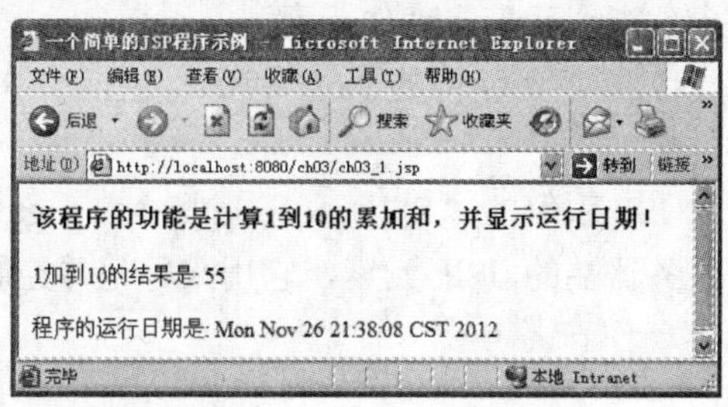

图 3-1　例 3-1 的运行界面

3.1.2　JSP 程序的运行机制

JSP 程序是在服务器端（JSP 容器）运行的。服务器端的 JSP 引擎解释执行 JSP 代码，然后将结果以 HTML 页面形式发送到客户端。JSP 程序的运行机制如图 3-2 所示。

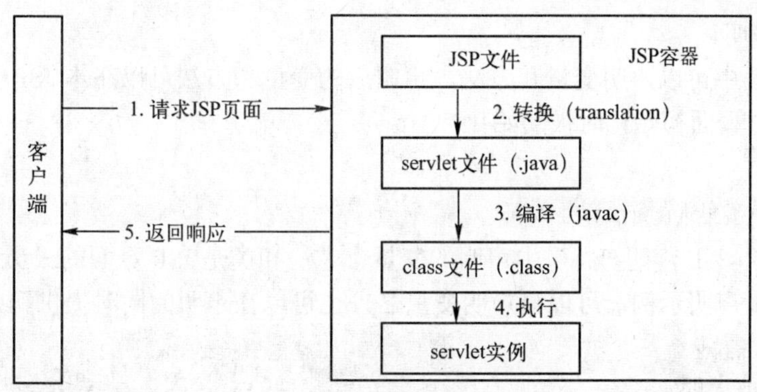

图 3-2　JSP 运行原理

当 Web 客户端发送过来一个页面请求时，Web 服务器先判断是否为 JSP 页面请求。如果该页面只是一般的 HTML/XML 页面请求，则直接将 HTML/XML 页面代码传给 Web 浏览器端；如果请求的页面是 JSP 页面，则由 JSP 引擎检查该 JSP 页面，若该 JSP 页面是第一次被请求，或不是第一次被请求但已经被修改，则 JSP 引擎将此 JSP 页面代码转换为 Servlet 代码（Servlet 将在第 6 章中介绍），然后，进行编译生成字节码（.class）文件，再执行并将执行结果传给 Web 浏览器；如果该 JSP 页面不是第一次被请求，且没有被修改过，则直接由 JSP 引擎调用 Java 虚拟机执行已经编译过的字节码文件，然后根据字节码执行的结果，生成对应的纯 HTML 的字符串返回给浏览器，这样就可以把动态程序的结果展示给用户。

3.2 JSP 语法

JSP 页面是将 JSP 代码放在特定的标签中，然后嵌入到 HTML 代码中而形成。JSP 的绝大部分标签是以“<%”开始，以“%>”结束的，而被标签包围的部分则称为 JSP 元素的内容。开始标签、结束标签和元素内容 3 部分组成的整体，称为 JSP 元素（Elements）。JSP 元素分为 3 种类型：基本元素，指令元素，动作元素。

（1）基本元素：规范 JSP 网页所使用的 Java 代码，包括 JSP 注释、声明、表达式和脚本段。

（2）指令元素：是针对 JSP 引擎的，包括 inc1ude 指令、page 指令和 taglib 指令。

（3）动作元素：属于服务器端的 JSP 元素，它用来标记并控制 Servlet 引擎的行为，主要有 include 动作和 forward 动作。

3.2.1 JSP 基本元素

JSP 的基本元素定义并规范了 JSP 网页所使用的 Java 代码段，主要包括注释、声明、表达式和脚本段。

1．JSP 脚本元素

JSP 脚本元素规范 JSP 网页所使用的 Java 代码段，包括 JSP 声明、JSP 表达式、JSP 代码块。

（1）JSP 声明。

在 JSP 页面中可以声明变量和方法，声明后的变量和方法可以在本 JSP 页面的任何位置使用，并在 JSP 页面初始化时被初始化。

语法格式：

```
<%! 声明变量、方法和类 %>
```

功能：在“<%! 声明 %>”中声明的变量、方法和类是 JSP 页面的成员变量。

例如，变量声明示例，可以只声明变量名，也可以在声明的同时提供初始值。

```
<%! int a,b,c;                              //声明整型变量 a、b、c
   double d=6.0;                            //声明 double 型变量 d，并初始化为 6.0
   Date e=new Date();                       //声明类 Date 的对象 e，并实例化
   String str="中国加油!我爱我的祖国";      //声明字符串变量 str，并初始化
%>
```

例如，声明 long fact(int y)方法，其代码如下：

```
<%! long fact(int y){ //声明 long fact(int y)方法
        if(y==0) return 1;
        else    return y*y;
    }
%>
```

（2）JSP 表达式。

JSP 表达式是由变量、常量组成的算式，它将 JSP 生成的数值转换成字符串嵌入 HTML

页面，并直接输出（显示）其值。

语法格式：

```
<%=表达式%>
```

功能：表达式执行后返回 String 类型的结果值，并将结果值输出到浏览器。

注意：不能用一个分号（“;”）来作为表达式的结束符；“<%=”是一个完整的标记，中间不能有空格；表达式元素包含任何在 Java 语言规范中有效的表达式。

例如：

```
<%! String s=new String("Hello");%>      //声明字符串变量，并初始化
<font color="blue"><%=s%></font>         //以“蓝色”显示输出表达式 s 的值
<b>100,99 中最大的值：</b><%=java.lang.Math.max(100,99) %>   //利用数学函数求值
```

（3）JSP 代码块。

JSP 代码段可以包含任意合法的 Java 语句，该代码段在服务器处理请求时被执行。

语法格式：<% 符合 java 语法的代码块 %>。

例如：JSP 代码段定义示例，注意变量 a 和变量 d 的声明和使用区别。

```
<%!  int d=0; %>                  //声明，定义全局变量 d
<%   int a=30; %>                 //JSP 代码段，定义局部变量 a
<%   int   b=30;                  //定义局部变量 b
     d=d+a+b;                     //错误，因 a 被定义在单独的 JSP 代码段中，与该段无关系
     d=d+b;                       //计算表达式的值，d 是全局变量
%>
<%                                //JSP 代码段，利用循环输出数据 0～7，且一行一个数
   for(int i=0;i<8;++i){
     out.print(i+"<br>");         //out 是 JSP 内置对象，表示在页面上输出 i 的值并换行
   }
%>
```

📖 提示：在代码块中定义的变量是局部变量，在声明中定义的变量是页面的全局变量。

【例 3-2】 利用 java 代码段设计 ch03_2_javalet.jsp 程序，该程序的功能是“以直角三角形的形式显示数字”并“根据随机产生的数据的不同，显示不同的问候”，运行界面如图 3-3 所示。

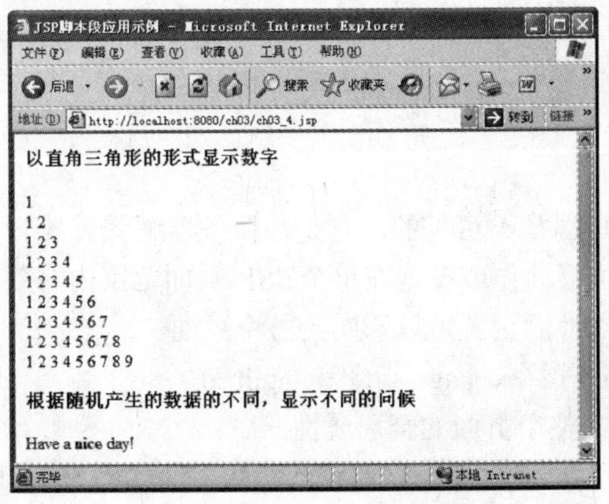

图 3-3　例 3-2 的运行界面

对于该例题要注意 java 代码段的使用格式，必须要与 HTML 标签内容区分。

```
<!-- ch03_2_javalet.jsp  -->
<%@page contentType="text/html"  import= pageEncoding="UTF-8"%>
<html>
  <head>  <title>JSP 脚本段应用示例</title>  </head>
  <body>
       <h3>以直角三角形的形式显示数字</h3>
       <%
          for(int i=1;i<10;i++) {
             for(int j=1;j<=i;j++) {
                out.print(j+"  ");       //out 是 JSP 的内置对象，在这里用于输出信息
             }
            out.println("<br/>");        //实现换行控制
          }
       %>
       <hr>
       <h3>根据随机产生的数据的不同，显示不同的问候</h3>
       <% if (Math.random()<0.5) { %>
              Have a <B>nice</B> day!
           <% }
        else { %>
              Have a <B>lousy</B> day!
        <%}%>
  </body>
</html>
```

2．注释

在 JSP 程序中，为了增加 JSP 程序的可读性，给出了注释元素。

语法格式：

```
<%-- 要添加的文本注释 --%>
```

功能：在 JSP 程序中，当在发布网页时完全被忽略，不以 HTML 格式发给客户。

另外，在 JSP 程序中，也可以使用“HTML 注释”和“Java 注释”。

HTML 注释的语法格式：

```
<!--要添加的文本注释-->
```

Java 注释语法格式：

```
<%//要添加的文本注释  %>  或  <%/*要添加的文本注释*/%>
```

3.2.2 JSP 指令元素

JSP 指令标记在客户端是不可见的，它是被服务器解释并执行的。通过指令元素可以使服务器按照指令的设置执行动作或设置在整个 JSP 页面范围内有效的属性。在一条指令中可以设置多个属性，这些属性的设置可以影响到整个页面。

JSP 指令包括 inc1ude 指令、page 指令和 taglib 指令。

（1）page 指令：定义整个页面的全局属性。

（2）include 指令：用于包含一个文本或代码的文件（将 include 指令指定的文件内容插

入到当前页面内)。

（3）taglib 指令：用来引用自定义的标签或第三方标签库。

JSP 指令的语法格式：

```
<%@ 指令名称 属性 1="属性值 1" 属性 2="属性值 2" … 属性 n="属性值 n"%>
```

下面主要介绍 page 指令和 include 指令。

1．page 指令

page 指令用来定义 JSP 页面中的全局属性，它描述了与页面相关的一些信息，其作用域为它所在的 JSP 文件页面和其包含的文件。page 指令的属性见表 3-1 所示的说明。

表 3-1 page 指令的属性

属　性	说　明	设置值示例
language	指定用到的脚本语言，默认是 Java	<%@page language="java"%>
import	用于导入 java 包或 java 类	<%@page import="Java.util.Date"%>
pageEncoding	指定页面所用编码，默认与 contentType 值相同	UTF-8
extends	JSP 转换成 Servlet 后继承的类	Java.servlet.http.HttpServlet
session	指定该页面是否参与到 HTTP 会话中	true 或 false
buffer	设置 out 对象缓冲区大小	8kb
autoflush	设置是否自动刷新缓冲区	true 或 false
isThreadSafe	设置该页面是否是线程安全	true 或 false
info	设置页面的相关信息	网站主页面
errorPage	设置当页面出错后要跳转到的页面	/error/jsp-error.jsp
contentType	设计响应 jsp 页面的 MIME 类型和字符编码	text/html;charset=gbk
isErrorPage	设置是否是一个错误处理页面	true 或 false
isELIgnord	设置是否忽略正则表达式	true 或 false

page 指令的语法：

```
<%@ page    language="java"
            extends="继承的父类名称"
            import="导入的 java 包或类的名称"
            session="true/false"
            buffer="none/8kB/自定义缓冲区大小"
            autoflush="true/false"
            isThreadSafe="true/false"
            info="页面信息"
            errorPage="发生错误时所转向的页面相对地址"
            isErrorPage="true/false"
            pageEncoding="pageEncoding"
            contentType="mimeType[;charset=characterSet]"
%>
```

使用注意事项：

（1）在一个页面中可以使用多个<%@ page %>指令，分别描述不同的属性。

（2）每个属性只能用一次，但是 import 指令可以被多次使用。

（3）<%@ page%>指令区分大小写。

（4）所有属性的设置都是可选的，只有 language 属性采用默认值，其值为 java。

例如：

```
<%@ page contentType="text/html" %>                <!-- 设置页面类型 -->
<%@ page pageEncoding="UTF-8">                      <!-- 设置编码类型 -->
<%@ page import="java.util.Date,java.lang.*" %>     <!-- 导入页面所需要使用的包 -->
```

【例 3-3】 设计 JSP 程序（ch03_3_page.jsp），显示（服务器）系统的当前时间。

【分析】 由于要使用日期类对象，所以要由 page 指令导入 java.util.Date 类。同时，由于页面中使用了汉字，需要使用支持汉字的编码，这里采用“UTF-8”编码，所以需要 page 指令指定 contentType="text/html" pageEncoding="UTF-8"。其代码如下：

```
<%@ page contentType="text/html" pageEncoding="UTF-8"%>
<%@ page    import="java.util.Date"%>
<html>
        <head><title> page 指令 import 属性实例</title></head>
        <body>
          <% Date date = new Date(); %>
          <h1> page 指令的 import 属性实例演示!</h1>
          <p>现在的时间是:<%=date%></p>
        </body>
</html>
```

📖 提示：如果需要在一个 JSP 页面中同时导入多个 java 包，可采用如下示例中的一种。

例如：

```
<%@ page    import="java.util.Date" %>
<%@ page    import="java.io.*" %>
```

也可以写成：

```
<%@ page    import="java.util.Date, java.io.*" %>
```

2．include 指令

include 指令称为文件加载指令，可以将其他的文件插入 JSP 网页，被插入的文件必须保证插入后形成的新文件符合 JSP 页面的语法规则。

include 指令语法格式：

```
<%@ include file="filename"%>
```

其中，include 指令只有一个 file 属性，filename 指被包含的文件的名称（相对路径），被插入的文件必须与当前 JSP 页面在同一 Web 服务目录下。

功能：该指令标签作用是在该标签的位置处，静态插入一个文件。

所谓静态插入是指用被插入的文件内容代替该指令标签，与当前 JSP 文件合并成新的 JSP 页面。使用 JSP 的 include 指令有助于实现 JSP 页面的模块化。一个页面可以包含多个 include 指令。

【例 3-4】 有两个文件，文件 ch03_4_include1.jsp 的功能是显示“Hello World!”，而文件 ch03_4_include2.jsp，首先输出（服务器）系统的日期和时间，然后通过 include 指令将

ch03_4_include1.jsp 文件包含进来。在网页地址中输入 ch03_4_include2.jsp 页面地址，其运行界面如图 3-4 所示。

图 3-4　例 3-4 的运行界面

（1）ch03_4_include1.jsp 代码：

```
<%@ page language="java" pageEncoding="UTF-8"%>
 <html>
        <head> <title>被 include 包含的文件</title> </head>
        <body> <h1> Hello World! </h1> </body>
</html>
```

（2）ch03_4_include2.jsp 代码

```
 <%@ page language="java" import="java.util.*" pageEncoding="UTF-8"%>
<html>
     <head><title>include 指令实例</title></head>
     <body>
       <center>
              现在的日期和时间是：<%=new Date()%>
              <hr>
              <%@ include    file="ch03_4_include1.jsp" %>
       </center>
    </body>
</html>
```

注意：这两个文件，在运行前（部署时），经编译合成一个*.class 文件（这种性质称为静态插入），运行时只执行这个 class 文件。

3.2.3　JSP 动作元素

JSP 动作元素是用来控制 JSP 引擎的行为，JSP 标准动作元素均以“jsp”为前缀，主要有如下 6 个动作元素：

- <jsp:include>：在页面得到请求时动态包含一个文件。
- <jsp:forward>：引导请求进入新的页面（转向到新页面）。
- <jsp:plugin>：连接客户端的 Applet 或 Bean 插件。
- <jsp:useBean>：应用 JavaBean 组建。
- <jsp:setProperty>：设置 JavaBean 的属性值。
- <jsp:getProperty>：获取 JavaBean 的属性值并输出。

另外，还有实现参数传递子动作元素<jsp:params>，该子动作与<jsp:include>或<jsp:forward>配合使用，不能单独使用。

在本小节中，重点介绍<jsp:include>、<jsp:forward>、<jsp:param> 3 种动作元素，对于<jsp:useBean>、<jsp:setProperty>、<jsp:getProperty>将在第 5 章介绍。

1．<jsp:include>动作

语法格式：

```
<jsp:include page="文件的名字"/>
```

功能：当前 JSP 页面动态包含一个文件，即将当前 JSP 页面、被包含的文件各自独立编译为字节码文件。当执行到该动作标签处，才加载执行被包含文件的字节码。

提示：include 动作与 include 指令所实现的两种包含，程序的执行性质是完全不同的，一个是静态包含，一个是动态包含，静态包含不能传递参数，但动态包含可以在两文件之间传递参数，在例 3-8 给出了可以传递参数的动态包含。

例如，修改例 3-4 采用动态包含，只是将程序 ch03_4_ include2.jsp 中。

```
<%@ include file="ch03_4_include1.jsp" %>
```

修改为

```
<jsp:include page="ch03_4_include1.jsp" %>
```

重新运行程序，其运行界面与图 3-4 一样，但两者的运行机制不同。

思考：对修改后的例 3-4 重新运行，并在客户端页面，查看源程序代码，对比两种方式所形成的源代码的差异，从而理解两种包含的不同点。

2．<jsp:forward>

动作<jsp:forward>用于停止当前页面的执行，转向另一个 HTML 或 JSP 页面。

语法格式：

```
<jsp:forward page="文件的名字"/>
```

功能：从该指令处停止当前页面的继续执行，而转向执行 page 属性指定的 HTML 或 JSP 页面，但浏览器的地址栏中地址不会发生任何变化。

3．<jsp:param>子标记

param 标记不能独立使用，需作为<jsp:include>、<jsp:forward>标记的子标记来使用，当与<jsp:include>一起使用，将 param 标签中的变量值传递给动态加载的文件；当与<jsp:forward>一起使用，将 param 标签中的变量值传递给要跳转到的文件。然后，在被传进数据的页面，对所传参数进行获取、加工处理。

语法格式：

```
<jsp:include   page="文件的名字">
  <jsp:param name="变量名字 1" value="变量值 1" />
  ……
</jsp:include>
```

或

```
<jsp:forward   page="文件的名字">
  <jsp:param name="变量名字 1" value="变量值 1" />
```

```
    ……
</jsp:forward>
```

【例 3-5】 利用 include 动作实现参数传递，在 ch03_5_string.jsp 中要传递一个字符串“QQ”给文件 ch03_5_output.jsp，在 ch03_5_output.jsp 中接受该参数的值并输出，运行界面如图 3-5 所示。

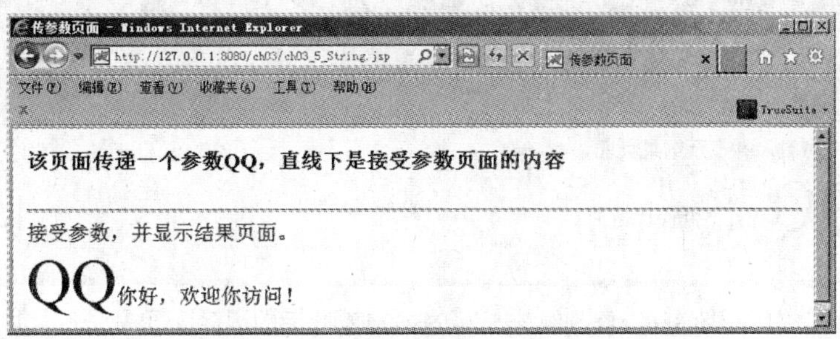

图 3-5　例 3-5 的运行界面

提示：参数传递原理，使用 param 标记传递参数，实际上是将数据信息，以 name 属性值为变量名，将该变量及其值保存到“请求对象 request（在下一节中介绍）”中，在另一个文件中，再从 request 对象中获取该数据信息，并进行处理。

ch03_5_string.jsp 代码如下：

```
<%@page contentType="text/html" pageEncoding="UTF-8"%>
<html>
    <head><title>传参数页面</title></head>
   <body>
      <h4> 该页面传递一个参数 QQ，直线下是接受参数页面的内容</h4>
      <hr>
     <jsp:include page="ch03_5_output.jsp">
          <jsp:param name= "userName" value="QQ" />
     </jsp:include>
   </body>
</html>
```

将数据“QQ”通过变量 userName，传给另一文件。

ch03_5_output.jsp 代码如下：

```
<%@page contentType="text/html" pageEncoding="UTF-8"%>
<html>
   <head><title>接受参数页面</title> </head>
   <body>
         接受参数，并显示结果页面。<br>
      <% String str=request.getParameter("userName");%>
      <font color="blue" size="12"><%=str%></font>你好，欢迎你访问！
   </body>
</html>
```

利用 request 对象获取参数 userName 值

思考：

（1）将例 3-5 中的<jsp:param name= "userName" value="QQ" />改为

```
<jsp:param name= "userName" value="中国" />
```

在显示页面会出现乱码，具体处理方案将在 3.4 节给出解决。

（2）将例 3-5 中程序 ch03_5_string.jsp 的 include 动作，修改为 forward 动作后，其运行结果如图 3-6 所示，与图 3-5 有较大的差异，从而也体现了 include 动作和 forward 动作的特点。

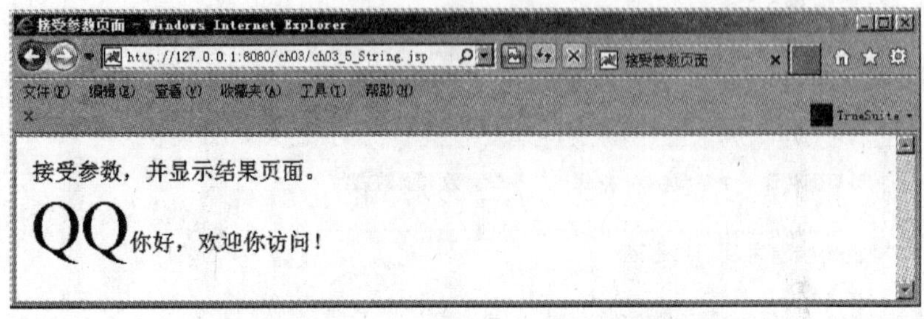

图 3-6 修改例 3-5 为 forward 动作后的运行界面

注意：从图 3-6 的运行界面可以看到，显示的信息是第 2 个 JSP 页面信息，而地址栏仍是第 1 个页面的 JSP 网址。

在例 3-5 的 ch03_5_output.jsp 页面中，为了从传参数页面获取数据，使用了 request.getParameter("userName")语句，这里的 request 是 JSP 的内置对象。

3.3 JSP 内置对象概述

在 JSP 中为了便于数据信息的保存、传递、获取等操作，专门设置了 9 个内置对象，见表 3-2 所示。JSP 内置对象是指它们是预先设定的，不需创建，每个对象都有自己的属性和方法，在编写 JSP 代码时，可以直接使用。

表 3-2 JSP 内置对象

对象名称	所属类型	有效范围	说明
application	javax.servlet.ServletContext	application	代表应用程序上下文，允许 JSP 页面与包括在同一应用程序中的任何 Web 组件共享信息
config	javax.servlet.ServletConfig	page	允许将初始化数据传递给一个 JSP 页面
exception	java.lang.Throwable	page	该对象含有只能由指定的 JSP“错误处理页面”访问的异常数据
out	javax.servlet.jsp.JspWriter	page	提供对输出流的访问
page	javax.servlet.jsp.HttpJspPage	page	代表 JSP 页面对应的 Servlet 类实例
pageContext	javax.servlet.jsp.PageContext	page	是 JSP 页面本身的上下文，它提供了唯一一组方法来管理具有不同作用域的属性
request	javax.servlet.http.HttpServletRequest	request	提供对请求数据的访问，同时还提供用于加入特定请求数据的上下文
response	javax.servlet.http.HttpServletResponse	page	该对象用来向客户端输入数据
session	javax.servlet.http.HttpSession	session	用来保存在服务器与一个客户端之间需要保存的数据，当客户端关闭网站的所有网页时，session 变量会自动消失

其中，对象的有效作用范围是层层包含的，最大的是 application，其次依次是 session、request 和 page。具体的作用范围如表 3-3 所示。

表 3-3　内置对象的作用域

作 用 域	说　明
page	对象只能在创建它的 JSP 页面中被访问
request	对象可以在与创建它的 JSP 页面监听的 HTTP 请求相同的任意一个 JSP 中被访问
session	对象可以在与创建它的 JSP 页面共享相同的 HTTP 会话的任意一个 JSP 中被访问
application	对象可以在与创建它的 JSP 页面属于相同的 Web 应用程序的任意一个 JSP 中被访问

在下面几节中将详细介绍 out、request、response、session、和 application 对象，对于 pageContext、config、page 及 exception 这些不经常使用的对象，在这里就不介绍了，若需要这部分内容，可以查看有关的材料。

📖 提示：在学习 java 语言时，一个对象有属性和方法，所以，在介绍这些对象时，主要介绍各对象的属性和方法的使用。

3.4　request 对象

request 对象是从客户端向服务器发出请求，包括用户提交的信息以及客户端的一些信息。这个对象只有接受客户端请求后才可以进行访问。

当客户端通过 HTTP 协议请求一个 JSP 页面时，JSP 容器会自动创建 request 对象并将请求信息包装到 request 对象中，当 JSP 容器处理完请求后，request 对象就会销毁。

3.4.1　request 对象的常用方法

request 对象的常用方法主要用来处理客户端浏览器提交的请求信息，以便做出相应的处理。主要的方法如表 3-4 所示，在后面几节中会给出这些方法的使用案例。

表 3-4　request 对象的主要方法

方　法	说　明
setAttribute(String name, Object obj)	用于设置 request 中的属性及其属性值
getAttribute(String name)	用于返回 name 指定的属性值，若不存在指定的属性，就返回 null
removeAttribute(String name)	用于删除请求中的一个属性
getParameter(String name)	用于获得客户端传送给服务器端的参数值
getParameterNames()	用于获得客户端传送给服务器端的所有参数名字（Enumeration 类的实例）
getParameterValues(String name)	用于获得指定参数的所有值
getCookies()	用于返回客户端的所有 Cookie 对象，结果是一个 Cookie 数组
getCharacterEncoding()	返回请求中的字符编码方式
getRequestURI()	用于获取发出请求字符串的客户端地址
getRemoteAddr()	用于获取客户端 IP 地址

（续）

方　法	说　明
getRemoteHost()	用于获取客户端名字
getSession([Boolean create])	用于返回和请求相关的 session。create 参数是可选的，true 时，若客户端没有创建 session，就创建新的 session
getServerName()	用于获取服务器的名字
getServletPath()	用于获取客户端所请求的脚本文件的文件路径。
getServerPort()	用于获取服务器的端口号

3.4.2 访问（获取）请求参数

在 Web 应用程序中，经常需要完成客户端与服务器之间的信息交互。例如，当用户填写表单后，需要把数据提交给服务器处理，服务器获取到这些信息并进行处理。request 对象的 getParameter()方法，可以用来获取用户（客户端）提交的数据。

1．访问请求参数的方法

访问请求参数采用 request 对象的 getParameter()方法，其访问格式：

```
String 字符串变量 = request.getParameter("客户端提供参数的 name 属性名");
```

其中，参数 name 与客户端提供参数的 name 属性名对应，该方法的返回值为 String 类型，如果参数 name 属性不存在，则返回一个 null 值。

2．传参数的 3 种形式

request 对象的 getParameter()方法可以接受来自不同的 JSP 页面或 JSP 动作传递给 request 对象的参数信息。

（1）使用 JSP 的 forward 或 include 动作，利用传参数子动作实现传递参数，在 3.2.3 节中已经介绍。

（2）在 JSP 页面或 HTML 页面中，利用表单传递参数。

（3）追加在网址后的参数传递或追加在超链接后面的参数。

注意：上述 3 种参数提交方式中，方式（1）和（3）属于 get 提交方式，方式（2）通过 form 的 method 属性设置提交方式为 get 或 post。

【例 3-6】 利用表单传递参数。提交页面上有两个文本框，在文本框中输入姓名和电话号码，单击“提交”按钮后，由服务器端应用程序接收提交的表单信息并显示出来。

【分析】 假设该题目的工程为 ch03，则需要设计两个程序：输入页面程序（ch03_6_infoInput.jsp），接受信息并处理程序（ch03_6_infoReceive.jsp），其传递过程如图 3-7 所示。

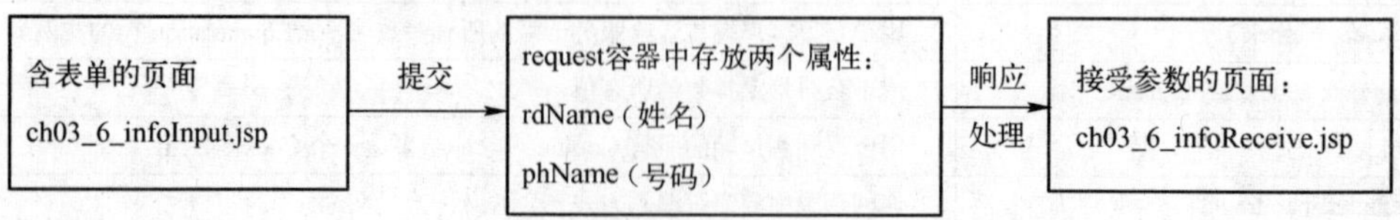

图 3-7　利用表单传递参数

ch03_6_infoInput.jsp 页面关键代码：

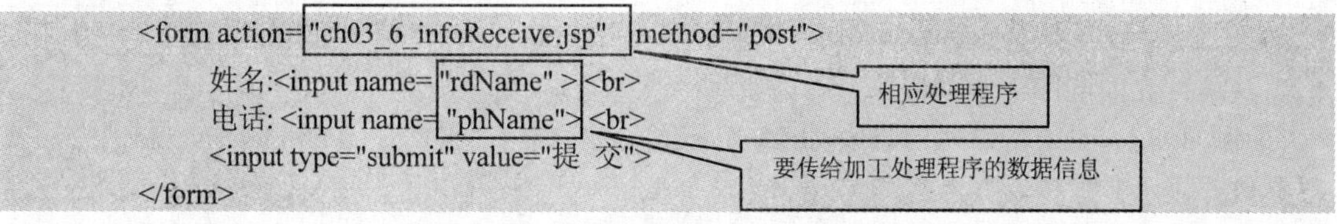

```
<form action="ch03_6_infoReceive.jsp" method="post">
        姓名:<input name="rdName" ><br>
        电话: <input name="phName"><br>
        <input type="submit" value="提 交">
</form>
```


注意：提交以后，所输入的两个数据信息，以参数 rdName、phName 自动存放到 request 对象中。

ch03_6_infoReceive.jsp 页面的关键代码：

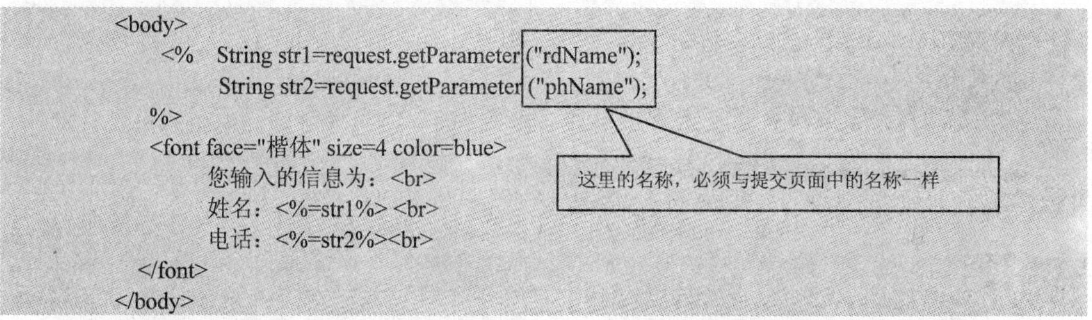

```
<body>
    <%   String str1=request.getParameter("rdName");
         String str2=request.getParameter("phName");
    %>
    <font face="楷体" size=4 color=blue>
        您输入的信息为：<br>
        姓名：<%=str1%> <br>
        电话：<%=str2%><br>
    </font>
</body>
```


当运行程序时，提交页面如图 3-8 所示，接受信息并显示信息页面如图 3-9 所示。

图 3-8　例 3-6 的提交信息页面

图 3-9　接受信息并显示信息页面

注意：在提交页面中若输入汉字名字，在接受页面会出现乱码，其解决方法：

（1）修改 ch03_6_infoReceive.jsp 页面，在方法 getParameter()前，添加一行：

```
request.setCharacterEncoding("UTF-8");
```

（2）在页面 ch03_6_infoInput.jsp 中的表单属性 action，必须是“post”方法。

【例 3-7】 采用“追加在网址后实现参数传递”示例，对于例 3-6 设计的 JSP 网页 ch03_6_infoReceive.jsp，采用“追加在网址后实现参数传递”。假设要传递的参数是：姓名为“abcdef”，电话为“123456789”，则在网址上输入如下信息：

```
Http://127.0.0.1:8080//ch03/ch03_8_infoReceive.jsp?rdName=abcdef&phName=123456789
```

注意：所输入的信息之间不能有空格，参数名称 rdName 和 phName 必须与 ch03_6_infoReceive.jsp 中接受参数的属性名相同。

同样，可以采用超链接的方式传递参数，修改例 3-6 中 ch03_6_infoInput.jsp，将其中的表单，替换为超链接：

```
<a href="ch03_6_infoReceive.jsp?rdName=abcdef&phName=123456789">传递参数</a>
```

其运行界面同图 3-9 一样。

【例 3-8】 对于例 3-6，修改 ch03_6_infoReceive.jsp，采用 getParameterNames()方法获得参数并显示参数值。

request 对象的 getParameterNames()方法返回客户端传送给服务器端的所有的参数名，结果集是一个 Enumeration（枚举）类的实例。当传递给此方法的参数名没有实际参数与之对应时，返回 null。然后再利用 getParameter()方法，获得相应的参数值。修改 ch03_6_infoReceive.jsp 后的主要代码如下：

```
<body>
    <%  String   current_param = "";
        String   current_vaul = "";
        request.setCharacterEncoding("UTF-8");
        Enumeration params = request.getParameterNames();
        while( params.hasMoreElements() ) {
                current_param = (String)params.nextElement();
                current_vaul=request.getParameter(current_param)
                %>参数名称: <%=current_param%>参数值:<%=current_vaul%><br>;
    <% }%>
</body>
```

注意该例题中<%与%>的匹配

3.4.3 新属性的设置和获取

对于 getParameter 方法是通过参数传递获得数据，那么用户自己是否可以根据需要在 request 对象中添加属性，然后在另一个 jsp 程序获取添加的数据呢？

在页面使用 request 对象的 setAttribute("name",obj)方法，可以把数据 obj 设定在 request 范围（容器）内，请求转发后的页面使用 getAttribute("name")就可以取得数据 obj 的值。

设置数据的方法格式：

```
void request.setAttribute("key",Object);
```

其中，参数 key 是键，为 String 类型，属性名称；参数 object 是键值，为 Object 类型，它代表需要保存在 request 范围内的数据。

获取数据的方法格式：

```
Object request.getAttribute(String name);
```

其中，参数 name 表示键名，所获取的数据类型是由 setAttribute("name",obj)中的 obj 类型决定的。

【例 3-9】 设计一个 Web 程序，实现由提交页面提交的任意两个实数的和，并给出结果显示。

【分析】 该题目需要 3 个程序：ch03_9_input.jsp，提交两个参数的页面；ch03_9_sum.jsp，获取表单提交的参数，转换为实数数据 s1、s2，并求和给属性 s3，再将 3 个新属性保存到 request 对象中（自己定义保存），然后转到显示页面；ch03_9_output.jsp，从 request 对象中获取 3 个属性值，并显示数据。三者的关系，如图 3-10 所示。

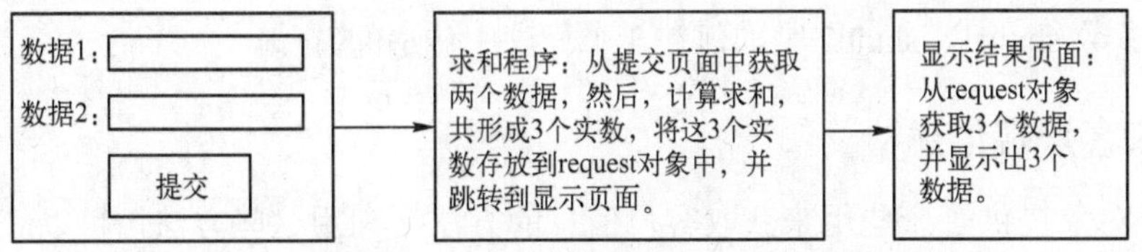

图 3-10　例 3-9 中数据信息的传递过程

【实现】

（1）ch03_9_input.jsp 的关键代码：

```
<body>
    <form action="ch03_9_sum.jsp" method="post">
        数据 1: <input type="text" name="shuju1" ><br>
        数据 2: <input type="text" name="shuju2" ><br>
        <input type="submit" value="提交" >
    </form>
</body>
```

（2）ch03_9_sum.jsp 的关键代码：

```
<body>
  <%   String str1=request.getParameter("shuju1");
       String str2=request.getParameter("shuju2");
       double s1=Double.parseDouble(str1);
       double s2=Double.parseDouble(str2);
       double s3=s1+s2;
       request.setAttribute("st1",s1);
       request.setAttribute("st2",s2);
       request.setAttribute("st3",s3);
  %> <jsp:forward page="ch03_9_output.jsp"></jsp:forward>
</body>
```

保存 3 个属性到 request 对象

（3）ch03_9_output.jsp 的关键代码：

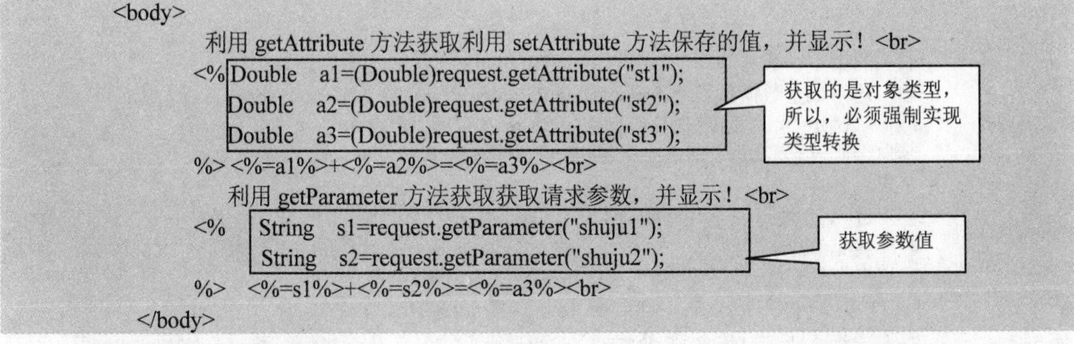

```
<body>
        利用 getAttribute 方法获取利用 setAttribute 方法保存的值，并显示！<br>
      <% Double   a1=(Double)request.getAttribute("st1");
         Double   a2=(Double)request.getAttribute("st2");
         Double   a3=(Double)request.getAttribute("st3");
      %> <%=a1%>+<%=a2%>=<%=a3%><br>
         利用 getParameter 方法获取获取请求参数，并显示！<br>
      <%     String   s1=request.getParameter("shuju1");
             String   s2=request.getParameter("shuju2");
      %>   <%=s1%>+<%=s2%>=<%=a3%><br>
  </body>
```

获取的是对象类型，所以，必须强制实现类型转换

获取参数值

该例题的运行界面如图 3-11 和 3-12 所示。

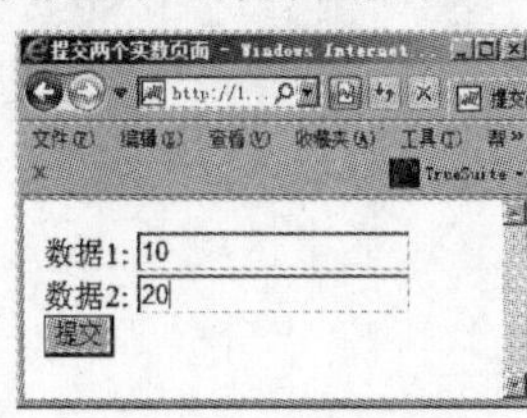

图 3-11　提交页面

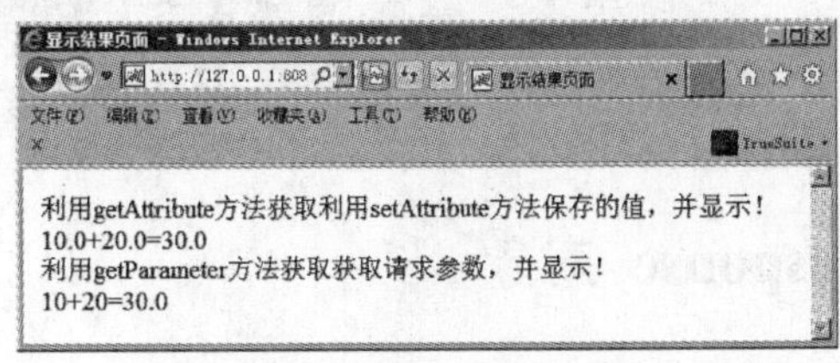

图 3-12　显示运行结果页面

思考：参数 shuju1、shuju2 是如何在 3 个程序中传递的？

3.4.4 获取客户端信息

request 对象提供了一些用来获取客户信息的方法，利用这些方法，可以获取客户端的 IP 地址、协议等有关信息。

【例 3-10】 使用 request 对象获取客户端的有关信息，运行界面如图 3-13 所示。首先由用户通过 ch03_9_input.jsp（例 3-9 中设计的程序）输入两个数据，再由 ch03_10_showInfo.jsp 程序，获取客户端的信息并显示。

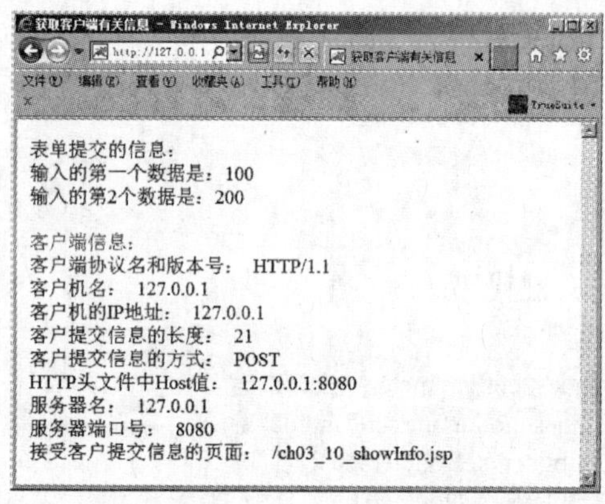

图 3-13 获取客户端信息的显示页面

（1）修改 ch03_9_input.jsp 中表单的 Action 属性值：

```
<form action="ch03_10_showInfo.jsp" method="post">
```

（2）使用 request 对象的相关方法获取客户信息，设计程序 ch03_10_showInfo.jsp，其关键代码如下：

```
<body>
   <font color="blue">表单提交的信息：</font><br>
    输入的第 1 个数据是：<%=request.getParameter("shuju1") %><br>
    输入的第 2 个数据是：<%=request.getParameter("shuju2") %><br><br>
   <font   color="red">客户端信息：</font><br>
    客户端协议名和版本号： <%=request.getProtocol() %><br>
    客户机名： <%=request.getRemoteHost() %><br>
    客户机的 IP 地址： <%= request.getRemoteAddr() %><br>
    客户提交信息的长度： <%= request.getContentLength() %><br>
    客户提交信息的方式： <%= request.getMethod() %><br>
    HTTP 头文件中 Host 值： <%= request.getHeader("Host") %><br>
    服务器名： <%= request.getServerName() %><br>
    服务器端口号： <%= request.getServerPort() %><br>
    接受客户提交信息的页面： <%= request.getServletPath() %><br>
</body>
```

3.5 response 对象

response 对象和 request 对象相对应，用于响应客户请求，由服务器向客户端输出信息。

当服务器向客户端传送数据时，JSP 容器会自动创建 response 对象并将信息封装到 response 对象中，当 JSP 容器处理完请求后，response 对象会被销毁。response 和 request 结合起来完成动态网页的交互功能。

3.5.1 response 对象的常用方法

response 对象提供了页面重定向（sendRedirect）方法、设置状态行（setStatus）方法和设置文本类型（setContentType）方法等。常用方法如表 3-5 所示。

表 3-5 response 对象的常用方法

方　法	说　明
SendRedirect(String url)	使用指定的重定向位置 url 向客户端发送重定向响应
setDateHeader(String name,long date)	使用给定的名称和日期值设置一个响应报头，如果指定的名称已经设置，则新值会覆盖旧值
setHeader(String name,String value)	使用给定的名称和值设置一个响应报头，如果指定的名称已经设置，则新值会覆盖旧值
setHeader(String name,int value)	使用给定的名称和整数值设置一个响应报头，如果指定的名称已经设置，则新值会覆盖旧值
setContentType(String type)	为响应设置内容类型，其参数值可以为 text/html、text/plain、application/x_msexcel 或 application/msword
setContentLength(int len)	为响应设置内容长度
setLocale(java.util.Locale loc)	为响应设置地区信息

3.5.2 重定向网页

使用 response 对象中的 sendRedirect()方法实现重定向到另一个页面。

例如，将客户请求重定位到 login_ok.jsp 页面的代码如下：

```
response.sendRedirect("login_ok.jsp");
```

注意：重定向 sendRedirect(String url)和转发<jsp:forward page=" "/>的区别：

（1）只能使用<jsp:forward>在本网站内跳转，而使用 response.sendRedirect 跳转到任何一个地址的页面。

（2）<jsp:forward>带着 request 中的信息跳转；sendRedirect 不带 request 信息跳转。

【例 3-11】 用户在登录界面（ch03_11_userLogin.jsp）输入用户名和密码，提交后验证（ch03_11_userReceive.jsp）登录者输入的用户名和密码是否正确，根据判断结果转向不同的页面，当输入的用户名是“abcdef”，密码为“123456”时转发到 ch03_11_loginCorrect.jsp 页面，并显示“用户：abcdef 成功登入！”信息；当输入信息不正确，重定位到搜狐网站（http://sohu.com）。

【分析】 根据题目所给出的处理要求，其业务流程如图 3-14 所示。

图 3-14　例 3-11 的业务流程图

【实现】(1)提交页面 ch03_11_userLogin.jsp，主要代码如下：

```
<form action="ch03_11_userReceive.jsp" method="post">
    姓  名: <input type="text" name="RdName"> <br>
    密  码: <input type="password" name="RdPasswd" > <br><br>
    <input type="submit" value="确  定" >
</form>
```

(2)接受信息并验证程序 ch03_11_userReceive.jsp，其关键代码如下：

```
<body>   <%String Name = request.getParameter("RdName");
           String Passwd = request.getParameter("RdPasswd");
           if (Name.equals("abcdef") && Passwd.equals("123456")) %>
         <jsp:forward page="ch03_11_loginCorrect.jsp"/>
       <% else%>
         response.sendRedirect("http://sohu.com");
</body>
```

注意两者功能的差异

(3)成功登入页面 ch03_11_loginCorrect.jsp，其关键代码如下：

```
<body>
  <% String Name = request.getParameter("RdName"); %>
  欢迎，<%=Name>成功登录！
</body>
```

3.5.3 页面定时刷新或自动跳转

采用 response 对象的 setHeader 方法，实现页面的定时跳转或定时自刷新。例如：

(1) response.setHeader(" refresh","5");   //每隔 5 秒，页面自刷新一次。

(2) response.setHeader("refresh","10;url=http://www.sohu.com");
    //延迟 10 秒后，自动重定向到网页 http://www.sohu.com

注意：与(1)(2)等价的 HTML 代码分别如下：

(3) <meta http-equiv="refresh" content="5" />

(4) <meta http-equiv="refresh" content="10;url=http://www.sohu.com" />

【例 3-12】 设计一个 JSP 程序(ch03_12_time.jsp)，每间隔 1 秒，页面自动刷新，并在页面上显示当前的时间。

【实现】 其关键代码：

```
<body>
  当前时间是：<%=new Date().toLocaleString()%><br>
  <hr>
  <%response.setHeader("refresh","1");%>
</body>
```

3.6 session 对象

会话(session)的含义：用户在浏览某个网站时，从进入网站到浏览器关闭所经过的这段时间称为一次会话。每个用户在刚进入网站时，服务器会生成一个独一无二的 session id

来区别每个用户的身份。服务器可以通过不同的 ID 号识别不同的客户。一个客户对同一网站不同网页的访问属于同一会话。当客户关闭浏览器后，一个会话结束，服务器将该客户的 session 对象自动销毁。

当客户重新打开浏览器建立到该网站的连接时，JSP 引擎为该客户再创建一个新的 session 对象，属于一次新的会话。

注意：session 对象可以在一个网站（一个应用程序）任意的 JSP 页面中使用。但若在 JSP 页面中，page 指令的 session 属性设置成 false 时，即<%@page session="false">，在这个页面就不能使用 session 对象。

3.6.1 session 对象主要方法

session 对象其主要作用是存储、获取用户会话信息。其主要方法如表 3-6 所示。

表 3-6 session 对象主要方法

方　法	说　明
Object getAttribute(String attriname)	用于获取与指定名字相联系的属性，如果属性不存在，将会返回 null
void setAttribute(String name,Object value)	用于设定指定名字的属性值，并且把它存储在 session 对象中
void removeAttribute(String attriname)	用于删除指定的属性（包含属性名、属性值）
Enumeration getAttributeNames()	用于返回 session 对象中存储的每一个属性对象，结果集是一个 Enumeration 类的实例
long getCreationTime()	用于返回 session 对象被创建时间，单位为毫秒
long getLastAccessedTime()	用于返回 session 最后发送请求的时间，单位为毫秒
String getId()	用于返回 Session 对象在服务器端的编号
long setMaxInactiveInterval()	用于返回 session 对象的生存时间，单位为秒
boolean isNew()	用于判断目前 session 是否为新的 Session，若是则返回 ture，否则返回 false
void invalidate()	用于销毁 session 对象，使得与其绑定的对象都无效

3.6.2 创建及获取客户的会话信息

内置对象 session 用来保持服务器与用户（客户端）之间的会话状态，利用该对象可以获取会话状态，也可以设置属性信息的存取。

对于 session 对象中的 setAttribute()和 getAttribute()方法与 request 对象中的 setAttribute()和 getAttribute()方法具有一样的功能和使用方法，只是使用范围不同（request 范围、session 范围）。具体使用方法参看 request 对象的使用实例（例 3-9）。

通过例 3-13，演示 session 对象的创建及其生命周期，进一步理解 session 对象。

【例 3-13】 利用 session 对象获取会话信息并显示（ch03_13_session.jsp），其代码：

```
<%@page contentType="text/html" pageEncoding="UTF-8" import="java.util.*"%>
<html>
    <head><title>利用 session 对象获取会话信息并显示</title> </head>
    <body>
        <hr>
        session 的创建时间是:<%=new Date(session.getCreationTime())%> <br>
```

```
            session 的 Id 号:<%=session.getId()%><br>
             客户最近一次访问时间是:
             <%=new java.sql. Time(session.getLastAccessedTime())%> <br>
             两次请求间隔多长时间 session 将被取消(ms):
            <%=session.getMaxInactiveInterval()%> <br>
             是否是新创建的 session:<%=session.isNew()?"是":"否"%>
            <hr>
        </body>
</html>
```

该程序的运行界面如图 3-15 所示，图 3-15a 是第一次进入页面的情况；图 3-15b 是过几秒后，刷新页面的情况；图 3-15c 是在不关闭第 1 次进入的情况下，再一次进入页面的显示结果。特别要注意它们输出结果的差异。

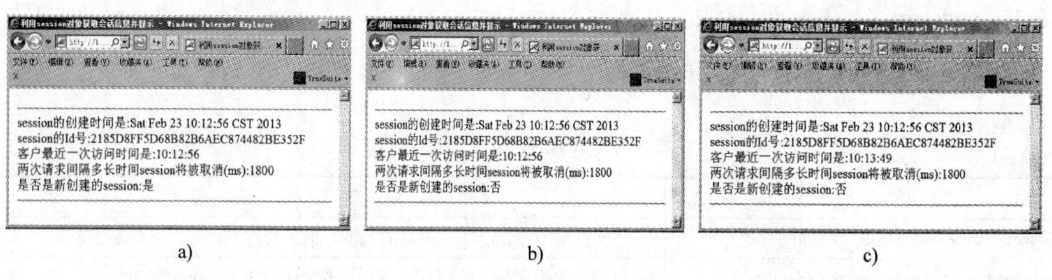

图 3-15　例 3-13 的运行界面

a) 第一次进入页面的情况　b) 过几秒后，刷新页面的情况　c) 再一次进入的情况

3.7 application 对象

application 对象用于保存应用程序中的公有数据，在服务器启动时对每个 Web 程序都自动创建一个 application 对象，只要不关闭服务器，application 对象将一直存在，所有访问同一工程的用户可以共享 application 对象。

3.7.1 application 对象的主要方法

与 session 对象相似，在 application 对象中也可以实现属性的设置、获取，application 对象的主要方法：

（1）Object getAttribute(String attriname)：获取指定属性的值。

（2）void setAttribute(String attriname,Object attrivalue)：设置一个新属性并保存值。

（3）void removeAttribute(String attriname)：从 application 对象中删除指定的属性。

（4）Enumeration getAttributeNames()：获取 application 对象中所有属性的形成。

3.7.2 案例——统计网站访问人数

网站访问人数是衡量一个网站方位情况的重要指标，在很多网站上都会显示，那么，如何设计呢？下面通过例 3-14 给出答案。

【例 3-14】 利用 application 对象的属性存储统计网站访问人数。

【分析】 对于统计网站访问人数，需要判断是否是一个新的会话来，从而判断是否是一个新访问网站的用户，然后才能统计人数。

【实现】 设计程序 ch03_14_applicatin.jsp，其代码如下：

```
 <%@ page language="java" import="java.util.*" pageEncoding="UTF-8"%>
<html>
  <head>  <title>统计网站访问人数及其当前在线人数</title> </head>
  <body>
   <%!  Integer yourNumber=new Integer(0);%>
   <%   if (session.isNew()){   //如果是一个新的会话
              Integer number = (Integer) application.getAttribute("Count");
            if (number == null) //如果是第 1 个访问本站
              { number = new Integer(1); }
            else
              { number = new Integer(number.intValue() + 1); }
            application.setAttribute("Count", number);
            yourNumber = (Integer) application.getAttribute("Count");
        }
  %>
    欢迎访问本站，您是第  <%=yourNumber%>个访问用户。
  </body>
</html>
```

注意：application 对象、request 对象、session 对象的区别：

（1）session 对象与用户会话相关，不同用户的 session 是完全不同的对象，在 session 中设置的属性只是在当前客户的会话范围内容有效，客户超过保存时间不发送请求时，session 对象将被回收。

（2）所有访问同一网站的用户，都有一个相同的 application 对象，只要关闭服务器后，application 对象中设置的属性才被收回。

（3）当客户端提交请求时，才创建 request 对象，当返回响应处理后，request 对象自动销毁。

思考：设计下面问题，并注意它们的差异。

（1）如何设计客户访问某指定网页次数的 JSP 程序？

（2）如何设计客户访问某应用程序（网站）次数的 JSP 程序？

（3）如何设计客户访问某服务器次数的 JSP 程序？

（4）如何设计统计一个网站（应用程序）客户在线的人数的 JSP 程序？

3.8 out 对象

out 对象的主要功能是向客户输出响应信息，其主要方法为“print()”，可以输出任意类型的数据，HTML 标记可以作为 out 输出的内容。

【例 3-15】 分析下面程序的运行情况，并给出运行界面。

```
<!--  程序 ch03_15_out -->
<%@ page language="java" pageEncoding="UTF-8"%>
<html>
  <head><title>out 的使用</title></head>
```

```
    <body>
        利用 out 对象输出的页面信息：<br>
        <hr>
        <% out.print("aaa<br/>bbb");
            out.print("<br/>用户名或密码不正确，请重新
        <a href='http://www.sohu.com'><font size='15' color='red'>登录</font></a>");
            out.print("<br><a href='javascript:history.back()'>后退</a>……");
      %>
    </body>
</html>
```

其运行界面如图 3-16 所示。

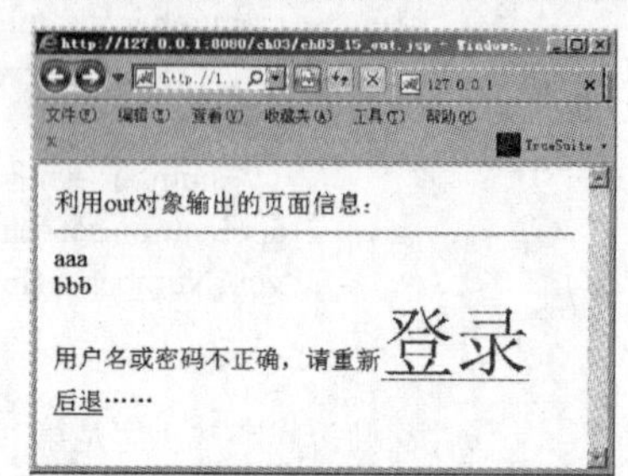

图 3-16　例 3-15 的运行界面

3.9　JSP 应用程序设计综合示例

3.9.1　网上答题及其自动评测系统

目前，采用网上考试并实现自动评阅已经成为一种趋势，通过本案例的学习，理解和掌握在一个提交信息页面中，一个表单可能存在多种不同的输入域，例如，文本框、复选框、单选框、列表框等，在其响应处理页面时如何获取这些参数的呢？

【例 3-16】 设计一个网上答题及其自动评测系统。本案例设计一个简单的网上答题与评测系统，其运行界面如图 3-17 所示。该程序包括两部分，首先是试题页面的设计及其解答的提交，其次是当提交解答后，系统自动评阅并给出评阅结果。图 3-17a 是试题页面，图 3-17b 是评阅后给出的解答页面。

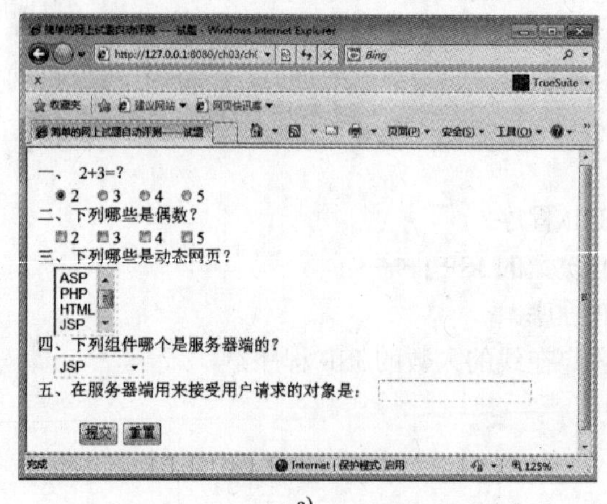

a)

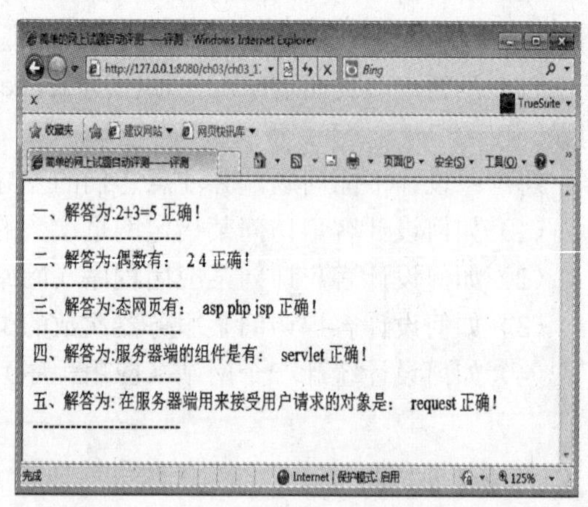

b)

图 3-17　例 3-16 的运行界面

a) 试题页面　b) 评阅后给出的解答页面

【分析】 该案例需要设计两个 JSP 页面：一个是提交信息页面，另一个是获取提交信息并进行处理显示结果页面。其设计关键如下：

（1）对于互斥的单选框、只允许单选的列表框，只传递一个参数。

（2）对于复选框、可多选列表框，需传递多个参数，通过数组保存并获取参数值。

【代码编写】

（1）提交信息页面程序 ch03_17_input.jsp，其代码如下：

```
<%@ page language="java" import="java.util.*" pageEncoding="UTF-8"%>
<html>
    <head><title>简单的网上试题自动评测——试题</title></head>
    <body>
        <form action="ch03_17_show.jsp" method="post">
            一、 2+3=？ <br>
            <input type="radio" name="r1" value="2" checked="checked">2 
            <input type="radio" name="r1" value="3">3  
            <input type="radio" name="r1" value="4">4  
            <input type="radio" name="r1" value="5">5<br>
            二、下列哪些是偶数？<br>  
              <input type="checkbox" name="c1" value="2">2  
            <input type="checkbox" name="c1" value="3">3  
            <input type="checkbox" name="c1" value="4">4  
            <input type="checkbox" name="c1" value="5">5<br>
            三、下列哪些是动态网页？<br>   
            <select size="4" name="list1" multiple="multiple">
                <option value="asp">ASP</option>
                <option value="php">PHP</option>
                <option value="htm">HTML</option>
                <option value="jsp">JSP</option>
                <option value="xyz" selected="selected">xyz</option>
            </select><br>
            四、下列组件哪个是服务器端的？<br>   
            <select size="1" name="list5">
                <option value="jsp">JSP</option>
                <option value="servlet">SERVLET</option>
                <option value="java">JAVA</option>
                <option value="jdbc">JDBC</option>
            </select><br>
            五、在服务器端用来接受用户请求的对象是：
            <input type="text" size="20" name="text1"><br>
            <div align="left">
                <blockquote>
                    <input type="submit" value="提交" name="button1">
                    <input type="reset" value="重置" name="button2">
                </blockquote>
            </div>
        </form>
    </body>
</html>
```

（2）获取提交信息并进行处理页面 ch03_17_show.jsp，其代码如下：

```
<%@ page language="java" import="java.util.*" pageEncoding="UTF-8"%>
<html>
    <head><title>简单的网上试题自动评测——评测</title></head>
    <body>
        <% String s1 = request.getParameter("r1");
            if (s1 != null) {
```

```
            out.println("一、解答为:2+3=" + s1 + "      ");
            if (s1.equals("5")) out.println("正确！ " + "<br>");
          else out.println("错误！ " + "<br>");
        } else out.println("一、没有解答！ ");
        out.println("--------------------------<br>");
        String[] s21 = request.getParameterValues("c1");
        if (s21 != null) {
          out.println("二、解答为:偶数有：");
          for (int i = 0; i < s21.length; ++i) {
               out.println(s21[i] + "      ");
          }
          if (s21.length == 2 && s21[0].equals("2") && s21[1].equals("4"))
               out.println("正确！ " + "<br>");
          else
               out.println("错误！ " + "<br>");
        } else out.println("二、没有解答！ ");
        out.println("--------------------------<br>");
        String[] s31 = request.getParameterValues("list1");
        if (s31 != null) {
          out.println("三、解答为:动态网页有：");
          for (int i = 0; i < s31.length; ++i) {
               out.println(s31[i] + "      ");
          }
          if (s31.length == 3 && s31[0].equals("asp") && s31[1].equals("php")
                   && s31[2].equals("jsp"))   out.println("正确！ " + "<br>");
          else out.println("错误！ " + "<br>");
        } else out.println("三、没有解答！ ");
        out.println("--------------------------<br>");
        String s4 = request.getParameter("list5");
        if (s4 != null) {
            out.println("四、解答为:服务器端的组件是有：");
          out.println(s4 + "       ");
          if (s4 != null && s4.equals("servlet"))   out.println("正确！ " + "<br>");
          else   out.println("错误！ " + "<br>");
        } else   ut.println("四、没有解答！ ");
        out.println("--------------------------<br>");
        String s5 = request.getParameter("text1");
        if (s5 != null) {
            out.println("五、解答为: ");
          out.println(s5 + "     ");
          if (s5 != null && s5.equals("request")) out.println("正确！ " + "<br>");
          else out.println("错误！ " + "<br>");
        } else out.println("五、没有解答！ ");
        out.println("--------------------------<br>");
    %>
  </body>
</html>
```

思考：基于该题目的设计思想，设计 5 套真实网上考试试题，并给出评测及其评判结果。

3.9.2 设计简单的购物车应用案例

网上购物是目前非常流行的购物方式，而购物车是网上购物系统所必需的构件，本案例是设计一个简单的购物车，模拟网上购物中购物车的形成。

【例 3-17】 设计一个简单的购物车程序。该案例提供了两类不同的商品，不同类型的商品需要在不同的网页上浏览，并添加到购物车中，最后显示购物车中所选购的商品。其运行界面如图 3-18 所示，图 3-18a 是购买“肉类”商品的页面；图 3-18b 是购买“球类”的页面，两个页面可以互相跳转，并可以再向购物车中添加商品；图 3-18c 是购物车中已经购买的商品显示页面。

a)

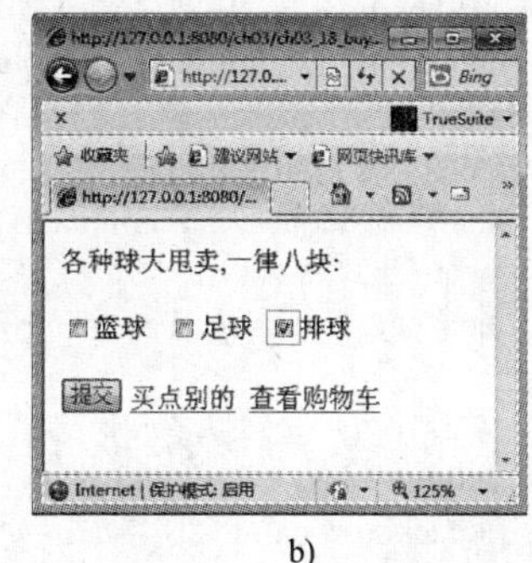

b)

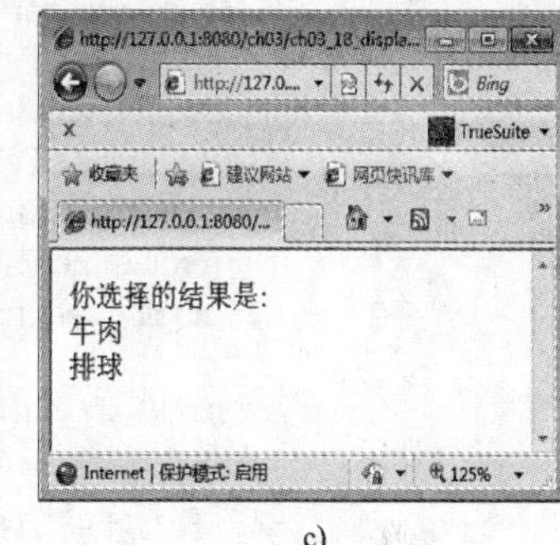

c)

图 3-18 购物车页面

a) 肉类页面 b) 球类页面 c) 购物车结果页面

【分析】 从所给出的需求分析，该系统需要 3 个页面，且三个页面共享购物信息，直到购物结束。显然，该购物过程是在 session 范围内完成的，需要使用 session 对象实现信息的共享。

【代码编写】

（1）购买“肉类”商品的页面，其代码如下：

```
<%@ page language="java" import="java.util.*" pageEncoding="UTF-8"%>
<html>
    <head><title>购物肉类商品页面</title></head>
    <body>
        <% request.setCharacterEncoding("UTF-8");
            if (request.getParameter("c1") != null)
              session.setAttribute("s1", request.getParameter("c1"));
            if (request.getParameter("c2") != null)
              session.setAttribute("s2", request.getParameter("c2"));
            if (request.getParameter("c3") != null)
              session.setAttribute("s3", request.getParameter("c3"));
        %>
        各种肉大甩卖,一律十块:<br>
        <form method="post" action="ch03_18_buy1.jsp">
            <p> <input type="checkbox" name="c1" value="猪肉">猪肉 
                <input type="checkbox" name="c2" value="牛肉">牛肉 
                <input type="checkbox" name="c3" value="羊肉">羊肉
            </p>
            <p> <input type="submit" value="提交" name="B1">
                <a href="ch03_18_buy2.jsp">买点别的</a>  
                <a href="ch03_18_display.jsp">查看购物车</a>
            </p>
```

```
            </form>
        </body>
</html>
```

（2）购买“球类”商品的页面，其代码如下：

```
<%@ page language="java" import="java.util.*" pageEncoding="UTF-8"%>
<html><head><title>购买球类页面</title></head>
    <body>
        <% request.setCharacterEncoding("UTF-8");
            if (request.getParameter("b1") != null)
              session.setAttribute("s4", request.getParameter("b1"));
            if (request.getParameter("b2") != null)
              session.setAttribute("s5", request.getParameter("b2"));
            if (request.getParameter("b3") != null)
              session.setAttribute("s6", request.getParameter("b3"));
        %>
        各种球大甩卖,一律八块:
        <form method="post" action="ch03_18_buy2.jsp">
            <p> <input type="checkbox" name="b1" value="篮球">篮球 
                <input type="checkbox" name="b2" value="足球">足球 
                <input type="checkbox" name="b3" value="排球">排球
            </p>
            <p> <input type="submit" value="提交" name="x1">
                <a href="ch03_18_buy1.jsp">买点别的</a> 
                <a href="ch03_18_display.jsp">查看购物车</a>
            </P>
        </form>
    </body>
</html>
```

（3）显示购物车信息的页面，其代码如下：

```
<%@ page language="java" import="java.util.*" pageEncoding="UTF-8"%>
<html>
<head><title>显示购物车购物信息</title></head>
    <body>
        你选择的结果是:<br>
        <% request.setCharacterEncoding("UTF-8");
            String str = "";
            if (session.getAttribute("s1") != null) {
              str = (String) session.getAttribute("s1");
              out.print(str + "<br>");
            }
            if (session.getAttribute("s2") != null) {
                str = (String) session.getAttribute("s2");
                out.print(str + "<br>");
            }
            if (session.getAttribute("s3") != null) {
                str = (String) session.getAttribute("s3");
                out.print(str + "<br>");
            }
            if (session.getAttribute("s4") != null) {
                str = (String) session.getAttribute("s4");
                out.print(str + "<br>");
```

```
            }
            if (session.getAttribute("s5") != null) {
                str = (String) session.getAttribute("s5");
                out.print(str + "<br>");
            }
            if (session.getAttribute("s6") != null) {
                str = (String) session.getAttribute("s6");
                out.print(str + "<br>");
            }
        %>
    </body>
</html>
```

思考：该案例只是简单的对购物车的模拟，是否根据其设计思想，设计一个较实用的购物车，并可以对购物车进行管理（比如：修改购物车，删除购物车中某些商品）。

本章小结

本章介绍了 JSP 的基本语法、JSP 指令和 JSP 动作，并通过案例介绍其使用方法。

（1）JSP 脚本：变量、方法的声明；表达式，脚本段等。

（2）JSP 注释：HTML 注释、JSP 注释、java 语言注释等。

（3）JSP 指令：page 指令——定义整个页面的全局属性；include 指令——用于包含一个文本或代码的文件。

（4）JSP 动作：jsp:include 动作——在页面得到请求时包含一个文件；jsp:forward 动作——引导请求者进入新的页面。

（5）JSP 内置对象：out、request、response、session、pageContext、application、config、page、exception，主要介绍了 request、response 、session、application 对象的常用方法和常用属性。

习题

1．应用 Date 函数读取系统当前时间，根据不同的时间段，在浏览器输出不同的问候语，例如上午 0~12 点输出“早上好”，同时把系统的年、月、日、小时、分、秒和星期输出到用户的浏览器。

2．加载文件，制作一个 JSP 文件，计算一个数的平方，然后再制作一个 JSP 文件，在客户端显示出来。要求，应用<jsp:include>动作加载上述的 JSP 文件并在客户端的“查看源文件”中观察源文件。该题目是否可以采用 include 指令实现加载？为什么？

3．设计表单，制作读者选购图书的界面，当读者选中一本图书后，单击“确定”按钮，用“jsp:forward page=”语句将页面跳转到介绍该图书信息页面。

4．设计求任意两个整数和的 Web 程序，要求，用户通过提交页面（input.jsp）输入两个整数，并提交给一个 sum.jsp 程序，在 sum.jsp 中计算这两个数的代数和。如果代数和为非负数，则跳转到 positive.jsp 页面，给出“结果为正！”信息提示并显示计算结果；否则跳转到 negative.jsp 页面，给出“结果为负！”信息提示并显示计算结果。

5．设计一个用户注册表单，其提交页面和信息获取后显示页面，如图 3-19 所示，用户填写完并提交后输出用户填写的信息。

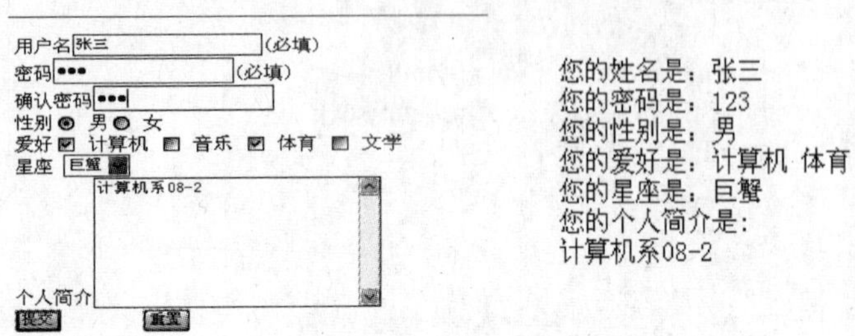

图 3-19　习题 5 的提交页面和获取信息后的显示页面

6．设计两个页面 6_1.jsp、 6_2.jsp，理解 JSP 中 4 种作用范围的区别：page，request，session，application。

6_1.jsp 中分别在 4 个范围内存储 4 个字符串，其主要代码如下：

```
pageContext.setAttribute("p","pagestr");
request.setAttribute("r","requeststr");
session.setAttribute("s","sessionstr");
application.setAttribute("a","applicationstr");
```

6_2.jsp 中分别输出 4 个范围内的指定属性值，其主要代码如下：

```
out.print(pageContext.getAttribute("p")+"<br/>");
out.print(request.getAttribute("r")+"<br/>");
out.print(session.getAttribute("s")+"<br/>");
out.print(application.getAttribute("a"));
```

要求：两个页面分别用链接（重定向）、转发两种方式进行跳转，观察 6_2 的结果。

7．分别设计网页访问计数器、会话计数器、访问网站计数器。

第 4 章　JDBC 数据库访问技术

数据库是 Web 应用程序重要组成部分，在 Java Web 应用程序中，数据库访问是通过 Java 数据库连接（Java DataBase Connectivity，简称 JDBC）实现的，它为开发人员提供了一个标准的 API。在 Java Web 应用中，数据库的连接一般使用两种方法，一种是通过 JDBC 驱动程序直接连接数据库，另一种是通过连接池技术连接数据库。

本章介绍使用 JDBC 驱动程序连接数据库和使用连接池技术连接数据库并设计应用程序的方法、步骤和实例。

4.1　JDBC 技术简介

JDBC 是一种用于执行 SQL 语句的 Java API，由一组类与接口组成，通过调用这些类和接口所提供的方法，可以使用标准的 SQL 语言来存取数据库中的数据。JDBC 的体系结构如图 4-1 所示。

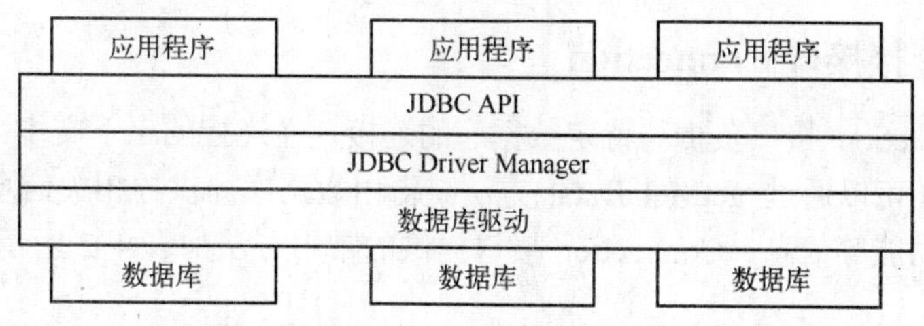

图 4-1　JDBC 体系结构

（1）数据库驱动程序：实现了应用程序和某个数据库产品之间的接口，用于向数据库提交 SQL 请求。

（2）驱动程序管理器（DriverManager）：为应用程序装载数据库驱动程序。

（3）JDBC API：提供了一系列抽象的接口，主要用来连接数据库和直接调用 SQL 命令，执行各种 SQL 语句。

JDBC 重要的类和接口如表 4-1 所示。

表 4-1　与数据库有关的几个重要的类和接口

类 或 接 口	作　用
java.sql.DriverManager	该类处理驱动程序的加载和建立新数据库连接
java.sql.Connection	该接口实现对特定数据库的连接
java.sql.Satement	该接口表示用于执行静态 SQL 语句并返回它所生成结果的对象
java.sql.PreparedStatement	该接口表示预编译的 SQL 语句的对象，派生自 Satement，预编译 SQL 效率高且支持参数查询
java.sql.CallableStatement	该接口表示用于执行 SQL 语句存储过程的对象。派生自 PreparedStatement，用于调用数据库中的存储过程
java.sql.ResultSet	该接口表示数据库结果集的数据表，统称通过执行查询数据库的语句生成

4.1.1 驱动程序接口 Driver

每种数据库都提供了数据库驱动程序，并且都提供了一个实现 java.sql.Driver 接口的类，简称 Driver 类。

在应用程序开发中，需要通过 java.lang.Class 类的静态方法 forName(String className)加载该 Driver 类。在加载时，创建自己的实例并向 java.sql.DriverManager 类注册该实例。

4.1.2 驱动程序管理器 DriverManager

java.sql.DriverManager 类负责管理 JDBC 驱动程序的基本服务，是 JDBC 的管理层，作用于用户和驱动程序之间，负责跟踪可用的驱动程序，并在数据库和驱动程序之间建立连接。

成功加载 Driver 类并在 DriverManager 类中注册后，DriverManager 类即可用来建立数据库连接。

DriverManager 类提供的最常用的方法：

```
Connection getConnection(String url,String user,String password)
```

该方法为静态方法，用来获得数据库连接，有 3 个入口参数，依次为要连接数据库的 URL、用户名和密码，返回值类型为 java.sql.Connection。

4.1.3 数据库连接接口 Connection

java.sql.Connection 接口负责与特定数据库的连接，在连接的上下文中可以执行 SQL 语句并返回结果，还可以通过 getMetaData()方法获得由数据库提供的相关信息，例如数据表、存储过程和连接功能等信息。Connection 接口提供的常用方法如表 4-2 所示。

表 4-2 Connection 接口的常用方法

方法名称	功能描述
createStatement()	创建并返回一个 Statement 实例，通常在执行无参数的 SQL 语句时创建该实例
prepareStatement()	创建并返回一个 PreparedStatement 实例，通常在执行包含参数的 SQL 语句时创建该实例，并对 SQL 语句进行了预编译处理
close()	立即释放 Connection 实例占用的数据库和 JDBC 资源，即关闭数据库连接

4.1.4 执行 SQL 语句接口 Statement

java.sql.Statement 接口用来执行静态的 SQL 语句，并返回执行结果。Statement 接口提供的常用方法如表 4-3 所示。

表 4-3 Statement 接口的常用方法

方法名称	功能描述
executeQuery(String sql)	执行指定的静态 SELECT 语句，并返回一个永远不能为 null 的 ResultSet 实例
executeUpdate(String sql)	执行指定的静态 INSERT、UPDATE 或 DELETE 语句，并返回一个 int 型数值，为同步更新记录的条数
close()	立即释放 Statement 实例占用的数据库和 JDBC 资源，即关闭 Statement 实例

4.1.5 执行动态 SQL 语句接口 PreparedStatement

java.sql.PreparedStatement 接口继承于 Statement 接口，是 Statement 接口的扩展，用来执行动态的 SQL 语句，即包含参数的 SQL 语句。通过 PreparedStatement 实例执行的动态 SQL 语句，将被预编译并保存到 PreparedStatement 实例中，从而可以反复并且高效地执行该 SQL 语句。PreparedStatement 接口提供的常用方法如表 4-4 所示。

表 4-4 PreparedStatement 接口的常用方法

方法名称	功能描述
executeQuery()	执行前面包含参数的动态 SELECT 语句，并返回一个永远不能为 null 的 ResultSet 实例
executeUpdate()	执行前面包含参数的动态 INSERT、UPDATE 或 DELETE 语句，并返回一个 int 型数值，为同步更新记录的条数
setXxx()	为指定参数设置 Xxx 型值
close()	立即释放 Statement 实例占用的数据库和 JDBC 资源，即关闭 Statement 实例

4.1.6 访问结果集接口 ResultSet

java.sql.ResultSet 接口类似于一个数据表，通过该接口的实例可以获得检索结果集，以及对应数据表的相关信息。ResultSet 实例是通过执行查询数据库的语句生成。

ResultSet 实例具有指向其当前数据行的指针。最初，指针指向第一行记录的前方，通过 next()方法可以将指针移动到下一行，当没有下一行时将返回 false。ResultSet 接口提供的常用方法如表 4-5 所示。

表 4-5 ResultSet 接口的常用方法

方法名称	功能描述
first()	移动指针到第一行；如果结果集为空则返回 false，否则返回 true；如果结果集类型为 TYPE_FORWARD_ONLY 将抛出异常
last()	移动指针到最后一行；如果结果集为空则返回 false，否则返回 true；如果结果集类型为 TYPE_FORWARD_ONLY 将抛出异常
previous()	移动指针到上一行；如果存在上一行则返回 true，否则返回 false；如果结果集类型为 TYPE_FORWARD_ONLY 将抛出异常
next()	移动指针到下一行；指针最初位于第一行之前，第一次调用该方法将移动到第一行；如果存在下一行则返回 true，否则返回 false
getRow()	查看当前行的索引编号；索引编号从 1 开始，如果位于有效记录行上则返回一个 int 型索引编号，否则返回 0
findColumn()	查看指定列名的索引编号；该方法有一个 String 型入口参数，为要查看列的名称，如果包含指定列，则返回 int 型索引编号，否则将抛出异常
close()	释放 ResultSet 实例占用的数据库和 JDBC 资源，当关闭所属的 Statement 实例时也将执行此操作

4.2 JDBC 访问数据库

使用 JDBC 访问数据库，首先需要加载数据库的驱动程序，然后利用连接符号串实现连接，创建连接对象，再创建执行 SQL 的执行语句并实现数据库的操作。即使用 JDBC 访问数据库，其访问流程：

（1）注册驱动。

（2）建立连接（Connection）。

（3）创建数据库操作对象用于执行 SQL 的语句。
（4）执行语句。
（5）处理执行结果（ResultSet）。
（6）释放资源。

📖 提示：目前在应用系统开发中，可能使用到不同的数据库系统。不同的数据库系统提供商，都有自己各自独立开发的驱动程序。在使用时，要加载相应的数据库驱动程序。本书以目前高校使用较多的 MySQL 数据库，作为应用示例。

在本小节，就按其访问流程，给出利用 JDBC 实现数据库访问的操作。假设 MySQL 数据库的用户密码为“123456”，并以 students 数据库为例。

4.2.1 注册驱动 MySQL 的驱动程序

在 Java Web 应用程序开发中，如果要访问数据库，必须先加载数据库厂商提供的数据库驱动程序。

首先需要下载 MYSQL 数据库的驱动程序，然后在应用程序中加载该驱动程序。下载地址：http://dev.mysql.com/downloads/connector。下载文件为压缩文件 mysql-connector-java-5.1.6.zip，双击解压该文件。解压后就可以得到 MySQL 数据库的驱动程序文件 mysql-connector-java-5.1.6-bin。

1．将驱动程序文件添加到应用项目

将驱动程序 mysql-connector-java-5.1.6-bin，复制到 Web 应用程序的 WEB-INF\lib 目录下，Web 应用程序就可以通过 JDBC 接口访问 MySQL 数据库了。

2．加载注册指定的数据库驱动程序

对于 MySQL 数据库，其驱动程序加载格式：

```
Class.forName("com.mysql.jdbc.Driver");
```

其中，“com.mysql.jdbc.Driver”为 MySQL 数据库驱动程序类名。

📖 提示：若使用其他类型的数据库，则加载该数据库对应的驱动程序，例如，若使用 Oracle 数据库，则其加载格式为：Class.forName("oracle.jdbc.driver.OracleDriver ")；不同类型数据库的驱动加载是不同的。

4.2.2 JDBC 连接数据库创建连接对象

加载注册 MySQL 数据库的驱动程序后，需要创建数据库连接对象。创建数据库连接对象，需要首先形成“连接符号字（URL）”，然后利用“连接符号字”实现连接并创建连接对象。

1．数据库连接的 URL

要建立与数据库的连接，首先要创建指定数据库的 URL（称为数据库连接字）。一个数据库连接字，一般包括：数据库服务器的 IP 地址及其访问数据库的端口号、数据库名称、访问数据库的用户名称及其访问密码，有时需要指定对数据库访问所采用的编码方式。

对于 MySQL 数据库的连接符号字，可采用如下方式创建：

```
String url1="jdbc:mysql:                    //数据库服务器 IP:3306/数据库名";
String url2="?user=root&password=密码";
String url3="&useUnicode=true&characterEncoding=UTF-8";
String url=url1+url2+ url3;
```

📖 提示：由于串较长，分为 3 个子串，然后连接形成连接串 url。

注意：

- 本地机的 IP：127.0.0.1 或：localhost。
- 在安装时，系统默认的管理员账号为：root，密码自己设置。
- 在连接符号字中，可以指定数据库数据的编码格式，在这里指定为：UTF-8。也可以不指定，采用 MySQL 数据库安装时指定的编码。

2．利用连接符号字实现连接，获取连接对象

DriverManager 类提供了 getConnection 方法，用来建立与数据库的连接。调用 getConnection()方法可返回一个数据库连接对象。

getConnection 方法有如下 3 种不同的重载形式。

第 1 种通过 url 指定的数据库建立连接，其语法原型：

```
static Connection getConnection(String url)
```

第 2 种通过 url 指定的数据库建立连接，info 提供了一些属性，这些属性里包括了 user 和 password 等属性，其语法原型：

```
static Connection getConnection(String url,Properties info);
```

第 3 种传入参数用户名为 user，密码为 password，通过 url 指定的数据库建立连接，其语法原型：

```
static Connection getConnection(String url,String user,String password):
```

📖 提示：在实际操作中，一般采用第一种格式。

例如，假设使用 MySql 数据库，该数据库的用户名为“root”，密码为：“123456”，数据库名为“students”，则

```
String url="jdbc:mysql://localhost:3306/students?user=root&password=123456";
Connection conn=DriverManager.getConnection(url);
```

也可以采用带数据库数据的编码格式：

```
String url1="jdbc:mysql://localhost:3306/students";
String url2="?user=root&password=123456";
String url3="&useUnicode=true&characterEncoding=UTF-8";
String url=url1+url2+url3;
Connection conn=DriverManager.getConnection(url);
```

3．利用 JDBC 连接 MySQL 数据库，获取连接对象的通用格式

利用 JDBC 连接 MySQL 数据库，其实现步骤是固定的，在这里给出通用的实现格式，供设计实际应用程序使用。

假设使用的 MySQL 数据库为“students”，数据库操作的用户名为“root”，密码为

“123456”，数据库读写的编码采用 UTF-8，连接格式：

```
String driverName = "com.mysql.jdbc.Driver";                //驱动程序名
String userName = "root";                                   //数据库用户名
String userPwd = "123456";                                  //密码
String dbName = "students";                                 //数据库名
String   url1="jdbc:mysql://localhost:3306/"+dbName;
String url2 ="?user="+userName+"&password="+userPwd;
String   url3="&useUnicode=true&characterEncoding=UTF-8";
String url =url1+url2+url3;                                 //形成带数据库读写编码的数据库连接字
Class.forName(driverName);                                  //加载并注册驱动程序
Connection conn=DriverManager.getConnection(url);           //获取数据库连接对象
```

4.2.3　创建数据库的操作对象

在 Java Web 应用程序中，需要由数据库连接对象创建数据库的操作对象，然后执行 SQL 语句。

数据库的操作对象是指能执行 SQL 语句的对象，需要用 Connection 类中创建数据库的操作对象的方法实现创建。可创建两种不同的数据库操作对象：Statement 对象、PrepareStatement 对象。两种对象的创建方法和执行 SQL 是不同的。

1．创建 Statement 对象

利用 Connection 类的方法 createStatement()可以创建一个 Statement 类实例，用来执行 SQL 操作。

例如，假设通过数据库连接，得到其连接对象 conn，那么可创建 Statement 的一个实例 stmt：

```
Statement stmt = conn.createStatement();                    //conn 为连接数据库对象
```

📖 提示：createStatement()方法是无参方法。

2．创建 PrepareStatement 对象

利用 Connection 类的方法 prepareStatement(String sql)可以创建一个 PreparedStatement 类的实例。

（1）PreparedStatement 对象使用 PreparedStatement()方法创建，并且在创建时直接指定 SQL 语句。

例如，假设有连接对象 conn，那么可创建 PreparedStatement 的一个实例 stmt：

```
String sql="……";                                           //SQL 语句形成的字符串
PreparedStatement   pstmt= conn.preparedStatement(sql);     //conn 为连接数据库对象
```

（2）使用带参数的 SQL 语句（“？”表示参数值），创建 PreparedStatement 对象。

例如：假设已得到连接对象 conn，需要创建一个查询年龄和性别的一个操作对象，则有：

```
String ss="select * from stu_info where age>=? and sex=?";
PreparedStatement pstmt= conn.preparedStatement(ss);
```

但在 SQL 语句中，没有指定具体的年龄和性别，在实际执行该 SQL 前，需要向 PreparedStatement 对象传递参数值。

设置参数值的格式为：

```
PreparedStatement 对象.setXXX(position,value);
```

其中：

（1）position 代表参数的位置号，第一个出现的，其位置号为 1，依次增 1。

（2）value 代表要传给参数的值。

（3）setXxx()中的 Xxx 代表不同的数据类型，常见的 set 方法有：

- void setInt(int parameterIndex,int x)；
- void setFloat(int parameterIndex,float x)；
- void setNull(int parameterIndex,int sqlType)；
- void setString(int parameterIndex,String x)；
- void setDate(int parameterIndex,Date x)；
- void setTime(int parameterIndex,Time x)；

对于前面创建的 PreparedStatement 的实例 pstmt，若设置参数值 age 字段的值为 20，sex 字段的值为“男”，则需要：

```
pstmt.setInt(1,20);
pstmt.setSting(2, "男");
```

📖 提示:（1）PreparedStatement 是 SQL 预处理类接口，使用其实现类来处理 SQL 能大大提高系统的执行效率，所以在以后的设计中，一般都采用创建 PreparedStatement 操作对象。（2）SQL 语句就是用 SQL 语言形成的字符串，且语句中的双引号要写成单引号。

例如：

```
String sql="select * from stu_info where age>=20 and sex='男'";
//sex 字段是字符串类型，应该采用 sex='男'的格式。
```

4.2.4 执行 SQL

创建操作对象后，就可以利用该对象，实现对数据库的具体操作，即执行 SQL 语句。对数据库的基本操作主要包括：查询、添加、修改、删除等操作。这 4 类操作可分为两类：查询数据库记录操作、更新数据库记录操作。由于创建操作对象有 Statement 对象和 PrepareStatement 对象，所以分别介绍其执行方法。

1．Statement 对象执行 SQL 语句

Statement 主要提供了如下两种执行 SQL 语句的方法。

（1）ResultSet executeQuery(String sql)：执行 select 语句，返回一个结果集。

（2）int executeUpdate(String sql)：执行 update、insert、delete，返回一个整数，表示执行 SQL 语句影响的数据行数。

例如，假设 stmt 是创建的 Statement 实例，下面的代码是删除 stu_info 表中 id 为 3 的记录：

```
String sql="delete from stu_info where id=3";
int n=stmt.executeUpdate(sql);
```

再如，下面的代码是查询 stu_info 表中的所有记录并形成查询结果集 RrsultSet rs：

```
String sql="select * from stu_info";
RrsultSet rs=stmt.executeQuery(sql);
```

2．PreparedStatemen 对象执行 SQL 语句

PreparedStatement 也有 ResultSet executeQuery()和 int executeUpdate()两个方法，但都不带参数，因为在建立 PreparedStatement 对象时已经指定 SQL 语句。

PreparedStatement 两种执行 SQL 语句的方法如下。

（1）ResultSet executeQuery()：执行 select 语句，返回一个结果集。

（2）int executeUpdate()：执行 update、insert、delete 的 SQL 语句。它返回一个整数，表示执行 SQL 语句影响的数据行数。

例如，下面的代码是删除学生编号为 3 的记录：

```
String sql="delete from stu_info where id=?"
PreparedStatement pstmt= con.preparedStatement(sql);
Pstmt.setInt(1,3);
int n=stmt.executeUpdate();
```

或采用不带参数的方式删除学生编号为 3 的记录：

```
String sql="delete from stu_info where id=3"
PreparedStatement pstmt= con.preparedStatement(sql);
int n=stmt.executeUpdate();
```

📖 提示：注意 Statement 对象和 PrepareStatement 对象对执行 SQL 语句的差异，特别要注意，不带参数的 PrepareStatement 对象与 Statement 对象对执行 SQL 语句的差异。

4.2.5　获得查询结果并进行处理

如果 SQL 语句是查询语句，执行 executeQuery()方法返回的是 ResultSet 对象。ResultSet 对象是一个由查询结果构成的数据表。对查询结果的处理，首先需要定位记录位置，然后对确定记录的字段项实现操作。

1．记录定位操作

在 ResultSet 结果记录集中隐含着一个数据行指针，可使用 4.1 节中表 4-5 中的方法将指针移动到指定的数据行。

2．读取指定字段的数据操作

移到指定的数据行后，再使用一组 getXxx()方法读取各字段的数据。其中“Xxx”指的是 Java 的数据类型。

这些 getXxx()方法的参数有两种格式，一是用整数指定字段的索引（索引从 1 开始），二是用字段名来指定字段。表 4-6 列出采用“指定字段的索引号”获取各种类型的字段值的方法。同样，将表中的各方法中参数可改为“用字段名来指定字段”获取字段的值的方法。

表 4-6　列出采用“指定字段的索引号”获取各种类型的字段值的方法

方 法 名 称	方 法 说 明
boolean getBoolean(int ColumnIndex)	返回指定字段的以 Java 的 boolean 类型表示的字段值
String getString(int ColumnIndex)	返回指定字段的以 Java 的 String 类型表示的字段值
byte getByte(int ColumnIndex)	返回指定字段的以 Java 的 byte 类型表示的字段值
short getShort(int ColumnIndex)	返回指定字段的以 Java 的 short 类型表示的字段值

（续）

方 法 名 称	方 法 说 明
int getInt(int ColumnIndex)	返回指定字段的以 Java 的 int 类型表示的字段值
long getLong(int ColumnIndex)	返回指定字段的以 Java 的 long 类型表示的字段值
float getFloat(int ColumnIndex)	返回指定字段的以 Java 的 float 类型表示的字段值
double getDouble(int ColumnIndex)	返回指定字段的以 Java 的 Double 类型表示的字段值
byte[ ] getBytes(int ColumnIndex)	返回指定字段的以 Java 的字节数组类型表示的字段值
Date getDate(int ColumnIndex)	返回指定字段的以 Java.sql.Date 的 Date 类型表示的字段值

例如，假设数据表为 stu，其中的字段是 xh（学号，字符串）、name（姓名，字符串）、cj（成绩，整型），并且查询结果集为 rs，则获取当前记录的各字段的值：

```
String sql="select xh,name,cj from stu";
RrsultSet rs=stmt.executeQuery(sql);       //这里假设采用 Statement 对象执行 SQL 语句
String student_xh=rs.getString(1);         //或 String student_xh=rs.getString("xh");
int student_cj=rs.getInt(3);               //或 int student_cj=rs.getInt("cj");
String student_name=rs. getString(2);      //或 String student_name=rs. getString("name");
```

3．修改指定字段的数据操作

移到指定的数据行后，可以使用一组 updateXxx()方法设置字段新的数值。其中，“Xxx”指的是 Java 的数据类型。这些 updateXxx()方法的参数也有两种格式，一是用整数指定字段的索引（索引从 1 开始），二是用字段名来指定字段。

其格式：

```
updateXxx(字段名或字段序号，新数值)
```

例如，对数据表 stu，其中的字段是 xh（学号，字符串）、name（姓名，字符串）、cj（成绩，整型），并且查询结果集为 rs，则对数据表 stu 当前记录中成绩改为 90，则需要执行：

```
String sql="select xh,name,cj from stu";
RrsultSet rs=stmt.executeQuery(sql);      //这里假设采用 Statement 对象执行 SQL 语句
rs.updateInt(3,90);     //或 rs.updateInt("cj",90);
```

4.2.6 释放资源

为了实现对数据库的操作，建立数据库连接对象（Connection con），然后又创建操作对象（PreparedStatement pstmt 或 Statement stmt），对于查询操作，又得到查询结果集对象（RrsultSet rs）。当完成对数据库记录的一次操作后，应及时关闭这些对象并释放资源。

假设建立的对象依次为连接对象为 conn（Connection conn）、操作对象为 pstmt（PreparedStatement pstmt），得到的查询结果集对象为 rs（RrsultSet rs），则需要依次关闭的对象：

```
rs.close();
stmt.close();
con.close();
```

📖 提示：（1）关闭对象的次序与创建对象的次序正相反。（2）上述步骤中用到的方法一般要抛出检验异常，把调用它们的语句放在 try 块中，具体实现将在后面内容详细介绍。

4.2.7 数据库乱码解决方案

在实现对数据库操作时，对于汉字信息，有时不能正确处理，其原因是由于汉字编码的不同所造成的。为了正确处理汉字信息，必须使汉字编码使用统一的编码格式。汉字编码目前主要使用 UTF-8 和 GB2312。本书中统一使用 UTF-8 编码。

在设计 Web 应用程序时，涉及汉字信息编码的组件主要有：

（1）数据库和数据表建立时，所建立的数据库和数据表及其各字段的编码格式。

（2）对数据库中记录的读写访问所采用的编码格式。

（3）在 JSP 页面之间传递参数（request 对象）时，其汉字编码格式。

（4）在 JSP 页面（HTML 页面）中的汉字编码格式。

（5）由服务器响应（response），返回到客户端的信息编码格式。

在所设计应用程序时，需要将这几部分的编码格式统一为一种汉字编码方式，就可以解决汉字乱码问题。为此，可以采用以下的解决方案，来处理汉字乱码问题。

第一，建立数据库、数据表时指定数据编码。

1）建立数据库的时候要用 UTF-8 编码：

```
CREATE DATABASE 数据库名字 default charset=utf8
```

2）建立数据表的时候也要用 utf8 编码：

```
CREATE TABLE 数据表名字 (各字段及其类型定义)default charset=utf8;
```

第二，在连接数据库时，指定数据库读写的编码。

例如，连接 MySQL 数据库时，声明采用 UTF-8 编码：

```
Class.forName("com.mysql.jdbc.Driver");
String url="jdbc:mysql://localhost/demo?user=用户名&password=密码&useUnicode= true&character
Encoding=UTF-8";
```

其中，useUnicode=true&characterEncoding=UTF-8,即声明采用 UTF-8 编码。

第三，在含有 JSP 提交表单的页面，设置 method="post"，并在接受所提交信息的页面或 Servlet 程序中，通过 request 请求对象的 request.setCharacterEncoding("UTF-8")方法设置编码格式。例如：

```
<%@ page language="java" import="java.sql.*" pageEncoding="UTF-8"%>
<%request.setCharacterEncoding("UTF-8"); %>
<html>
  <head>  <title>输出信息页面</title> </head>
  <body>
      <% String driver="com.mysql.jdbc.Driver";
          String url1="jdbc:mysql://localhost:3306/students";
          String url2="?user=root&password=123456";
          String url3="&useUnicode=true&characterEncoding=UTF-8";
          String url= url1+ url2+url3;
          Class.forName(driver) ;
          Connection conn =DriverManager.getConnection(url);
          Statement    stmt= conn.createStatement();
          String sql="完成某功能的 sql 语句";
          stmt.executeUpdate(sql) ; // ResultSet    rs=stmt.executeQuery(sql);
          //rs.close();
          stmt.close();
```

```
            conn.close();
        %>
    </body>
</html>
```

4.3 综合案例——学生身体体质信息管理系统的开发

对数据库的操作主要有查询、添加、修改、删除等操作。下面通过一个具体案例给出JDBC访问数据库的具体开发过程。

【案例说明】 描述一个学生身体体质的信息：id（序号，整型）、name（姓名，字符串）、sex（性别，字符串）、age（年龄，整型）、weight（体重，实型）、hight（身高，实型）。存放学生体质信息的数据库为 students，数据表为 stu_info。要求利用 JDBC 技术实现对学生身体体质信息的管理。

该问题是一个简单的数据库信息管理系统，基本操作主要有数据库和数据表的建立；数据库记录信息的添加（插入）；数据库记录信息的查询；数据库记录信息的删除；数据库记录信息的修改。

1. 功能划分

整个系统的业务逻辑，可以分为 4 个功能模块。

（1）添加记录模块：完成向数据库添加新记录。

（2）查询记录模块：完成将数据库的记录以网页的方式显示出来，一般需要采用有条件的查询。

（3）修改记录模块：完成对指定条件的数据库记录实现修改。

（4）删除记录模块：完成对指定条件记录从数据库中删除。

2. 每个模块的操作流程

而对数据库记录的每种操作，需要的操作步骤是：

（1）注册驱动，并建立数据库的连接。

（2）创建执行 SQL 的语句。

（3）执行语句。

（4）处理执行结果。

（5）释放资源。

下面按各功能模块和实现操作步骤，分别给出其设计思想和设计过程。

📖 提示：为了便于读者对数据库操作的掌握，对于该案例，采用由底向上的设计方式，逐步构造系统，并且在构造系统的每步中，对出现的各种问题进行分析并给出不同的解决方案，目的是让读者逐步理解和掌握设计思想和设计过程。

4.3.1 数据库和数据表的建立

该系统需要创建一个数据库以及该库中的一个数据表，在 MySQL 中创建一个数据库：students，并在数据库 students 中创建表 students_info。数据表的结构如表 4-7 所示。

表 4-7　数据表 students_info 的字段描述

字　段	中 文 描 述	数 据 类 型	是 否 为 空
id	学生学号	int	否
name	学生名字	Varchar(20)	是
sex	性别	Varchar(4)	是
age	年龄	int	是
weight	体重	double	是
hight	身高	double	是

利用 MySQL 数据库命令创建数据库和数据表，在创建数据库时最好指定读取数据库信息所采用的编码（这里使用 UTF-8 编码）。

1）建立数据库：

```
CREATE DATABASE students default charset=utf-8;
```

2）建立数据表：

```
Use students;
CREATE TABLE stu_info ( id int, name varchar(20), sex varchar(5), age int,
weight float,    hight float) default charset=utf-8;
```

4.3.2　注册驱动并建立数据库的连接

对数据库进行查询、添加、删除、修改等操作时，都必须通过 JDBC 建立应用程序与数据库的连接，在本小节中给出实现“注册驱动并建立数据库的连接”的公共代码。

连接数据库时，一般需要指定数据库读写的编码，这里采用“UTF-8”编码。实现注册驱动并建立数据库的连接的关键代码段如下：

```
String driverName = "com.mysql.jdbc.Driver";            //驱动程序名
String userName = "root";                               //数据库用户名
String userPwd = "123456";                              //密码
String dbName = "students";                             //数据库名
String   url1="jdbc:mysql://localhost:3306/"+dbName;
String url2 ="?user="+userName+"&password="+userPwd;
String   url3="&useUnicode=true&characterEncoding=UTF-8";
String url =url1+url2+url3;                             //形成带数据库读写编码的数据库连接字
Class.forName(driverName);                              //加载并注册驱动程序
Connection conn=DriverManager.getConnection(url);       //创建连接对象
```

提示：该段代码是实现数据库操作的关键代码，在其后的数据库操作中都包含该段代码。

4.3.3　添加记录模块的设计与实现

在 MySQL 数据库中，添加记录的 SQL 语句格式：

```
insert into  表名(字段名列表) values(值列表)
```

假设在表 stu_info 中添加一个学生：其相应的序号、姓名、性别、年龄、体重、身高分别为：16、“张三”、“男”、20、70.0、175，则其 SQL 语言的插入语句：

```
Insert into stu_info(id,name,sex,age,weight,hight) values(16,'张三','男',20,70,175)
```

JDBC 中提供了两种执行 SQL 语句的对象，一种是通过 Statement 对象执行静态的 SQL 语句实现；另一种是通过 PreparedStatement 对象执行动态的 SQL 语句实现。在本小节及以后的章节中，都使用 PreparedStatement 对象执行 SQL 语句。

【例 4-1】 利用 PreparedStatement 对象实现在数据库中插入一条记录。其相应的记录信息是：序号、姓名、性别、年龄、体重、身高，分别为：16、“张三”、“男”、20、70.0、175。

【分析】 使用 PreparedStatement 对象向数据库中插入（添加）记录，其处理步骤：

（1）建立数据库的连接。

（2）形成 SQL 语句（可以带参数，也可以不带参数）。

（3）利用连接对象建立 PreparedStatement 对象。

（4）若是带参数的 SQL 执行语句，则需要对各参数设置相应的参数值。

（5）调用 PreparedStatement 对象，执行 executeUpdate()方法。

（6）根据 executeUpdate()方法返回的整数，判定是否执行成功，如果大于 0 表示成功，否则执行失败。

（7）关闭所有资源。

【设计关键】

（1）采用带参数的 SQL 语句，则该题的关键是如何形成 SQL 语句，以及参数值的设置方法。即：

```
String sql="Insert into stu_info(id,name,sex,age,weight,hight) values(?,?,?,?,?,?)";
```

（2）设置 SQL 语句参数值时，必须注意各字段的数据类型，不同的类型采用不同的设置方法。

【实现】 根据该处理步骤，设计 insert_stu_1.jsp 程序，其关键代码如下：

```
<%@ page language="java" import="java.sql.*" pageEncoding="UTF-8"%>
<html>
  <head> <title>利用 PreparedStatement 对象添加一条记录页面</title> </head>
  <body>
   <% ............//这里省略了，实现“注册驱动并建立数据库的连接”的公共代码
        String sql="Insert into stu_info(id,name,sex,age,weight,hight) values(?,?,?,?,?,?)";
        PreparedStatement pstmt= conn.prepareStatement(sql);
        pstmt.setInt(1,16);
        pstmt.setString(2,"张三");
        pstmt.setString(3,"男");
        pstmt.setInt(4,20);
        pstmt.setFloat(5,70);
        pstmt.setFloat(6,175);
        int n=pstmt.executeUpdate();
        if(n==1){%> 数据插入操作成功！<br> <%}
        else{%> 数据插入操作失败！<br> <%}
        if(pstmt!=null){pstmt.close(); }
        if(conn!=null){ conn.close(); } %>
  </body>
</html>
```

对于例 4-1，若采用不带参数的 SQL 语句，则可以将 insert_stu_1.jsp 中的创建执行对象

的语句修改，并删除所有的 setXxx 方法：

```
String sql="Insert into stu_info(id,name,sex,age,weight,hight) values(16,'张三','男',20,70,175)";
PreparedStatement    pstmt= conn.prepareStatement(sql);
```

思考：例 4-1 给出的是插入一条固定信息的记录，那么如何实现插入任意一条记录呢？

📖 提示：设计一个提交页面，将要插入的记录信息通过该页面提交给插入处理页面，在插入处理页面中获取所提交的信息，并将这些信息作为 SQL 语句的插入信息，实现插入。

【例 4-2】 设计程序，实现利用提交页面提交要添加的学生信息，然后进入添加处理程序实现将信息添加到数据库。

【分析】 该问题需要两个 JSP 程序，其处理过程如图 4-2 所示。程序 insert_stu_2_tijiao.jsp 将提交信息存放到 request 对象中，而程序 insert_stu_2.jsp 从 request 对象中获取数据，形成插入记录的 SQL 语句，并实现插入。

图 4-2 例 4-2 的工作流程

【设计关键】

（1）该例题有两个组件，其关键是实现这两个组件之间的数据共享，即使用 request 对象实现两个页面信息的共享，分别使用了 id、name、sex、age、weight、hight 等变量。

（2）在添加处理页面，设置查询参数值时，必须注意各字段的数据类型，不同的类型采用不同的设置方法。

【实现】

（1）提交页面程序 insert_stu_2_tijiao.jsp，其界面如图 4-3 所示。

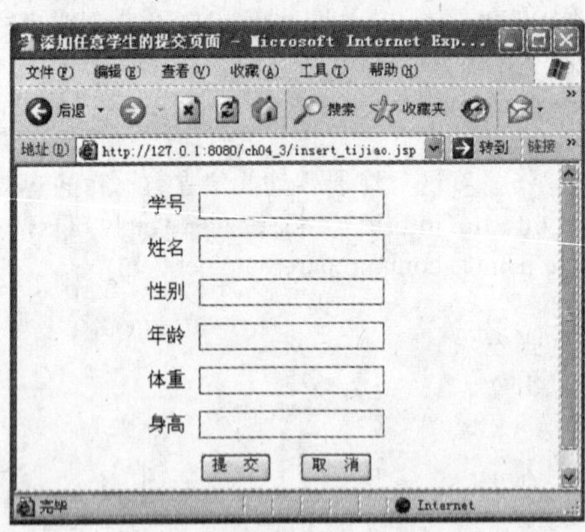

图 4-3 利用提交页面提供要添加的信息

程序 insert_stu_2_tijiao.jsp 的代码：

```
<%@page contentType="text/html" pageEncoding="UTF-8"%>
<html>
    <head>  <title>添加任意学生的提交页面</title>  </head>
    <body>
        <form action= "insert_stu_2.jsp"   method="post">
```

```
            <table border="0" width="238" height="252">
              <tr> <td>学号</td> <td><input type="text" name="id"></td> </tr>
              <tr> <td>姓名</td> <td><input type="text" name="name"></td> </tr>
              <tr> <td>性别</td> <td><input type="text" name="sex" ></td> </tr>
              <tr> <td>年龄</td> <td><input type="text" name="age"></td> </tr>
              <tr> <td>体重</td> <td><input type="text" name="weight"></td> </tr>
              <tr> <td>身高</td> <td><input type="text" name="hight"></td> </tr>
              <tr align="center">
                   <td colspan="2">
                        <input   type="submit" value="提   交">    
                        <input   type="reset" value="取   消">
                   </td>
              </tr>
            </table>
          </form>
        </body>
</html>
```

（2）程序 insert_stu_2.jsp，代码如下：

```
<%@ page language="java" import="java.sql.*" pageEncoding="UTF-8"%>
<html>  <head>  <title>利用 PreparedStatement 对象添加一条记录页面</title>  </head>
  <body>
   <%  ............//这里省略了，实现“注册驱动并建立数据库的连接”的公共代码
      String sql="Insert into stu_info(id,name,sex,age,weight,hight) values(?,?,?,?,?,?)";
      PreparedStatement   pstmt= conn.prepareStatement(sql);
      request.setCharacterEncoding("UTF-8");  //设置字符编码，避免出现乱码
      int id=Integer.parseInt(request.getParameter("id"));
      String name=request.getParameter("name");
      String sex=request.getParameter("sex");
      int age=Integer.parseInt(request.getParameter("age"));
      float weight=Float.parseFloat(request.getParameter("weight"));
      float hight=Float.parseFloat(request.getParameter("hight"));
      pstmt.setInt(1,id);
      pstmt.setString(2,name);
      pstmt.setString(3,sex);
      pstmt.setInt(4,age);
      pstmt.setFloat(5,weight);
      pstmt.setFloat(6,hight);
      int n=pstmt.executeUpdate();
      if(n==1){%>数据插入操作成功！<br> <%}
      else{%> 数据插入操作失败！<br> <%}
      if(pstmt!=null){ pstmt.close(); }
      if(conn!=null){ conn.close(); } %>
  </body>
</html>
```

该例题的关键代码

注意：例 4-1 和例 4-2 的差异，且 insert_stu_2.jsp 可由 insert_stu_1.jsp 修改得到。

4.3.4 查询记录模块的设计与实现

MySQL 数据库查询记录的 SQL 语句格式如下：

```
select   要列出的字段名  from  表名  where  特定条件
```

假设在表 stu_info 中，查询并列出体重介于 60 至 80 的所有同学，其 SQL 语言的查询语句为：

```
Select * from stu_info where weight>=60 and weight<=80
```

【例 4-3】 采用 PreparedStatement 的对象实现记录的查询操作，要求查询表 stu_info 中的所有学生信息并显示在网页上。

【分析】 使用 PreparedStatement 对象实现数据库查询，其处理步骤：

（1）建立数据库的连接。

（2）形成查询 SQL 语句（可以带参数，也可以不带参数）。

（3）利用连接对象建立 PreparedStatement 对象。

（4）若是带参数的 SQL 执行语句，则需要对各参数设置相应的参数值（若 SQL 语句不带参数，该步可以省）。

（5）再调用 PreparedStatement 对象的 executeQuery()方法，并返回 ResultSet 对象。

（6）对所得到的 ResultSet 对象中的各记录依次进行处理。

（7）关闭所有资源。

【设计关键】 该题目要求显示出所有的记录，对于查询 SQL 语句不需要参数，其查询语句为：

```
String sql="select * from stu_info "
```

另外，对于获得的查询结果集 ResultSet 中每条记录的处理方式，在本例中采用 HTML 的表格标签实现数据的显示。

【实现】 根据查询处理步骤，设计 find_stu_1.jsp 程序，其代码如下：

```
<%@page contentType="text/html" pageEncoding="UTF-8" import="java.sql.*"%>
<html>
    <head> <title>显示所有学生的页面</title> </head>
    <body>
        <center>
        <%  ............//这里省略了，实现“注册驱动并建立数据库的连接”的公共代码
          String sql="select   *   from   stu_info ";
          PreparedStatement   pstmt= conn.prepareStatement(sql);
          ResultSet rs=pstmt.executeQuery();
          rs.last();                                //移至最后一条记录
        %>你要查询的学生数据表中共有
          <font size="5" color="red"> <%=rs.getRow()%></font>人
          <table border="2" bgcolor= "ccceee" width="650">
                <tr bgcolor="CCCCCC" align="center">
                    <td>记录条数</td> <td>学号</td> <td>姓名</td>
                    <td>性别</td> <td>年龄</td><td>体重</td><td>身高</td>
                </tr>
          <% rs.beforeFirst();                      //移至第一条记录之前
             while(rs.next()){
          %>    <tr align="center">
                    <td><%= rs.getRow()%></td>
                    <td><%= rs.getString("id") %></td>
                    <td><%= rs.getString("name") %></td>
                    <td><%= rs.getString("sex") %></td>
                    <td><%= rs.getString("age") %></td>
```

例 4-3 查询的关键代码

```
                    <td><%= rs.getString("weight") %></td>
                    <td><%= rs.getString("hight") %></td>
                </tr>
            <% }%>
        </table>
    </center>
    <%if(rs!=null){ rs.close(); }
        if(pstmt!=null){ pstmt.close(); }
        if(conn!=null){ conn.close(); }
    %>
  </body>
</html>
```

思考：所设计的例 4-3，是显示所有学生信息的程序，若查询满足某种条件的记录，如何设计呢？

【例 4-4】 采用 PreparedStatement 的对象实现有条件的查询操作，要求在表 stu_info 中，查询出体重介于 60 至 80 之间的所有同学并在网页上显示。

【分析】 其处理步骤与例 4-3 的处理步骤一样，这里采用带参数的查询 SQL 语句。

【设计关键】 该例题的设计关键是查询 SQL 语句的形成，即：

```
String sql="select * from stu_info where weight>=? and weight<=?";
```

另外，对于该题目，其查询条件是固定的，其参数值的设置是：

```
pstmt.setInt(1,60);
pstmt.setInt(2,80);
```

【实现】 该例题的实现与例题 4-3 几乎一样。设计 find_stu_2.jsp 程序实现记录的查询与显示，将例 4-3 中的已经标出关键代码（见前面的代码标注），修改为如下代码即可：

```
String sql="select * from stu_info where weight>=? and weight<=?";
PreparedStatement pstmt= conn.prepareStatement(sql);
pstmt.setInt(1,60);
pstmt.setInt(2,80);
ResultSet rs=pstmt.executeQuery();
```

对于例 4-4 也可以采用不带参数的 SQL 语句，将例 4-3 中的已经标出关键代码，修改为如下代码：

```
String sql="select * from stu_info where weight>=60 and weight<=80";
PreparedStatement pstmt= conn.prepareStatement(sql);
ResultSet rs=pstmt.executeQuery();
```

思考：在例 4-3、例 4-4 以及其修改程序中，所给出是无条件的查询或固定条件的查询，那么，对于任意条件的查询如何实现呢？

提示：设计提交查询条件的页面，再将查询条件信息传给查询程序实现查询处理并显示。

【例 4-5】 设计一个提交页面（find_stu_3_tijiao.jsp），将要查询的条件通过该页面提交给查询处理页面（find_stu_5.jsp），在该页面中获取所提交的信息，并将这些信息作为 SQL 语句的参数信息，查询结束后，显示出所有满足条件的记录。

【分析】 该例题，需要设计两个 JSP 程序，提交页面（find_stu_3_tijiao.jsp）和查询处理程序（find_stu_3.jsp）。

该例题的两个组件之间的处理流程如图 4-4 所示。

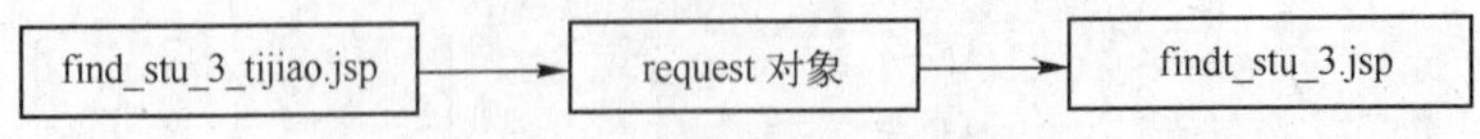

图 4-4　例 4-5 的工作流程

为了简化编码，在本例中所需要的查询条件是性别和体重的一范围段，其提交页面的界面如图 4-5 所示。

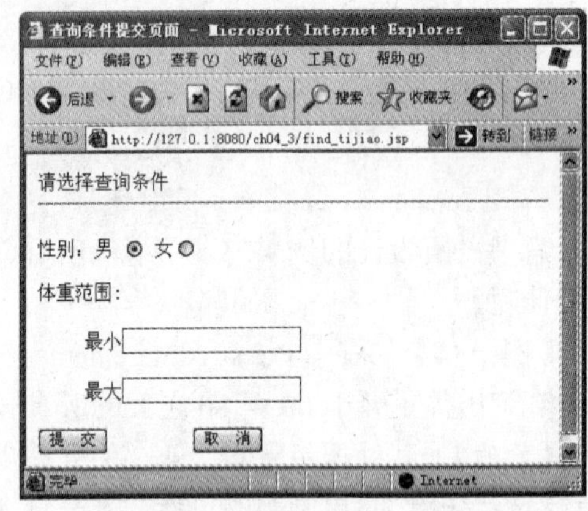

图 4-5　提交查询条件页面

【设计关键】

（1）该例题有两个组件，其关键是实现这两个组件之间的数据共享，即使用 request 对象实现两个页面信息的共享，分别使用了 sex、w1、w2。

（2）在提交页面中性别的默认值为“男”，体重的默认值分别为 0 和 150。

（3）在查询处理页面，设置查询参数值时，必须注意个字段的数据类型，性别为字符串类型，体重为 float 类型。

【实现】　（1）提交页面（find_stu_3_tijiao.jsp）的代码如下：

```
<%@ page language="java"   pageEncoding="UTF-8"%>
<html>  <head>  <title>查询条件提交页面</title>  </head>
  <body>
        请选择查询条件<hr width="100%" size="3">
        <form action= "find_stu_3.jsp" method="post">
              性别：男<input type="radio" value="男" name="sex" checked="checked">
              女<input type="radio" value="女" name="sex"><br><br>
              体重范围:<p>    
              最小<input type="text" name="w1" value="0"><br><br>
                   
              最大<input type="text" name="w2" value="150"> <p>
              <input type="submit" value="提  交">
                     
              <input type="reset" value="取  消">
        </form>
  </body>
</html>
```

📖 提示：对于该提交页面，每项信息都必须填写，否则，在进入查询处理程序 find_stu_5.jsp 会产生异常，因为在 find_stu_5.jsp 程序中，没有对提供空值进行判断与处理。

（2）获取提交页面的信息，并实现查询和信息显示的程序 find_stu_3.jsp 代码如下：

```
<%@page contentType="text/html" pageEncoding="UTF-8" import="java.sql.*"%>
<html>
    <head> <title>由提交页面获取查询条件并实现查询的页面</title> </head>
    <body> <center>
```

```
<% ............//这里省略了，实现“注册驱动并建立数据库的连接”的公共代码
  request.setCharacterEncoding("UTF-8");//设置字符编码，避免出现乱码
  String sex=request.getParameter("sex");
  float weight1=Float.parseFloat(request.getParameter("w1"));
  float weight2=Float.parseFloat(request.getParameter("w2"));
  String sql="select * from stu_info where sex=? and weight>=? and weight<=?";
  PreparedStatement pstmt= conn.prepareStatement(sql);
  pstmt.setString(1,sex);
  pstmt.setFloat(2,weight1);
  pstmt.setFloat(3,weight2);
  ResultSet rs=pstmt.executeQuery();
  rs.last(); //移至最后一条记录
 %>你要查询的学生数据表中共有
  <font size="5" color="red"> <%=rs.getRow()%></font>人
  <table border="2" bgcolor= "ccceee" width="650">
       <tr bgcolor="CCCCCC" align="center">
            <td>记录条数</td> <td>学号</td> <td>姓名</td><td>性别</td>
            <td>年龄</td><td>体重</td><td>身高</td>
       </tr>
  <% rs.beforeFirst(); //移至第一条记录之前
     while(rs.next()){
  %>    <tr align="center">
           <td><%= rs.getRow()%></td>
           <td><%= rs.getString("id") %></td>
           <td><%= rs.getString("name") %></td>
           <td><%= rs.getString("sex") %></td>
           <td><%= rs.getString("age") %></td>
           <td><%= rs.getString("weight") %></td>
           <td><%= rs.getString("hight") %></td>
        </tr>
     <% }%>
   </table>
</center>
 <%if(rs!=null){rs.close(); }
   if(pstmt!=null){pstmt.close(); }
   if(conn!=null){ conn.close(); }
 %>
  </body>
</html>
```

该例题的关键代码。

思考：

（1）如何修改程序 find_stu_3.jsp，使之可以接受“空值”并进行判定处理。

（2）如何修改程序实现满足所输入任意条件的查询记录呢？望读者自己完成。

4.3.5 修改记录模块的设计与实现

MySQL 数据库，修改记录的 SQL 语句格式：

```
update 表名 set 字段 1 = 字段值 1,字段 2 = 字段值 2 … where 特定条件
```

假设在表 stu_info 中，将姓名为“张三”同学的体重改为 80.0，则其 SQL 语句为：

```
update stu_info set weight=80 where name="张三"
```

【例 4-6】 更新数据库记录操作，设计一个 JSP 程序（update_stu_1.jsp），实现将数据库 students 中数据表 stu_info 中的学生记录，姓名为“张三”的同学的体重改为 80.0。

【分析】 使用 PreparedStatement 对象实现数据库记录的修改，其处理步骤：

（1）建立数据库的连接。

（2）形成 SQL 语句（可以带参数，也可以不带参数）。

（3）利用连接对象建立 PreparedStatement 对象。

（4）若是带参数的 SQL 执行语句，则需要对各参数设置相应的参数值。

（5）调用 PreparedStatement 对象，执行 executeUpdate()方法。

（6）根据 executeUpdate()方法返回的整数，判定是否执行成功，如果大于 0 表示成功，否则执行失败。

（7）关闭所有资源。

【设计关键】 该例题的设计与实现记录的添加操作一样，所不同的是该例题需要用修改记录的 SQL 语句，即：

```
String sql="update stu_info set weight=? where name=?";
```

另外，对于该题目，其条件是固定的，其参数值的设置是：

```
pstmt.setFloat(1,80);
pstmt.setInt(2, "张三");
```

【实现】 按更新记录的操作步骤，设计 update_stu_1.jsp 程序，其代码如下：

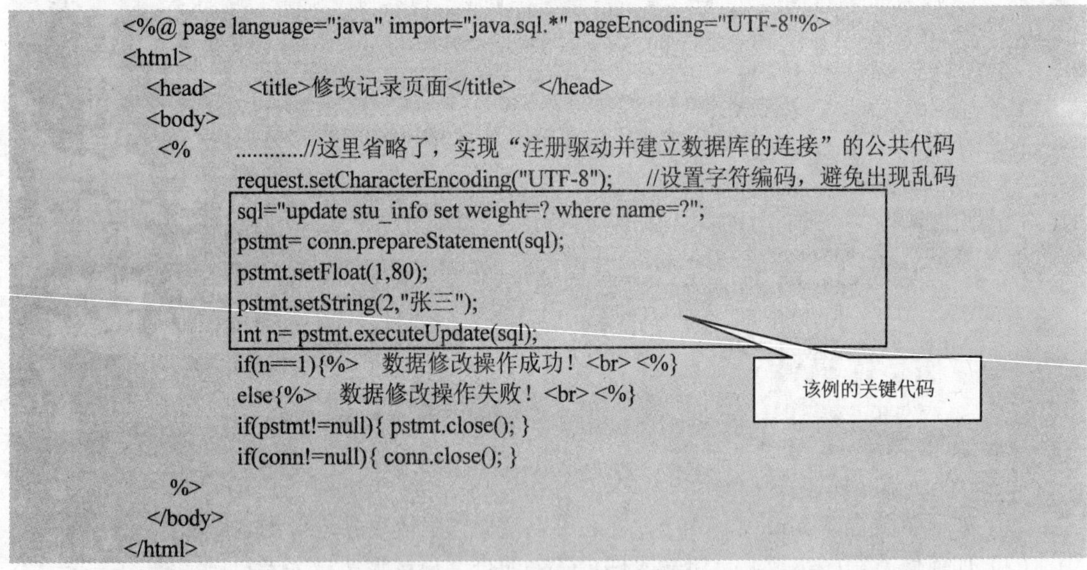

```
<%@ page language="java" import="java.sql.*" pageEncoding="UTF-8"%>
<html>
  <head>    <title>修改记录页面</title>    </head>
  <body>
   <%        ............//这里省略了，实现“注册驱动并建立数据库的连接”的公共代码
             request.setCharacterEncoding("UTF-8");     //设置字符编码，避免出现乱码
             sql="update stu_info set weight=? where name=?";
             pstmt= conn.prepareStatement(sql);
             pstmt.setFloat(1,80);
             pstmt.setString(2,"张三");
             int n= pstmt.executeUpdate(sql);
             if(n==1){%>   数据修改操作成功！<br> <%}
             else{%>   数据修改操作失败！<br> <%}
             if(pstmt!=null){ pstmt.close(); }
             if(conn!=null){ conn.close(); }
     %>
  </body>
</html>
```


对于例 4-6 也可以采用不带参数的 SQL 语句，将例 4-6 中的已经标出关键代码，也可以修改为如下代码：

```
sql="update stu_info set weight=80 where name='张三'";
pstmt= conn.prepareStatement(sql);
int n= pstmt.executeUpdate(sql);
```

思考：对于例 4-6 给出修改记录的条件是不变的（将姓名为“张三”的同学的体重改为 80.0），如何修改程序，按提供的查询条件对满足条件的记录进行修改呢？

📖 提示：在实际应用中，修改数据库记录一般需要 3 步：第 1 步，通过以提交页面提交修改记录要满足的条件；第 2 步，按条件查找记录，并将找到的记录信息返回到修改页面，对记录信息修改；第 3 步，修改后，提交修改后的信息，重新写入数据库。

【例 4-7】 对数据库 students 中的数据表 stu_info 满足条件的记录进行修改（为了简化设计，假设满足条件的记录只有一条）。

【分析】 该例题需要 3 个组件，第 1 个是 update_stu_2_tijiao.jsp，实现查询条件的提交；第 2 个程序是 update_stu_2_edit.jsp，实现对满足条件的记录信息返回编辑页面并修改，待编辑修改完成后提交；第 3 个程序是 update_stu_2.jsp，实现将修改后的信息重新写入数据库中。

【设计关键】 该例题需要在 3 个页面之间共享信息，需要使用 JSP 内置对象 request 和 session。实现共享的过程，可以采用图 4-6 所示的方式。

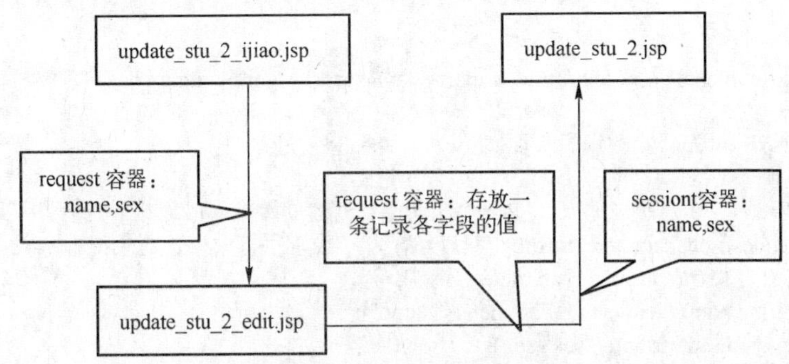

图 4-6　页面之间实现数据共享的方式

其运行界面和执行次序如图 4-7 所示。

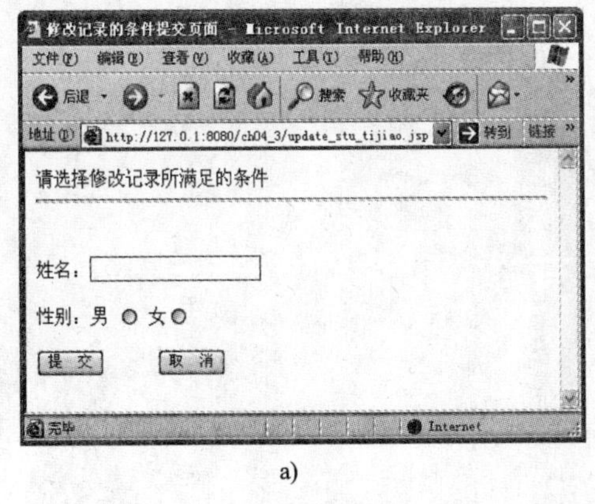

a)

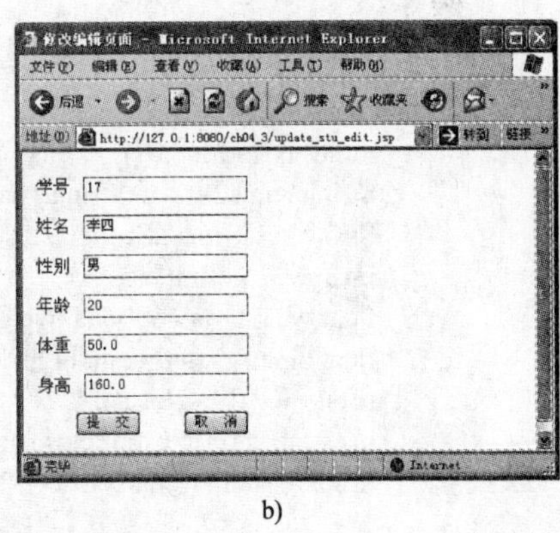

b)

图 4-7　例 4-7 的提交页面和编辑修改页面

a) 提交页面　b) 编辑修改页面

【实现】

（1）查询条件提交页面（update_stu_2_tijiao.jsp），该程序比较简单，其代码如下：

```
<%@ page language="java"  pageEncoding="UTF-8"%>
<html>
  <head>  <title>修改记录的条件提交页面</title>  </head>
```

```
    <body>
            请选择修改记录所满足的条件<hr width="100%" size="3">
            <form action= "update_stu_2_edit.jsp" method="post"><br>
              姓名：<input type="text" name="name"><br><br>
              性别：男 <input type="radio" value="男" name="sex">
                    女<input type="radio"    value="女" name="sex"><br><br>
              <input type="submit" value="提    交">
                  
              <input type="reset" value="取    消">
        </form>
    </body>
  </html>
```

（2）从提交页面获取查询信息，在数据库表中查询满足该条件的记录。若找到，则将该记录目前字段的值返回编辑页面并修改，待编辑修改完成后提交，再进入修改数据库记录处理程序；若找不到满足条件的纪录，则给出提示信息。程序 update_stu_2_edit.jsp 的代码如下：

```
<%@page contentType="text/html" import="java.sql.*" pageEncoding="UTF-8"%>
<html>
    <head>  <title>修改编辑页面</title>  </head>
    <body>
     <% ...........//这里省略了，实现“注册驱动并建立数据库的连接”的公共代码
      request.setCharacterEncoding("UTF-8");     //设置字符编码，避免出现乱码
      String sex=request.getParameter("sex");
      String name=request.getParameter("name");
      session.setAttribute("sex",sex);
      session.setAttribute("name",name);
      String sql="select * from stu_info where sex=? and name=?";
      PreparedStatement pstmt= conn.prepareStatement(sql);
      pstmt.setString(1,sex);
      pstmt.setString(2,name);
      ResultSet rs=pstmt.executeQuery();
      if(rs.next()){
          int id=rs.getInt("id");
          String name2=rs.getString("name");
          String sex2=rs.getString("sex");
          int age=rs.getInt("age");
          float weight=rs.getFloat("weight");
          float hight=rs.getFloat("hight");
          if(rs!=null){ rs.close(); }
          if(pstmt!=null){ pstmt.close(); }
          if(conn!=null){ conn.close(); }
          %>
          <form action= "update_stu_2.jsp"    method="post">
           <table border="0" width="238" height="252">
              <tr><td>学号</td><td><input name="id" value=<%=id%>></td></tr>
              <tr><td>姓名</td><td><input name="name2" value=<%=name2%>></td></tr>
              <tr><td>性别</td><td><input name="sex2" value=<%=sex2%>></td></tr>
              <tr><td>年龄</td><td><input name="age"value=<%=age%>></td></tr>
              <tr><td>体重</td><td><input name="weight"value=<%=weight%>></td></tr>
              <tr><td>身高</td><td><input name="hight"value=<%=hight%>></td></tr>
              <tr align="center">
```

```
                    <td colspan="2">
                        <input type="submit" value="提　交">    
                        <input type="reset" value="取　消">
                    </td>
                </tr>
            </table>
        </form>
        <%}
         else{%>
                没有找到合适条件的记录！！<%
                if(rs!=null){ rs.close(); }
                if(pstmt!=null){ pstmt.close(); }
                if(conn!=null){ conn.close(); }
              }%>
    </body>
</html>
```

📖 提示:（1）注意程序 update_stu_2_edit.jsp 中各变量的作用，以及所存放的数据是从哪里来的。（2）所设计的程序没有对提交数据是否为“空值”进行判定和处理，若在提交页面填写信息不全会出现异常。

（3）重写数据库记录程序 update_stu_2.jsp。从 update_stu_2_edit.jsp 程序中，获取修改后的记录信息，重新写入数据库，程序 update_stu_3.jsp 的代码如下：

```
<%@ page language="java" import="java.sql.*" pageEncoding="UTF-8"%>
<html>
  <head>  <title>修改后重写记录页面</title> </head>
  <body>
    <% ............//这里省略了，实现“注册驱动并建立数据库的连接”的公共代码
      String sql="update stu_info set id=?,name=?,sex=?,age=?,weight=?,hight=?
                    where name=? and sex=?";
      PreparedStatement pstmt= conn.prepareStatement(sql);
      request.setCharacterEncoding("UTF-8");    //设置字符编码，避免出现乱码
      int id=Integer.parseInt(request.getParameter("id"));
      String name2=request.getParameter("name2");
      String sex2=request.getParameter("sex2");
      int age=Integer.parseInt(request.getParameter("age"));
      float weight=Float.parseFloat(request.getParameter("weight"));
      float hight=Float.parseFloat(request.getParameter("hight"));
      String name=(String) session.getAttribute("name");
      String sex=(String) session.getAttribute("sex");
      pstmt.setInt(1,id);              pstmt.setString(2,name2);
      pstmt.setString(3,sex2);         pstmt.setInt(4,age);
      pstmt.setFloat(5,weight);        pstmt.setFloat(6,hight);
      pstmt.setString(7,name);         pstmt.setString(8,sex);
      int n=pstmt.executeUpdate();
      if(n>=1){%>重写数据操作成功！<br> <%}
      else{%> 重写数据操作失败！<%=n%><br> <%}
      if(pstmt!=null){ pstmt.close(); }
      if(conn!=null){ conn.close(); }
```

```
    %>
  </body>
</html>
```

📖 问题：在 update_stu_2_edit.jsp 中，为什么要使用 session 对象呢？

思考：在例 4-7 中，采用了 3 个页面，较好地实现了数据库记录的修改，但每次只能查询一条记录，修改一条记录。那么，是否可以查询多条满足条件的记录，并依次进行修改呢？如何实现呢？

4.3.6 删除记录模块的设计与实现

MySQL 数据库，删除记录的 SQL 语句格式：

```
delete from 表名 where 特定条件
```

假设在表 stu_info 中，将体重大于等于 80 的所有同学删除，则其 SQL 语句为：

```
delete from stu_info where weight>=80
```

通过 PreparedStatement 对象实现数据删除操作的方法同添加记录或修改记录的操作的方法基本相同，所不同的就是执行的 SQL 语句不同。

【例 4-8】 采用 PreparedStatement 的对象，实现将数据表 stu_info 中体重大于等于 80 的所有同学删除。

【分析】 删除记录的操作步骤与添加记录（修改记录）的操作步骤一样（参考例 4-1 或例 4-6）。

【设计关键】 该例题需要用删除记录的 SQL 语句，即：

```
String sql="delete from stu_info where weight>=?";
```

另外，对于该题目，其条件是固定的，其参数值的设置是：

```
pstmt.setFloat(1,80);
```

【实现】 设计程序 delete_stu_1.jsp，其代码如下：

```
<%@ page language="java" import="java.sql.*" pageEncoding="UTF-8"%>
<html>
  <head>  <title>删除一条记录页面</title>  </head>
  <body>
    <% ............//这里省略了，实现“注册驱动并建立数据库的连接”的公共代码
        request.setCharacterEncoding("UTF-8");    //设置字符编码，避免出现乱码
        sql="delete from stu_info where weight>=?";
        pstmt=conn.prepareStatement(sql);            实现删除的关键代码
        pstmt.setFloat(1,80);
        int n= pstmt.executeUpdate(sql);
        if(n>=1){%> 数据删除操作成功！<br> <%}
        else{%> 数据删除操作失败！<br> <%}
        if(pstmt!=null){ pstmt.close(); }
        if(conn!=null){ conn.close(); }
    %>
  </body>
</html>
```

对于例 4-8 也可以采用不带参数的 SQL 语句，将例 4-8 中已经标出的关键代码可以修改为如下代码：

```
sql="delete from stu_info where weight>=80";
pstmt=conn.prepareStatement(sql);
int n= pstmt.executeUpdate(sql);
```

思考：对于例 4-8 给出的删除记录的条件是不变的（删除体重大于等于 80 的所有同学）。那么，是否可以删除满足任意指定条件的记录呢？即按所提供的查询条件，删除满足条件的所有记录，如何设计程序呢？

📖 提示：在实际应用中，删除数据库记录一般需要两步：首先通过提交页面提交要删除记录所满足的条件；第 2 步，按条件删除记录。

【例 4-9】 对数据库 students 中的数据表 stu_info，删除满足条件（由提交页面提供）的所有记录。

【分析】 该例题需要两个组件，第 1 个是 delete_stu_2_tijiao.jsp，实现条件的提交；第 2 个是 delete_stu_2.jsp，删除满足条件的所有记录。提交页面的运行界面如图 4-8 所示。

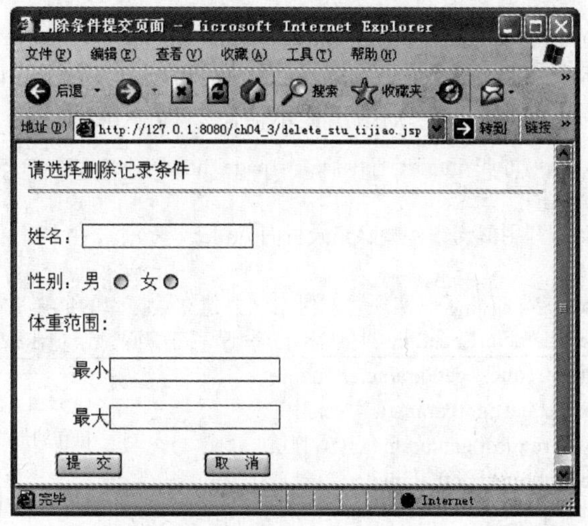

图 4-8　删除条件提交界面

该例题的两个组件之间的处理流程如图 4-9 所示。

图 4-9　例 4-9 的工作流程

【设计关键】

（1）该例题需要在两个页面之间共享信息，需要使用 JSP 内置对象 request 实现共享。为了简化设计，按“姓名”、“性别”和“体重范围段”设置查询条件。

（2）在提交页面，提交信息可以是“空值”，表示该字段不受限制。

（3）在查询处理页面，设置查询参数值时，必须注意各字段的数据类型。

【实现】

（1）删除条件提交页面（delete_stu_2_tijiao.jsp），该程序比较简单，其代码如下：

```
<%@ page language="java"  pageEncoding="UTF-8"%>
<html>
  <head>  <title>删除条件提交页面</title>  </head>
  <body>
        请选择删除记录条件<hr width="100%" size="3">
        <form action= "delete_stu_2.jsp" method="post">
            姓名：<input type="text" name="name"><br><br>
            性别：男 <input type="radio" value="男" name="sex">
                女<input type="radio"  value="女" name="sex"><br><br>
          体重范围:<p>
              最小<input type="text" name="w1"><br><br>
              最大<input type="text" name="w2"> <p>;
            <input type="submit" value="提  交">   
            <input type="reset" value="取  消">
       </form>
  </body>
</html>
```

（2）从提交页面获取查询信息，在数据库表中查询满足该条件的记录。若找到，则删除查询到的所有记录；若找不到记录，则给出提示信息。程序 delete_stu_2.jsp 的代码：

```
<%@ page language="java" import="java.sql.*" pageEncoding="UTF-8"%>
<html>
  <head>  <title>利用提交条件删除记录页面</title>  </head>
  <body>
    <% ............//这里省略了，实现“注册驱动并建立数据库的连接”的公共代码
      request.setCharacterEncoding("UTF-8");//设置字符编码，避免出现乱码
      String name=request.getParameter("name");
      String sex=request.getParameter("sex");
      String ww1=request.getParameter("w1");
      String ww2=request.getParameter("w2");
      String s="1=1 ";
      if(!name.equals("")) s=s+" and name='"+name+"'";
      if(sex!=null) s=s+" and sex='"+sex+"'";
      float w1,w2;
      if(!ww1.equals("")) { w1=Float.parseFloat(ww1); s=s+"and weight>="+w1; }
      if(!ww2.equals("")) { w2=Float.parseFloat(ww2); s=s+"and weight<="+w2; }
      String sql="delete from stu_info where "+s;
      PreparedStatement  stmt= conn.prepareStatement(sql);
      int n=pstmt.executeUpdate();
      if(n==1){%> 数据删除操作成功！<br> <%}
      else{%> 数据删除操作失败！<br> <%}
      if(stmt!=null){ stmt.close(); }
      if(conn!=null){ conn.close(); }
    %>
  </body>
</html>
```

（1）该题的关键是 SQL 语句的形成。
（2）该程序对提交页面提交的空值进行了判断与处理。

4.3.7 数据库操作的模板

在上前面介绍的数据库操作中可以看出，程序的基本结构类似，所以，可以给出“数据库操作的模板”代码，实现数据库的添加、查询、修改、删除操作。由于实现数据库操作存在数据库连接等各种异常，通常需要异常处理，其数据库操作的通用结构如下：

```
Connection conn=null;                     //声明数据库连接对象
PreparedStatement pstmt=null;             //声明数据库操作对象
ResultSet rs=null;                        //声明查询结果集对象,对于更新操作，可不声明
String driverName = "com.mysql.jdbc.Driver";          //驱动程序名
String userName = "root";                             //数据库用户名
String userPwd = "用户密码";                          //指定用户密码
String dbName = "数据库名字";                         //指定数据库名字
String  url1="jdbc:mysql://localhost:3306/"+dbName;
String url2 ="?user="+userName+"&password="+userPwd;
String  url3="&useUnicode=true&characterEncoding=UTF-8";
String url =url1+url2+url3;                    //形成带数据库读写编码的数据库连接字
// request.setCharacterEncoding(UTF-8");       //设置字符编码，避免出现乱码
try {
      Class.forName(driverName);
      conn=DriverManager.getConnection(url);
      String sql= "SQL 语句字符串";             //构造完成所需功能的 SQL 语句(可带参数)
      pstmt= conn.prepareStatement(sql);
      设置 SQL 语句中的各参数值;                //若 SQL 语句带参数，需要设置参数各值;
      rs=pstmt.executeQuery();
      //int n=pstmt.executeUpdate();
      处理查询结果 ResultSet
}catch(Exception e){
       输出异常信息;
      } finally {
      if(rs!=null){ rs.close(); }
      if(pstmt!=null){ pstmt.close(); }
      if(conn!=null){ conn.close(); }
}
```

4.3.8 整合各设计模块形成完整的应用系统

本节对前面介绍以及设计的各有关模块进行选择，构造形成一个完整的的“学生身体素质信息管理系统”，从而理解和掌握如何分析、设计一个应用系统。

对于学生身体体质信息管理系统，主要的功能包括学生信息添加、学生信息查询、学生信息修改、学生信息删除。

这些功能“模块”已经在前面几节中给出，利用这些模块，再添加一个主页面模块，可以构成便于操作和使用的一个简单应用系统。

系统的应用界面如图 4-10 所示。页面的左部分是操作功能菜单选项，当单击某选项时，会相应的执行该选项的功能。图 4-10 所示是单击“按条件修改学生”选项后所显示的网页界面。

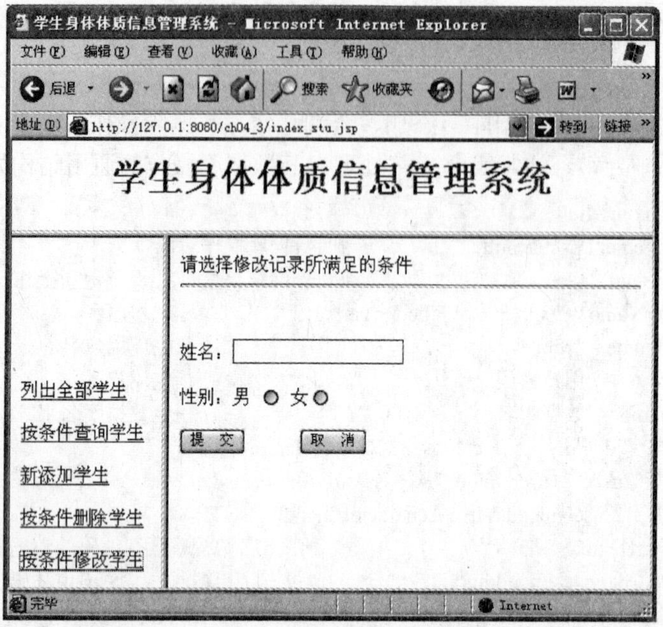

图 4-10　学生身体体质管理系统的页面结构图

1．“列出全部学生”模块

该功能模块在【例 4-3】中已实现，其程序为 find_stu_1.jsp。

2．“按条件查询学生”模块

该功能模块在【例 4-5】中已实现，其程序为 find_stu_3_tijiao.jsp 和 find_stu_3.jsp。

3．“新添加学生”模块

该功能模块在【例 4-2】中已实现，其程序为 insert_stu_2_tijiao.jsp 和 insert_stu_2.jsp。

4．“按条件删除学生”模块

该功能模块在【例 4-9】中已实现，其程序为 delete_stu_2_tijiao.jsp 和 delete_stu_2.jsp。

5．“按条件修改学生”模块

该功能模块在【例 4-7】中已实现，其程序为 update_stu_2_tijiao.jsp、update_stu_2_edit.jsp、update_stu_2.jsp。

6．主页面框架的设计

该应用系统的主页面框架如图 4-10 所示，由 3 个部分组成：最上方显示标题部分（index_title.jap），左边显示操作菜单的显示（index_stu_left.jsp），右边显示运行界面部分（index_stu_right.jsp），由这 3 个部分组合形成主页面的程序（index_stu.jsp）。

（1）主页面框架——index_stu.jsp 代码如下：

```
<%@page contentType="text/html" pageEncoding="UTF-8"%>
<html>
    <head>  <title>学生身体体质信息管理系统</title> </head>
    <frameset rows="80,*">
        <frame src="index_stu_title.jsp" scrolling="no">
        <frameset cols="140,*">
            <frame src="index_stu_left.jsp" scrolling="no">
```

```
                <frame src="index_stu_right.jsp" name="right" scrolling="no">
            </frameset>
        </frameset>
</html>
```

（2）最上方的显示标题——index_title.jap 代码如下：

```
<%@page contentType="text/html" pageEncoding="UTF-8"%>
<html>
    <head> <title>页面标题</title>   </head>
    <body> <center> <h1>学生身体体质信息管理系统</h1> </center> </body>
</html>
```

（3）左边显示操作菜单——index_stu_left.jsp 代码如下：

```
<%@page contentType="text/html" pageEncoding="GB2312"%>
<html>
    <head> <title>菜单页面</title> </head>
    <body>
        <br><br><br> <br><br><br>
        <p><a href="find_stu_1.jsp" target="right">列出全部学生</a></p>
        <p><a href="find_stu_3_tijiao.jsp" target="right">按条件查询学生</a></p>
        <p><a href="insert_stu_2_tijiao.jsp" target="right">新添加学生</a></p>
        <p><a href="delete_stu_2_tijiao.jsp" target="right">按条件删除学生</a></p>
        <p> <a href="update_stu_2_tijiao.jsp" target="right">按条件修改学生</a> </p>
    </body>
</html>
```

（4）右边显示运行界面——index_stu_right.jsp 代码如下：

```
<%@page contentType="text/html" pageEncoding="UTF-8"%>
<html>
    <head> <title>信息显示页面</title> </head>
    <body background="image/2.jpg"></body>
</html>
```

4.3.9 问题与思考

该系统设计只是给出了利用 JDBC 技术实现数据库访问应考虑的问题和设计方法，与实际应用系统有一定的差距，随着对本书知识的逐渐加深和深入学习，读者会设计出可实际应用的系统。

4.4 数据源与连接池技术

采用 JDBC 驱动程序连接数据库，在每次访问数据库之前都要先建立与数据库的连接，这将消耗一定的资源，并延长了访问数据库的时间。为了解决这一问题，引入了数据源技术。这种技术就是预先建立好一定数量的数据库连接，并将这些连接保存在连接池（Connect Pool）中，由连接池负责对这些数据库连接进行管理。当需要访问数据库时，只需从连接池中取出空闲状态的数据库连接；当程序访问数据库结束时，释放连接到连接池，从而免去了每次在访问数据库之前建立数据库连接的开销，提高了访问数据库的效率。

使用连接池技术连接数据库需要两步处理：首先配置数据源，然后在程序中通过连接池建立数据库的连接，从而再访问数据库。

4.4.1 配置数据源

在通过连接池技术访问数据库时，首先需要 Web 服务器下配置数据库连接池，下面以 MySQL 数据库为例介绍在服务器 Tomcat 下配置数据库连接池的方法。

1．在服务器上添加 MySQL 数据库驱动程序

将 MySQL 数据库的驱动程序复制到 Tomcat 安装路径下的 common\lib 文件夹中。

> 📖 提示：（1）发布使用数据库的 Web 应用程序时，如果直接用 JDBC 驱动程序连接数据库，可以把 JDBC 驱动程序复制到 Web 应用的 WEB-INF/lib 目录或者 Tomcat 安装目录下的 common/lib 目录。（2）如果通过数据池连接数据库，由于数据源由 Servlet 容器创建并维护，所以必须把 JDBC 驱动程序复制到 Tomcat 安装目录下的 lib 目录，确保 Servlet 容器能够访问驱动程序。

2．数据源参数配置

在配置数据源时，可以将其配置到 Tomcat 安装目录下的 conf\server.xml 文件中，也可以将其配置到 Web 工程目录下的 META-INF\context.xml 文件中，建议采用后者，因为这样配置的数据源更有针对性。若在 Web 工程目录下的 META-INF 中不存在 context.xml 文件，则需要自己建立该文件。

配置数据源的具体代码如下：

```
<Context>
    <Resource name="jdbc/mysql"
              type="javax.sql.DataSource"
              auth="Container"
              driverClassName="com.mysql.jdbc.Driver"
              url="jdbc:mysql://localhost:3306/数据库名字"
              username="用户名字"
              password="用户密码"
              maxActive="4"
              maxIdle="2"
              maxWait="6000" />
</Context>
```

在配置数据源时需要配置的<Resource>元素的属性及其说明如表 4-8 所示。

表 4-8 <Resource>元素的属性及其说明

属 性 名 称	说　明
Name	设置数据源的 JNDI 名
type	设置数据源的类型
auth	设置数据源的管理者，有两个可选值 Container 和 Application，Container 表示由容器来创建和管理数据源，Application 表示由 Web 应用来创建和管理数据源
driverClassName	设置连接数据库的 JDBC 驱动程序

（续）

属性名称	说明
url	设置连接数据库的连接字串
username	设置连接数据库的用户名
password	设置连接数据库的密码
maxActive	设置连接池中处于活动状态的数据库连接的最大数目，0 表示不受限制
maxIdle	设置连接池中处于空闲状态的数据库连接的最大数目，0 表示不受限制
maxWait	设置当连接池中没有处于空闲状态的连接时，请求数据库连接的请求的最长等待时间（单位为 ms），如果超出该时间将抛出异常，-1 表示无限期等待

4.4.2 使用连接池技术访问数据库的处理步骤

JDBC2.0 提供了 javax.sql.DataSource 接口，负责与数据库建立连接，在应用时不需要编写连接数据库代码，可以直接从数据源中获得数据库连接。在 DataSource 中预先建立了多个数据库连接，这些数据库连接保存在数据库连接池中，当程序访问数据库时，只需从连接池中取出空闲的连接，访问结束后，再将连接归还给连接池。

DataSource 对象由容器（例如 Tomcat）提供，不能通过创建实例的方法来获得 DataSource 对象，需要利用 Java 的 JNDI（Java Naming and Directory Interface，Java 命名和目录接口）来获得 DataSource 对象的引用。

JNDI 是一个应用程序设计的 API，为开发人员提供了查询和访问各种命名和目录服务的通用的、统一的接口，类似 JDBC，都是构建在抽象层上的。JNDI 提供了一种统一的方式，可以用在网络上查找和访问 JDBC 服务中，通过指定一个资源名称，可以返回数据库连接建立所需要的信息。

javax.naming.Context 提供了查找 JNDI Resource 的接口，可以通过 3 个步骤来使用数据源对象：

（1）获得对数据源的引用。

```
Context ctx=new InitalContext();
DataSource ds=(DataSource)ctx.lookup("java:comp/env/jdbc/mysql");
```

（2）获得数据库连接对象。

```
Connection con = ds.getConnection();
```

（3）返回数据库连接到连接池。

```
con.close();
```

📖 提示：在每次用完连接后，要及时调用 Connection 对象的 close()方法显式关闭连接，以便连接可以及时返回到连接池中，非显式关闭的连接可能不会添加或返回到池中。

4.4.3 连接池应用——学生身体体质信息显示模块的设计与实现

【例 4-10】 应用连接池技术访问数据库 students，并显示数据表 stu_info 中的全部数据。该数据库和数据表在 4.3 节中已经定义。

该题目的设计过程如下：

（1）JDBC 驱动程序复制到 Tomcat 安装目录下的 lib/目录下（若存在，则省略）。

（2）在 Web 工程目录 META-INF 下建立文件 context.xml（若已经存在，则只需添加配置信息即可），并配置数据源信息，具体代码如下：

```
<Context>
     <Resource name="jdbc/mysql"
               type="javax.sql.DataSource"
               auth="Container"
               driverClassName="com.mysql.jdbc.Driver"
               url="jdbc:mysql://localhost:3306/students"
               username="root"
               password="123456"
               maxActive="4"
               maxIdle="2"
               maxWait="6000"/>
</Context>
```

（3）编写 databasePool.jsp 程序，通过数据池访问数据库 students，并显示数据表 stu_info 中的全部数据，其代码如下：

```
<%@ page contentType="text/html;charset=UTF-8"%>
<%@ page import="java.sql.*"%>
<%@ page import="javax.sql.*"%>
<%@ page import="javax.naming.*"%>
<html>
  <head> <title>MySQL  数据源应用</title> </head>
    <body>
     <% DataSource ds = null;
          Connection conn=null;
          PreparedStatement pstmt=null;
          ResultSet rs=null;
          try {
               InitialContext ctx = new InitialContext();
               ds = (DataSource) ctx.lookup("java:comp/env/jdbc/mysql");
               conn = ds.getConnection();
              String sql="select * from    stu_info";
              pstmt= conn.prepareStatement(sql);
              rs=pstmt.executeQuery();
              rs.last(); //移至最后一条记录
       %>   你要查询的学生数据表中共有
            <font size="5" color="red"> <%=rs.getRow()%></font>人
            <table border="2" width="650">
                <tr>
                  <td>记录条数</td> <td>学号</td> <td>姓名</td>
                  <td>性别</td> <td>年龄</td><td>体重</td><td>身高</td>
                </tr>
              <% rs.beforeFirst();         //移至第一条记录之前
                  while(rs.next()){%>
                     <tr align="center">
```

```
                    <td><%= rs.getRow()%></td>
                    <td><%= rs.getString("id") %></td>
                    <td><%= rs.getString("name") %></td>
                    <td><%= rs.getString("sex") %></td>
                    <td><%= rs.getString("age") %></td>
                    <td><%= rs.getString("weight") %></td>
                    <td><%= rs.getString("hight") %></td>
                </tr>
            <% }%>
        </table>
    <%} catch (Exception e) {%>出现意外，信息是:<%=e.getMessage()%><% }
    finally {
            if(rs!=null){ rs.close(); }
            if(pstmt!=null){ pstmt.close(); }
            if(conn!=null){ conn.close(); }
    }%>
  </body>
</html>
```

4.4.4 问题与思考

从前面的案例可以看到，使用数据池技术开发程序简单且运行效率高，在以后的实际应用中，建议采用数据池技术访问数据库。

建议对于 4.3 节中给出的应用案例和有关的例题，采用数据池技术重新设计程序。

本章小结

数据库是几乎所有的 Web 应用程序必不可少的部分，本章首先介绍了 JDBC 技术中常用的接口，然后介绍了 MySQL 数据库的连接方法及其访问数据库的方法，接着介绍了数据库的查询、添加、修改、删除等操作方法和处理步骤。通过较多的实例说明了设计思想和设计方法，并进一步介绍了数据池技术及其利用数据源实现对数据库的访问方法和过程。

习题

1．建立数据库 lianxi，在该数据库下建立一个图书表 book，图书信息包含：图书号、图书名、作者、价格、备注字段。

设计一应用程序，完成图书信息的管理。主要完成图书信息的添加、查询、删除、修改等操作。

2．设计一个简单的网上名片管理系统，实现名片的增、删、改、查等操作。该名片管理系统包括如下功能：

（1）用户登录与注册。

- 用户登录：在登录时，如果用户名和密码正确，进入系统页面。
- 用户注册：新用户应该先注册，然后再登录该系统。

（2）名片管理。

- 增加名片：以仿真形式（按常用的名片格式）增加名片信息。
- 修改名片：以仿真形式（按常用的名片格式）修改名片信息。
- 查询名片：以模糊查询方式查询名片。
- 删除名片：名片的删除有两种方式，即把名片移到回收站，把名片彻底删除。

（3）回收站管理。

- 还原：把回收站中的名片还原回收。
- 彻底删除：把名片彻底从回收站删除。
- 浏览/查询：可以模糊查询、浏览回收站中的名片。

第5章　JavaBean 技术

JavaBean 是 Java Web 程序的重要组件，它是一些封装了数据和操作的功能类，供 JSP 或 Servlet 调用，完成数据封装和数据处理等功能。本章重点讲解 JavaBean 的设计、部署以及在 JSP 中的使用。

5.1　JavaBean 技术

JavaBean 是 Java Web 程序的重要组成部分，是一个可重复使用的软件组件，是用 Java 语言编写的、遵循一定标准的类，它封装了数据和业务逻辑，供 JSP（或 Servlet，下一章介绍）调用，完成数据封装和数据处理等功能。

5.1.1　JavaBean 的设计

设计 JavaBean 就是编写 Java 类，但与普通类不同，有其特殊的设计规则和要求。

1．JavaBean 的设计规则

设计一个标准的 JavaBean 通常遵守以下规则：

（1）JavaBean 是一个公共类。

（2）JavaBean 类具有一个公共的无参的构造方法。

（3）JavaBean 所有的属性定义为私有的。

（4）在 JavaBean 中，需要对每个属性提供两个公共方法。假设属性名字是 xxx，要提供的两个方法：

- setXxx()：用来设置属性 xxx 的值。
- getXxx()：用来获取属性 xxx 的值（若属性类型是 boolean，则方法名为 isXxx()）。

（5）定义 JavaBean 时，通常放在一个命名的包下。

2．JavaBean 的设计案例

【例 5-1】 设计一个表示圆的 JavaBean 类 Circle.java，并且该 JavaBean 中具有计算圆的周长和面积的方法。

【分析】 描述一个圆，需要圆心、半径、绘制圆的颜色以及是否填充圆，另外，需要知道这是绘制的第几个圆，所以该圆需要 6 个属性：圆的编号（整型）、圆心的 x 坐标、圆心的 y 坐标、半径、绘制颜色（字符串类型）、是否填充（布尔型）。

另外，该类必须具有其业务处理功能：计算圆的面积和圆的周长。

【设计】 根据 JavaBean 的设计原则，定义有关的属性，并给出其对应的 get/set 方法，并且一定要包含一个不带参数的构造方法。

【实现】 编写圆的 JavaBean 类 Circle.java。

📖 提示：在创建 Javabean 时，若使用 MyEclipse 开发工具，需要建立在 Web 工程的【源包】(src) 下。其建立过程是：选中工程的“src”包，单击右键，选择“新建”，再选择“class”，再根据对话框提示输入包名和类名，然后编写代码。

其代码如下：

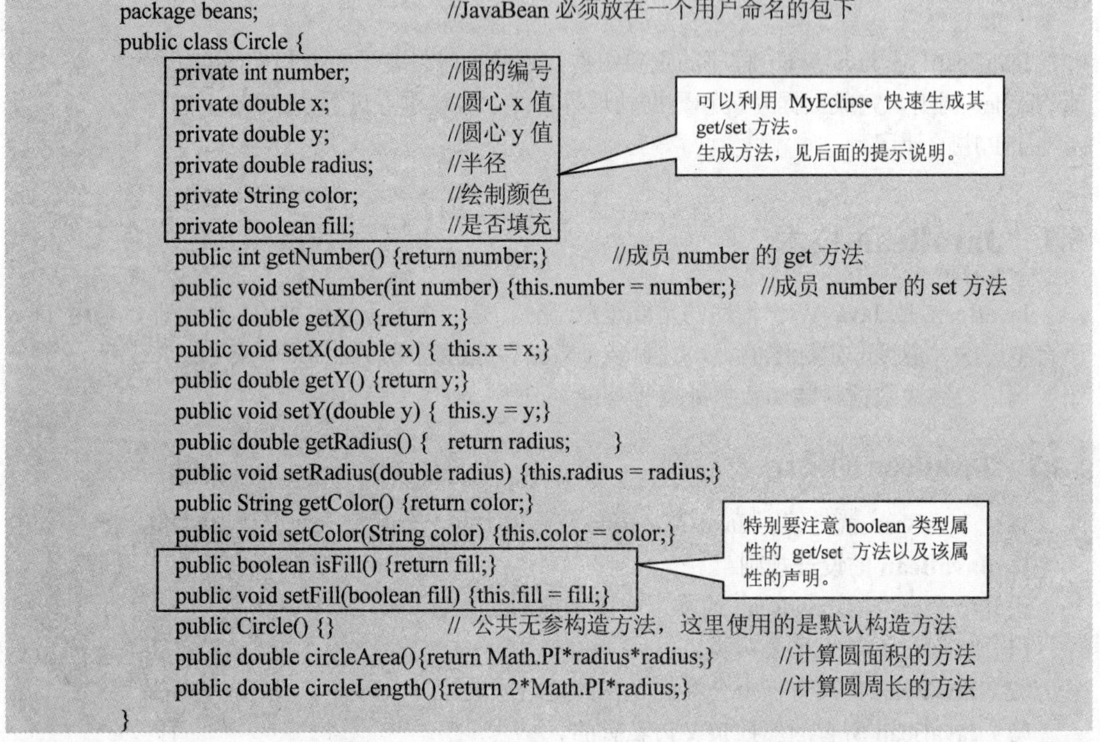

```
package beans;                                //JavaBean 必须放在一个用户命名的包下
public class Circle {
    private int number;             //圆的编号
    private double x;               //圆心 x 值
    private double y;               //圆心 y 值
    private double radius;          //半径
    private String color;           //绘制颜色
    private boolean fill;           //是否填充
    public int getNumber() {return number;}          //成员 number 的 get 方法
    public void setNumber(int number) {this.number = number;}   //成员 number 的 set 方法
    public double getX() {return x;}
    public void setX(double x) {  this.x = x;}
    public double getY() {return y;}
    public void setY(double y) {  this.y = y;}
    public double getRadius() {   return radius;     }
    public void setRadius(double radius) {this.radius = radius;}
    public String getColor() {return color;}
    public void setColor(String color) {this.color = color;}
    public boolean isFill() {return fill;}
    public void setFill(boolean fill) {this.fill = fill;}
    public Circle() {}                 // 公共无参构造方法，这里使用的是默认构造方法
    public double circleArea(){return Math.PI*radius*radius;}          //计算圆面积的方法
    public double circleLength(){return 2*Math.PI*radius;}             //计算圆周长的方法
}
```

可以利用 MyEclipse 快速生成其 get/set 方法。
生成方法，见后面的提示说明。
特别要注意 boolean 类型属性的 get/set 方法以及该属性的声明。

📖 提示：在 Myeclipse 环境下通过下列步骤可快速生成各属性的 set/get 方法——首先声明各属性，然后右击代码窗口空白处，依次选择 Source→Generate Getters and Setters→选中“全选”属性→finish。

5.1.2 JavaBean 的安装部署

设计的 JavaBean 类经过编译后，必须部署到 Web 应用程序中才能被 JSP 或 Servlet 调用。将单个 JavaBean 类部署到“工程名称/WEB-INF/classes/”下，JavaBean 的打包类 Jar 部署到“/WEB-INF/lib”下。

在 MyEclipse 开发环境中，当部署 Web 工程时，JavaBean 会自动部署到正确的位置。

注意：若设计的 JavaBean 被修改，需要重新部署工程才能生效。

5.2 在 JSP 中使用 JavaBean

在 JSP 页面中，既可以通过脚本代码直接访问 JavaBean，也可以通过 JSP 动作标签来访问 JavaBean。采用后一种方法，可以减少 JSP 网页中的程序代码，使它更接近于 HTML 页面。这里主要介绍利用 JSP 动作标签来访问 JavaBean。

访问 JavaBean 的 JSP 动作标签包括如下几种。

- <jsp:useBean>：声明并创建 JavaBean 对象实例。
- <jsp:setProperty>：对 JavaBean 对象的指定属性设置值。
- <jsp:getProperty>：获取 JavaBean 对象指定属性的值，并显示在网页上。

下面通过例 5-2 演示在 JSP 中使用 JavaBean 的方法。

【例 5-2】 设计 Web 程序，计算任意两个整数的和，并在网页上显示结果。要求在 JavaBean 中实现数据的求和功能。

【分析】 该问题需要两个网页 input.jsp 和 show.jsp，以及一个实现数据计算的 JavaBean 类（Add.java）。

其处理流程：网页 input.jsp 提交任意两个整数，而网页 show.jsp 获取两个数值后创建 JavaBean 对象，并调用求和方法获得和值，然后显示计算结果。

【设计关键】 在两页面间利用 request 对象实现数据共享（利用请求参数 shuju1、shuju2）。处理流程如图 5-1 所示。

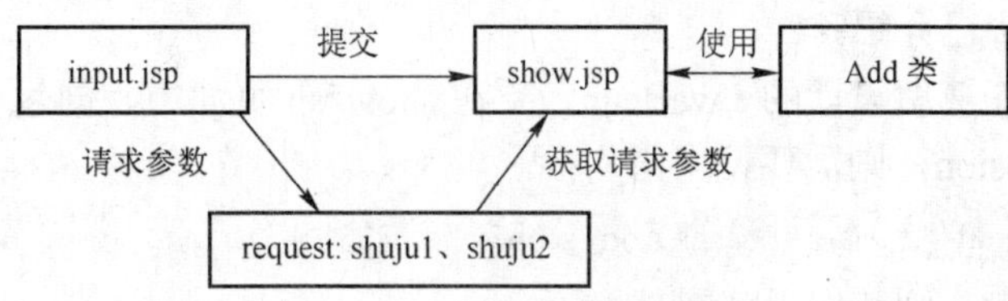

图 5-1 例 5-2 的处理流程

【实现】 （1）首先设计实现数据求和的 JavaBean 类 Add.Java，其代码如下：

```
package beans;
public class Add{
    private int shuju1;
    private int shuju2;
    public Add(){}
    public int getShuju1(){ return shuju1;}
    public void setShuju1(int shuju1){this.shuju1 = shuju1;}
    public int getShuju2(){return shuju2;}
    public void setShuju2(int shuju2){this.shuju2 =shuju2;}
    public int sum(){ retrun shuju1+shuju2;}
}
```

（2）设计提交任意两个整数的 JSP 页面（input.jsp），其代码如下：

```
<!-- 程序 input.jsp -->
<%@ page language="java" pageEncoding="UTF-8"%>
<html>
  <head> <title>提交任意 2 个整数的页面</title> </head>
  <body>
  <h3> 按下列格式要求，输入两个整数：</h3><br>
   <form action="show.jsp" method="post">
         加数：<input name="shuju1"><br><br>
         被加数：<input name="shuju2"><br><br>
         <input type=submit value="提交">
   </form>
```

```
    </body>
</html>
```

5.2.1 声明 JavaBean 对象

声明 JavaBean 对象，需要使用<jsp:useBean>动作标签。

声明格式：

```
<jsp:useBean id="对象名" class= "类名" scope= "有效范围"/>
```

功能：在指定的作用范围内，调用由 class 所指定类的无参构造方法创建对象实例。若该对象在该作用范围内已存在，则不生成新对象，而是直接使用。

使用说明如下。

（1）class 属性：用来指定 JavaBean 的类名，注意，必须使用完全限定类名。

（2）id 属性：指定所要创建的对象名称。

（3）scope 属性：指定所创建对象的作用范围，其取值有 4 个，包括 page、request、session、application，默认值是 page。它们分别表示页面、请求、会话、应用 4 种范围，它们的含义在第 3 章中已介绍。

例如，对于例 5-2 所设计的 JavaBean，要在 show.jsp 页面中，创建一个 Add 类对象 c，且其作用范围是 session，则需要使用语句：

```
<jsp:useBean id="c" class= "beans.Add" scope= "session"/>
```

若采用如下语句，则其作用范围是 page。

```
<jsp:useBean    id="c" class= "beans.Add" />
```

5.2.2 访问 JavaBean 属性——设置 JavaBean 属性值

设置 JavaBean 属性值需要使用<jsp:setProperty>动作标签。而<jsp:setProperty>动作标签是通过 JavaBean 中的 set 方法给相应的属性设置属性值。该动作标签有 4 种设置方式，下面分别给出使用方法的介绍。

1．简单 JavaBean 的属性设置

在获得 Javabean 实例后就可以对其属性值进行重新设置，设置属性值的格式：

```
<jsp:setProperty name="beanname" property="propertyname" value="beanvalue"/>
```

其中，beanname 代表 JavaBean 对象名，对应<jsp:useBean>标记的 id 属性；propertyname 代表 JavaBean 的属性名；beanvalue 是要设置的值。在设置值时，自动实现类型转换（将字符串自动转换为 JavaBean 中属性所声明的类型）。

功能：为 beanname 对象的指定属性 propertyname 设置指定值 beanvalue。

> 📖 提示：在 jsp:useBean 中，bean 名称由 id 属性给出，而在 jsp:getProperty 和 jsp:setProperty 中由 name 属性给出。

例如：对于例 5-2，给 c 对象的两属性值分别设置为 10 和 20，则需要的语句为：

```
<jsp:useBean id="c" class= "beans.Add" scope= "session"/>
<jsp:setProperty name="c" property="shuju1" value="10"/>
<jsp:setProperty name="c" property="shuju2" value="20"/>
```

另外，在 JSP 中可以使用 JSP 脚本代码，对 JavaBean 实例设置属性值，例如：

```
<jsp:useBean id="c" class= "beans.Add" scope= "session"/>
<% c.setShuju1(10);
    c.setShuju2(20);
%>
```

2．将单个属性与输入参数直接关联

对于客户端所提交的请求参数，可以直接给 JavaBean 实例中的同名属性赋值。其设置格式为：

```
<jsp:setProperty name="beanname" property="propertyname"/>
```

功能：将参数名称为 propertyname 的值提交给同 JavaBean 属性名称同名的属性，并自动实现数据类型转换。

例如，对于例 5-2，可以采用如下语句：

```
<jsp:setProperty name="c" property="shuju1" />     //在提交页面中存在输入域参数 shuju1
<jsp:setProperty name="c" property="shuju2" />     //在提交页面中存在输入域参数 shuju2
```

3．将单个属性与输入参数间接关联

若 JavaBean 的属性与请求参数的名称不同，则可以通过 JavaBean 属性与请求参数之间的间接关联实现赋值，其格式：

```
<jsp:setProperty name="beanname" property="propertyname" param="paramname"/>
```

功能：将请求参数名称为 paramname 的值给 JavaBean 的 propertyname 属性设置属性值。

假设所设计的提交页面 input2.jsp，其代码如下：

```
<form action=show.jsp" method="post">
      加数：<input name="number1"><br><br>
      被加数：<input name="number2"><br><br>
      <input type=submit value="提交">
</form>
```

而设计的 Add.java 类中的两属性名分别为：

```
private int shuju1;
private int shuju2;
```

由于在 JSP 页面中和 JavaBean 类 add.java 中两处的属性不同名，需要采用间接关联的方式实现参数传递。其传递语句为：

```
<jsp:setProperty name="c" property="shuju1" param="number1"/>
<jsp:setProperty name="c" property="shuju2" param="number2"/>
```

4．将所有的属性与请求参数关联

将所有的属性与请求参数关联实现自动赋值并自动转换数据类型。其设置格式为：

```
<jsp:setProperty name="beanname" property="*"/>
```

功能：将提交页面中表单输入域所提供的输入值提交到 JavaBean 对象中相同名称的属性中。

例如，对于例 5-2，通过提交页面 input2.jsp 将数值提供给对象 c，其语句为：

```
<jsp:setProperty name=c" property="*"/>
```

注意：如果 JavaBean 类 Add.java 中的属性名称（shuju1、shuju2）与 input2.jsp 中两个输入域属性名称（name="shuju1"，name="shuju2"）不同，就不能给 JavaBeand 对象相应属性设置值。

5.2.3 访问 JavaBean 属性——获取 JavaBean 属性值并显示

在 JSP 页面显示 JavaBean 属性值，需要使用<jsp:getProperty>动作标签。其格式：

```
<jsp:getProperty name="beanname" property="propertyname"/>
```

功能：获取 JavaBean 对象指定属性的值，并显示在页面上。

📖 说明：jsp:getProperty 动作标签是通过 JavaBean 中的 get 方法获取对应属性的值。

例如，用 jsp:useBean 创建的对象实例 c 获取并在页面上显示属性值的语句为：

```
<jsp:getProperty name="c" property="shuju1"/>+
<jsp:getProperty name="c" property="shuju2"/>
```

5.2.4 访问 JavaBean 方法——调用 JavaBean 业务处理方法

当使用 jsp:useBean 实例化一个 JavaBean 对象（或通过 jsp:setProperty 修改属性值）后，可以调用 JavaBean 的业务处理方法完成该对象所希望处理的功能。调用方式一般采用 JSP 脚本代码。

例如，用 jsp:useBean 创建的对象实例 c，通过 jsp:setProperty 修改属性值后计算并显示和值。其代码如下：

```
加数：<jsp:getProperty name="c" property="shuju1"/><br>
被加数：<jsp:getProperty name="c" property="shuju2"/><br>
和值为：<%=c.sum()%><br>
```

对于例 5-2，利用 JSP 访问 JavaBean 的 show.jsp 页面的代码如下：

```
<!-- 程序 show.sp -->
<%@ page language="java" import="java.util.*" pageEncoding="GB2312"%>
<html>
  <head>  <title>利用 JavaBean+JSP 求两数和</title> </head>
  <body>
    <jsp:useBean id="c" class="beans.Add" scope= "request"/>
    <jsp:setProperty name="c" property="*"/>
    <p>调用 jsp:getProperty 作标签以及求和方法获取数据并显示：<br>
      <jsp:getProperty name="c" property="shuju1"/>+
      <jsp:getProperty name="c" property="shuju2"/>=<%=c.sum()%><br>
    </p>
    <p>调用使用类的方法获取数据并显示：<br>
      <%=c.getShuju1()%>+<%= c.getShuju2()%>= <%=c.sum()%><br>
    </p>
  </body>
</html>
```


【说明】

（1）为 c 对象的属性赋值：

```
<jsp:setProperty name="c" property="*"/>
```

```
等价于
    <jsp:setProperty name="c" property="shuju1"/>
    <jsp:setProperty name="c" property="shuju2"/>
```

（2）显示属性值：

```
    <jsp:getProperty name="c" property="shuju1"/>
    <jsp:getProperty name="c" property="shuju2"/>
等价于
    <%= c.getShuju1()%>
    <%=c.getShuju2%>
```

在例 5-2 show.jsp 页面中，使用 JSP 动作标签访问 JavaBean。对于 show.jsp 页面，可以通过程序代码（脚本）直接访问 JavaBean，其代码如下：

```
<%@ page contentType="text/html" import="beans.Add" pageEncoding="UTF-8"%>
<html>
    <head>  <title>利用 JavaBean+JSP 求两数和</title> </head>
    <body>
        <%request.setCharacterEncoding("UTF-8"); %>
        <%  Add c=new Add();
            String s1=request.getParameter("shuju1");
            String s2=request.getParameter("shuju2");
            x=Integer.parseInt(s1);
            y=Integer.parseInt(s2);
            c.setShuju1(x);
            c.setShuju2(y);
        %>
          <%=c.getShuju1()%>+<%= c.getShuju2()%>= <%=c.sum()%><br>
    </body>
</html>
```

这种方式创建的对象，只能在本页面使用。

📖 提示：使用<jsp:useBean>标签时，JavaBean 对象会存储到特定范围，在这个特定范围内实现组件之间数据的共享，这点与直接使用创建对象的语句不同。

5.2.5 案例——基于 JavaBean+JSP 求任意两数代数和

对于例 5-2 分别给出了利用 JSP 动作标签和 JSP 脚本代码对 JavaBean 对象的创建及其属性值的访问。但是在 show.jsp 中都存在 JSP 脚本代码，这不是 JSP 程序所提倡的。下面重新设计例 5-2，使两个页面中都不出现 JSP 脚本代码。

【改进思想】 需要改进 JavaBean 类 Add.java 的设计，该类需要设置 3 个属性，加数、被加数、和值，并通过和值属性的 get/set 方法在 show.jsp 页面中设置该属性值，并显示属性值。

【实现】 （1）重新设计实现数据求和的 JavaBean 类 Add.Java，其代码如下：

```
package beans;
public class Add{
    private int shuju1;
    private int shuju2;
```

```
        private int sum;
        public Add(){}
        public int getShuju1(){ return shuju1;}
        public void setShuju1(int shuju1){this.shuju1 = shuju1;}
        public int getShuju2(){return shuju2;}
        public void setShuju2(int shuju2){this.shuju2 =shuju2;}
        public int getSum(){ retrun shuju1+shuju2;}
        public void setSum(int sum){this.sum =sum;}
}
```

（2）提交整数的 JSP 页面（input.jsp），代码不变。关键代码如下：

```
<form action="show.jsp" method="post">
      加数：<input name="shuju1"><br><br>
      被加数：<input name="shuju2"><br><br>
      <input type=submit value="提交">
</form>
```

（3）计算并显示计算结果的 show.jsp，其代码如下：

```
<!-- 程序 show.sp -->
<%@ page language="java" import="java.util.*" pageEncoding="GB2312"%>
<html>
  <head>   <title>利用 JavaBean+JSP 求两数和</title> </head>
  <body>
      <jsp:useBean id="c" class="beans.Add" scope= "request"/>
      <jsp:setProperty name="c" property="*"/>
      <p>调用 jsp:getProperty 作标签显示结果值：<br>
        <jsp:getProperty name="c" property="shuju1"/>+
        <jsp:getProperty name="c" property="shuju2"/>=
        <jsp:getProperty name="c" property="sum"/>
      </p>
  </body>
</html>
```

修改后的 JSP 中不含有 JSP 脚本代码，这使得 JSP 程序的结构清晰、简单。

5.3 多个 JSP 页面共享 JavaBean

在 JSP 中，对于<jsp:useBean>动作标记可以使用 scope 属性来指定 bean 存储的位置（作用域），可以让多个 JSP 页面（或多个 Servlet，或 Servlet 与 JSP）共享数据。

5.3.1 共享 JavaBean 的创建

共享 JavaBean 的创建格式：

```
<jsp:useBean id="…" class="…" scope="…"/>
```

其中，属性 scope 的取值有 4 个：page、request、session、application，分别表示页面、请求、会话、应用 4 种范围。

1．page 共享

默认值使用非共享（作用域为页面）的 bean。

2．request 共享

共享作用域为请求的 bean。处理当前请求的过程中，bean 对象应存储在 request 对象中，可以通过 getAttribute 访问到它。

3．session 共享

共享作用域为会话的 bean。bean 会被存储在与当前请求关联的 session 中，和普通的会话对象一样，可以使用 getAttribute 访问到它们。

4．application 共享

共享作用域为应用（即作用域为 ServletContext）的 bean。bean 将存储在 application 中，由同一 Web 应用中的所有 JSP 共享，可以使用 getAttribute 访问到它们。

这 4 种共享方式在第 3 章 JSP 的内置对象中已经介绍，其使用方式可以参考第 3 章中的有关内容。

5.3.2 案例——网页计数器 JavaBean 的设计与使用

在很多情况下都需要创建共享的 JavaBean，例如保存购物信息的购物车 JavaBean，贯穿于用户整个购物过程（浏览多个购物页面），它的范围应该设定为 session；保存聊天信息的 JavaBean，要被所有用户共享，它的范围应该设定为 application；保存网页访问量的 JavaBean，也必须是一个所有用户共享的全局对象，它的范围也要设定为 application。

对访问页面次数的统计在第 3 章中曾使用 JSP 设计该类程序，这里使用 JSP 与 JavaBean 相结合的技术完成网页计数器的设计。

【例 5-3】 设计一个 JavaBean 记载网页的访问数量，在动态页面中访问该 JavaBean，实现网页的计数。假设要统计两个网页总共的访问量。

【分析】 该问题需要统计网页访问次数，在 JavaBean 中有计数属性。在页面被访问时，该计数器自动加 1，同时要存放该数值。所以，在被访问页面需要创建 apllication 范围的一个 JavaBean 对象。

为了体现不同页面对 apllication 范围的 JavaBean 对象的共享，这里设计两个页面程序 counter1.jsp 和 counter2.jsp。

【设计】 该问题，需要 3 个组件（一个 JavaBean，两个 JSP），即：

（1）具有统计功能的 JavaBean。

（2）获取 JavaBean 中的计数属性的值并显示结果的 JSP 页面：counter1.jsp 和 counter2.jsp。

【实现】

（1）设计记载网页访问数量的 JavaBean：Count.java。

```
package beans;
public class Counter {
    private int count;
    public Counter() {count = 0;}
    public int getCount() {
        count++;
```

```
        return count;
    }
    public void setCount(int count) {this.count = count;}
}
```

（2）第 1 个需要计数的网页（counter1.jsp）中访问 JavaBean 对象。

```
<%@ page contentType="text/html" pageEncoding="UTF-8"%>
<html>
    <head> <title>网页访问数量</title> </head>
    <body>
        <jsp:useBean id="counter" scope="application" class="beans.Counter" />
        这次访问的是第 1 个页面：counter1.jsp!<br>
        两页面共被访问次数：
        <jsp:getProperty name="counter" property="count"/>
    </body>
</html>
```

（3）第 2 个需要计数的网页（counter2.jsp）中访问 JavaBean 对象。

```
<%@ page contentType="text/html" pageEncoding="UTF-8"%>
<html>
    <head> <title>网页访问数量</title> </head>
    <body>
        <jsp:useBean id="counter" scope="application" class="beans.Counter" />
        这次访问的是第 2 个页面：counter2.jsp!<br>
        两页面共被访问次数：
        <jsp:getProperty name="counter" property="count"/>
    </body>
</html>
```

假设，第 5 次访问第 1 个页面，在第 10 次访问第 2 个页面，其运行界面如图 5-2 所示。

a) b)

图 5-2 例 5-3 的运行界面

a) 运行 5 次后的界面 b) 再运行 5 次后的界面

说明与思考：

（1）本例中需要特别注意的是 JavaBean 的有效范围是 application，思考如果省略或改为 session 是否正确？

（2）在该例中，当每次访问该页面时，下面的语句是如何执行的？对象 counter 是什么时候创建的？

```
<jsp:useBean id="counter" scope="application" class="beans.Counter" />
```

5.4　综合案例——数据库访问 JavaBean 的设计

在第 4 章介绍 JDBC 时，对数据库的访问操作主要有数据库的连接，对数据库的数据表实现记录的添加、删除、修改、查询等。第 4 章中的每个应用案例都需要使用大量的 JSP 脚本代码来完成有关的功能，在 JSP 中使用脚本代码不符合 JSP 的设计原则。在本节中，使用 JavaBean 技术将对数据库的有关操作封装成 JavaBean 类，从而简化 JSP 页面，更便于 Web 程序的设计。

【例 5-4】 数据库操作在一个 Web 应用程序中的后台处理中占有很大比重，本例设计一组 JavaBean 封装数据库的基本操作供上层模块调用，提高程序的复用性和可移植性。

【分析】 假设操作的数据库名是 test，表格是 user（userid、username、sex)，封装的基本操作包括记录的添加、修改、查询全部、按 userid 查找用户、按 userid 删除用户。

【设计】 该案例需要设计以下组件：

（1）数据库 test 及其数据库表 user。

（2）在类路径（src）下建立属性文件 db.properties，存放数据库的基本信息，这样做的好处是数据库信息发生变化时只需要修改该文件，不用重新编译代码。

（3）建立一个获取连接和释放资源的工具类 JdbcUtil.java。

（4）建立类 User.java 实现记录信息对象化，体现面向对象程序设计思想。

（5）在上面步骤的基础上建立类 UserDao.java 封装基本的数据库，其操作如下。

- 向数据库中添加用户记录的方法：public void add(User user)。
- 修改数据库用户记录的方法：public void update(User user)。
- 删除数据库用户记录的方法：public void delete(String userId)。
- 根据 id 查询用户的方法：public User findUserById(String userId)。
- 查询全部用户的方法：public List<User> QueryAll()。

这些组件之间的关系如图 5-3 所示。

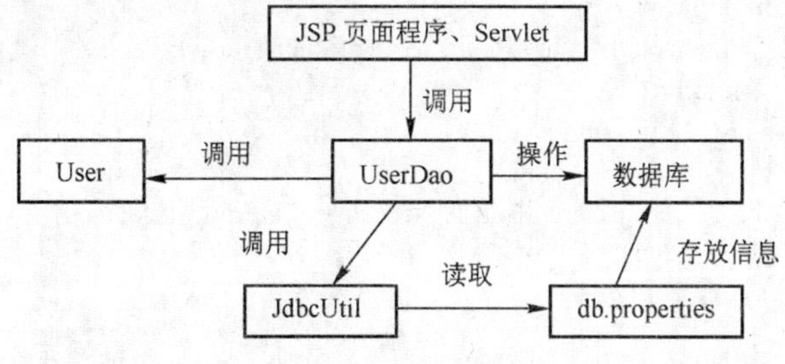

图 5-3　数据库访问对象相关类

【实现】

（1）在类路径（src）下建立文件 db.properties，在该文件内存放数据库的基本信息：数据库驱动程序名、数据库连接字符串、数据库用户名称及其密码。其内容如下：

```
driver=com.mysql.jdbc.Driver
url=jdbc:mysql://localhost:3306/test?useUnicode=true&characterEncoding=utf-8
```

```
username=root
password=123456
```

（2）建立一个获取连接和释放资源的工具类 JdbcUtil.java。

```
package dbc;
import java.sql.*;
import java.util.Properties;
public final class JdbcUtil {
        private static String driver ;
        private static String url ;
        private static String user ;
        private static String password ;
        private static Properties pr=new Properties();
        private JdbcUtils() {}
        //设计该工具类的静态初始化器中的代码，该代码在装入类时执行，且只执行一次
        static {
            try {pr.load(JdbcUtils.class.getClassLoader().getResourceAsStream("db.properties"));
                driver=pr.getProperty("driver");
                url=pr.getProperty("url");
                user=pr.getProperty("username");
                password=pr.getProperty("password");
                Class.forName(driver);
            } catch (Exception e) {
                throw new ExceptionInInitializerError(e);
            }
        }
        //设计获得连接对象的方法 getConnection()
        public static Connection getConnection() throws SQLException {
            return DriverManager.getConnection(url, user, password);
        }
        //设计释放结果集、语句和连接的方法 free()
        public static void free(ResultSet rs, Statement st, Connection conn) {
            try { if (rs != null) rs.close();
            } catch (SQLException e) {e.printStackTrace();
            } finally {
                try { if (st != null) st.close();
                } catch (SQLException e) {e.printStackTrace();
                } finally {
                        if (conn != null)
                          try { conn.close();
                          } catch (SQLException e) {e.printStackTrace();
                          }
                    }
                }
            }
        }
```

（3）建立类 User.java 实现记录信息对象化，基于对象对数据库关系表进行操作。

```
package vo;
public class User {
        private String userid,username,sex;
        public String getUserid() {return userid;}
        public void setUserid(String userid) {this.userid = userid;}
```

```
        public String getUsername() {return username;}
        public void setUsername(String username) {this.username = username;}
        public String getSex() {return sex;}
        public void setSex(String sex) {this.sex = sex;}
}
```

（4）在上面步骤的基础上建立类 UserDao.java 封装基本的数据库操作。

```
package dao;
import java.sql.*;
import java.util.ArrayList;
import vo.User;
import dbc.JdbcUtil;
public class UserDao {
    //向数据库中添加用户记录的方法 add()
    public void add(User user) throws Exception{
        Connection conn = null;
        PreparedStatement ps = null;
        try {
                conn = JdbcUtil.getConnection();
                String sql = "insert into user    values (?,?,?) ";
                ps = conn.prepareStatement(sql);
                ps.setString(1, user.getUserid());
                ps.setString(2,user.getUsername());
                ps.setString(3,user.getSex());
                ps.executeUpdate();
        }finally {JdbcUtil.free(null,ps, conn);}
    }
    //修改数据库用户记录的方法 update()
    public void update(User user) throws Exception{
        Connection conn = null;
        PreparedStatement ps = null;
        try {
                conn = JdbcUtil.getConnection();
                String sql = "update user set username=?,sex=? where userid=? ";
                ps = conn.prepareStatement(sql);
                ps.setString(1,user.getUsername());
                ps.setString(2,user.getSex());
                ps.setString(3, user.getUserid());
                ps.executeUpdate();
        }finally {JdbcUtil.free(null,ps, conn);}
    }
    //删除数据库用户记录的方法 delete()
    public void delete(String userId) throws Exception{
        Connection conn = null;
        PreparedStatement ps = null;
        try {
                conn = JdbcUtil.getConnection();
                String sql = "delete from user where userid=?";
                ps = conn.prepareStatement(sql);
                ps.setString(1,userId);
                ps.executeUpdate();
```

```
    }finally {JdbcUtil.free( null,ps, conn);}
  }
  //根据 id 查询用户的方法 findUserById()
  public User findUserById(String userId) throws Exception{
    Connection conn = null;
    PreparedStatement ps = null;
    ResultSet rs = null;
    User user=null;
    try {
        conn = JdbcUtil.getConnection();
        String sql = "select * from user where userid=? ";
        ps = conn.prepareStatement(sql);
        ps.setString(1, userId);
        rs=ps.executeQuery();
        if(rs.next()){
            user=new User();
            user.setUserid(rs.getString(1));
            user.setUsername(rs.getString(2));
            user.setSex(rs.getString(3));
        }
    }finally {JdbcUtil.free(rs, ps, conn);}
    return user;
  }
  //查询全部用户的方法 QueryAll()
  public List<User> QueryAll() throws Exception{
    Connection conn = null;
    PreparedStatement ps = null;
    ResultSet rs = null;
    List<User> userList=new ArrayList<User>();
    try {
        conn = JdbcUtil.getConnection();
        String sql = "select * from user ";
        ps=conn.prepareStatement(sql);
        rs=ps.executeQuery();
        while(rs.next()){
            User user=new User();
            user.setUserid(rs.getString(1));
            user.setUsername(rs.getString(2));
            user.setSex(rs.getString(3));
            userList.add(user);
        }
    }finally {JdbcUtil.free(rs, ps, conn);}
    return userList;
  }
}
```

📖 说明：本例设计了一组 JavaBean 封装数据库的操作，体现了 JavaEE 设计模式中的 DAO 模式（将在第 7 章中详细介绍），这组代码可作为参考模板用在后面的程序设计中（DAO 层的设计），为上层提供调用。

思考：利用例 5-4 所设计的类，实现向数据库中添加用户的页面，当添加完成后，并采用列表的形式，将数据库中所有的用户显示。

本章小结

本章介绍了 Java Web 程序的重要组件——JavaBean，重点给出了 JavaBean 在 JSP 中的使用。其 JSP 动作标签如下所示。

（1）jsp:useBean：创建或使用 bean。

（2）jsp:getProperty：将 bean 的属性 property（即 getXxx 调用）显示在网页。

（3）jsp:setProperty：设置 bean 属性（即向 setXxx 传递值）。

习题

1．设计一个页面，用户在上面输入圆的半径，提交后显示出圆的周长和面积，要求使用例 5-1 的 JavaBean 类。

2．设计一个注册页面 register.jsp，用户填写的信息包括：姓名、性别、出生年月、民族、个人介绍等，用户点击注册后将注册信息通过 output.jsp 显示出来。要求编写一个 JavaBean，封装用户填写的注册信息。

3．利用例 5-4 所设计的类，完成用户信息管理系统。

要求：通过主页面进入添加、删除、修改、查询子页面，在每次操作后，列出数据库中所有的用户。

第 6 章　Servlet 技术

在 Web 应用程序开发中，一般由 JSP 技术、JavaBean 技术和 Servlet 技术的结合实现 MVC 开发模式。在 MVC 开发模式中，将 Web 程序的组件分为 3 部分：视图、控制、业务，分别由 JSP、Servlet 和 JavaBean 实现。

前几章已经介绍了 JSP 和 JavaBean 技术。本章主要介绍 Servlet 技术及其与 JSP、JavaBean 技术的集成。

6.1　Servlet 技术

Servlet 是用 Java 语言编写的服务器端程序，是由服务器端调用和执行的，按照 Servlet 自身规范编写的 Java 类。Servlet 技术可以处理客户端传来的 HTTP 请求，并返回一个响应。本节介绍 Servlet 的设计方法。

6.1.1　Servlet 编程接口

设计 Servlet 要在 Servlet 框架约束下进行，并遵守其中所要求的规则。Servlet 框架是由 javax.servlet 和 javax.servlet.http 两个 Java 包组成。在 javax.servlet 包中定义了所有的 Servlet 类都必须实现或扩展的通用接口和类。在 javax.servlet.http 包中定义了采用 HTTP 协议通信的 HttpServlet 类。表 6-1 列出了 Servlet 框架中所组成的类和接口。

表 6-1　Servlet 编程接口

功　能	类 和 接 口
Servlet 实现	javax.servlet.Servlet，javax.servlet.SingleThreadModel javax.servlet.GenericServlet，javax.servlet.http.HttpServlet
Servlet 配置	javax.servlet.ServletConfig
Servlet 异常	javax.servlet.ServletException，javax.servlet.UnavailableException
请求和响应	javax.servlet.ServletRequest，javax.servlet.ServletResponse javax.servlet.ServletInputStream，javax.servlet.ServletOutputStream javax.servlet.http.HttpServletRequest，javax.servlet.http.HttpServletResponse
会话跟踪	javax.servlet.http.HttpSession，javax.servlet.http.HttpSessionBindingListener javax.servlet.http.HttpSessionBindingEvent
Servlet 上下文	javax.servlet.ServletContext
Servlet 协作	javax.servlet.RequestDispatcher
其他	javax.servlet.http.Cookie，javax.servlet.http.HttpUtils

6.1.2　设计 Servlet

在 JavaEE 中，Servlet 有着完备的规范，开发设计一个 Servlet 就是开发一个遵守规范中所规定的各种特征的 Java 类。

Servlet 的规范由接口 javax.servlet.Servlet 给出，并且由该接口给出了一个实现类

javax.servlet.GenericServlet，又进一步给出了 javax.servlet.http.HttpServlet 子类。所以，设计 Servlet 可有以下 3 种方法实现。

（1）实现 Servlet 接口。

创建一个 Servlet 类，必须直接或者间接实现 javax.servlet.Servlet 接口。

（2）继承 GenericServlet。

GenericServlet 是 Servlet 接口的直接实现类。

（3）继承 HttpServlet。

HttpServlet 类是 javax.servlet.GenericServlet 类的一个子类。

开发 Servlet 一般采用继承“HttpServlet”子类实现。本书中，所有的 Servlet 都是采用这种方式创建。

1．Servlet 基本结构

Servlet 程序的基本结构：

```
package …;
import …;
public class Servlet 类名称  extends HttpServlet{
    public void init(){}
    public void doGet( HttpServletRequest request, HttpServletResponse response){}
    public void doPost(HttpServletRequest request, HttpServletResponse response){}
    public void service(HttpServletRequest request, HttpServletResponse response){}
    public void destroy(){}
}
```

说明：

（1）Servlet 类需要继承类 HttpServlet。

（2）Servlet 的父类 HttpServlet 中包含以下几个重要方法，常根据需要重写它们。

- init()：初始化方法，Servlet 对象创建后，接着执行该方法。
- doGet()：当请求的类型是“get”时，调用该方法。
- doPost()：当请求的类型是“post”时，调用该方法。
- service()：Servlet 处理请求时自动执行 service()方法，该方法根据请求的类型（get 或 post），调用 doGet()或 doPost()方法，因此，在建立 Servlet 时，一般只需要重写 doGet()和 doPost()方法。
- destroy()：Servlet 对象注销时自动执行。

这些方法构成了 Servlet 的生命周期，即创建、服务、消亡，如图 6-1 所示。

2．Servlet 的建立

在 MyEclipse 开发环境下创建 Servlet 是很方便的，自动提供 Servlet 源程序结构框架、自动配置 Servlet、自动部署。

（1）建立 Web 工程。

新建 Web 工程（假设要创建的工程为：JavaTest），其创建过程在第 3 章中已经介绍。在这里强调的是：若使用 MyEclipse 开发工具建立 Web 工程时，会自动在 WebRoot/WEB-INF 目录下创建配置文件 web.xml。该文件配置了启动 Web 工程时需要服务器设置的一些初始信息。刚建立的 web.xml 内容如下：

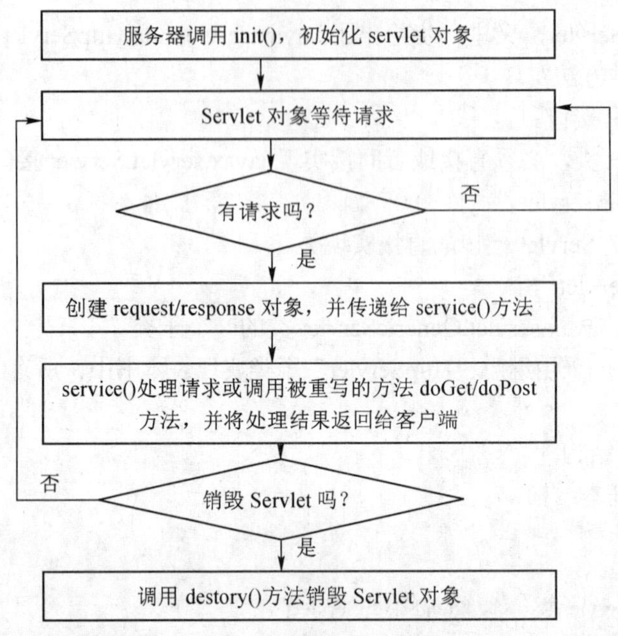

图 6-1 Servlet 生命周期

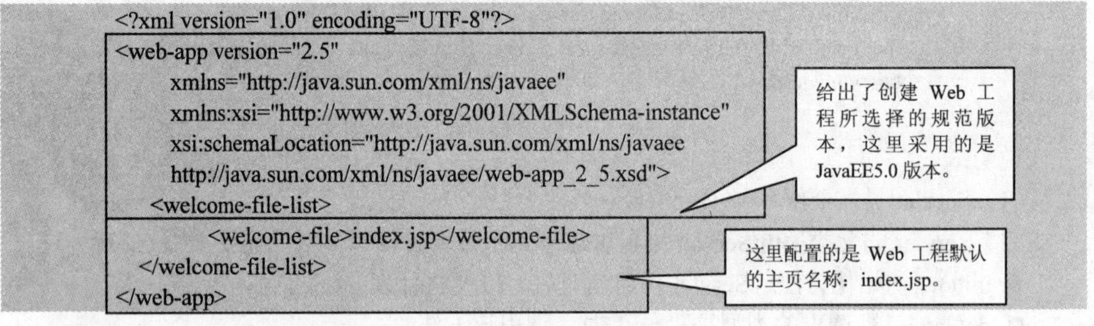

```
<?xml version="1.0" encoding="UTF-8"?>
<web-app version="2.5"
    xmlns="http://java.sun.com/xml/ns/javaee"
    xmlns:xsi="http://www.w3.org/2001/XMLSchema-instance"
    xsi:schemaLocation="http://java.sun.com/xml/ns/javaee
    http://java.sun.com/xml/ns/javaee/web-app_2_5.xsd">
  <welcome-file-list>
        <welcome-file>index.jsp</welcome-file>
  </welcome-file-list>
</web-app>
```


说明：

- 对于 web.xml 中配置的默认的主页名称：index.jsp，其作用是当客户端请求进入该项目（工程）的主页时，可以采用如下格式：

```
     http://IP 地址:8080/工程名称                    // 这里省略了页面名称
或   http://IP 地址:8080/工程名称/index.jsp
```

- 对于 web.xml 配置文件，是 Web 工程中重要的组件，在以后的有关设计中，要添加有关组件的配置信息。在 Servlet 的创建与使用中，就必须在 web.xml 中进行配置。具体配置方式稍后给出。

（2）建立 Servlet。

Servlet 的创建一般需要以下 3 步。

- 在项目的 src 下，创建一个或多个 servlet，并采用“包”结构的方式组织所有的 Servlet。
- 重写方法 doGet()和 doPost()，完成该 Servlet 所需要处理的业务。
- 修改 web.xml 配置文件，注册所设计的 Servlet。设计者必须记住映射地址，在以后引用 Servlet 时使用该地址。

第 1 步：建立 Servlet。

选中工程（JavaTest），右击工程 src 目录，选择“New”，再选择“Servlet”，显示如图 6-2 所示的对话框，并按提示输入有关的信息。在包 servlets 下新建 Servlet 类 HelloWorld，选择 Next，显示图 6-3 所示的对话框，并在该对话框中设置 Servlet 映射地址。

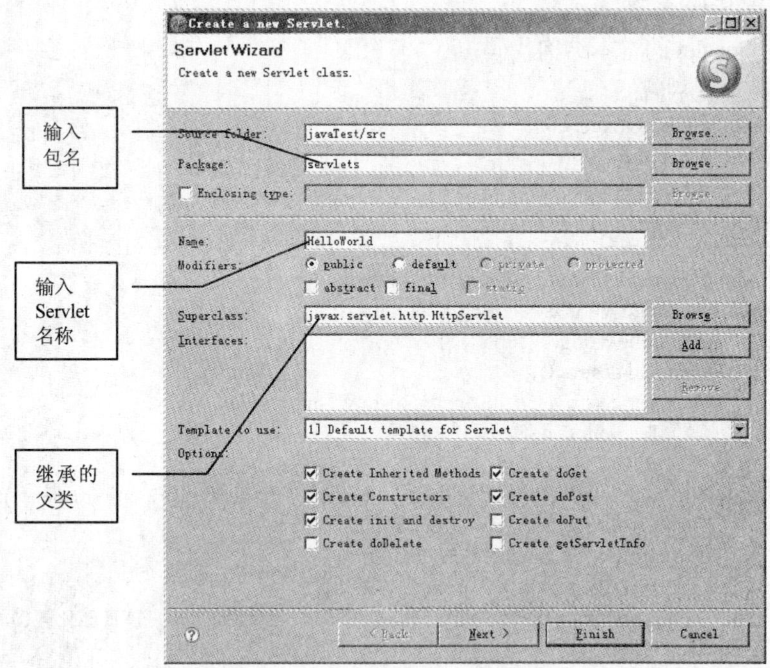

图 6-2　Servlet 创建对话框

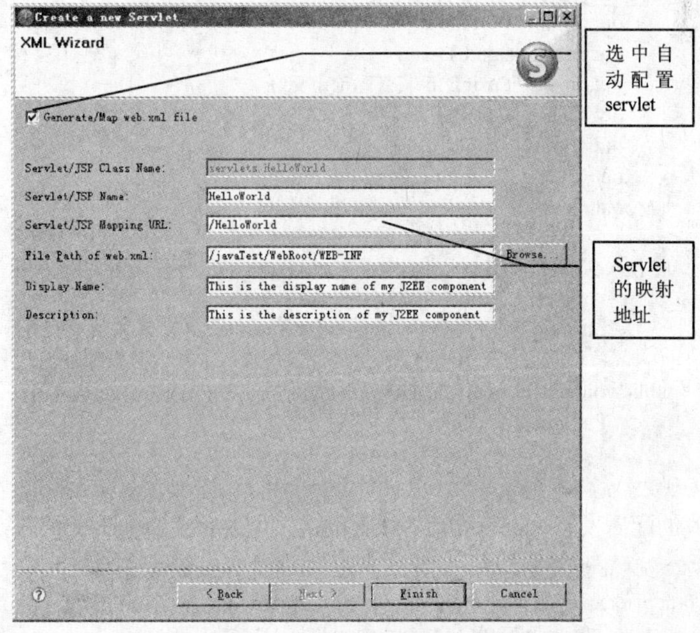

图 6-3　Servlet 配置对话框

📖 提示：对于图 6-3 中 Servlet 的映射地址，对话框的初始值是：/servle/HelloWord，这里修改为：/HelloWord。注意，首字符必须是“/”。

单击图 6-3 中的“Finish”按钮后，就建立了 Servlet 程序的基本框架并自动修改 web.xml 配置 Servlet。

新建的 Servlet 的基本结构代码：

```
package servlets;
import java.io.IOException;
import java.io.PrintWriter;
import javax.servlet.ServletException;
import javax.servlet.http.HttpServlet;
import javax.servlet.http.HttpServletRequest;
import javax.servlet.http.HttpServletResponse;
public class HelloWorld extends HttpServlet {
        public HelloWorld() {super();}
        public void destroy() {
                super.destroy(); // Just puts "destroy" string in log
                // Put your code here
        }
        public void doGet(HttpServletRequest request, HttpServletResponse response)
                        throws ServletException, IOException {
                response.setContentType("text/html");
                PrintWriter out = response.getWriter();
                out.println("<!DOCTYPE HTML PUBLIC \"-//W3C//DTD HTML 4.01 Transitional//
EN\">");
                out.println("<HTML>");
                out.println("  <HEAD><TITLE>A Servlet</TITLE></HEAD>");
                out.println("  <BODY>");
                out.print("    This is ");
                out.print(this.getClass());
                out.println(", using the GET method");
                out.println("  </BODY>");
                out.println("</HTML>");
                out.flush();
                out.close();
        }
        public void doPost(HttpServletRequest request, HttpServletResponse response)
                        throws ServletException, IOException {
                ……//该部分的内容与 doGet()一样，在这里省略了
        }
        public void init() throws ServletException {
                // Put your code here
        }
}
```

自动修改的配置文件 web.xml，在其中添加了 Servlet 的配置信息，其内容如下：

```
<?xml version="1.0" encoding="UTF-8"?>
<web-app version="2.5"
        xmlns="http://java.sun.com/xml/ns/javaee"
        xmlns:xsi="http://www.w3.org/2001/XMLSchema-instance"
        xsi:schemaLocation="http://java.sun.com/xml/ns/javaee
```

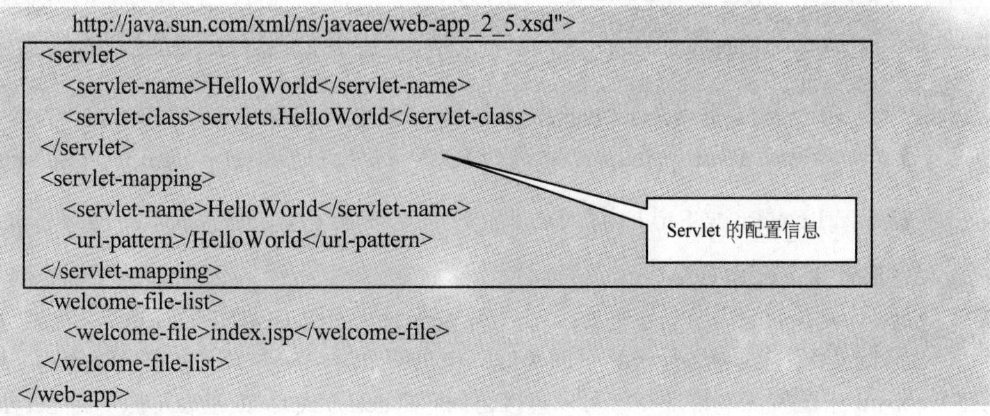

```
    http://java.sun.com/xml/ns/javaee/web-app_2_5.xsd">
  <servlet>
    <servlet-name>HelloWorld</servlet-name>
    <servlet-class>servlets.HelloWorld</servlet-class>
  </servlet>
  <servlet-mapping>
    <servlet-name>HelloWorld</servlet-name>
    <url-pattern>/HelloWorld</url-pattern>
  </servlet-mapping>
  <welcome-file-list>
    <welcome-file>index.jsp</welcome-file>
  </welcome-file-list>
</web-app>
```


第 2 步：编写 Servlet 代码——重写 doGet 方法或 doPost 方法。

在创建 Servlet 的第一步已给出了 Servlet 的初始代码，在此基础上，修改 Servlet 代码，完成所需要的处理任务。

修改代码实际上就是重写 doGet()和 doPost()方法。这两个方法差异是在响应请求时，根据响应方法（get/post）选择 doGet()或 doPost()，其完成的功能是一样的，所以只重写其中之一，另一个直接调用已实现的方法即可。

假设，要求 Servlet 在浏览器上显示“Hello World!”，修改的代码如下：

```
public void doGet(HttpServletRequest request,HttpServletResponse response)
                throws IOException, ServletException{
      PrintWriter out=response.getWriter();
     response.setContentType("text/html;charset=utf-8");
     out.println("<HTML>");
     out.println("   <HEAD><TITLE>第 1 个 Servlet 示例</TITLE></HEAD>");
     out.println("   <BODY>");
     out.println("      Hello World!<br> ");
     out.println("   </BODY>");
     out.println("</HTML>");
     out.flush();
     out.close();
}
public void doPost(HttpServletRequest request, HttpServletResponse response)
                throws ServletException, IOException {
     doGet(request,response);
}
```

第 3 步：修改配置文件。

虽然开发工具 MyEclipse 自动配置了 Servlet，但仍可按需要修改（或自己建立）web.xml。配置的内容包括：Servlet 的访问地址、加载方式、初始化参数等，其中必须配置的是 Servlet 的访问地址，且必须遵守如下的约束（对于建立的每个 Servlet 都必须给出配置）。

```
<servlet>
  <servlet-name>HelloWorld </servlet-name>
  <servlet-class> servlets.HelloWorld </servlet-class>
</servlet>
<servlet-mapping>
  <servlet-name>HelloWorld </servlet-name>
```

完整的 Servlet 类路径：由包名和类名组成。

Servlet 名称：可任意命名，但两个名称必须相同。

```
        <url-pattern>/HelloWorld</url-pattern>
    </servlet-mapping>
```

访问地址：调用 servlet 时，使用的路径匹配名。必须记清该名称，否则，在使用 servlet 时，会找不到。

📖 说明：两个标签中<servlet-name>值相同，以它为桥梁，建立 Servlet 类（<servlet-class>）和地址（<url-pattern>）之间的映射，这样就通过 url-pattern 访问 Servlet。

注意：url-pattern 中 Servlet 访问地址前的“/”不能省略，它代表 web 程序根目录。

3．部署并运行 Servlet

Servlet 编译后的字节码文件必须部署到 Web 目录“/WEB-INF/classes”下才能运行。

Servlet 运行方式和运行 JSP 页面类似，也是请求、响应方式，在客户端的地址栏中输入在 web.xml 中配置的“地址”就可以直接访问它（get 方式）；或由表单提交给 Servlet，提交方式由表单的 method 方法决定。

启动 Tomcat 服务器后，在浏览器地址栏中输入：

```
http://localhost:8080/javaTest/HelloWorld       //注意字符的大小写
```

在浏览器中直接访问 Servlet 属于 get 方式，因此会执行 doGet 方法。运行后，在浏览器窗口中显示字符串“Hello World”。

在这里，运行 Servlet 采用直接在浏览器中输入具体的地址进行访问。还有其他方式访问 Servlet，具体访问方式将在 6.5 节介绍。

6.2　Servlet 常用对象及其方法

在第 3 章介绍了 JSP 的 9 个内置对象，其中的 7 个内置对象都是由 Servlet 类或接口直接或间接创建的对象，表 6-2 列出了 7 个 Servlet 类（接口）与 JSP 内置对象之间的对应关系。

表 6-2　JSP 内置对象与 Servlet 类（接口）的关系

JSP 内置对象	Servlet 类或接口
out	javax.servlet.http.HttpServletResponse 得到 PrintWriter 类并创建 Servlet 的 out 对象
request	javax.servlet.http.HttpServletRequest
response	javax.servlet.http.HttpServletResponse
session	javax.servlet.http.HttpSession
application	javax.servlet.ServletContext
config	javax.servlet.ServletConfig
exception	javax.servlet.ServletException

这些类或接口与在第 3 章中介绍的 JSP 内部对象密切相关（JSP 内部对象属于这些类或接口），这些类或接口的有关方法和使用在 JSP 内部对象一节中已经介绍，JSP 中 request、response、session 和 application 这 4 个对象的方法和属性完全适用于 Servlet，但需要通过适当的方法创建或获取这些对象。这里只列出主要的方法，在后面的应用案例中会给出使用方法。

1．javax.servlet.http.HttpServletRequest

类 HttpServletRequest 的对象对应 JSP 的 request 对象，常用方法：

- void setCharacterEncoding()：设置请求信息字符编码，常用于解决 post 方式下参数值汉字乱码问题。
- String getParameter(String paraName)：获取单个参数值。
- String getParameterValues(String paraName)：获取同名的参数的多个值。
- Object getAttribute(String attributeName)：获取 request 范围内属性的值。
- void setAttribute(String attributeName,Object object)：设置 request 范围内属性的值。
- void removeAttribute(String attributeName)：删除 request 范围内的属性。

2．javax.servlet.http.HttpServletResponse

类 HttpServletResponse 的对象对应 JSP 的 response 对象，常用方法：

- void response.setContentType(String contentType)：设置响应信息类型。
- PrintWriter response.getWriter()：获得 out 对象。
- void sendRedirect(String url)：重定向。
- void setHeader(String headerName，String headerValue)：设置 http 头信息值。

3．javax.servlet.http.HttpSession

类 HttpSession 的对象对应 JSP 的 session 对象，但在 Servlet 中，该对象需要由 request.getSession()方法获得。常用方法：

- HttpSession request.getSession()：获取 session 对象。
- long getCreationTime()：获得 session 创建时间。
- String getId()：获得 session id。
- void setMaxInactiveInterval()：设置最大 session 不活动间隔（失效时间），以秒为单位。
- boolean isNew()：判断是否是新的会话，是返回 true，不是返回 false。
- void invalidate()：清除 session 对象，使 session 失效。
- object getAttribute(String attributeName)：获取 session 范围内属性的值。
- void setAttribute(String attributeName,Object object)：设置 session 范围内属性的值。
- void removeAttribute(String attributeName)：删除 session 范围内的属性。

4．javax.servlet.ServletContext

类 ServletContext 的对象对应 JSP 的 application 对象，但在 Servlet 中，该对象需要由 this.getServletContext()方法获得。常用方法：

- ServletContext this.getServletContext()：获得 ServletContext 对象。
- object getAttribute(String attributeName)：获取应用范围内属性的值。
- void setAttribute(String attributeName,Object object)：设置应用范围内属性的值。
- void removeAttribute(String attributeName)：删除应用范围内的属性。

6.3 综合案例——基于 JSP+Servlet 的用户登录验证

【例 6-1】 实现一个简单的用户登录验证程序，如果用户名是 abc，密码是 123，则显示欢迎用户的信息，否则显示“用户名或密码不正确”。

【分析】 该案例采用 JSP 页面只完成提交信息和验证结果的显示，而验证过程由 Servlet 完成，这些组件通过 request（或 HttpServletRequest）对象实现数据共享。由提交页面将数据传递给 Servlet，而 Servlet 获取数据并实现验证，根据验证结果，转向显示验证结果的页面。

【设计】 根据分析，该系统需要设计 3 个组件以及修改 web.xml 文件。

（1）登录表单页面：login.jsp。

（2）处理登录请求并实现验证的 Servlet：LoginCheckServlet.java。

（3）显示提示的页面：info.jsp。

（4）修改 web.xml，配置 Servlet 的信息。

假设，组件之间共享数据的参数为 username（用户名称）和 userpwd（密码）。

【实现】

（1）登录页面 login.jsp：

```
<%@ page   pageEncoding="UTF-8"%>
<html>
  <head><title>登录页面</title></head>
  <body>
   <form action="loginCheck" method="post">
        请输入用户名：<input type="text" name="username"/><br/>
        请输入密码：<input type="password" name="userpwd"/><br/>
        <input type="submit" value="登录"/>
        <input type="reset"/>
   </form>
  </body>
</html>
```

在 web.xml 中设置的地址是/loginCheck

（2）处理登录的 Servlet：LoginCheckServlet.java。

```
package servlets;
import java.io.IOException;
import javax.servlet.ServletException;
import javax.servlet.http.HttpServlet;
import javax.servlet.http.HttpServletRequest;
import javax.servlet.http.HttpServletResponse;
public class LoginCheckServlet extends HttpServlet {
  public void doPost(HttpServletRequest request, HttpServletResponse response)
          throws ServletException, IOException {
     String userName=request.getParameter("username");
     String userPwd=request.getParameter("userpwd");
     String info="";
     if(("abc".equals(userName))&&"123".equals(userPwd)){
          info="欢迎你"+userName+"！";
     }else{
          info="用户名或密码不正确！";
     }
     request.setAttribute("outputMessage", info);
     request.getRequestDispatcher("/info.jsp").forward(request,response);
  }
}
```

实现由 servlet 到 JSP 页面的转向

（3）修改配置文件，在 web.xml 中，添加 LoginCheckServlet 的配置信息：

```
<servlet>
      <servlet-name> LoginCheckServlet </servlet-name>
```

```
            <servlet-class> servlets.LoginCheckServlet</servlet-class>
        </servlet>
        <servlet-mapping>
            <servlet-name> LoginCheckServlet </servlet-name>
            <url-pattern>/loginCheck</url-pattern>
    </servlet-mapping>
```

（4）显示结果的页面 Info.jsp:

```
<%@ page    pageEncoding="UTF-8"%>
<html>
    <head><title>显示结果页面</title></head>
    <body> <%=request.getAttribute("outputMessage") %> </body>
</html>
```

通过该例题可以看到，JSP 与 Servlet 之间存在调用关系，同时它们之间也存在数据共享的问题，那么 Servlet、JSP 以及 JavaBean 之间有什么关系呢？下一节中将详细介绍它们。

6.4 在 Servlet 中使用 JavaBean

Servlet 和 JavaBean 都是类，但 JavaBean 是供 JSP 或 Servlet 调用。

在 JSP 中使用 JavaBean，第 5 章已经介绍，请参考有关内容。

在 Servlet 中使用 JavaBean 有两种方式：

- 在一个 Servlet 中单独使用 JavaBean。
- 在 Servlet 与 JSP 之间或 Servlet 之间实现共享的 JavaBean。

（1）在一个 Servlet 中单独使用 JavaBean。

在 Servlet 使用 JavaBean 就是普通 Java 类的使用，一般需要完成的操作是：

- 在 Servlet 中实例化 JavaBean。
- 通过实例化的对象调用 JavaBean 方法，完成有关业务处理，并获得处理结果。
- 将获得的结果交给 Servlet 继续处理。

（2）在 Servlet 与 JSP 之间或 Servlet 之间实现共享的 JavaBean。

该种使用 JavaBean 的方式将在 6.5 节详细介绍。

在 6.7 节中的应用案例将演示 Servlet、JavaBean 和 JSP 的各自的功能和使用方法。

6.5 JSP 与 Servlet 的数据共享

在第 3 章中，各 JSP 组件之间通过内置对象（request、session 和 application）实现数据共享。这些对象分别与 Servlet 中的 HttpServletRequest、HttpSession、ServletContext 的相对应。所以对于一个 Web 应用程序，其中的 JSP 组件与 Servlet 组件之间可以通过 request（HttpServletRequest）、session（HttpSession）和 application（ServletContext）实现不同作用范围的数据共享。

6.5.1 基于请求的数据共享

基于请求的共享就是共享用户的请求数据，请求数据存放在“请求对象”中。请求共享的范围是用户请求访问的当前 Web 组件以及和当前的 Web 组件共享同一请求的其他 Web 组件。服务器响应完用户请求后，相应的 request 对象也会结束其生命周期，request 对象占用的内存也会被回收，因此，基于请求的数据共享的效率是比较高的。

请求共享的数据有两类：请求参数数据、请求属性数据。

1．共享请求参数数据

共享请求参数的共享过程为参数的传递、参数的保存（保存在请求对象内）、参数的获取。

（1）请求参数的传递有 4 种传递方式：

- 通过表单提交后，由表单 action 属性指定进入的页面或 Servlet，它们所接受的表单数据，就是请求参数数据。
- 带参数的超链接所传递的参数也是请求参数。
- 在地址栏中输入的参数也是请求参数。
- 在 jsp 中，利用 forward 或 include 动作时，利用参数子动作标签所传递的数据也是请求参数。

（2）请求参数的获取。在另一个组件内，可以从请求对象内获取请求参数并进行加工处理。通过 request/ HttpServletRequest 的实例，利用 getParameter()方法获取，其格式为：

```
String request.getParameter("参数变量名称");
```

2．请求属性数据

对于请求属性数据的共享，需要先保存形成属性值，然后在另一个组件，再取出该属性的值进行处理加工。

（1）请求属性数据的形成与保存。

通过 request/HttpServletRequest 的实例，利用 setAttribute()方法形成属性及其属性值并保存，其格式为：

```
request.setAttribute("属性名",对象类型的属性值);
```

（2）请求属性数据的获取。

对于请求属性数据在另一个组件中，获取属性数据的格式（注意数据类型）：

```
对象类型  (强制类型转换)request.getAttribute("属性名");
```

（3）若不想再共享某属性，可从 request 中删除该属性，删除格式为：

```
request.removeAttribute("属性名");
```

6.5.2 基于会话的数据共享

对于会话共享采用的是属性数据共享，其共享过程：需要先形成属性并保存到会话对象（session）内值，然后在另一个组件，再取出该属性的值并进行处理加工。

1．会话属性数据的形成与保存

通过 session/HttpSession 的实例对象，利用 setAttribute()方法形成属性及其属性值并保存，其格式为：

```
session.setAttribute("属性名",对象类型的属性值);
```

注意：对于 Servlet 组件，需要先获取 HttpSession 的实例对象，然后再使用 setAttribute()

方法。

获取 HttpSession 的实例对象的语句为：

```
HttpSession request.getSession(boolean create)
```

功能：返回和当前客户端请求相关联的 HttpSession 对象，若当前客户端请求没有和任何 HttpSession 对象关联，那么，当 create 变量为 treu（默认值）时，创建一个 Httpsession 对象并返回；反之，返回 null。

2．会话属性数据的获取

会话属性数据在另一个组件中，获取属性数据的格式（注意数据类型）：

```
对象类型 (强制类型转换)session.getAttribute("属性名");
```

3．删除共享会话属性

若不想再共享某属性，可从 session 中删除该属性，删除格式为：

```
session/application.removeAttribute("属性名");
```

6.5.3 基于应用的数据共享

对于基于应用的数据共享与会话数据共享的处理类似。

1．应用属性数据的形成与保存

通过 application 或 ServletContext 的实例对象，利用 setAttribute()方法形成属性及其属性值并保存，其格式为：

```
application.setAttribute("属性名",对象类型的属性值);
```

注意：对于 Servlet 组件，要首先获取 ServletContext 的实例对象，其获取方法如下。

```
ServletContext application=this.getServletContext()
```

2．应用属性数据的获取

应用属性数据在另一个组件中获取属性数据的格式（注意数据类型）：

```
对象类型 (强制类型转换) application.getAttribute("属性名");
```

3．删除共享应用属性

若不想再共享某属性，可从 application 中删除该属性，删除格式为：

```
application.removeAttribute("属性名");
```

6.6 JSP 与 Servlet 的关联关系

JSP 和 Servlet 都是在服务器端执行的组件，两者之间可以互相调用，JSP 可以调用 Servlet，Servlet 也可以调用 JSP；同时，一个 JSP 可以调用另一个 JSP，一个 Servle 也可以调用另一个 Servlet。但它们的调用格式是不同的。

1．JSP 页面调用 Servlet

在 JSP 页面中，通常通过提交表单和超链接两种方式访问 Servlet。

（1）通过表单提交调用 Servlet。

在 JSP 页面中设计表单，将表单提交给一个 Servlet 去处理，其调用格式：

```
<form action="servlet 访问地址">……</form>
```

📖 提示：这里的访问地址是在 web.xml 中配置的地址。

（2）通过超链接调用 Servlet。

在 JSP 网页中，也可以采用超链接调用 Servlet，并且也可以给 Servlet 传递参数，其调用格式：

```
    <a href="servlet 访问地址">提示信息</a>
或  <a href="servlet 访问地址"?要传递的参数>提示信息</a>
```

2．Servlet 跳转到 JSP 页面

Servlet 调用 JSP，由两种方式：转向和重定向。

- 转向：是在一个 Web 工程内部，各组件之间的调用。在调用时，request 对象中的信息不丢失（request 对象不消亡），进入另一个组件后，request 对象中的数据可以在新组件中继续使用。
- 重定向：可以在一个 Web 工程内部，各组件之间实现调用，也可以直接跳转到其他 Web 工程的 JSP 页面。并且，在跳转到新组件后，重新创建 request 对象。

📖 提示：必须注意转向与重定向之间的差异。

（1）转向。在 Servlet 中实现转向，需要由请求对象（HttpServletRequest request）获取一个转发对象（RequestDispatcher rd），然后由转发对象调用转向方法 forward()实现。其代码格式：

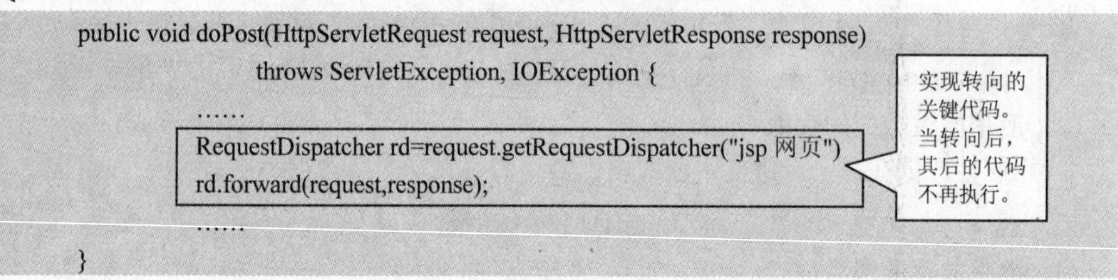

```
public void doPost(HttpServletRequest request, HttpServletResponse response)
            throws ServletException, IOException {
    ……
    RequestDispatcher rd=request.getRequestDispatcher("jsp 网页")
    rd.forward(request,response);
    ……
}
```


（2）重定向。重定向使用响应对象（HttpServletResponse response）中的 sendRedirect 方法，调用格式：

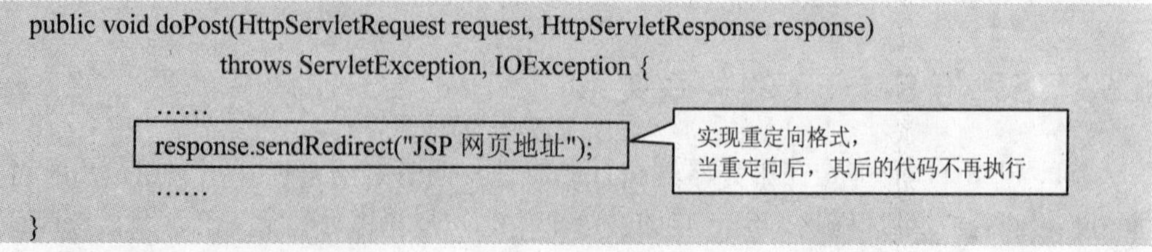

```
public void doPost(HttpServletRequest request, HttpServletResponse response)
            throws ServletException, IOException {
    ……
    response.sendRedirect("JSP 网页地址");
    ……
}
```


3．Servlet 调用另一个 Servlet

一个 Servle 调用另一个 Servlet，其调用格式同 Servlet 调用 JSP，只是将 JSP 网页地址更换为 Servlet 映射地址即可。

4．JSP 跳转到另一个 JSP

一个 JSP 跳转到另一个 JSP，其跳转方法在第 3 章中已经详细介绍，请参考第 3 章中的有关内容。

6.7 基于 JSP+Servlet+JavaBean 实现复数运算

在开发一个 Web 应用程序时，通常需要同时使用这 3 种技术，并分别承担不同的职责。JSP 一般用来编写用户界面层的信息显示，充当视图层的角色；Servlet 主要用来扮演任务的执行者，一般充当着控制层的角色；JavaBean 主要实现业务逻辑的处理，充当模型层的角色。

【例 6-2】 设计程序完成复数运算，用户在页面上输入两个复数的实部和虚部，并选择运算类型，程序完成复数的指定运算。运行界面如图 6-4 所示。

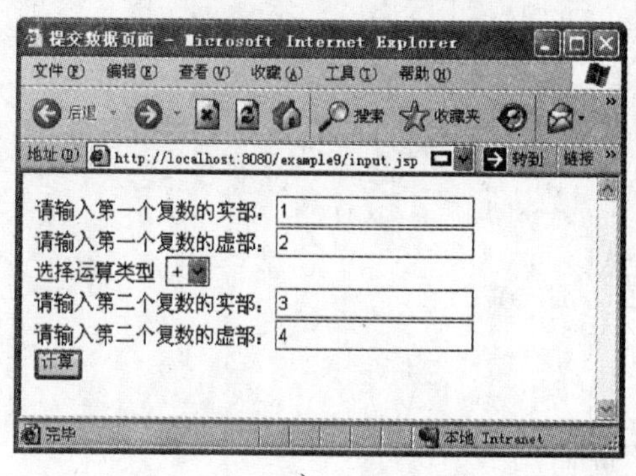

a)

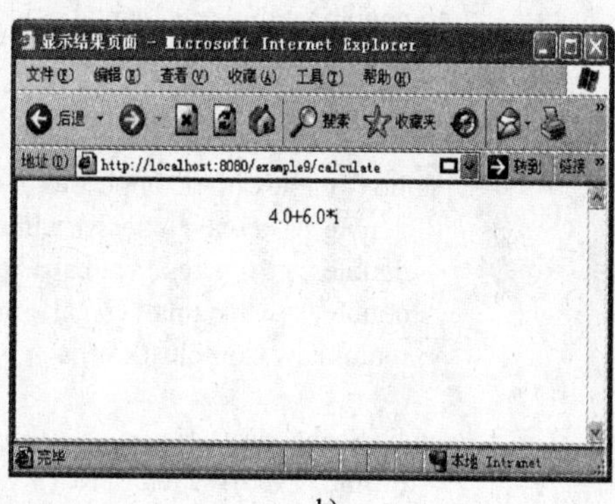

b)

图 6-4 复数运算运行界面

a) 提交页面 b) 结果显示页面

【分析】 该案例使用 JSP、Servlet、JavaBean 3 种技术集成，实现系统的设计，JSP 主要完成信息的提交和显示；Servlet 主要完成对请求数据的获取与处理；JavaBean 主要用于业务处理并实现数据的存储。

【设计】 该程序需要如下设计。

（1）输入表单页面 input.jsp：将该页面的请求参数信息传给 Servlet。

（2）接收运算请求的 Servlet，CaculateServlet.java：该 Servlet 接受 input.jsp 的请求信息，并创建 JavaBean 对象实例，然后调用 JavaBean 的业务处理方法，完成业务处理，形成新的结果，并将结果在 request 范围内实现属性数据共享，然后转向输出信息页面 output.jsp。

（3）封装复数运算的 JavaBean，Complex.java：该 JavaBean 有两个属性，并有完成加、减、乘、除的 4 种业务方法。

（4）显示结果的页面 output.jsp：接受 Servlet 传递的共享数据并显示。

各组件之间的关系如图 6-5 所示。

【实现】 （1）首先编写复数类 JavaBean：Complex.java，其代码如下。

```
package beans;
public class Complex {
        private double real;
        private double ima;
        public Complex(double real, double ima) {this.real = real;this.ima = ima;}
```

```
        public Complex() {}
        public double getIma() {return ima;}
        public void setIma(double ima) {this.ima = ima;}
        public double getReal() {return real;}
        public void setReal(double real) {this.real = real;}
        public Complex add(Complex a) {
            return new Complex(this.real + a.real, this.ima + a.ima);
        }
        public Complex sub(Complex a) {
            return new Complex(this.real - a.real, this.ima - a.ima);
        }
        public Complex mul(Complex a) {
            double x= this.real * a.real - this.ima * a.ima;
            double y= this.real* a.ima + this.ima * a.real;
            return new Complex(x,y);
        }
        public Complex div(Complex a) {
            double z = a.real * a.real + a.ima * a.ima;
            double x = (this.real * a.real + this.ima * a.ima) / z;
            double y = (this.ima * a.real - this.real * a.ima) / z;
            return new Complex(x, y);
        }
        public String info() {
            if (ima >= 0.0)    return real + "+" + ima + "*i";
            else return real + "-" + (-ima) + "*i";
        }
}
```

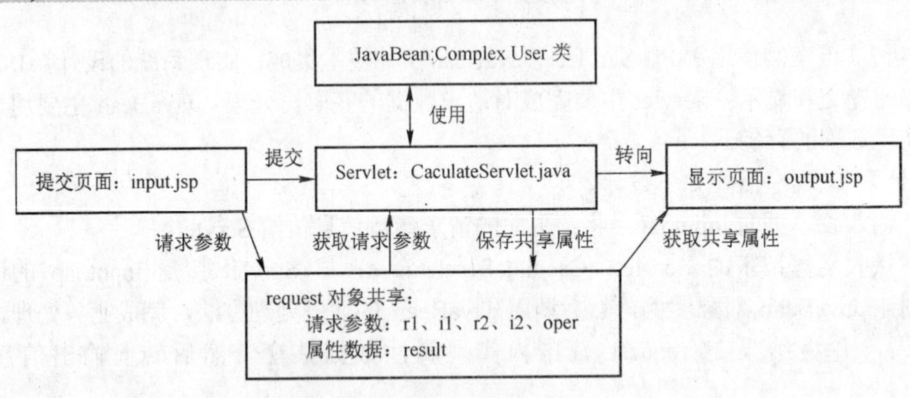

图 6-5　例 6-2 组件之间的关系

（2）提交信息的页面 input.jsp，在该页面内需要提交 5 个参数，其代码如下：

```
<%@ page pageEncoding="UTF-8"%>
<html>
    <head><title>提交数据页面</title></head>
    <body>
        <form method="post" action="calculate">
        请输入第一个复数的实部：<input type="text" name="r1"/><br>
        请输入第一个复数的虚部：<input type="text" name="i1"/><br>
        选择运算类型
        <select name="oper">
```

```
                <option>+</option>
                <option>-</option>
                <option>*</option>
                <option>/</option>
            </select> <br/>
            请输入第二个复数的实部：<input type="text" name="r2"/><br>
            请输入第二个复数的虚部：<input type="text" name="i2"/><br>
            <input type="submit" value="计算"/>
            </form>
        </body>
    </html>
```

（3）实现控制的 Servlet：CaculateServlet.java，其代码如下。

```
package servlets;
import java.io.IOException;
import javax.servlet.*;
import beans Complex;
public class CaculateServlet extends HttpServlet {
        public void doPost(HttpServletRequest request, HttpServletResponse response)
                throws ServletException, IOException {
    double r1=Double.parseDouble(request.getParameter("r1"));
    double i1=Double.parseDouble(request.getParameter("i1"));
    String oper=request.getParameter("oper");
    double r2=Double.parseDouble(request.getParameter("r2"));
    double i2=Double.parseDouble(request.getParameter("i2"));
    String result="";
    Complex c1=new Complex(r1,i1);
    Complex c2=new Complex(r2,i2);
    if("+".equals(oper)) result=c1.add(c2).info();
    else if("-".equals(oper)) result=c1.sub(c2).info();
    else if("*".equals(oper)) result=c1.mul(c2).info();
    else result=c1.div(c2).info();
    request.setAttribute("outputMessage", result);
    request.getRequestDispatcher("/output.jsp").forward(request,response);
  }
  public void doGet(HttpServletRequest request, HttpServletResponse response)
                throws ServletException, IOException {
      doPost(request,response);
  }
}
```

（4）修改 web.xml，完成对 CaculateServlet.java 的配置，添加的配置信息如下：

```
<servlet>
    <servlet-name>CalculateServlet </servlet-name>
    <servlet-class> servlets.CaculateServlet</servlet-class>
</servlet>
<servlet-mapping>
    <servlet-name>CalculateServlet </servlet-name>
    <url-pattern>/calculate </url-pattern>
</servlet-mapping>
```

（5）显示计算结果的页面：output.jsp，其代码如下。

```
<%@ page   pageEncoding="UTF-8"%>
```

```
<html>
    <head><title>显示结果页面</title></head>
    <body>  <%=request.getAttribute("outputMessage") %> </body>
</html>
```

6.8 Cookie 管理

在 Java Web 开发中经常用到 Cookie 对象。Cookie 对象是由服务器产生并保存到客户端（内存或文件中）的信息，常用它记录用户个人信息及个性化设置。用户每次访问站点时，Web 应用程序都可以读取 Cookie 包含的信息。例如，当用户访问站点时，可以利用 Cookie 保存用户首选项或其他信息，这样当用户下次再访问站点时，应用程序就可以检索以前保存的信息。

Cookie 对象所属于的类是 javax.servlet.http.Cookie，要注意的是它不是 JSP 的内置对象，在页面中使用时需要通过其构造方法创建。

6.8.1 Cookie 的基本用法

对于 Cookie 对象的使用，一般需要两步操作。首先由服务器创建 Cookie 对象保存到客户端，然后在 JSP 页面或 Servlet 中读取 Cookie 并进行处理。因此，Cookie 也是实现 Web 组件间共享的一种方式。

例如，在页面 1.jsp 中创建 Cookie 对象并保存到客户端，代码如下：

```
<%@ page pageEncoding="UTF-8" %>
<html>
    <head><title>创建 Cookie 对象并保存到客户端页面</title></head>
    <body>
      写入 Cookie：
      <%
        String strName = "zhangsan";//Cookie 值
        Cookie c = new Cookie("Name1", strName);//创建 Cookie 对象，对象名为 Name1
        response.addCookie(c);//将 Cookie 对象添加到响应中，保存到客户端
      %>
      <a href="2.jsp">查看 Cookie</a>
    </body>
</html>
```

然后，链接到页面 2.jsp 查看 Cookie 的值，2.jsp 代码如下：

```
<%@ page pageEncoding="UTF-8" %>
<html>
    <head><title>读取 Cookie 对象值并显示值页面</title></head>
    <body>
      读出 Cookie 值：
      <%
        Cookie cookies[] = request.getCookies();//获得客户端所有 Cookie 对象
        for(int i=0; i<cookies.length; i++) { //遍历所有 Cookie 对象
          if(cookies[i].getName().equals("Name1"))//输出名字为 Name1 的 Cookie 对象的值
            out.print(cookies[i].getValue());
        }
      %>
    </body>
```

```
<html>
```

说明：上述功能用 session 对象也可以实现，session 和 Cookie 两种技术的区别和联系如下：

（1）session 是借助于 Cookie 实现的，sessionId 就是通过 Cookie 对象保存到客户端的（对象名为 JSESSIONID，对象值为 sessionId），客户端向服务器发出请求时，服务器可以从 Cookie 对象中获得 sessionId 从而识别用户身份。

（2）保存 sessionId 的 Cookie 对象存在于客户端的内存中，当浏览器关闭时，sessionId 就会丢失，导致服务器无法获取而使 session 失效。而一般的 Cookie 对象可以通过设置有效时间（setMaxAge(int expiry)）以文件的形式保存到客户端，这样浏览器关闭或关机都不会导致信息丢失。因此使用 Cookie 实现数据共享可以获得更长的生命周期。

6.8.2 Cookie 的相关方法

表 6-3 列出了和 Cookie 相关的常用方法。

表 6-3 与 Cookie 对象有关的常用方法

方　法	说　明
Cookie(String name, String value)	构造函数，创建一个 Cookie 对象
void response.addCookie(Cookie c)	向客户机添加一个 Cookie 对象
Cookie request.getCookies()	用于取得所有 Cookie 对象的数据，存放到一个数组中
String getName()	取得 Cookie 对象的属性名
String getValue()	取得 Cookie 对象的属性对应的属性值
setMaxAge(int expiry)	设置 cookie 有效时间,以秒为单位，设置了有效时间的 cookie 将以文件形式保存在客户端，否则只是存储在浏览器的内存区域中

1．向客户程序发送 Cookie

（1）创建 Cookie 对象。调用 Cookie 的构造函数，给出 Cookie 的名称和 Cookie 的值，二者都是字符串。

例如：

```
Cookie c = new Cookie("userID", "a1234");
```

（2）设置最大时效。如果要告诉浏览器将 Cookie 存储到磁盘上，而非仅仅保存在内存中，使用 setMaxAge（参数为秒数）。

例如：

```
c.setMaxAge(60*60*24*7);                    // 设置一周的时间长度
```

（3）将 Cookie 放入到 HTTP 响应中。使用 response.addCookie，其格式为：

```
response.addCookie(c);
```

2．从客户端读取 Cookie

从客户端读取 Cookie，需要如下的 3 步操作：

（1）调用 request.getCookies，创建并得到 Cookie 对象组成的数组。

（2）在 Cookie 对象数组中利用循环调用每个对象的 getName，直到找到想要的 Cookie 为止。

（3）根据应用程序的具体情况使用所得到的值（getValue）。

格式示例，假设查找保存到 cookies 中的属性 userID 的值，则需要的代码：

```
String cookieName = "userID";
Cookie cookies = request.getCookies();
if (cookies != null) {
        for(int i=0; i<cookies.length; i++) {
            Cookie cookie = cookies[i];
            if (cookieName.equals(cookie.getName())){
              ……//利用 cookie.getValue())获取值，然后，继续处理。
            }
        }
}
```

3．指示浏览器删除某个 Cookie

使用 setMaxAge 将最大时效指定为 0。

6.8.3 案例——利用 Cookie 实现自动登录

在很多网站，当你第一次访问登录时，系统都会提示是否保存用户名和密码，待以后实现自动登录，在这里，利用 Cookie 对象，实现自动登录。

【例 6-3】 利用 Cookie 实现自动登录。

【分析】 要实现自动登录，必须将用户名和密码以文件的形式保存到客户端，这样用户关闭浏览器或关机就不会丢失。下次再访问网站时，服务器能够自动读取文件中的用户名和密码信息实现自动登录。Cookie 技术正好可以满足要求。

【设计】 本案例包含 3 个文件：

（1）login.jsp：为用户登录页面。

（2）loginCheck.jsp：用于登录处理，为简单起见不做用户名和密码验证。接收用户输入并创建 Cookie 保存用户输入的用户名和密码，同时在 session 中保存用户名，转入页面 main.jsp。

（3）main.jsp：系统主页面，需要登录才能访问。先检验用户是否已经登录，如果已经登录则显示欢迎信息；如果没登录，启动自动登录功能，读取 Cookie 信息。如果读取到用户名信息（不做密码验证），则显示欢迎信息；否则转到登录页面。

【实现】

（1）登录页面：login.jsp。

```
<%@ page    pageEncoding="UTF-8"%>
<html>
<head><title>用户登录</title></head>
  <body>
    <form method="post" action="logincheck.jsp">
     用户名：<input type="text" size="10" name="username"><br/>
     密    码：<input type="password" name="userpwd"/><br/>
     <input type="submit" value="登录">
    </form>
  </body>
</html>
```

（2）登录处理：logincheck.jsp。

```
<%@ page  pageEncoding="UTF-8"%>
<html>
    <head><title>登录处理</title></head>
    <body>
        <%
         String un=request.getParameter("username");          //获取用户名
         if(un!=null){//不对用户名和密码进行检查
            Cookie c=new Cookie("username",un);               //创建 Cookie 对象，名称为 username
            c.setMaxAge(30*24*3600);                          //设置 Cookie 有效期为 30 天
            response.addCookie(c);//将 Cookie 对象保存到客户端
            session.setAttribute("username",un);       //将用户名存到 session 范围内用于权限检查
            response.sendRedirect("main.jsp");          //重定向到主页面
         }
       %>
    </body>
</html>
```

（3）主页面：main.jsp。

```
<%@ page  pageEncoding="UTF-8"%>
<html>
    <head><title>主页面</title></head>
    <body> <%
        String username=(String)session.getAttribute("username") ;
        if(username==null){//session 中用户名为空说明用户没有登录
            Cookie[] cs=request.getCookies();
            String v=null;
            if(cs!=null){
                for(int i=0;i<cs.length;i++){//获取名称为 username 的 Cookie 对象值
                    if(cs[i].getName().equals("username")){
                        v=cs[i].getValue();
                    }
                }
            }
            if(v!=null){//Cookie 值不空，自动登录成功
              session.setAttribute("username",v);
              out.println(v+",您好");
            }
            else{ //自动登录失败，转到登录页面
                out.print("您还没注册，2 秒后转到注册页面");
                response.setHeader("Refresh","2;url=login.jsp");
            }
      }
      else{//session 中用户名不空说明用户已经登录
          out.println(username+",您好");
      }
    %>
    </body>
</html>
```

本章小结

本节介绍了 Java Web 程序重要组件——Servlet 的设计与使用。介绍了 Servlet 的工作原理、编程接口、基本结构、信息配置及部署和运行技术等知识，最后阐述了 Servlet 与 JSP、Servlet 与 JavaBean 的关系，并通过两个实例说明它们如何结合起来使用，并简单介绍了 Cookie 的使用。

习题

1．设计一个 Web 应用程序，当用户在提交页面上输入圆的半径，提交后显示出圆的周长和面积。

要求：

（1）使用 Servlet，获取提交的信息，并计算求值，求值后跳转到显示结果页面。

（2）使用例 5-1 的 JavaBean 类，并由 Servlet 获取提交的信息，计算求值，求值后跳转到显示结果页面。

2．设计一个注册页面 register.jsp，用户填写的信息包括：姓名、性别、出生年月、民族、个人介绍等，用户点击注册后将注册信息通过 output.jsp 显示出来。

要求：使用 Servlet 获取提交的信息，然后跳转到显示结果页面。

第 7 章　Java Web 常用开发模式与案例

目前绝大部分 Java Web 应用程序都是基于 B/S（浏览器/服务器）架构的，而 Java Web 应用程序的开发方法主要经历了 JSP 的 Model 1、JSP 的 Model 2 和 MVC，其中 MVC 模式是目前使用最广泛的开发模式。

一个 Java Web 应用程序是由很多不同的“组件”构成，各组件之间是如何“通信”的？又是如何实现控制的？信息是如何提交和显示的？这些构成了 Java Web 应用程序的开发模式。

本章主要介绍 Java Web 应用程序开发常采用的开发模式，首先介绍 Web 程序中各组件之间的关系，然后详细介绍 Web 程序的不同设计模式的设计方法和使用技巧，主要有单纯的 JSP 页面编程、JSP+JavaBean 设计模式、JSP+Servlet 设计模式、JSP+Servlet+JavaBean 设计模式、DAO 设计模式与数据库访问。

提示：本章所采用的技术和方法，在前几章中都已经详细介绍，有些例题也已介绍，但本章是对前几章的概括与总结，便于读者理解和掌握不同技术及其技术整合的技巧和方法，并通过案例理解不同开发模式的设计思想和它们之间的差异，从而根据实际应用程序的特点选择相应的开发模式和开发方法。

7.1　单纯的 JSP 页面开发模式

在 Java Web 开发中最简单的一种开发模式是通过应用 JSP 中的脚本标记，直接在 JSP 页面中实现各种功能，称为“单纯的 JSP 页面编程模式”。本书的第 3、4 章中所设计的程序都采用的这种编程模式。

7.1.1　单纯的 JSP 页面开发模式简介

单纯的 JSP 页面编程模式就是只用 JSP 技术设计 Web 应用程序，对于含有数据库操作的 Web 程序是 JSP+JDBC 相结合的技术，其体系结构如图 7-1 所示。

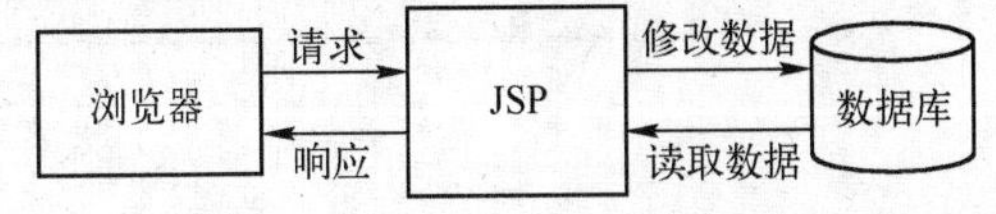

图 7-1　JSP+JDBC 相结合的编程技术

该种设计模式在第 3、4 章已经给出了详细的介绍，这里给出几个简单的应用实例，进一步理解其设计思想并与本章的其他设计模式进行比较和区别。

7.1.2　JSP 页面开发模式案例——求和运算

【例 7-1】 设计 Web 程序，计算 1+2+3+….+100 的和值，并在网页上显示结果，运行界面如图 7-2 所示。

【分析】 该问题只需要设计一个 JSP 页面（ch07_1.jsp），在该 JSP 中包含 Java 脚本，由 Java 脚本代码，完成求和计算。

【设计关键】 利用累加算法，而该算法代码在 JSP 中由 Java 脚本代码实现。

【实现】 根据功能要求，设计程序 ch07_1.jsp，其代码如下：

图 7-2 例 7-1 的运行界面

```
<!-- 程序 ch07_1.jsp -->
<%@ page contentType="text/html;charset=GB2312" %>
<html>
    <head> <title>计算 1 到 100 之间的整数和值的 JSP 程序</title> </head>
        <body bgcolor="00ff00">
          <font   size="5">这是一个单纯的 jsp 页面编程示例<br>
             <%   int i,sum=0;
                for (i=1;i<=100;i++)
                   sum=sum+i;
             %>
            1 到 100 的和为：<%= sum %>
          </font>
        </body>
</html>
```

在例 7-1 中不需要提交信息，只需要一个页面，在该页面内实现计算并输出显示结果。那么，假设需要计算任意两个整数之间的累加和值，该如何设计程序呢？

【例 7-2】 设计 Web 程序，计算任意两个整数之间的累加和值，并在网页上显示结果，其运行界面如图 7-3 所示。

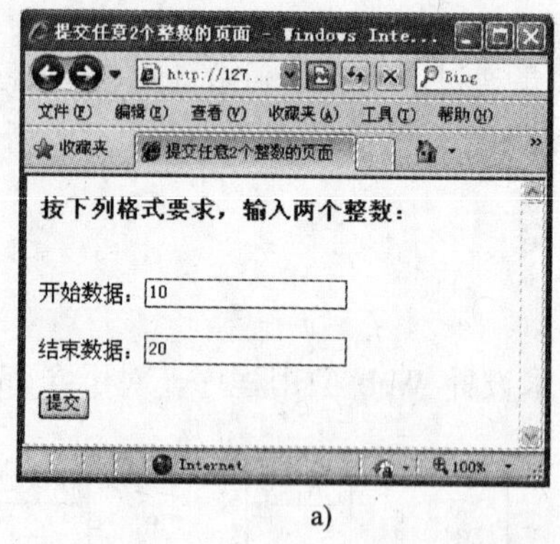

a)

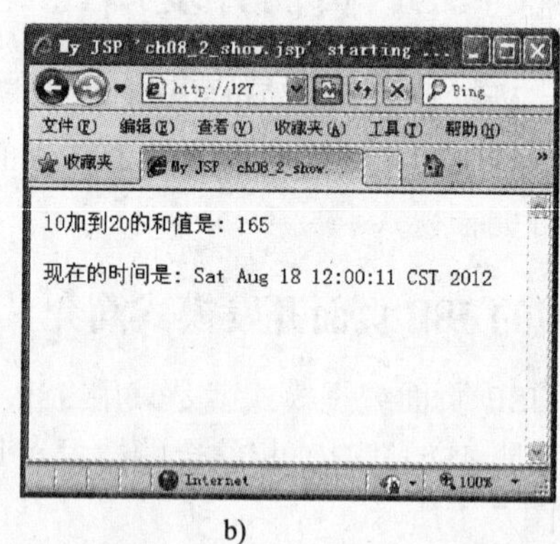

b)

图 7-3 例 7-2 的界面图

a) 输入界面 b) 运行结果界面

【分析】 该问题需要两个网页 ch07_2_tijiao.jsp 和 ch07_2_show.jsp，其处理流程是网页 ch07_2_tijiao.jsp 提交任意两个整数，而网页 ch07_2_show.jsp 获取两个数值并计算，然后显示计算结果。

【设计关键】 在两页面间利用 request 对象实现数据共享（利用 shuju1、shuju2 存放），并注意数据类型。处理流程如图 7-4 所示。

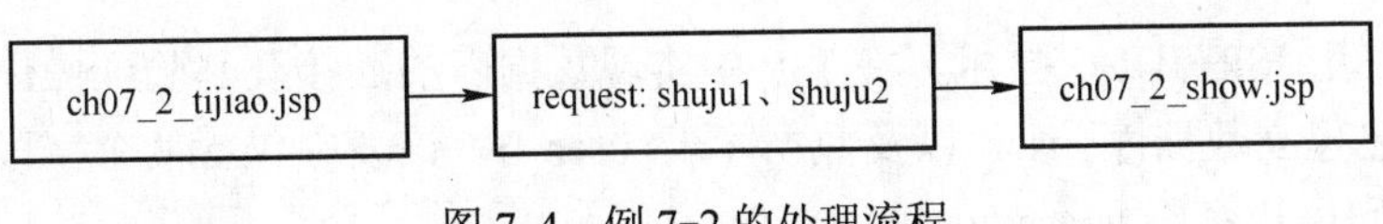

图 7-4　例 7-2 的处理流程

【实现】

（1）设计提交任意两个整数的 JSP 页面（ch07_2_tijiao.jsp），其代码如下：

```
<!-- 程序 ch07_2_tijiao.sp -->
<%@ page language="java" pageEncoding="GB2312"%>
<html>
  <head> <title>提交任意 2 个整数的页面</title> </head>
  <body>
  <h3> 按下列格式要求，输入两个整数：</h3><br>
   <form action="ch07_2_show.jsp" method="post">
          开始数据：<input name="shuju1"><br><br>
          结束数据：<input name="shuju2"><br><br>
          <input type=submit    value="提交">
   </form>
  </body>
</html>
```

（2）设计获取两个数值并计算，再后显示结果的 JSP 页面(ch07_2_show.jsp)，其代码如下。

```
<!-- 程序 ch07_2_show.sp -->
<%@ page language="java" import="java.util.*" pageEncoding="GB2312"%>
<html>
  <head> <title>计算任意两整数之间的累加和值的 JSP 程序</title> </head>
  <body>
    <%! int sum=0;
        int x = 0; int y=0;    %>
    <% String xx=request.getParameter("shuju1");
        String yy=request.getParameter("shuju2");
        x=Integer.parseInt(xx);
        y=Integer.parseInt(yy);
        while ( x <= y ){
            sum += x;    ++x;
        }
    %>
    <p><%=xx %>加到<%=yy %>的和值是: <%= sum %>    </p>
    <p>现在的时间是: <%= new Date() %>    </p>
  </body>
</html>
```

在例 7-1 和例 7-2 中所设计的程序，没有涉及数据库操作。

7.1.3　JSP+JDBC 开发模式案例——实现基于数据库的登录验证

对于利用 JSP 技术对数据库直接操作第 4 章已经给出较详细的说明，对于涉及的知识点，请回顾和复习第 4 章。

【例 7-3】 利用 JSP+JDBC 技术相结合，实现基于数据库的登录验证。要求：一个用户的信息有用户名和登录密码，用户信息存放在数据库中。

【分析】 采用 JSP+JDBC 技术，在 JSP 中实现数据库的连接及其验证操作。

（1）假设已建立数据库 user 以及数据库表 user_b，该表中包含两个字段，即用户名字 uname char(10)和用户密码 upassword char(10)。

（2）该问题的处理流程是：首先，通过提交页面（ch07_3_tijiao.jsp）提交登录信息；然后进入验证页面（ch07_3_yanzheng.jsp），该页面获取两个登录信息的值，并连接数据库，实现验证判定是否已经注册并输入正确的用户名和密码。若已经注册并输入正确，则在网页上显示："***用户登录成功！"，否则，显示："***登录失败！"。

【设计关键】 该例题的关键是验证页面，在该页面中必须关注：数据库连接的操作、数据库记录的查询操作。

【实现】（1）设计提交登录信息的 JSP 页面（ch07_3_tijiao.jsp），其代码如下：

```
<%@ page language="java"   pageEncoding="GB2312"%>
<html>
  <head><title>用户登录提交页面</title></head>
  <body>
    <form   action="ch07_3_yanzheng.jsp" method="post">
         用  户  名：<input type="text" name="username"><br><br>
         用户密码：<input type="password" name="pass"><br><br>
         <input type="submit" value="登录">
    </form>
  </body>
</html>
```

（2）设计需要获取两个登录信息的值，并连接数据库，实现验证的 JSP 页面(ch07_3_yanzheng.jsp)，其代码如下：

```
<%@ page language="java" import="java.sql.*" pageEncoding="GB2312"%>
<html>
  <head>    <title>登录验证页面</title>    </head>
  <body> <%
  try{
       Connection conn =null;
       PreparedStatement pstmt= null;;
       ResultSet   rs=null;
       String driverName = "com.mysql.jdbc.Driver";                    //驱动程序名
       String dbName ="user";                                          //数据库名
       String url1="jdbc:mysql://localhost/" + dbName;
       String url2="?user=root&password=123456";
       String url3="&useUnicode=true&characterEncoding=GB2312";
       String url =url1+url2+url3;
       Class.forName(driverName);
       conn = DriverManager.getConnection(url);
       request.setCharacterEncoding("GB2312");
       String name=request.getParameter("username");
       String pw=request.getParameter("pass");
       String   sql="select * from user_b where(uname=? and upassword=?)";
       pstmt= conn.prepareStatement(sql);
       pstmt.setString(1,name);
       pstmt.setString(2,pw);
       rs=pstmt.executeQuery();
```

```
            if(rs.next()){
                %> <%=name %>:登录成功！ <br> <%
            }
            else {%>
              <%=name %>:登录失败！ <br> <%}
          }catch(Exception e){ %>
                出现异常错误！ <br> <%=e.getMessage()%>
        <% }finally {
              if(rs!=null){ rs.close(); }
              if(pstmt!=null){ pstmt.close(); }
              if(conn!=null){ conn.close(); }
        } %>
    </body>
</html>
```

7.1.4 单纯的 JSP 页面开发模式存在的问题与缺点

虽然这种模式很容易实现，在小型的项目中，这种方式是最为方便的，但是其缺点也是非常明显的。因为将大部分的代码与 HTML 代码混淆在一起，会给程序的维护和调试带来很多的困难。为此，在下一小节讨论 JSP+JavaBean 设计模式。

7.2 JSP+JavaBean 开发模式

在开发 Java Web 应用时，将 JSP 和 JavaBean 结合起来形成 JSP+JavaBean 设计模式，也称为 JSP Model-1 模式。

7.2.1 JSP+JavaBean 开发模式简介

JSP+JavaBean 开发模式是 JSP 程序开发经典设计模式之一，其体系结构如图 7-5 所示。采用这种体系结构，将要进行的业务逻辑封装到 JavaBean 中，在 JSP 页面中通过动作标签来调用这个 JavaBean 类，从而执行这个业务逻辑。此时的 JSP 除了负责部分流程的控制外，大部分用来进行页面的显示，而 JavaBean 则负责业务逻辑的处理。从图 7-5 可以看到，该模式具有一个比较清晰的程序结构。

JavaBean 技术已经在第 5 章给出了详细的介绍和说明，对于相关的知识点，请回顾和复习第 5 章。

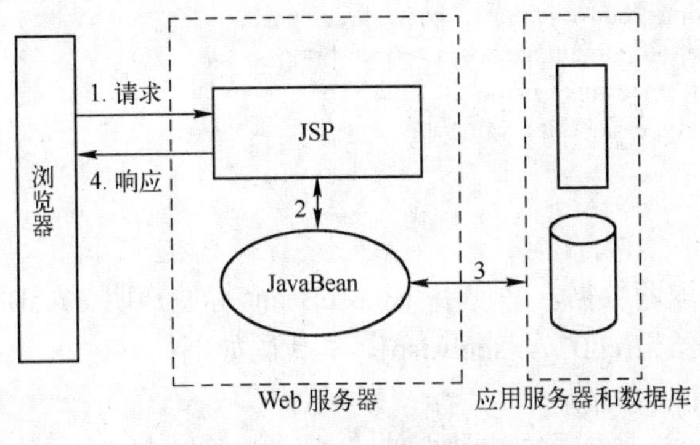

图 7-5 JSP Model-1 模式

7.2.2 JSP+JavaBean 开发案例——求和运算

【例 7-4】 利用 JSP+JavaBean 实现求任意两个整数之间的累加和值，并显示输出。

【分析】 将计算两个整数累加和值运算操作封装在 JavaBean 中，JSP 引用 JavaBean 来实现求和及其显示。为此需要的组件有：

（1）建立一个 JavaBean：ch07_4_Add2.java，给出两个整数属性及求和方法。

（2）设计提交任意两个整数的 JSP 页面（ch07_4_tijiao.jsp）。

（3）设计 JSP 页面（ch07_4_show.jsp），在该页面内获取两个数值，创建 JavaBean 对象并调用求值方法计算和值，然后显示和值。

【设计关键】 其关键是<jsp:useBean>标签的使用以及组件之间的数据共享。

【实现】

（1）建立一个 JavaBean：ch07_4_Add2，其代码如下：

```
package ch07_4;
public class Add2{
      private int a;
      private int b;
      public int getA(){ return a;}
      public void setA(int a){this.a = a;}
      public int getB(){return b;}
      public void setB(int b){this.b = b;}
      public int sum(){
         int c,s=0;
         if(a>b){c=a;a=b;b=c;}
         int x=a;
         while (x <=b ){ s += x;   ++x; }
         return s;
      }
}
```

（2）设计提交任意两个整数的 JSP 页面（ch07_4_tijiao.jsp），其代码如下：

```
<!-- 程序 ch07_4_tijiao.jsp -->
<%@ page language="java" pageEncoding="GB2312"%>
<html>
   <head> <title>提交任意 2 个整数的页面</title> </head>
   <body>
         <h3> 按下列格式要求，输入两个整数：</h3><br>
         <form action="ch07_4_show.jsp" method="post">
             开始数据：<input name="a"><br><br>
             结束数据：<input name="b"><br><br>
             <input type=submit   value="提交">
      </form>
   </body>
</html>
```

（3）从提交页面获取两数据，并使用<jsp:useBean>标签声明 JavaBean，并通过该对象调用求和方法，然后显示结果(ch07_4_show.jsp)，其代码如下：

```
<!-- 程序 ch07_4_show.jsp -->
<%@ page language="java" import="java.util.*" pageEncoding="GB2312"%>
```

```
<html>
  <head>  <title>利用 JavaBean+JSP 求两数和</title> </head>
  <body>
      <jsp:useBean id="he" class="ch07_4_Add2"/>
      <jsp:setProperty name="he" property="*"/>
      <p><%=he.getA()%>加到<%= he.getB()%>的和值是: <%=he.sum()%> </p>
      <p>现在的时间是: <%= new Date() %> </p>
  </body>
</html>
```

7.2.3 JSP+JavaBean+JDBC 案例——基于数据库的登录验证

【例 7-5】 利用 JSP+JavaBean+JDBC 实现基于数据库的登录验证，其要求和说明与例 7-3 相同。

【分析】 采用 JSP+JavaBean+JDBC 技术实现用户登录验证，其中实现数据库的连接及其用户的验证操作封装在 JavaBean 中，而 JSP 只实现信息的提交和显示以及利用 JavaBean 对象调用其业务逻辑处理方法。

【设计关键】

（1）假设已建立数据库 user 以及数据库表 user_b，该表中包含两个字段，即用户名字 uname char(10)和用户密码 upassword char(10)。

（2）建立两个 JavaBean：User 和 ConnectDbase。

User 用于存放用户数据，且有一个实现验证信息的方法：

```
boolean yanzheng_user(String xm2,String mm2)
```

ConnectDbase 用于数据库的连接，得到一个连接对象，其方法是：

```
Connection getConnect()
```

（3）该问题的处理流程：首先通过提交页面（ch07_5_tijiao.jsp）提交登录信息；然后进入验证结果显示页面（ch07_5_show.jsp），该页面获取两个登录信息的值，并创建 User JavaBean 对象。该对象调用 User 中的方法 boolean yanzheng_uesr()，实现验证，根据返回的逻辑值判定，“true”表示已经注册并输入正确的用户名和密码，则在网页上显示“***用户登录成功!”，否则，显示“***登录失败!”。

（4）在 JSP 中使用<jsp:useBean>标签声明 JavaBean。

【实现】

（1）建立 ConnectDbase JavaBean，在该 JavaBean 中有方法 Connection getConnect()得到一个连接对象，其代码如下：

```
package ch07_5;
import java.sql.*;
public class ConnectDbase {
    private String driverName = "com.mysql.jdbc.Driver";        //驱动程序名
    private String userName = "root";                           //数据库用户名
    private String userPwd = "123456";                          //密码
    private String dbName = "user";                             //数据库名
    public String getDriverName() {return driverName;}
    public void setDriverName(String driverName){this.driverName = driverName;}
    public String getUserName() {return userName;}
```

```
        public void setUserName(String userName) {this.userName = userName;      }
        public String getUserPwd() {return userPwd;}
        public void setUserPwd(String userPwd) {this.userPwd = userPwd;      }
        public String getDbName() { return dbName;}
        public void setDbName(String dbName) {this.dbName = dbName;}
       //实现数据库连接的方法
       public Connection getConnect() throws SQLException,ClassNotFoundException {
            String url1="jdbc:mysql://localhost:3306/"+dbName;
            String url2 ="?user="+userName+"&password="+userPwd;
            String url3="&useUnicode=true&characterEncoding=GB2312";
            String url =url1+url2+url3;
            Class.forName(driverName);
            return DriverManager.getConnection(url);
      }
    }
```

（2）建立 User JavaBean。在该 JavaBean 中有两个属性，即 xm、mm，且有一个实现验证信息的方法 boolean yanzheng_uesr(String xm2,String mm2)，其代码如下：

```
package ch07_5;
import java.sql.*;
public class User {
     private String xm=null;
     private String mm=null;
     public String getXm() { return xm; }
     public void setXm(String xm) { this.xm =xm;}
     public String getMm() { return mm;}
     public void setMm(String mm) {this.mm = mm;}
     public User(){}                                          //缺省的构造方法
     public User(String a,String b){                          //带参数的构造方法
            xm=a;mm=b;
       }
     public boolean yanzheng_user(String xm2,String mm2)      //判定当输入信息正确，返回 true
               throws SQLException, ClassNotFoundException{
       boolean f= false;
       ConnectDbase cdb=new ConnectDbase();
       Connection conn = cdb.getConnect();
       String   sql="select * from user_b   where(uname=? and upassword=?)";
       PreparedStatement pstmt= conn.prepareStatement(sql);
       pstmt.setString(1,xm2);
       pstmt.setString(2,mm2);
       ResultSet   rs=pstmt.executeQuery();
       if(rs.next()) f=true;
       else f= false;
      if(rs!=null)rs.close();
      if(pstmt!=null)pstmt.close();
      if(conn!=null)conn.close();
      return f;
    }
```

（3）设计提交页面（ch07_5_tijiao.jsp）提交登录信息，其代码如下：

```
<%@ page language="java"   pageEncoding="GB2312"%>
```

```
<html>
  <head><title>用户登录提交页面</title></head>
  <body>
    <form   action="ch07_5_show.jsp" method="post">
          用   户   名：<input type="text" name="xm"><br><br>
          用户密码：<input type="password" name="mm"><br><br>
          <input type="submit" value="登录">
    </form>
  </body>
</html>
```

（4）设计验证页面（ch07_5_show.jsp），其代码如下：

```
<%@ page language="java" pageEncoding="GB2312"%>
<html>
  <head>    <title>登录验证页面</title> </head>
  <body>
        <% request.setCharacterEncoding("GB2312"); %>
        <jsp:useBean id="uu" class="ch07_5.User"/>
        <jsp:setProperty name="uu" property="*"/>
        <% if(uu.yanzheng_uesr(uu.getXm(),uu.getMm())) %>
              <%=uu.getXm() %> :登录成功！ <br>
       <% else%>
             <%=uu.getXm() %>:登录失败！ <br>
  </body>
</html>
```

7.2.4　JSP+JavaBean 开发模式的优点与缺点

该模式适合小型或中型 Web 程序的设计开发。在程序设计开发中，将要进行的业务逻辑封装到 JavaBean 中，在 JSP 页面中通过动作标签来调用这个 JavaBean 类，从而执行这个业务逻辑。此时的 JSP 除了负责部分流程的控制外，大部分用来进行页面的显示，而 JavaBean 则负责业务逻辑的处理。该模式具有一个比较清晰的程序结构。

但是，采用这种模式设计的应用程序 JSP 除用来进行页面的显示，还需要负责流程的控制。那么，流程的控制是否可以由另外的组件来实现呢？下一节将介绍 JSP+Servlet 技术，由 Servlet 实现流程的控制。

7.3　JSP+Servlet 开发模式

在 JSP+JavaBean 编程模式中，JavaBean 提供了业务处理，而 JSP 却具有两种职责：职责一，调用执行业务逻辑并负责流程的控制；职责二，信息的显示和提交。现将 JSP 的两职责独立，让 JSP 只负责数据的输入（提交请求）和输出（显示请求结果），而业务逻辑和流程的控制由 Servlet 完成，从而形成 JSP+Servlet 编程模式。

7.3.1　JSP+Servlet 开发模式简介

在 JSP+Servlet 编程模式，JSP 只负责信息的显示，而业务逻辑处理及其流程控制由 Servlet 实现，其体系结构和流程如图 7-6 所示。

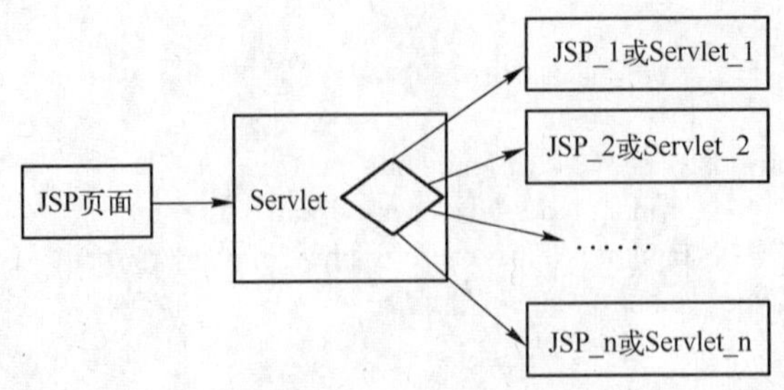

图 7-6　JSP+Servlet 编程模式体系结构

JSP+Servlet 编程模式，其处理流程是：

（1）客户端在 JSP 页面中，通过表单提交数据后，进入指定的 Servlet。

（2）在 Servlet 中获取提交的信息，进行业务逻辑处理，当处理完成后转向到（或重定位）新的 JSP 页面或新的 Servlet。

（3）新的 JSP 页面（或新的 Servlet）实现信息显示或继续处理信息。

Servlet 技术已在第 6 章给出了详细的介绍和说明，对于相关的知识点，请回顾和复习第 6 章。

本小节仍然采用 7.2 节中的两个应用实例，但在这里给出另外一种实现方式，从而对照两种实现方法的差异和特点。

7.3.2　JSP+Servlet 开发案例——求和运算

【例 7-6】 利用 JSP+Servlet 实现求任意两个整数之间的累加和值，并显示输出。

【分析】 该题目的处理流程是：由提交页面（ch07_6_tijiao.jsp）提交两个数据（shuju1,shuju2）给 Servlet（ch07_6_servlet_yunsuan.java），通过 Servlet 计算其累加和值并转向输出结果页面（ch07_6_show.jsp）。

【设计关键】

（1）在 Servlet 中利用 HttpServletRequest 对象实现数据共享。

（2）在 JSP 中利用 request 对象实现数据共享，并注意在本例题中，两者表示同一个对象。

（3）由 Servlet 如何转向另一个 JSP 页面或 Servlet，如何由 JSP 跳转到 Servlet。

【实现】 该题目有 4 个组件构成，其中包含一个 Servlet 的配置文件 web.xml，它们的代码分别如下：

（1）提交两个数据表单页面（ch07_6_tijiao.jsp），代码如下：

```
<%@ page language="java" pageEncoding="GB2312"%>
<html>
  <head>   <title>提交任意 2 个整数给 Servlet 的 JSP 页面</title> </head>
  <body>
  <h3> 按下列格式要求，输入两个数据：</h3><br>
   <form action="ch07_6_servlet_yunsuan" method="post">
         开始数据 1：<input name="shuju1"><br><br>
         结束数据 2：<input name="shuju2"><br><br>
         <input type=submit    value="提交">
   </form>
  </body>
```

```
</html>
```

（2）ch07_6_servlet_yunsuan.java 负责计算两数据之间累加值并控制跳转的 Servlet，其代码如下：

```java
package ch07_6_servlet;
import java.io.IOException;
import javax.servlet.ServletException;
import javax.servlet.http.HttpServlet;
import javax.servlet.http.HttpServletRequest;
import javax.servlet.http.HttpServletResponse;
public class ch07_6_servlet_yunsuan extends HttpServlet {
    public void doGet(HttpServletRequest request, HttpServletResponse response)
            throws ServletException, IOException {
        request.setCharacterEncoding("GB2312");
        String s1=request.getParameter("shuju1");
        String s2=request.getParameter("shuju2");
        int d1=Integer.parseInt(s1);
        int d2=Integer.parseInt(s2);
        int sum=0;
        int x=d1;
        while ( x <=d2 ){ sum += x; ++x; }
        request.setAttribute("sum",sum);
        request.getRequestDispatcher("ch07_6_show.jsp").forward(request,response);
    }
    public void doPost(HttpServletRequest request, HttpServletResponse response)
            throws ServletException, IOException {
        doGet(request, response);
    }
}
```

（3）Servlet 的配置文件 web.xml，其关键的配置信息代码如下：

```xml
<servlet>
  <servlet-name>ch07_6_servlet_yunsuan</servlet-name>
  <servlet-class>ch07_6_servlet.ch07_6_servlet_yunsuan</servlet-class>
</servlet>
<servlet-mapping>
  <servlet-name>ch07_6_servlet_yunsuan</servlet-name>
  <url-pattern>/ch07_6_servlet_yunsuan</url-pattern>
</servlet-mapping>
```

（4）显示计算结果的页面（ch07_6_show.jsp），代码如下：

```jsp
<%@ page language="java" import="java.util.*" pageEncoding="GB2312"%>
<html>
  <head>  <title>利用 Servlet+JSP 求两数和及连接串的显示页面</title> </head>
  <body> <%
        String s1=request.getParameter("shuju1");
        String s2=request.getParameter("shuju2");
        Integer sum=(Integer)request.getAttribute("sum");
        %>
        <p><%=s1%>加到<%= s2%>的和值是: <%=sum%> </p>
       <p>现在的时间是: <%= new Date() %> </p>
  </body>
</html>
```

7.3.3 JSP+Servlet+JDBC 开发案例——基于数据库的登录验证

【例 7-7】 利用 JSP+Servlet+JDBC 实现基于数据库的登录验证，其中，数据库的连接操作和查询操作由 Servlet 完成。

【分析】 采用 JSP+Servlet+JDBC 技术实现用户登录验证，其中实现数据库的连接及其查询操作在 Servlet 中实现。

（1）假设已建立数据库：user 以及数据库表 user_b，该表中包含两个字段，用户名字：uname char(10)和用户密码：upassword char(10)。

（2）该问题的处理流程是：首先通过提交页面（ch07_7_tijiao.jsp）提交登录信息；然后进入 Servlet（ch07_7_servlet_yanzheng.java）实现验证处理，该验证处理从提交页面获取两个登录信息的值，并连接数据库，实现验证，若已经注册并输入正确的用户名和密码，则跳转到页面 ch07_7_Success.jsp 显示："***用户登录成功！"，否则，跳转到页面 ch07_7_error.jsp 显示："***登录失败!"。

【设计关键】

（1）Servlet 的处理过程，以及数据库的连接、查询，比较验证以及页面的跳转。

（2）在 Servlet 中利用 HttpServletRequest 对象实现数据共享；在 JSP 中利用 request 对象实现数据共享，并注意在本例题中，两者表示同一个对象。

【实现】

（1）登录表单页面（ch07_7_tijiao.jsp）提交登录信息，其代码如下：

```
<%@ page language="java"  pageEncoding="GB2312"%>
<html>
  <head><title>用户登录提交页面</title></head>
  <body>
    <form  action=" ch07_7_servlet_yanzheng " method="post">
          用　户　名：<input type="text" name="xm"><br><br>
          用户密码：<input type="password" name="mm"><br><br>
          <input type="submit" value="登录">
    </form>
  </body>
</html>
```

（2）负责验证处理的 Servlet 类（ch07_7_servlet_yanzheng.java），其代码如下：

```
package ch07_7_servlet;
import java.io.IOException;
import java.sql.*;
import javax.servlet.ServletException;
import javax.servlet.http.HttpServlet;
import javax.servlet.http.HttpServletRequest;
import javax.servlet.http.HttpServletResponse;
public class ch07_7_servlet_yanzheng extends HttpServlet {
      public void doGet(HttpServletRequest request, HttpServletResponse response)
                throws ServletException, IOException {
          String driverName = "com.mysql.jdbc.Driver";        //驱动程序名
          String userName = "root";                           //数据库用户名
          String userPwd = "123456";                          //密码
          String dbName = "user";                             //数据库名
```

```
                String  url1="jdbc:mysql://localhost:3306/"+dbName;
                String url2 ="?user="+userName+"&password="+userPwd;
                String url3="&useUnicode=true&characterEncoding=GB2312";
                String url =url1+url2+url3;
                request.setCharacterEncoding("GB2312");
                String name=request.getParameter("xm");
                String pw=request.getParameter("mm");
                RequestDispatcher dis=null;//设置转发的对象
                try {
                    Class.forName(driverName);
                    Connection conn=DriverManager.getConnection(url);
                    String  sql="select * from user_b  where(uname=? and upassword=?)";
                    PreparedStatement pstmt= conn.prepareStatement(sql);
                    pstmt.setString(1,name);
                    pstmt.setString(2,pw);
                    ResultSet  rs=pstmt.executeQuery();
                    if(rs.next()){
                        if(rs!=null)rs.close();
                        if(pstmt!=null)pstmt.close();
                        if(conn!=null)conn.close();
                        dis=request.getRequestDispatcher("ch07_7_success.jsp");
                        dis .forward(request,response);
                    }
                    else{
                        if(rs!=null)rs.close();
                        if(pstmt!=null)pstmt.close();
                        if(conn!=null)conn.close();
                        dis=request.getRequestDispatcher("ch07_7_error.jsp");
                        dis.forward(request,response);
                    }
               } catch (Exception e) {
                      e.printStackTrace();
               }
        }
        public void doPost(HttpServletRequest request, HttpServletResponse response)
                      throws ServletException, IOException {
               doGet(request, response);
        }
}
```

（3）Servlet 的配置文件 web.xml，其配置的关键信息代码如下：

```
<servlet>
  <servlet-name>ch07_7_servlet_yanzheng</servlet-name>
  <servlet-class>ch07_7_servlet.ch07_7_servlet_yanzheng</servlet-class>
</servlet>
<servlet-mapping>
  <servlet-name>ch07_7_servlet_yanzheng</servlet-name>
  <url-pattern>/ch07_7_servlet_yanzheng</url-pattern>
</servlet-mapping>
```

（4）登录成功后的页面（ch07_7_success.jsp），其代码如下：

```
<%@ page language="java"  pageEncoding="GB2312"%>
<html>
```

```
    <head>    <title>登录验证成功页面</title> </head>
    <body>  <%=request.getParameter("xm") %>:登录成功！<br> </body>
</html>
```

（5）登录失败后的页面（ch07_7_error.jsp），其代码如下：

```
<%@ page language="java"   pageEncoding="GB2312"%>
<html>
    <head>    <title>登录验证出错页面</title> </head>
    <body>  <%=request.getParameter("xm") %>:登录失败！<br> </body>
</html>
```

7.3.4 JSP+Servlet 开发模式的优点与缺点

采用 JSP+Servlet 编程模式，JSP 只负责信息的提交和显示，所有的业务逻辑处理和控制由 Servlet 实现，体现了各组件功能的分工，便于应用程序的分析和设计。

但是，对于该模式，Servlet 负责了应用程序的所有的业务逻辑处理和控制处理，所设计的组件较为复杂。

7.4 JSP+Servlet+JavaBean 开发模式

将 JSP+Servlet 模式与 JSP+JavaBean 模式相结合，将业务逻辑处理由 JavaBean 实现，控制逻辑由 Servlet 实现，而 JSP 只完成页面的显示，从而，形成 JSP+Servlet+JavaBean 编程模式，该模式常称为 JSP 的 Model-2 设计模式。

7.4.1 基于 JSP+Servlet+JavaBean 的 MVC 的实现

JSP+Servlet+JavaBean 编程模式吸取了 JSP+Servlet 与 JSP+JavaBean 两种模式各自的突出优点，完全实现了不同组件的功能分工协作，其体系结构如图 7-7 所示。

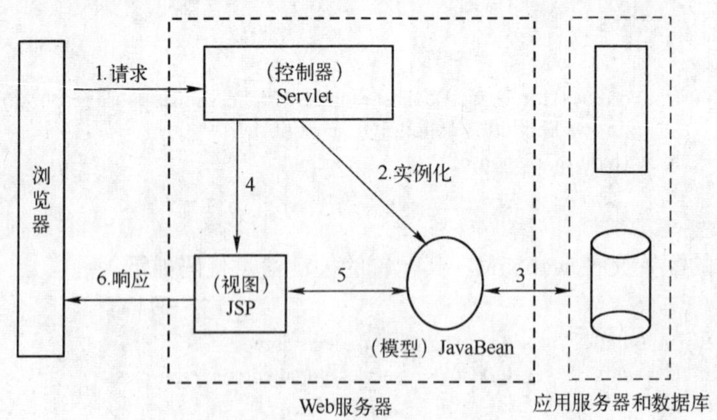

图 7-7　JSP+Servlet+JavaBean 设计模式的体系结构

用 JSP 技术实现信息的提交和显示，Servlet 技术实现控制逻辑，JavaBean 技术实现业务逻辑处理。将一个系统的功能分为 3 种不同类型的组件，这种模式常称为 MVC 模式。

本节使用的技术，包含了前几章的主要技术，若有些技术不熟悉，请回顾和复习有关的内容。

本小节仍然采用 7.2 节中的两个应用实例，采用 JSP+Servlet+JavaBean 模式实现，从而与其他模式形成对照，理解不同设计模式的特点和差异。

7.4.2 JSP+Servlet+JavaBean 开发案例——求和运算

【例 7-8】 利用 JSP+Servlet+JavaBean 编程，实现任意两个整数的累加值，并显示结果。

【分析】 该题目采用 JSP+Servlet+JavaBean 模式，按其不同的职责，由 JavaBean 封装业务逻辑处理计算累加值；由 JSP 实现信息的提交和运算结果的显示（需要两个页面，提交信息页面，显示结果页面）；由 Servlet 实现由提交页面获取数据实施计算，并保存计算结果，然后实现跳转，将计算结果通过显示页面显示结果。假设通过提交页面存放的参数名字是 shuju1，shuju2。

【设计】 该程序需要由 5 个不同的构件组成：

（1）一个封装两个数之间累加求和操作的 JavaBean。

（2）一个 Servlet 实现数据的获取，运算求值并跳转到输出页面。

（3）一个是提交任意两个数的 JSP 页面。

（4）一个是输出结果 JSP 页面。

（5）并有一个对 Servlet 进行信息配置的配置文件。

其关键是各组件之间是如何实现数据共享，以及如何实现个组件之间的跳转。

【实现】

（1）建立一个 JavaBean（ch07_8_Add2.java），该 JavaBean 中包含两个属性和实现计算累加值的操作方法。其代码与例 7-4 中的 JavaBean 类 ch07_4_Add2.java 一样，只需将第一行修改为“package ch07_8;”即可。

（2）设计提交任意两个整数的 JSP 页面（ch07_8_tijiao.jsp），其代码如下：

```
<%@ page language="java" pageEncoding="GB2312"%>
<html>
  <head> <title>提交任意 2 个整数给 Servlet 的页面</title> </head>
  <body>
  <h3> 按下列格式要求，输入两个整数数据：</h3><br>
   <form action="ch07_8_servlet_yunsuan" method="post">
          数据 1：<input name="shuju1"><br><br>
          数据 2：<input name="shuju2"><br><br>
          <input type=submit    value="提交">
   </form>
  </body>
</html>
```

（3）设计一个 Servlet（ch07_8_servlet_yunsuan）实现数据的获取、运算求值并跳转到输出页面，其代码如下：

```
package ch07_8;
import java.io.IOException;
import javax.servlet.ServletException;
import javax.servlet.http.HttpServlet;
import javax.servlet.http.HttpServletRequest;
import javax.servlet.http.HttpServletResponse;
```

```java
public class ch07_8_servlet_yunsuan extends HttpServlet {
	public void doGet(HttpServletRequest request, HttpServletResponse response)
			throws ServletException, IOException {
		request.setCharacterEncoding("GB2312");
		String s1=request.getParameter("shuju1");
		String s2=request.getParameter("shuju2");
		int d1=Integer.parseInt(s1);
		int d2=Integer.parseInt(s2);
		ch07_8_Add2 two=new ch07_8_Add2(d1,d2);
		int sum=two.sum();
		request.setAttribute("d1", d1);
		request.setAttribute("d2", d2);
		request.setAttribute("sum",sum);
		request.getRequestDispatcher("ch07_8_show.jsp").forward(request,response);
	}

	public void doPost(HttpServletRequest request, HttpServletResponse response)
			throws ServletException, IOException {
		doGet(request, response);
	}
}
```

（4）Servlet（ch07_8_servlet_yunsuan.java）的配置文件 Web.xml，关键配置信息如下：

```xml
<servlet>
  <servlet-name>ch07_8_servlet_yunsuan</servlet-name>
  <servlet-class>ch07_8.ch07_8_servlet_yunsuan</servlet-class>
</servlet>
<servlet-mapping>
  <servlet-name>ch07_8_servlet_yunsuan</servlet-name>
  <url-pattern>/ch07_8_servlet_yunsuan</url-pattern>
</servlet-mapping>
```

（5）设计输出结果 JSP 页面（ch07_8_show.jsp），其代码如下：
注意区别该代码中 s1，s2，d1，d2 数据值的获取方法的差异。

```jsp
<%@ page language="java"   pageEncoding="GB2312"%>
<html>
  <head> <title>只显示两数之间累加值的页面</title> </head>
  <body>
    <% String s1=request.getParameter("shuju1");
       String s2=request.getParameter("shuju2");
       Integer d1=(Integer)request.getAttribute("d1");
       Integer d2=(Integer)request.getAttribute("d2");
       Integer sum=(Integer)request.getAttribute("sum");
    %>
       <p><%=d1%>加到<%= d2%>的和值是: <%=sum%> </p>
      <p>现在的时间是: <%= new Date() %> </p>
    </body>
</html>
```

7.4.3 JSP+Servlet+JavaBean 案例——基于数据库的登录验证

【例 7-9】 利用使用 JSP+Servlet+JavaBean 实现基于数据库的登录验证。

【分析】 采用 JSP+JavaBean+Servlet+JDBC 技术实现基于数据库的登录验证，其中实现数据库的连接及其操作在 JavaBean 中，而通过 Servlet 实现调用及其流程控制。登录信息由提交页面传递给 Servlet，然后 Servlet 根据验证情况跳转到相应的页面。

【设计关键】

（1）假设已建立数据库：user 以及数据库表：user_b，该表中包含两个字段：用户名字：uname char(10)和用户密码：upassword char(10)。

（2）建立两个 JavaBean：User 和 ConnectDbase，这两个 JavaBean 与例 7-5 中一样。

（3）该问题的处理流程是：首先通过提交页面（ch07_9_tijiao.jsp）提交登录信息；然后进入 Servlet（ch07_9_kongzhi.java）实现验证处理，该验证处理从提交页面获取两个登录信息的值，并创建 User JavaBean 对象，该对象调用 User 中的方法 boolean yanzheng_user()，实现验证，根据返回的逻辑值判定。“true”则跳转到页面 ch07_9_Success.jsp，显示“***用户登录成功！”，否则，跳转到页面 ch07_9_error.jsp，显示“***用户登录失败！”。

（4）该系统共由 7 个不同的组件构成：

- User 用户及用户验证 JavaBean。
- ConnectDbase 数据库连接 JavaBean。
- 提交页面 JSP。
- 显示成功登录 JSP。
- 显示登录失败 JSP 页面。
- 实现用户登录信息获取并返回验证值的 Servlet。
- Servlet 的配置文件 web.xml。

【实现】

（1）建立 ConnectDbase JavaBean，请参考例 7-5 中的数据库连接 JavaBean，只需要将第一行修改为“package ch07_9;”即可。

（2）建立 User JavaBean，请参考例 7-5 中 User 的 JavaBean，只需要将第一行修改为“package ch07_9;”即可。

（3）编写登录表单页面（ch07_9_tijiao.jsp）提交登录信息，其代码如下：

```
<%@ page language="java"   pageEncoding="GB2312"%>
<html>
  <head><title>用户登入提交页面</title></head>
  <body>
    <form   action="ch07_9_servlet_kongzhi" method="post">
          用 户 名：<input type="text" name="xm"><br><br>
          用户密码：<input type="password" name="mm"><br><br>
          <input type="submit" value="登录">
    </form>
  </body>
</html>
```

（4）编写负责验证处理的 Servlet 类（ch07_9_servlet_kongzhi.java）实现验证处理，其代码如下：

```
package ch07_9;
import java.io.IOException;
import java.sql.*;
```

```
import javax.servlet.ServletException;
import javax.servlet.http.HttpServlet;
import javax.servlet.http.HttpServletRequest;
import javax.servlet.http.HttpServletResponse;
public class ch07_9_servlet_kongzhi extends HttpServlet {
        public void doGet(HttpServletRequest request, HttpServletResponse response)
                        throws Exception, IOException {
            request.setCharacterEncoding("GB2312");
            String name=request.getParameter("xm");
            String pw=request.getParameter("mm");
            User uu=new User(name,pw);
            RequestDispatcher dis=nul;
            if(uu.yanzheng_uesr(uu.getXm(),uu.getXm()))
                    dis=request.getRequestDispatcher("ch07_9_success.jsp");
            else
                    dis=request.getRequestDispatcher("ch07_9_error.jsp");
            dis.forward(request,response);
        }
        public void doPost(HttpServletRequest request, HttpServletResponse response)
                        throws ServletException, IOException {
              doGet(request, response);
        }
}
```

（5）Servlet 的配置文件 web.xml，其关键配置信息如下：

```
<servlet>
   <servlet-name>ch07_9_servlet_kongzhi</servlet-name>
   <servlet-class>ch07_9.ch07_9_servlet_kongzhi</servlet-class>
</servlet>
<servlet-mapping>
   <servlet-name>ch07_9_servlet_kongzhi</servlet-name>
   <url-pattern>/ch07_9_servlet_kongzhi</url-pattern>
</servlet-mapping>
```

（6）登录成功后的页面（ch07_9_success.jsp），其代码如下：

```
<%@ page language="java"    pageEncoding="GB2312"%>
<html>
   <head> <title>登录验证成功页面</title> </head>
   <body> <%=request.getParameter("xm") %>:登录成功！<br>    </body>
</html>
```

（7）登录失败后的展示页面（ch07_9_error.jsp），其代码如下：

```
<%@ page language="java"    pageEncoding="GB2312"%>
<html>
   <head> <title>登录验证出错页面</title> </head>
   <body> <%=request.getParameter("xm") %>:登录失败！<br> </body>
</html>
```

7.4.4 JSP+Servlet+JavaBean 案例——学生体质信息管理系统

【例 7-10】 采用 JSP＋Servlet＋JavaBean+JDBC+MySQL 技术开发设计学生体质信息管理系统。

该系统曾在第 4 章给出了很详细的分析和设计。在第 4 章中，整个系统采用的是JSP+JDBC+MySQL 的编程模式设计的，在本例题中采用 JSP＋Servlet＋JavaBean+JDBC 设计。通过该例题，读者应理解和掌握这两种设计方式的特点和差异。为了对系统有一个整体认识，在这里给出完整的设计。

1．系统需求分析

每个学生的基本信息有：学生的学号、姓名、性别、年龄、体重、身高等信息。系统应具有提供学生基本信息的创建、查询、修改和删除等操作功能，并具有较好的交互性，便于用户的操作使用。

采用 JSP＋Servlet＋JavaBean+JDBC+MySQL 技术开发，实际上就是按不同的职责给系统分工，形成不同的组件，并构建出各组件之间的数据共享及其控制转移。

2．系统设计

（1）数据库和数据表的设计。

该系统涉及一个数据库和一个数据表，在 MySQL 中创建一个数据库 students，并在数据库 students 中创建表 students_info。数据表的结构如表 7-1 所示。

表 7-1　数据表 students_info 的字段描述

字　段	中 文 描 述	数 据 类 型	是 否 为 空
id	学生学号	int	否
name	学生名字	Varchar(20)	是
sex	性别	Varchar(4)	是
age	年龄	int	是
weight	体重	float	是
hight	身高	float	是

（2）系统所需要的 JavaBean。

第一个 JavaBean 类——DBConnection.Java 类，该 JavaBean 把数据库连接操作和关闭操作封装起来，在以后的数据库操作中可以直接调用这个 JavaBean 的方法。

该 JavaBean 应该包含的方法如下。

① 数据库的连接，获得一个连接对象的方法：

```
Connection getDBconnection();
```

② 当数据库操作完成后，关闭连接并释放资源的方法：

```
void closeDB(Connection con,PreparedStatement pstm, ResultSet rs);
```

第 2 个 JavaBean——DbUtil.Java 类，这个 JavaBean 是对数据库表的操作的封装，由于对数据表的操作可以分为两类，查询操作和更新操作，所以需要两个方法：

① 数据库记录的添加、修改、删除方法：int updateSQL(String sql)。

② 数据库记录的查询方法：ResultSet QuerySQL(String sql)。

> 🕮 提示：该查询方法中，查询 SQL 语句作为方法的形参，同时由于返回值是 ResultSet 类型，所以，该方法不能在结束时关闭连接和有关的资源，只有在调用该方法后，再调用关闭数据库连接方法。这样设计不好，将在 DAO 设计模式中给出修改。

（3）系统所需要的 Servlet。

在该系统中，Servlet 的具体功能是接受请求数据，并将所接受的请求数据转发给 JavaBean 模型，形成 JavaBean 对象，由 JavaBean 对象调用方法，完成业务逻辑处理，获取数据处理结果，同时转向到 JSP 页面或其他 Servlet。

该系统需要的 Servlet：

- 添加记录的 insert_Servlet.java。
- 修改记录的 update_Servlet.java。
- 删除记录的 delete_Servlet。
- 有条件查询记录的 query_Servlet.java。
- 列出全部记录的 find_Servlet.java。

3. 系统功能模块划分以及每个模块的工作流程

该系统可划分为 5 个功能模块：学生信息新建模块、学生信息按条件查询模块、列出全部记录模块、学生信息修改模块，学生信息删除模块。

（1）列出全部学生模块及工作流程。该功能模块以表格的形式，将目前数据库中的信息全部显示，以程序 find_stu_all.jsp 作为该模块的入口。其工作流程如图 7-8 所示。

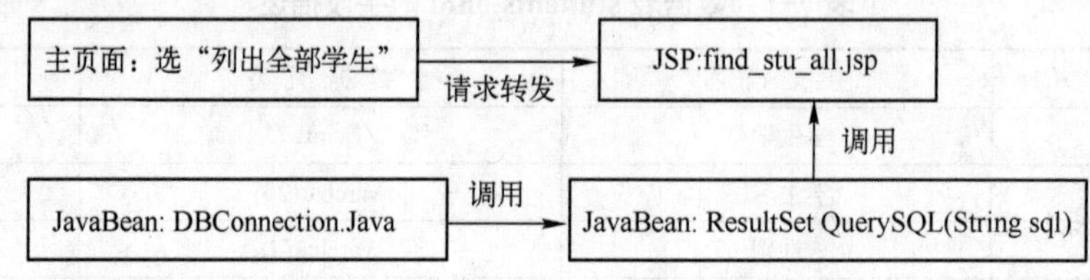

图 7-8　列出全部学生模块的工作流程

📖 *提示：该模块设计没有使用 Servlet，其原因是在数据库操作 JavaBean 中的方法 ResultSet QuerySQL(String sql)，无法将查询结果请求转发给显示结果的 JSP 页面。*

（2）按条件查询学生模块。该功能模块是要根据使用者提交的查询条件，完成查询并显示所查询的结果，为了便于用户的操作，系统应该有对输入“空数据”的处理能力，以程序 find_stu_tijiao.jsp 作为该模块的入口。其工作流程如图 7-9 所示。

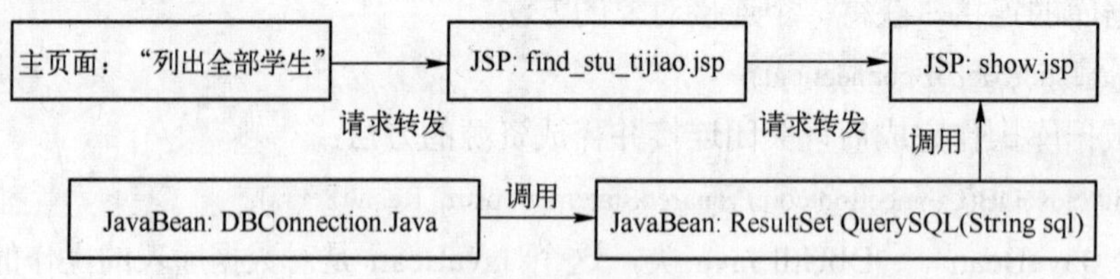

图 7-9　按条件查询学生模块的工作流程

（3）新添加学生模块。该功能模块是向数据库中添加一个新的学生信息，以程序 insert_stu__tijiao.jsp 作为该模块的入口。其工作流程如图 7-10 所示。

（4）按条件删除学生模块。该功能模块根据用户所提供的删除条件，将满足条件的学生从数据库中删除，以程序 delete_stu_tijiao.jsp 作为该模块的入口。其工作流程如图 7-11 所示。

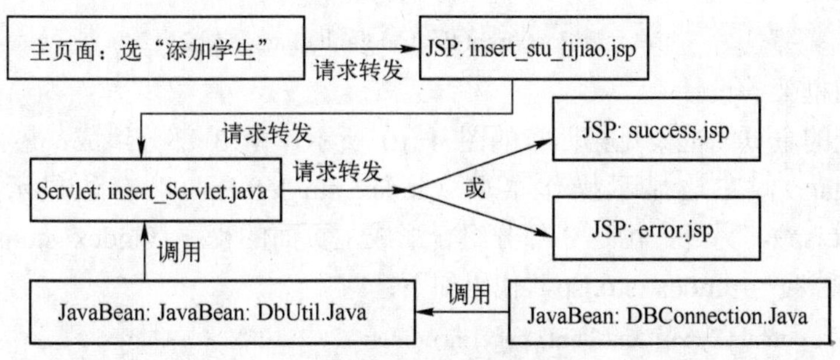

图 7-10　添加学生模块的工作流程

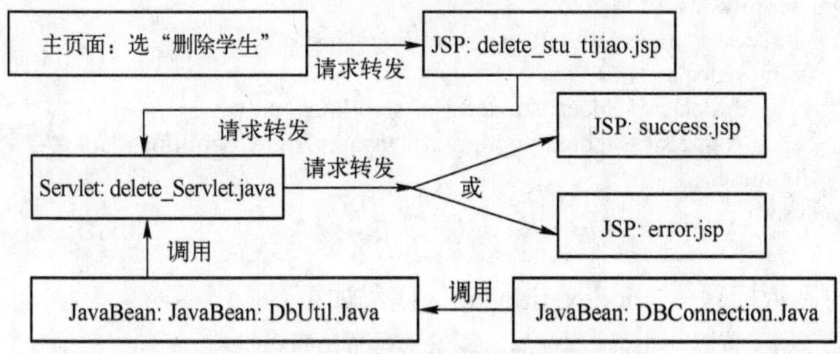

图 7-11　删除学生模块的工作流程

（5）按条件修改学生模块。该功能模块根据用户所需要的条件，从数据库中查询到满足条件的学生，并修改其相应的信息，然后重写数据库，以程序 update_stu_tijiao.jsp 作为该模块的入口。其工作流程如图 7-12 所示。

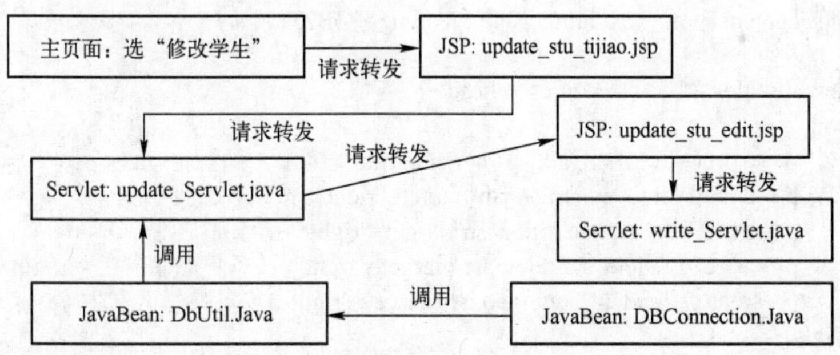

图 7-12　修改学生模块的工作流程

4．系统所需要的 JSP 页面

系统所需要的网页与本教材 4.3 节的案例是一样，这里只列出各 JSP 页面名称及用途，详细设计内容请参考 4.3 节。

5．系统实现

（1）数据库 students 和数据表 students_info 的创建。

数据库 students 创建的 SQL 语句为：

```
create database students default charset=gb2312;
```

创建表 students_info 的 SQL 语句如下：

```
create table students_info (id int,name varchar(20),sex varchar(5),age int,
```

```
weight float,hight float,)default charset=gb2312;
```

（2）主页面框架的设计

该应用系统的主页面框架见第四章的图 4-10 所示，由 3 部分组成：最上方显示标题部分（index_title.jap），左边显示操作菜单（index_stu_left.jsp），右边显示运行界面部分（index_ stu_right.jsp），另外，由这 3 部分组合形成主页面的程序（index_stu.jsp）。

① 主页面框架——index_stu.jsp，代码如下：

```
<%@page contentType="text/html" pageEncoding="GB2312"%>
<html>
    <head> <title>学生身体体质信息管理系统</title> </head>
    <frameset rows="80,*">
        <frame src="index_stu_title.jsp" scrolling="no">
        <frameset cols="140,*">
            <frame src="index_stu_left.jsp" scrolling="no">
            <frame src="index_stu_right.jsp" name="right" scrolling="auto">
        </frameset>
    </frameset>
</html>
```

② 最上方的显示标题——index_title.jap，代码如下：

```
<%@page contentType="text/html" pageEncoding="GB2312"%>
<html>
    <head>  <title>页面标题</title>   </head>
    <body> <center> <h1>学生身体体质信息管理系统</h1> </center> </body>
</html>
```

③ 左边显示操作菜单——index_stu_left.jsp，代码如下：

```
<%@page contentType="text/html" pageEncoding="GB2312"%>
<html>
    <head> <title>菜单页面</title> </head>
    <body>
        <p><a href="find_stu_all.jsp" target="right">列出全部学生</a></p>
        <p><a href="find_stu_tijiao.jsp" target="right">按条件查询学生</a></p>
        <p><a href="insert_stu_tijiao.jsp" target="right">新添加学生</a></p>
        <p><a href="delete_stu_tijiao.jsp" target="right">按条件删除学生</a></p>
        <p> <a href="update_stu_tijiao.jsp" target="right">按条件修改学生</a> </p>
    </body>
</html>
```

④ 右边显示运行界面——index_stu_right.jsp，代码如下：

```
<%@page contentType="text/html" pageEncoding="GB2312"%>
<html>
    <head> <title>信息显示页面</title> </head>
</html>
```

（3）对数据库操作是否成功提示信息的公共页面的实现

Servlet 控制跳转的成功页面（success.jsp）或失败页面(error.jsp)，这两个页面是在本系统中所有的 Servlet 都使用的公共页面。

页面 success.jsp 代码如下：

```
<%@ page language="java"   pageEncoding="GB2312"%>
<html>
```

```
  <head> <title>成功页面</title> </head>
  <body> 数据库操作陈功！<br> </body>
</html>
```

页面 error.jsp 代码如下：

```
<%@ page language="java"  pageEncoding="GB2312"%>
<html>
  <head> <title>出错页面</title> </head>
  <body> 数据库操作失败！<br> </body>
</html>
```

（4）公共模块的实现（JavaBean 的设计）。

① 数据库连接 JavaBean 类——DBConnection.Java，其代码如下：

```
package model_Db;
import java.sql.*;
public class DBConnection {
        private static String driverName = "com.mysql.jdbc.Driver"; //驱动程序名
        private static String userName = "root";                    //数据库用户名
        private static String userPwd = "123456";                   //密码
        private static String dbName = "students";                  //数据库名
        public static Connection getDBconnection(){
            String  url1="jdbc:mysql://localhost/"+dbName;
            String  url2 ="?user="+userName+"&password="+userPwd;
            String  url3="&useUnicode=true&characterEncoding=GB2312";
            String  url =url1+url2+url3;
            try {
                Class.forName(driverName);
                Connection con=DriverManager.getConnection(url);
                return con;
            }catch (Exception e) { e.printStackTrace(); }
            return null;
        }
        public static void closeDB(Connection con,PreparedStatement pstm, ResultSet rs){
            try {if(rs!=null) rs.close();
                if(pstm!=null) pstm.close();
                if(con!=null) con.close();
            }catch (SQLException e) {e.printStackTrace();}
        }
}
```

② 设计对数据库操作封装 JavaBean 类——DbUtil.Java，其代码如下：

```
package model_Db;
import java.sql.*;
public class DbUtil{
      private Connection con=null;
      private PreparedStatement pstm=null;
      private ResultSet rs=null;
     //设计对数据库记录变更的方法，其中查询 SQL 语句作为方法的形参
     public int updateSQL(String sql){
          int n=-1;
          try {
              con=DBConnection.getDBconnection();
              pstm=con.prepareStatement(sql);
```

```
                n=pstm.executeUpdate();
            } catch (SQLException e) {e.printStackTrace();}
            DBConnection.closeDB(con, pstm,rs);
            return n;
        }
        public ResultSet QuerySQL(String sql){
            try {
                con=DBConnection.getDBconnection();
                pstm=con.prepareStatement(sql);
                rs=pstm.executeQuery();
                return rs;
              } catch (SQLException e) {e.printStackTrace();}
              return null;
        }
}
```

（5）插入模块的实现。

① 添加信息提交页面（insert_stu_tijiao.jsp），其代码如下：

```
<%@page contentType="text/html" pageEncoding="GB2312"%>
<html>
    <head>  <title>添加信息提交页面</title>  </head>
    <body>
        <form action= "insert"  method="post">
        <table border="0" width="238" height="252">
            <tr> <td>学号</td> <td><input type="text" name="id"></td> </tr>
            <tr> <td>姓名</td> <td><input type="text" name="name"></td> </tr>
            <tr> <td>性别</td> <td><input type="text" name="sex" ></td> </tr>
            <tr> <td>年龄</td> <td><input type="text" name="age"></td> </tr>
            <tr> <td>体重</td> <td><input type="text" name="weight"></td> </tr>
            <tr> <td>身高</td> <td><input type="text" name="hight"></td> </tr>
            <tr align="center">
                <td colspan="2">
                    <input  type="submit" value="添  加">
                        
                    <input  type="reset" value="取  消">
                </td>
            </tr>
        </table>
        </form>
    </body>
</html>
```

② 接受提交信息，实现数据添加的业务处理 Servlet(insert.java)，其代码如下：

```
package Controller_Servlet;
import java.io.IOException;
import javax.servlet.ServletException;
import javax.servlet.http.HttpServlet;
import javax.servlet.http.HttpServletRequest;
import javax.servlet.http.HttpServletResponse;
import model_DbUtil;
public class Insert extends HttpServlet {
    public void doGet(HttpServletRequest request, HttpServletResponse response)
```

```java
                    throws ServletException, IOException {
            request.setCharacterEncoding("GB2312");//设置字符编码，避免出现乱码
            int id=Integer.parseInt(request.getParameter("id"));
            String name=request.getParameter("name");
            String sex=request.getParameter("sex");
            int age=Integer.parseInt(request.getParameter("age"));
            float weight=Float.parseFloat(request.getParameter("weight"));
            float hight=Float.parseFloat(request.getParameter("hight"));
            String sql1="Insert into stu_info(id,name,sex,age,weight,hight) ";
            String sql2="values("+id+",'"+name+"','"+sex+"',"+age+","+weight+","+hight+")";
            String sql=sql1+sql2;
            DbUtil run=new DbUtil();
            int n=run.updateSQL(sql);
            if(n>=1)
                request.getRequestDispatcher("success.jsp").forward(request,response);
            else
                request.getRequestDispatcher("error.jsp").forward(request,response);
        }
        public void doPost(HttpServletRequest request, HttpServletResponse response)
                    throws ServletException, IOException {
            doGet(request, response);
        }
    }
```

③ 当建立完成该 Servlet 后，应修改配置文件，添加该 Servlet 的配置信息（一般在建立 Servlet 时，由系统自动添加）。其修改的代码如下：

```xml
    <servlet>
        <servlet-name>insert</servlet-name>
        <servlet-class>Controller_Servlet.insert</servlet-class>
    </servlet>
    <servlet-mapping>
        <servlet-name>insert</servlet-name>
        <url-pattern>/insert</url-pattern>
    </servlet-mapping>
```

（6）其他模块的实现。

对于查询模块、修改模块、删除模块，可以参照“添加模块”处理方式，给出它们的设计与实现。

6．问题与思考

在设计数据库操作 JavaBean 时，即所设计的类对数据库操作封装 JavaBean 类 DbUtil，其中的两个方法：

（1）public int updateSQL(String sql)。该方法是对数据库记录变更的方法，其中以变更数据库操作的 SQL 语句字符串作为参数。

（2）public ResultSet QuerySQL(String sql)。

该方法是查询方法，其中以查询 SQL 语句字符串作为方法的形参，并且该方法返回的是 ResultSet 类型的结果集，且在该方法中无法关闭数据库连接释放有关资源。显然，这样设计的业务逻辑处理 JavaBean 是不规范的。

在面向对象程序设计中，所处理的信息都是以“对象”为处理信息的，但在该案例中，

所使用的参数是关系型数据库的 SQL 语句，且返回的查询结果也是关系型数据结构，为了解决这个问题，提出了 DAO 设计模式。

7.5 JSP+Servlet+JavaBean+DAO 开发模式

前面介绍的数据库操作中，大都是直接利用 SQL 语句，即利用关系数据库实现数据库的操作。对于 Java 语言或 JSP，在实现数据库操作时，可以采用将数据库表和普通的 Java 类映射，将数据表转换为类（对象），然后利用对象实现对数据库的操作。DAO 模式就实现了把数据库表的操作转化成对 Java 类的操作，从而提高程序的可读性，并实现更改数据库的方便性。

7.5.1 DAO 模式与数据库访问架构

DAO 模式是进行 Java 数据库开发的最基本的设计模式，就是把对数据库表的操作转化为对 Java 类的操作。

DAO 模式多与 JDBC、SQL、Hibernate 等数据库应用技术结合在一起使用，其架构图如图 7-13 所示。

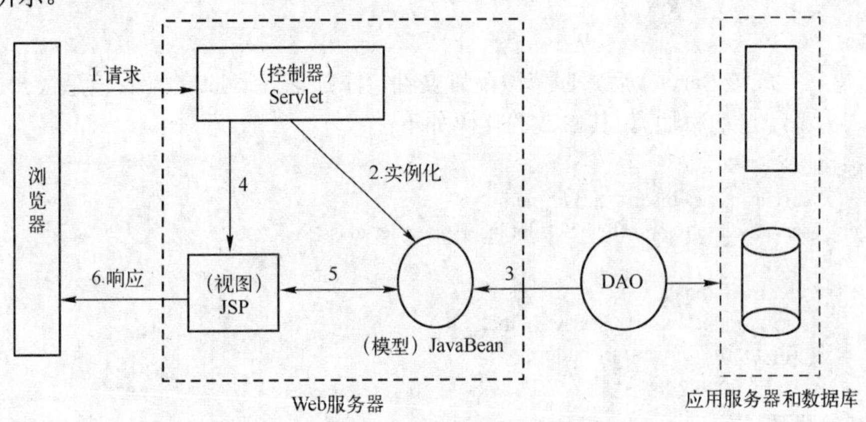

图 7-13 JSP+Servlet+JavaBean+DAO 编程模式

在系统设计中，采用 DAO 模式的主要优点如下：

（1）抽象出数据访问方式（增删改查等），在访问数据源（数据库）时，完全感觉不到数据源（数据库）的存在。

（2）将数据访问集中在独立的一层，所有数据访问都由 DAO 代理，从而将数据访问的实现与系统的其余部分剥离。

7.5.2 JSP+Servlet+JavaBean+DAO 案例——学生体质信息管理

采用 DAO 开发数据库应用程序关键是建立数据库表与 Java 类的对应，即建立一个对应与数据库表结构的 JavaBean。一般需要进行如下的步骤：

（1）根据数据库中的数据表结构，分别定义有关的数据 JavaBean。

（2）数据访问逻辑使用 DAO 模块提供服务，为了使得任何需要访问数据库中数据的逻辑操作都可以以统一的方式使用 DAO 的对象，一般需要设计数据访问逻辑处理的接口。

（3）根据业务处理要求，设计业务逻辑处理类（可能有多个 JavaBean）。

（4）调用有关对象的操作方法，完成所需要的功能。

【例 7-11】 采用 JSP＋Servlet＋JavaBean+DAO+JDBC+MySQL 技术开发设计学生体质信息管理系统。

【分析】 在例 7-10 中已经给出了系统较详细的需求分析和功能划分，从图 7-15 可以看出，采用 DAO 模式设计系统主要实现 JavaBean 与 DAO 之间的数据传递和交换，其他与例 7-10 一样，所以这里重点给出对 JavaBean 的修改以及 Javabean 是如何与 DAO 交换数据，以及 DAO 与数据库之间的关系。

【设计】 该系统需要设计以下有关的组件，主要是设计 3 个大类和一个接口。

（1）描述学生信息的数据类：Students 类。

（2）数据库连接和关闭的工具：JavaBean 类。

（3）实现数据库访问和业务逻辑的结合体 DAO 类：StudentDAO 类，该 DAO 类的实例对象应负责处理数据库记录的基本操作（创建、读取、更新、删除），即完成对 CRUD 操作的封装。

（4）实现业务逻辑处理的接口：IStudentDAO。

（5）实现数据信息提交、查询、修改、删除等有关操作的 JSP 网页。

各类、接口、JSP 网页之间的关系如图 7-14 所示，下面主要给出 JavaBean 的设计与实现。

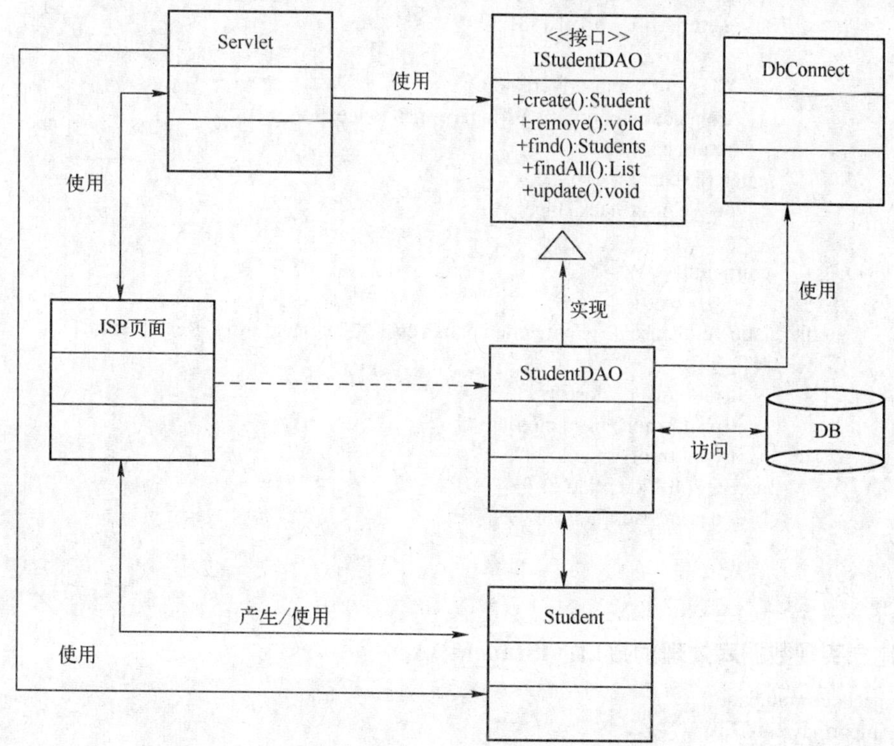

图 7-14　例 7-11 各组件之间的关系

【实现】

1．建立对应数据库表结构的 JavaBean——学生类 Student

注意，该类的建立是根据数据库表 stu_info 的数据表结构建立的。

```
public class Student {
        private int id;
        private String name;
        private String sex;
        private int age;
        private float weight;
        private float hight;
        //这里省略了 get、set 方法。
}
```

2. 数据库连接与关闭释放资源工具 JavaBean 类的设计

```
package com.db;
import java.sql.*;
public class DbConnect {
        private static String driverName = "com.mysql.jdbc.Driver";        //驱动程序名
        private static String userName = "root";                           //数据库用户名
        private static String userPwd = "123456";                          //密码
        private static String dbName = "students";                         //数据库名
        public static Connection getDBconnection(){
                String  url1="jdbc:mysql://localhost/"+dbName;
                String  url2 ="?user="+userName+"&password="+userPwd;
                String  url3="&useUnicode=true&characterEncoding=GB2312";
                String  url =url1+url2+url3;
                try{
                        Class.forName(driverName);
                        Connection con=DriverManager.getConnection(url);
                        return con;
                }catch (Exception e) {
                                e.printStackTrace();
                }
                return null;
        }
        public static void closeDB(Connection con,PreparedStatement pstm, ResultSet rs){
                try{
                        if(rs!=null) rs.close();
                        if(pstm!=null) pstm.close();
                        if(con!=null) con.close();
                }catch (SQLException e) {
                        e.printStackTrace();
                }
        }
}
```

3. 建立实现数据库处理的接口：IStudentDAO

```
package com.dao;
import java.util.List;
import com.domain.Student;
public interface IStudentDAO {
        public abstract Student create(Student stu) throws Exception;      //添加记录的方法
        public abstract void remove(Student stu) throws Exception;         //删除记录的方法
        public abstract Student find(Student stu) throws Exception;        //查询记录的方法
        public abstract List<Student> findAll() throws Exception;          //列出全部记录的方法
        public abstract void update(Student stu) throws Exception;         //修改记录的方法
```

```
}
```

4．对接口 IStudentDAO 的实现及其访问逻辑处理类 StudentDAO 类

```
package com.dao;
import java.sql.*;
import java.util.ArrayList;
import java.util.List;
import com.db.DbConnect;
import com.domain.Student;
public class StudentDAO implements IStudentDAO {
    protected static final String FIELDS_INSERT ="id,name,sex,age,weight,hight";
    protected static String INSERT_SQL="insert into stu_info ("
                                    +FIELDS_INSERT+")"+"values (?,?,?,?,?,?)";
    protected static String SELECT_SQL="select "
                                    +FIELDS_INSERT+" from stu_info where id=?";
    protected static String UPDATE_SQL="update stu_info set "
                              +"id=?,name=?,sex=?,age=?,weight=?,hight=? where id=?";
    protected static String DELETE_SQL ="delete from stu_info where id=?";
 //实现向数据库中添加记录的方法
    public Student create(Student stu) throws Exception{
            Connection con=null;
            PreparedStatement prepStmt=null;
            ResultSet rs=null;
            try{
             con=DbConnect.getDBconnection();
             prepStmt =con.prepareStatement(INSERT_SQL);
             prepStmt.setInt(1,stu.getId());
             prepStmt.setString(2,stu.getName());
             prepStmt.setString(3,stu.getSex());
             prepStmt.setInt(4,stu.getAge());
             prepStmt.setFloat(5,stu.getWeight());
             prepStmt.setFloat(6,stu.getHight());
                 prepStmt.executeUpdate();
            } catch(Exception e){
            } finally{
                DbConnect.closeDB(con, prepStmt, rs);
            }
           return stu;
    }
//实现查询数据库中对指定的记录是否存在的方法
    public Student find(Student stu) throws Exception {
          Connection con=null;
          PreparedStatement prepStmt=null;
          ResultSet rs=null;
          Student stu2 = null;
          try {
              con=DbConnect.getDBconnection();
              prepStmt = con.prepareStatement(SELECT_SQL);
              prepStmt.setInt(1,stu.getId());
              rs = prepStmt.executeQuery();
              if (rs.next()){
                   stu2 = new Student();
                   stu2.setId(rs.getInt(1));
```

```
                stu2.setName(rs.getString(2));
                stu.setSex(rs.getString(3));
                stu2.setAge(rs.getInt(4));
                stu2.setWeight(rs.getFloat(5));
                stu2.setHight(rs.getFloat(6));
            }
        } catch (Exception e) {
            // handle exception
        } finally {
            DbConnect.closeDB(con, prepStmt, rs);
        }
        return stu2;
    }
    //实现列出数据库全部记录的方法
    public List<Student> findAll() throws Exception {
        Connection con=null;
        PreparedStatement prepStmt=null;
        ResultSet rs=null;
        List<Student> student = new ArrayList<Student>();
        con=DbConnect.getDBconnection();
        prepStmt = con.prepareStatement("select * from stu_info");
        rs = prepStmt.executeQuery();
        while(rs.next()) {
            Student stu2 = new Student();
            stu2.setId(rs.getInt(1));
            stu2.setName(rs.getString(2));
            stu2.setSex(rs.getString(3));
            stu2.setAge(rs.getInt(4));
            stu2.setWeight(rs.getFloat(5));
            stu2.setHight(rs.getFloat(6));
            student.add(stu2);
        }
        DbConnect.closeDB(con, prepStmt, rs);
        return student;
    }
    //实现删除数据库中指定的记录方法
    public void remove(Student stu) throws Exception {
        Connection con=null;
        PreparedStatement prepStmt=null;
        ResultSet rs=null;
        try {
            con=DbConnect.getDBconnection();
            prepStmt = con.prepareStatement(DELETE_SQL);
                prepStmt.setInt(1,stu.getId());
                prepStmt.executeUpdate();
        }catch(Exception e) {
                //
        } finally{
            DbConnect.closeDB(con, prepStmt, rs);
        }
    }
    //实现用指定的对象修改数据库中记录的方法
    public void update(Student stu) throws Exception {
```

```
                Connection con=null;
                PreparedStatement prepStmt=null;
                ResultSet rs=null;
                try {
                 con=DbConnect.getDBconnection();
                 prepStmt = con.prepareStatement(UPDATE_SQL);
                 prepStmt.setInt(1,stu.getId());
                 prepStmt.setString(2,stu.getName());
                 prepStmt.setString(3,stu.getSex());
                 prepStmt.setInt(4,stu.getAge());
                 prepStmt.setFloat(5,stu.getWeight());
                 prepStmt.setFloat(6,stu.getHight());
                 prepStmt.setInt(7,stu.getId());
                 int rowCount=prepStmt.executeUpdate();
                     if (rowCount == 0) {
                             throw new Exception("Update Error:Student Id:" + stu.getId());
                     }
                } catch (Exception e) {
                         // handle exception
                } finally {
                     DbConnect.closeDB(con, prepStmt, rs);
                }
        }
    }
```

控制逻辑的 Servlet 与 JSP 页面的设计与例 7-10 一样，这里省略了，具体内容见例 7-10 所给出的页面设计和 Servlet 设计。读者可以将两者整理，形成一个完整的基于 JSP＋Servlet ＋JavaBean+DAO+JDBC+MySQL 技术开发的学生体质信息管理系统。

本章小结

本章是对本书前 6 章的综合应用，在本章主要介绍了 Web 开发中常用的开发模式，以及它们各自的特点和编程方法，主要的编程模式有：

（1）单纯的 JSP 页面编程模式。

（2）JSP+JavaBean 编程模式。

（3）JSP+Servlet 编程模式。

（4）JSP+Servlet+JavaBean 编程模式。

（5）DAO 设计模式与数据库访问。

通过案例分别给出不同的开发模式的设计思想及实现方法，特别是对第 4 章已经介绍的“学生身体体质信息管理系统的开发”分别采用 JSP+Servlet+JavaBean 开发模式、DAO 设计模式重新给出了开发与设计方法。

习题

1．设计任意两个复数实现四则运算（复数加法、减法、乘法、除法）的 Web 程序。要求采用如下的设计模式：

（1）JavaBean+JSP。

（2）JavaBean+Servlet+JSP。

2．设计实现一个图书管理系统。图书信息存放到一个数据库中，图书包含信息：图书号、图书名、作者、价格、备注字段。

要求：基于 JSP+Servlet+JavaBean+JDBC+DAO 的 Web 架构设计该系统，进一步了解并掌握如何对数据库进行操作，以及如何分析、设计一个应用系统。

系统要实现如下的基本管理功能。

（1）用户分为两类：系统管理员，一般用户。

（2）提供用户注册和用户登录验证功能，其中一个登录用户的信息有：登录用户名、登录密码。

（3）管理员可以实现对注册用户的管理（删除），并实现对图书的创建、查询、修改和删除等有关操作。

（4）一般用户只能查询图书，并进行借书、还书操作，每个用户最多借阅 8 本，即当目前借书已经是 8 本，则不能再借书了，只有还书后，才可以再借阅。

第 8 章　EL、JSTL 和 Ajax 技术

在 Web 应用程序中，视图层的设计技术有多种，除 HTML、JSP，还有 JSTL（JSP 标准标签库）、EL（表达式语言）、Ajax 技术等，本章介绍 EL、JST 和 Ajax 技术以及这些技术的应用。

（1）EL（Expression Language）是表达式语言，目前已成为标准规范之一。

（2）JSTL（JSP Standard Tag Library）是开源的 JSP 标准标签库，已被广泛使用。

（3）Ajax（Asynchronous JavaScript and XML）是运用 JavaScript 和可扩展语言（XML）实现浏览器与服务器通信的一种技术。

8.1　表达式语言 EL

JSP 页面中输出动态信息有以下 3 种方法。

（1）JSP 内置对象 out：例如，<% out.print("要输出的信息"); %>。

（2）JSP 表达式：例如，<%=new java.util.Date()%>。

（3）表达式语言：例如，${user.name}。

前两种方法在第 4 章中已经介绍，本节介绍第 3 种方法。

8.1.1　EL 语法

1．EL 的语法形式

所有的 EL 都是以“${”开始，以“}”结尾的，语法格式：

```
${expression}
```

功能：在页面上显示表达式 expression 的值。即获取范围变量（Scoped Variables）的值，所谓范围变量就是使用 setAttribute()方法存到 page、request、session、application 4 种范围内的对象。

例如，将对象 user1 以属性 user 存放在 session 范围内：

```
User user1=new User();                     //创建对象实例 user1
session.setAttribute("user",user1);        //将对象实例 user1 以属性 user 保存到 session 内
```

为了取得存到 session 范围内的属性名 user 的属性值，通常的代码如下：

```
User user1=(User)session.getAttribute("user");
out.print(user1.getName()); //输出对象 user1 的属性 name 值。
```

而用 EL，可简写为：

```
${sessionScope.user.name}  或  ${user.name}
```

其中，sessionScope 是 EL 中表示作用范围的内置对象，代表 session 范围，即在 session 中寻找 user.name。若不指定范围，则依次在 page、request、session、application 范围中查找。

若中途找到 user.name，就返回其值，不再继续找。但若在全部范围内没有找到，就返回 null。

在 Web 程序设计中，对 JSP 页面常利用 EL 代替脚本代码显示输出内容。

EL 表达式是由 EL 的有关的运算符构成的式子，其运算符主要有存取数据运算符以及表达式求值运算符。

2．存取运算符

在 EL 中，对数据值的存取是通过“[]”或“.”实现的。其格式为：

```
${name.property}    或  ${name["property"]}   或   ${name[property]}
```

说明：

(1)“[]”主要用来访问数组、列表或其他集合对象的属性。

(2)“.”主要用于访问对象的属性。

(3)“[]”和“.”在访问对象属性时可通用，但也有如下区别。

- 当存取的属性名包含特殊字符（如 . 或 - 等非字母和数字符号）时，就必须使用“[]”运算符。
- “[]”中可以是变量，“.”后只能是常量，如${user[data]}、${user.data}、${ user ["data"]}中，后两个是等价的。

3．EL 运算符

EL 支持的运算符和 Java 语言运算符类似，主要有算术运算符、关系运算符、逻辑运算符等，如表 8-1 所示。

表 8-1　EL 中的运算符

类　别	运 算 符	说　明	类　别	运 算 符	说　明
算术运算符	+	加	关系运算符	<（或 lt）	小于
	−	减(或负号)		>（或 gt）	大于
	*	乘		<=（或 le）	小于等于
	/（或 div）	除		>=（或 ge）	大于等于
	%（或 mod）	取余		==（或 eq）	等于
逻辑运算符	&&（或 and）	与		!=（或 ne）	不等于
	‖（或 or）	或	特殊运算符	x?y:z	条件运算符
	!（或 not）	非		Empty	判定是否为空

EL 提供自动类型转换功能，能够照一定规则将操作数或结果转换成指定的类型，表 8-2 列举的是自动类型转换的实例。

表 8-2　EL 的自动类型转换

EL 表达式	结　果	说　明
${true}${false}	truefalse	boolean 转 String
${null}		null 转 String
${null + 0}	0	null 转 Number
${"123.45" + 0}	123.45	字符串转 Number
${"12E3" + 0.0}	12000.0	字符串转 Number

4．应用示例

（1）求值运算符的应用

利用 EL 表达式，可以实现有关的计算，获取并显示结果值。例 8-1 给出常用运算符的应用。

说明	EL 表达式	运算结果
加	${1 + 2}	3
减	${-4 - 2}	-6
除	${3 div 4}	0.75
取余	${10%4}	2
条件求值	${(1==2) ? 3 : 4}	4
数字-大于	${1 gt 2}	false
字符-不等于	${'abe' ne 'ade'}	true
与	${true and true}	true
或	${true || false}	true
空判断	${not true}	false
空判断	${empty "2008"}	false
空判断	${empty null}	true

图 8-1　例 8-1 的运算示例

【例 8-1】 创建文件 arithmetic.jsp，在页面内计算并显示计算结果，运行界面如图 8-1 所示。

📖 提示：若在某行程序处禁止解析表达式语言，可使用转义字符，即在“$”和“{}”之前加“\”。图 8-1 中的第 2 列就使用了禁止解析表达式，注意与第 3 列的输出区别。

文件 arithmetic.jsp 代码如下：

```
<%@ page language="java" import="java.util.*" pageEncoding="UTF-8"%>
<html>
  <head> <title>EL 表达式语言运算</title> </head>
  <body>
    <center>
      <h2>EL 表达式语言运算</h2><hr/>
      <table border="1">
        <tr><th><b>说明</b></th><th><b>EL  表达式</b></th>
                        <th><b>运算结果</b></th></tr>
        <tr><td>加</td><td>\${1 + 2}</td><td>${1 + 2}</td></tr>
        <tr><td>减</td><td>\${-4 - 2}</td><td>${-4 - 2}</td></tr>
        <tr><td>除</td><td>\${3 div 4}</td><td>${3 div 4}</td></tr>
        <tr><td>取余</td><td>\${10%4}</td><td>${10%4}</td></tr>
        <tr><td>条件求值</td><td>\${(1==2) ? 3 : 4}</td><td>${(1==2) ? 3 : 4}</td></tr>
        <tr><td>数字-大于</td><td>${'${'}1 gt 2}</td><td>${1 gt 2}</td></tr>
        <tr><td>字符-不等于</td><td>${'${'}'abe' ne 'ade'}</td>
            <td>${'abe' ne 'ade'}</td></tr>
```

```
            <tr><td>与</td><td>${'${'}true and true}</td><td>${true and true}</td></tr>
            <tr><td>或</td><td>${'${'}true || false}</td><td>${true || false}</td></tr>
            <tr><td>空判断</td><td>${'${'}not true}</td><td>${not true}</td></tr>
            <tr><td>空判断</td><td>\${empty "2008"}</td><td>${empty "2008"}</td></tr>
            <tr><td>空判断</td><td>\${empty null}</td><td>${empty null} </td></tr>
          </table>
      </center>
      </body>
</html>
```

（2）访问集合中的元素

访问集合中的元素的基本访问格式：${name[index]}。

若 name 是一般数组或集合，则 index 为下标；若 name 是 Map 接口的集合类型，index 代表对应的键值。例如，${sqlcmd["select"]}，则返回 sqlcmd 里的 select 对应的数据值。例 8-2 给出 EL 存放运算符访问集合元素的使用方法。

【例 8-2】 设计 collections.jsp 页面，首先在该页面中创建集合对象并保存在 request 对象内，然后在同一 JSP 页面内，利用 EL 表达式获取其值并显示。

页面 collections.jsp 代码如下：

```
<%@ page language="java" import="java.util.*" pageEncoding="UTF-8"%>
<html>
  <head><title>访问集合中的元素</title></head>
  <body>
   <% String[] firstNames = {"龙","萍","杨"};   //定义数组
     ArrayList<String> lastNames = new ArrayList<String>();   //定义 List
     lastNames.add("陈"); lastNames.add("邓"); lastNames.add("于");
     HashMap<String,String> roleNames = new HashMap<String,String>(); //定义 Map
     roleNames.put("volunteer","志愿者");
     roleNames.put("missionary","工作人员");
     roleNames.put("athlete", "运动员");
     //使用 request 对象保留上面的定义
     request.setAttribute("first",firstNames);
     request.setAttribute("last",lastNames);
     request.setAttribute("role",roleNames);
   %>
     <h2>EL 访问集合</h2>
     <ul>
         <li>${last[0]}${first[0]}:${role["volunteer"]}
         <li>${last[1]}${first[1]}:${role["athlete"]}
         <li>${last[2]}${first[2]}:${role["missionary"]}
    </ul>
  </body>
</html>
```

运行结果如图 8-2 所示。

8.1.2 EL 内部对象

EL 提供了 11 个可直接使用的内部对象，见表 8-3。

图 8-2　例 8-2 运行结果

表 8-3　EL 内部对象

类　别	对　象	描　述
JSP	pageContext	获取当前 JSP 页面的信息 ，可访问 JSP 的 8 个内置对象
作用域	pageScope	获取页面（page）范围的属性的值
	requestScope	获取请求（request）范围的属性的值
	sessionScope	获取会话（session）范围的属性的值
	applicationScope	获取应用（application）范围的属性的值
请求参数	param	获取单个指定请求参数的值
	paramValues	获取请求参数的所有请求参数值数组
请求头	header	获取单个指定请求头信息的值
	headerValues	获取请求头信息的所有请求头值数组
Cookie	cookie	获取 request 中的 Cookie 集
初始化参数	initParam	获取初始化参数信息

1．EL 对表单数据的访问

表单提交的信息自动以参数的形式存放到 request 作用范围内，在 EL 中，对参数信息采用 param 或 paramValues 获取值并显示。

【例 8-3】 两个 JSP 页面：form.html 和 doSubmit.jsp，form.html 是提交信息的页面，在 doSubmit.jsp 页面中通过 param 和 paramValues 对象获取 form.Html 页面提交的信息并显示。

（1）提交信息页面——form.html，其代码如下：

```
<html>
  <head>
      <title>提交信息页面</title>
      <meta http-equiv="content-type" content="text/html; charset=UTF-8">
  </head>
  <body>
     <form action="doSubmit.jsp" method="post">
        姓名 <input type="text" name="name"><br/>
        性别 <input type="text" name="sex"><br/>
        语言 <input type="text" name="lang"><br/>
        电话 <input type="text" name="regTelephone"><br/>
        邮件 <input type="text" name="email"><br/>
```

```
            简介<textarea rows="2" cols="30" name="intro"></textarea><br/><br>
            爱好：音乐<input type="checkbox" name="aihao" value="音乐"/>
                  篮球<input type="checkbox" name="aihao" value="篮球"/>
                  足球<input type="checkbox" name="aihao" value="足球"/><br/><br>
            <input type="submit" value="提交"/> <input type="reset" value="重置"/>
      </form>
   </body>
</html>
```

（2）获取表单信息并显示信息页面——doSubmit.jsp，其代码如下：

```
<%@ page language="java" import="java.util.*" pageEncoding="UTF-8"%>
<html>
   <head><title>用户注册：使用 EL 获取用户提交数据</title></head>
   <body>
      <h2>您提交的内容如下：</h2>
      <% request.setCharacterEncoding("utf-8"); %>
       姓名：${param.name}<br/>
       性别：${param.sex}<br/>
       外语：${param.lang}<br/>
       电话：${param.regTelephone}<br/>
      email：${param.email}<br/>
       个人简介：${param.intro}<br/>
       爱好：${paramValues.aihao[0]} ${paramValues.aihao[1]} ${paramValues.aihao[2]}
   </body>
</html>
```

运行结果如图 8-3 所示。

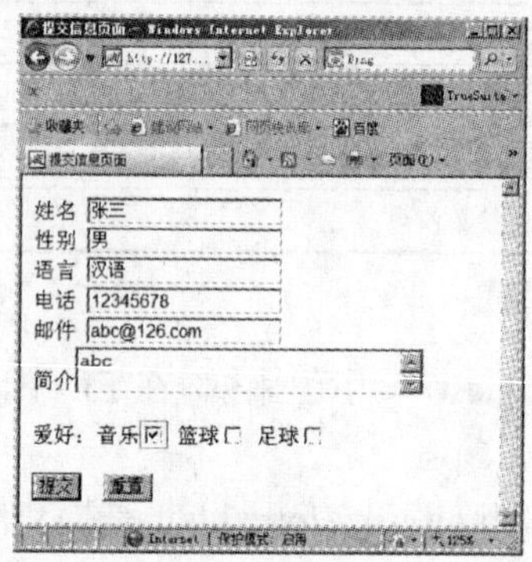

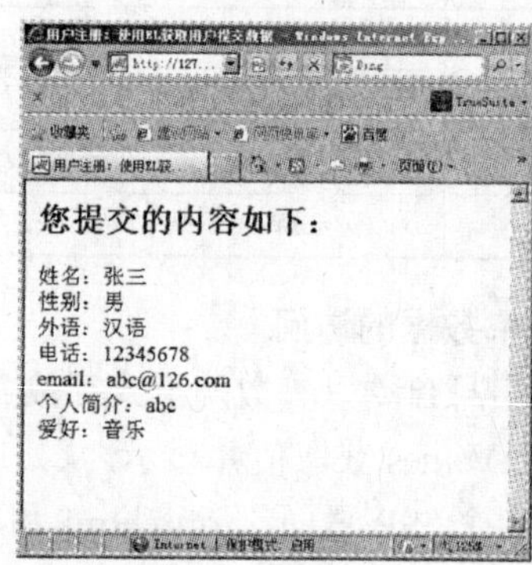

图 8-3　例 8-3 运行结果

2．EL 对作用域内属性的访问

【例 8-4】 采用不同的作用域存放信息，并用 EL 表达式获取指定作用域内属性的值并显示。设计 scope.jsp，在该页面内使用同一个属性名 a，将不同的值保存到不同的作用域内，再分别从作用域内获取该属性的值并显示。

页面 scope.jsp 的代码如下：

```
<%@ page language="java" import="java.util.*" pageEncoding="UTF-8"%>
<html>
   <head><title>EL 对作用域内属性的访问</title></head>
   <body>
    <% pageContext.setAttribute("a","page");
```

```
            request.setAttribute("a","request");
            session.setAttribute("a","session");
            application.setAttribute("a","application"); %>
        页面范围 a 值：${pageScope.a }<br/>
        请求范围 a 值：${requestScope.a }<br/>
        会话范围 a 值：${sessionScope.a }<br/>
        应用范围 a 值：${applicationScope.a }<br/>
        不加范围 a 值：${a }<br/>
    </body>
</html>
```

运行结果如图 8-4 所示。

3．EL 对 Web 工程初始参数的访问

initParam 对象用来访问 Servelt 上下文的初始参数，该参数在 web.xml 中设置：

```
<context-param>
    <param-name>paraName</param-name>
    <param-value>paraValue</param-value>
</context-param>
```

【例 8-5】 假设在 web.xml 中有如下的初始化参数配置，利用 initParam 对象获取该参数值并显示。

```
<context-param>
    <param-name>book</param-name>
    <param-value>C++程序设计</param-value>
</context-param>
```

设计页面 initParam.jsp，其代码如下：

```
<%@ page language="java" import="java.util.*" pageEncoding="UTF-8"%>
<html>
  <head> <title>EL initParam 对象</title></head>
  <body>
    <b>web 应用上下文初始参数：</b><p/>
    <!--下面两行输出同样结果-->
    <%=application.getInitParameter("book")%><br/>
    ${initParam.book}<p/>
  </body>
</html>
```

运行结果如图 8-5 所示。

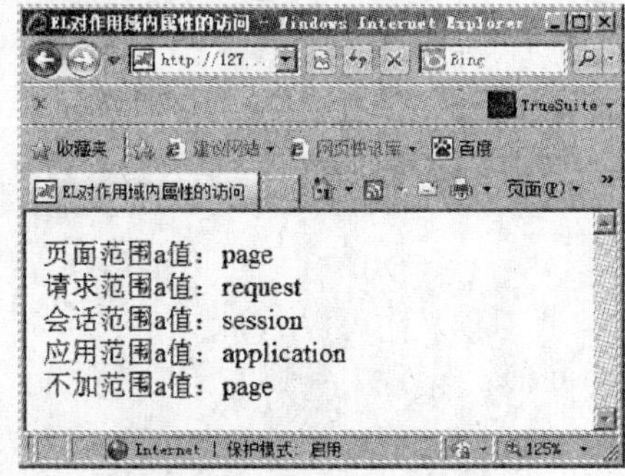

图 8-4　例 8-4 运行结果

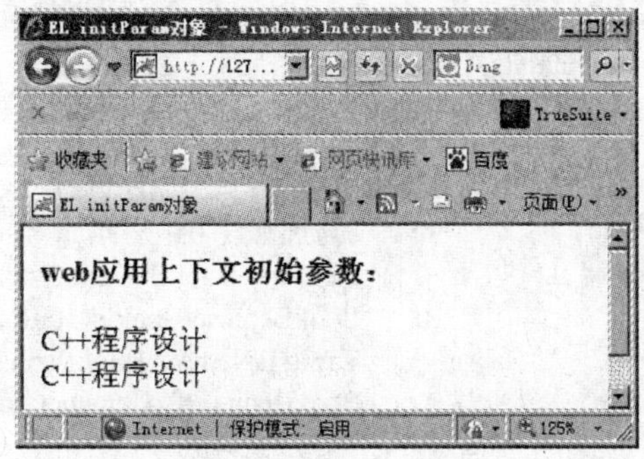

图 8-5　例 8-5 运行结果

8.1.3 EL 对 JavaBean 的访问

EL 也可以对 JavaBean 进行访问，访问 JavaBean 的属性格式为：

```
${name.property}
```

表示查找指定名称的作用域变量，并输出指定 JavaBean 的属性值。

【例 8-6】 使用 EL 访问 JavaBean 的属性。创建一个 JavaBean：BookBean.java，该 JavaBean 是对教材的描述，然后，设计 beanEL.jsp，利用 EL 获取 JavaBean 实例对象中个属性的值并显示。

（1）设计的 JavaBeran：BookBean.java，其代码如下：

```
package beans;
public class BookBean{
    private int bookid;             //书号
    private String bookname;        //书名
    private String author;          //作者
    private float price;            //价格
    private String publisher;       //出版社
    public BookBean() {
        bookid=1000;
        bookname="Java Web 开发";
        author="Mary";
        price=50;
        publisher="机械工业出版社";
    }
    public String getAuthor() {return author;}
    public void setAuthor(String author) {this.author = author;}
    public int getBookid() {return bookid;}
    public void setBookid(int bookid) {this.bookid = bookid;}
    public String getBookname() {return bookname;}
    public void setBookname(String bookname) {this.bookname = bookname;}
    public float getPrice() {return price;}
    public void setPrice(float price) {this.price = price;}
    public String getPublisher() { return publisher;}
    public void setPublisher(String publisher) {this.publisher = publisher;}
}
```

（2）设计 beanEL.jsp，其代码如下：

```
<%@ page co tentType="text/html; charset=gb2312"%>
<%@ page import="beans.BookBean"%>
<html>
    <head><title>使用 EL 访问 JavaBean 属性</title></head>
    <body>
        <jsp:useBean id="BookBean" class="beans.BookBean" scope="session"/>
        <%  //通过常规方法访问 JavaBean 的属性
            int BId = BookBean.getBookid();
            BookBean.setBookid(1002);
            String BName = BookBean.getBookname();
            BookBean.setBookname("Java Web 开发");
        %>
        <!--通过 EL 存取运算符访问 JavaBean 的属性-->
        书号：${BookBean.bookid}<br>
```

```
        书名：${BookBean.bookname}<br>
        作者：${BookBean.author}<br>
        出版社：${BookBean["publisher"]}      <br>
        价格：${BookBean.price}<br>
    </body>
</html>
```

运行结果如图 8-6 所示。

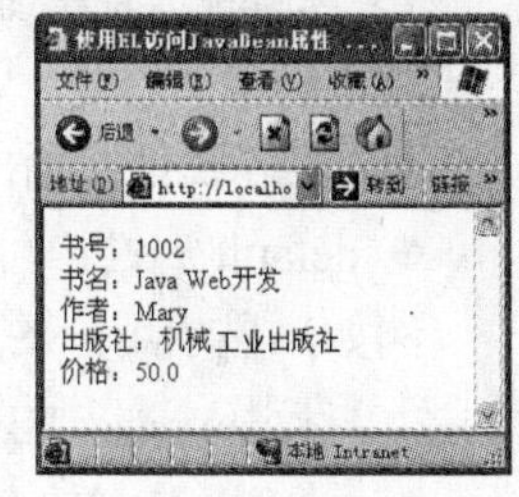

图 8-6　例 8-6 运行结果

8.2　JSTL 标签库

JSTL 是 JSP 标准标签库，使用 JSTL 中的标签可以提高开发效率，减少 JSP 页面中的代码数量，保持页面的简洁性和良好的可读性、可维护性。

8.2.1　JSTL 简介

JSTL 中的标签按功能分为 5 类，见表 8-4 所示。

表 8-4　JSTL 标签库

功能类型	URI	prefix	库功能
核心库	http://java.sun.com/jsp/jstl/core	c	操作范围变量、流程控制、URL 生成和操作
XML 处理	http://java.sun.com/jsp/jstl/xml	x	操作通过 XML 表示的数据
格式化	http://java.sun.com/jsp/jstl/fmt	fmt	数字及日期数据格式化、页面国际化
数据库存取	http://java.sun.com/jsp/jstl/sql	sql	操作关系数据库
函数	http://java.sun.com/jsp/jstl/functions	fn	字符串处理函数

表中 URI（Universal Resource Identifier，统一资源标识符）表示标签的位置，prefix 是使用标签时所用的前缀。

使用 JSTL 标签的步骤如下所示。

（1）将 JSTL 的 Jar 包（jstl.jar 和 standard.jar）加入到工程中，方法有以下几种。

方法 1：将下载的上面两个 Jar 包直接复制到 WEB-INF/lib 下。

方法 2：使用 MyEclipse 工具创建工程时，选中 JSTL-Support 复选框。

方法 3：右击工程→MyEclipse→Add JSTL Libraries→选择 JSTL 版本。

（2）在 JSTL 页面中添加 Taglib 指令：

```
<%@ taglib prefix="" uri="" %>
```

其中，prefix 和 uri 属性的取值参照表 8-4。

例如，在页面中要使用核心库中的标签，则 taglib 指令可写为：

```
<%@ taglib prefix="c" uri="http://java.sun.com/jsp/jstl/core"%>
```

（3）在页面中使用标签，如：

```
<c:out value="${1+2}"/>        其功能是：输出 EL 表达式${1+2}的值。
```

📖 说明：JSTL 通常和 EL 表达式结合使用，EL 作为 JSTL 标签的属性值。

8.2.2 常用 JSTL 标签

JSTL 标签数量众多，本节不一一介绍，只介绍核心库中的几个常用标签。

1．<c:out>标签：用于在 JSP 页面中显示数据

格式：

```
<c:out value="" default=""/>
```

其中，

- value 属性：输出的信息，可以是 EL 表达式或常量。
- default 属性：可选项，当 value 为空时显示的信息。

例如，显示用户的用户名，若用户名为空，则显示“guest”，其语句为：

```
<c:out value="${user.uesrNmae}" default="guest"/>
```

2．<c:set>标签：用于保存数据

格式：

```
<c:set target="" value="" var="" property="" scope=""/>
```

其中，

- value 属性：可选项，要保存的信息，可以是 EL 表达式或常量。
- target 属性：可选项，需要修改属性的变量名，一般为 JavaBean 实例，若指定了 target 属性，则也必须指定 property 属性。
- property 属性：可选项，需要修改的 JavaBean 属性。
- var 属性：可选项，需要保存信息的变量。
- scope 属性：可选项，保存信息的变量范围。

例如，test.testinfo 的值保存到 session 的 test2 中，其中 test 是一个 JavaBean 的实例，testinfo 是 test 对象的属性，其语句为：

```
<c:set value="${test.testinfo}" var="test2" scope="session"/>
```

例如，将对象 cust.address 的 city 属性保存到变量 city 中，其语句为：

```
<c:set target="${cust.address}" value="{city}" property="city"/>
```

3．<c:remove>标签：用于删除数据

格式：

```
<c:remove var="" scope=""/>
```

其中，

- var 属性：要删除的变量。
- scope 属性：可选项，被删除变量的范围（page、request、session、application）。

例如，从 session 中删除 test2 变量，其语句为：

```
<c:remove var="test2" scope="session"/>
```

4．单分支标签：<c:if>

格式：

```
<c:if test="test-condition">
    body content
</c:if>
```

其中，

- test 属性：需要评价的条件。
- var 属性：要求保存条件结果的变量名。
- scope 属性：可选项，保存条件结果的变量范围。

5．多分支标签：<c:choose>

<c:choose>用于多选择情况，不接受任何属性，与<c:when>、<c:otherwise>配合使用。<c:when>有一个属性 test，用于指明判定的条件。

格式：

```
<c:choose>
      <c:when test="condition1">…</c:when >
      ……
      <c:othersize>     …… </c:otherwise >
</c:choose>
```

【例 8-7】 设计页面 if.jsp，根据依据当前时间，输出不同的问候语，要求分别采用单分支标签和多分支标签实现。

```
<%@ page import="java.util.Calendar" pageEncoding="UTF-8"%>
<%@ taglib uri="http://java.sun.com/jsp/jstl/core" prefix="c"%>
<html>
  <body>
    <h4>依据当前时间来输出不同的问候语</h4>
    <% Calendar rightNow = Calendar.getInstance();
       Integer Hour=new Integer(rightNow.get(Calendar.HOUR_OF_DAY));
       request.setAttribute("hour", Hour);
    %>
    <h5>采用单分支标签实现</h5>
    <c:if test="${hour >= 0 && hour <=11}">上午好！ </c:if>
    <c:if test="${hour >= 12 && hour <=17}"> 下午好！ </c:if>
    <c:if test="${hour >= 18 && hour <=23}"> 晚上好！ </c:if>
    <h5>采用多分支标签实现</h5>
    <c:choose>
          <c:when test="${hour >= 0 && hour <=11}">上午好！ </c:when>
          <c:when test="${hour >= 12 && hour <=17}">下午好！ </c:when>
          <c:otherwise>晚上好！ </c:otherwise>
     </c:choose>
  </body>
</html>
```

6．循环标签：<c:forEach>

格式 1：

```
<c:forEach [var=""] [varStatus=""] begin="" end="" [step=""]>
      循环内容
</c:forEach>
```

格式 2：

```
<c:forEach [var=""] items="" [varStatus=""]>
      循环内容
</c:forEach>
```

其中，

● items 属性：进行循环的项目。
● var 属性：代表当前项目的变量名。
● begin 属性：开始条件。
● end:属性：结束条件。
● step 属性：步长。
● varStatus 属性：显示循环变量的状态。

【例 8-8】 分析 forEach.jsp 中的代码，理解不同格式的<c:forEach>使用。

页面 forEach.jsp 的代码如下：

```
<%@ page   import="java.util.Vector" pageEncoding="UTF-8"%>
<%@ taglib uri="http://java.sun.com/jsp/jstl/core" prefix="c" %>
<html>
    <body>
    <h4>循环次数控制</h4>
      <c:forEach var="item" begin="1" end="10" step="3">
          ${item}
      </c:forEach>
    <h4>枚举 Vector 元素</h4>
    <%    Vector v = new Vector();
          v.add("陈龙"); v.add("邓萍"); v.add("余杨");   v.add("北京 2008");
          pageContext.setAttribute("vector", v);
    %>
    <c:forEach items="${vector}" var="item">
          ${item}
    </c:forEach>
    <h4> 逗号分隔的字符串</h4>
     <c:forEach var="color" items="红,橙,黄,蓝,黑,绿,紫,粉红,翠绿" begin="2" step="2">
          <c:out value="${color}"/>
     </c:forEach>
     <h4>状态变量的使用</h4>
     <c:forEach var="i" begin="10" end="50" step="5" varStatus="status">
        <c:if test="${status.first}">
          begin:<c:out value="${status.begin}"/>   
            end:<c:out value="${status.end}"/>   
          step:<c:out value="${status.step}"/><br>
          <c:out value="输出的元素:"/>
        </c:if>
        <c:out value="${i}"/>
        <c:if test="${status.last}">
          <br/>总共输出<c:out value="${status.count}"/> 个元素。
        </c:if>
     </c:forEach>
    </body>
</html>
```

运行结果如图 8-7 所示。

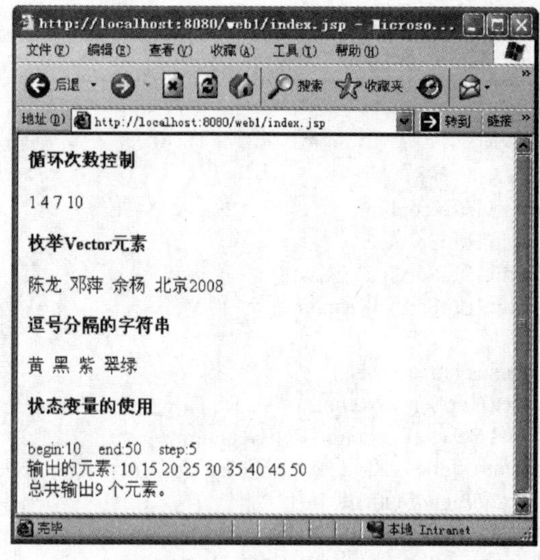

图 8-7 例 8-8 运行结果

8.3 综合案例——使用 EL 和 JSTL 显示查询结果

El 和 JSTL 经常结合使用取代代码实现在 JSP 页面中输出动态内容，这里的动态内容通常是存在某个范围内的数据。

【例 8-9】 使用 EL 和 JSTL，实现从 Servlet 中获取信息，然后在显示页面显示结果。

【分析】 Servlet 形成数据，将数据存到请求范围内，然后转发给 show.jsp 显示。show.jsp 利用 EL 和 JSTL 方法取得数据并显示结果。为了区别 EL、JSTL 与脚本代码在信息显示上的差异，在 show.jsp 中采用两种方式实现显示。

【设计】 该问题需要设计 3 个组件：描述学生信息的实体组件 Student.java；在 Servlet（SetStudent.java）实现数据的创建与保存；利用 EL 和 JSTL 显示信息。

【实现】

（1）实体类：Student.java。

```
package bean;
public class Student{
    private String sno,sname,sex;
    public Student(){}
    public Student(String sno,String sname,String sex){
        this.sno = sno;
        this.sname = sname;
        this.sex = sex;
    }
    public String getSno(){return sno;}
    public void setSno(String sno){this.sno = sno;}
    public String getSname(){     return sname;}
    public void setSname(String sname){this.sname = sname;}
    public String getSex(){return sex;}
    public void setSex(String sex){this.sex = sex;}
}
```

（2）查询 Servlet：SetStudent.java。

```
package servlet;
import java.io.IOException;
import java.util.ArrayList;
import java.util.List;
import javax.servlet.ServletException;
import javax.servlet.http.HttpServlet;
import javax.servlet.http.HttpServletRequest;
import javax.servlet.http.HttpServletResponse;
import bean.Student;
public class Query extends HttpServlet {
    public void doGet(HttpServletRequest request, HttpServletResponse response)
            throws ServletException, IOException {
        List<Student> studentlist=new ArrayList<Student>();//查询结果
        studentlist.add(new Student("001","张三","男"));
        studentlist.add(new Student("002","李四","女"));
        studentlist.add(new Student("003","王五","男"));
        request.setAttribute("result", studentlist);//将查询结果保存到 request 对象中
        //转发到 show.jsp 显示查询结果
        request.getRequestDispatcher("show.jsp").forward(request, response);
    }
}
```

（3）show.jsp。

```
<%@ page   pageEncoding="utf-8" import="java.util.*,bean.Student"%>
<%@ taglib   uri="http://java.sun.com/jsp/jstl/core" prefix="c"%>
<html>
  <body>
   显示结果(用 EL 和 JSTL)<br/>
   <table border="1">
    <tr><th>学号</th><th>姓名</th><th>性别</th></tr>
    <c:forEach var="student" items="${result}">
       <tr><td>${student.sno}</td><td>${student.sname}</td><td>${student.sex}</td></tr>
    </c:forEach>
   </table>
   <hr/>查询显示结果(用代码)<br/>
   <% List<Student> studentlist=(List<Student>)request.getAttribute("result"); %>
   <table border="1">
    <tr><th>学号</th><th>姓名</th><th>性别</th></tr>
     <%   for(Student student:studentlist){%>
            <tr><td><%=student.getSno()%></td>
            <td><%=student.getSname()%></td>
            <td><%student.getSex()%></td></tr>");
     <%} %>
   </table>
   </body>
</html>
```

运行结果如图 8-8 所示。

两种方式的运行结果相同，但使用 EL、JSTL 显示信息结构简单，而采用脚本代码显示信息却需要大量的代码。在以后设计中，推荐使用 EL 和 JSTL 控制信息的显示。

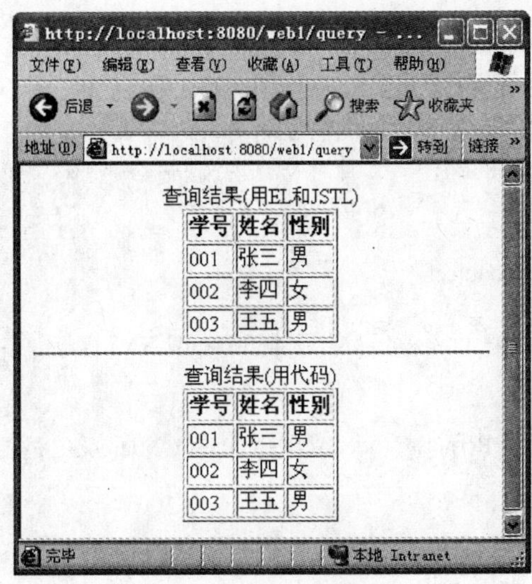

图 8-8　例 8-9 运行结果

8.4　Ajax 技术

Ajax（Asynchronous JavaScript and XML）是运用 JavaScript 和可扩展语言（XML）实现浏览器与服务器通信的一种技术。本节对 Ajax 处理客户请求的各个环节进行分析，并在具体的示例中展示 Ajax 的应用。

8.4.1　Ajax 技术简介

Ajax 实现浏览器与服务器异步交互的技术，用户的请求不需要重新刷新整个页面，只需要刷新局部页面即可。

Ajax 技术是一系列技术的集合，主要涉及的技术有：

- 使用 XHTML(HTML)和 CSS 构建标准化的展示层。
- 使用 DOM 进行动态显示和交互。
- 使用 XML 和 XSLT 进行数据交换和操作。
- 使用 XMLHttpRequest 异步获取数据。
- 使用 JavaScript 将所有元素绑定在一起。

对于这些技术，大部分在前面章节中已介绍，下面主要介绍 XMLHttpRequest 对象及其使用。

8.4.2　XMLHttpRequest 对象

XMLHttpRequest 对象是 Ajax 的核心技术之一，在 Ajax 中，通过这个对象实现与服务器端的通信。这个对象由 JavaScript 来创建，在不同的浏览器中有不同的创建方法，但创建成功后，其使用方法是相同的。

下面重点介绍该对象的创建及常用属性和方法。

1．XMLHttpRequest 对象的创建

不同的浏览器创建 XMLHttpRequest 对象使用的语句是不同的。为了在不同的浏览器下都能成功创建 XMLHttpRequest 对象，需要针对不同的浏览器创建。

XMLHttpRequest 对象是通过 JavaScript 创建的，代码如下：

```
var xmlHttpRequest=null;            //声明 XMLHttpRequest 对象
if(window.XMLHttpRequest){       //针对 Mozilla,Safari,Opera,IE7 等浏览器创建
    xmlHttpRequest = new XMLHttpRequest();
}
else if(window.ActiveXObject){
    try{
      xmlHttpRequest = new ActiveXObject("Msxml2.XMLHTTP"); //针对 IE 较新版本创建
    }catch(e){
          try {
              xmlHttpRequest = new ActiveXObject("Microsoft.XMLHTTP");//IE 较老版本
          }catch(e){}
    }
}
```

2．XMLHttpRequest 的方法和属性

在 XMLHttpRequest 对象创建后，就可以对该对象进行各种不同的操作，从而完成与服务器的通信。XMLHttpRequest 对象的常用方法和属性如下所示。

（1）open(string request-type,string url,Boolean asynch,string name,string password)方法

该方法用于建立到服务器的连接，其参数的含义如下。

- request-type：发送请求的类型。该参数的取值为 get 或 post 或 head 方法。要特别注意参数汉字乱码的问题（处理方法在前面章节中已介绍）。
- url：要连接的服务器的 URL。
- asynch：若使用异步连接则为 true，否则为 false。该参数是可选的，默认为 true。
- username：若需要身份验证，则在此指定用户名。
- password：若需要身份验证，在此指定口令。

通常使用其中的前 3 个参数。

（2）send(String content)方法

该方法向服务器发送请求。参数 content，表示发送的内容。

（3）setRequestHeader(string label,string value)

该方法在发送请求前，先设置请求头。

例如，若在 open 方法中使用的 request-type 的值是“post”，则需要设置请求头：

```
xmlHttpRequest.setRequestHeader("Content-type","application/x-www-form-urlencoded");
```

（4）readyState 属性

提供当前 HTML 的就绪状态，用于确定该请求是否已经开始、是否得到了响应或者请求/响应模型是否已经完成。它还可以帮助确定读取服务器提供的响应文本或数据是否安全。在 Ajax 应用程序中 5 种就绪状态如下所示。

- 0：请求没有发出（在调用 open()之前）。
- 1：请求已经建立但还没有发出（调用 send()之前）。
- 2：请求已经发出正在处理之中（这里通常可以从响应得到内容头部）。
- 3：请求已经处理，响应中有部分数据可用，但是服务器还没有完成响应。
- 4：响应已完成，可以访问服务器响应并使用它。

对于 Ajax 编程，需要直接处理的唯一状态就是就绪状态 4，它表示服务器响应已经完成，可以安全地使用响应数据了。

（5）status 属性

服务器响应的状态代码。服务器响应完成后（readyState=4），从完成的响应信息中可获得状态代码。

例如，输入了错误的 URL 请求将得到 404 错误码，它表示该页面不存在；403 和 401 错误码表示所访问的数据受到保护或者禁止访问；200 状态码表示一切顺利。

因此，如果就绪状态是 4 而且状态码是 200，就可以处理服务器的数据了，而且这些数据应该就是要求的数据（而不是错误或者其他有问题的信息）。

（6）onreadystatechange 属性

用于指定 XMLHttpRequest 对象的状态改变函数（类似于按钮对象的 onclick 属性），当 XMLHttpRequest 对象状态（readyState 的值）改变时，该函数将被触发，该函数也称回调函数。

假设回调函数为 callback，则它的代码通常为：

```
function callback(){
  if (xmlHttpRequest.readyState == 4){
    if (xmlHttpRequest.status == 200){
        事件响应代码
    }
  }
}
```

（7）responseText 属性和 responseXML 属性

XMLHttpRequest 对成功返回的信息有如下两种处理方式。

responseText：服务器返回的请求响应文本，将传回的信息当字符串使用。

responseXML：服务器端返回的 XML 类型的响应，将传回的信息当 XML 文档使用，可以用 DOM 处理。这种情形下，通过如下代码设置：

```
response.setContentType("text/xml;charset=UTF-8");
```

3．XMLHttpRequest 对象的运行周期

整个 Ajax 技术紧紧围绕在 XMLHttpRequest 对象周围，XMLHttpRequest 对象的运行周期就是 Ajax 应用的运行。

（1）Ajax 应用总是从创建 XMLHttpRequest 对象开始，XMLHttpRequest 对象允许通过客户端脚本来发送 HTTP 请求，这种请求可以是 GET 方式的，也可以是 POST 方式的。

（2）XMLHttpRequest 发送完后，服务器的响应何时到达？应该何时处理服务器的响应呢？这需要借助于 JavaScript 的事件机制。XMLHttpRequest 对象也是一个普通的 JavaScript 对象，就如一个普通按钮或一个普通文本框一样，可以触发事件；而 XMLHttpRequest 触发的事件就是 onreadystatechange，当 XMLHttpRequest 对象的状态改变时，将触发它。为 XMLHttpRequest 对象的 onreadystatechange 事件指定事件处理函数，该函数将在 XMLHttpRequest 状态改变时被执行，这个事件处理函数也称为回调函数。

（3）XMLHttpRequest 状态改变，且 readyState=4&&status=200 时，表明服务器响应已经完成且是正确的响应状态，此时可以开始处理服务器响应。

（4）进入事件处理函数后，XMLHttpRequest 依然不可或缺，事件处理函数借助于 XMLHttpRequest 的 responseText 或 responseXML 属性获取服务器的响应，至此 XMLHttpRequest 运行周期结束。

（5）JavaScript 通过 DOM 操作将响应动态加载到 XHMTL 页面中。

8.5 Ajax 应用案例

Ajax 技术应用开发的处理步骤如下所示。

（1）创建 XMLHttpRequest 对象

在网页中可以使用如下通用格式创建 XMLHttpRequest 对象：

```
var xmlHttp_request= null;
try {
      xmlHttp_request= new XMLHttpRequest();
} catch (e1) {
    var _msxmlhttp = new Array("Msxml2.XMLHTTP.6.0","Msxml2.XMLHTTP.5.0",
                               "Msxml2.XMLHTTP.4.0","Msxml2.XMLHTTP.3.0",
                               "Msxml2.XMLHTTP","Microsoft.XMLHTTP");
    for ( var i = 0; i < _msxmlhttp.length; i++) {
        try {
                xmlHttp_request= new ActiveXObject(_msxmlhttp[i]);
                if(xmlHttp_request!=null){ break;}
          } catch (e2) { }
    }
}
if (xmlHttp_request ==null) {
      alert("不能创建 Ajax 对象！");
}
```

（2）指定响应处理函数

创建 XMLHttpRequest 对象后，需要指定当服务器返回信息时客户端的处理方式。

```
xmlHttp_request.onreadystatechange = 响应处理函数名;
```

（3）发出 HTTP 请求

指定响应处理函数之后，就可以向服务器发出 HTTP 请求了。这一步调用 XMLHttpRequest 对象的 open()和 send()方法。例如：

```
xmlHttp_request.open("GET","http://www.example.org/some.file", true);
xmlHttp_request.send(null);
```

（4）处理服务器返回的信息

下面代码是将获取的响应信息，以 tt 为 id 的属性返回并显示在网页上。

```
if(xmlHttp_request.readyState==4){              //0 未初始化，1 读取中,2 已读取，3 交互中，4 完成
  if(xmlHttp_request.status==200){              //404 文件没找到，200 成功
    var m= xmlHttp_request.responseText;        //信息类型为：responseText
    //将获取的响应信息，以 tt 为 id 的属性返回并显示在网页上
    document.getElementById("tt").innerHTML=m;
```

```
    }
}
```

下面通过案例说明 Ajax 技术的用法。在这些案例中，都用到了 js/ajax.js 文件，文件中包含了创建 XMLHttpRequest 对象和发动请求这两个函数，代码如下：

```
//声明 XMLHttpRequest 对象
var xmlHttpRequest=null;
//创建 XMLHttpRequest 对象实例的方法
function createXHR(){
    try {
      xmlHttp_request= new XMLHttpRequest();
    } catch (e1) {
      var _msxmlhttp = new Array("Msxml2.XMLHTTP.6.0","Msxml2.XMLHTTP.5.0",
                                 "Msxml2.XMLHTTP.4.0","Msxml2.XMLHTTP.3.0",
                                 "Msxml2.XMLHTTP","Microsoft.XMLHTTP");
      for ( var i = 0; i < _msxmlhttp.length; i++) {
          try {
                xmlHttprequest= new ActiveXObject(_msxmlhttp[i]);
                if(xmlHttprequest!=null){ break;}
          } catch (e2) { }
      }
    }
    if (xmlHttprequest==null) {
      alert("不能创建 Ajax 对象！ ");
    }
}
//发送客户端的请求，该方法有 4 个参数，其中 method 取值为 POST 或 GET
function sendRequest(url,params,method,handler){
    createXHR();
    if(!xmlHttpRequest) return false;
    xmlHttpRequest.onreadystatechange = handler;      //指定响应函数为 handler
    if(method == "GET"){
        xmlHttpRequest.open(method,url+ '?' + params,true);
        xmlHttpRequest.send(null);
    }
    if(method == "POST"){
        xmlHttpRequest.open(method,url,true);
        xmlHttpRequest.setRequestHeader("Content-type","application/x-www-form-urlencoded");
        xmlHtpRequest.send(params);
    }
}
```

8.5.1 案例——异步表单验证

在传统的 Web 应用中，用户的身份验证是通过向服务器提供表单，服务器对表单中用户信息进行验证，然后再返回验证的结果，在这样的处理方式中，用户端必须等待到服务器返回处理结果才能再进行别的操作，而且在这个过程中，会刷新整个页面。

在 Ajax 的处理方式中，可以把用户的信息通过 XMLHttpRequest 对象异步发送给服务器，在服务器端完成对用户身份验证后，把处理结果通过 XMLHttpRequest 对象返回用户，从而以异步的方式，在不刷新整个页面的情况下完成对用户身份的验证。

【例 8-10】 利用 Ajax 技术实现对登录数据的检验。假设，正确的用户名和密码是张三和 123，要求在输入完用户名后立即判断用户名是否存在。

【设计关键】 表单数据验证的问题用其他技术已经实现过，用 Ajax 实现的不同点表示在发送请求的方式、响应及获取响应的方式。

（1）设计页面 Form.html，该页面是提交表单页面，并在该页面中利用 JavaScript 设计有关的函数。

- function formCheck()：发送请求，并调用 showResult()将获取的响应显示。
- function showResult()：获取响应并显示。

（2）设计检验表单数据的 Servlet：FormCheck.java（在 web.xml 中配置的映射地址是 formcheck）。

【实现】

（1）表单页面 Form.html，其代码如下：

```
<!DOCTYPE HTML PUBLIC "-//W3C//DTD HTML 4.01 Transitional//EN">
<html>
  <head>
   <title>表单验证</title>
   <meta http-equiv="content-type" content="text/html; charset=UTF-8">
   <script type="text/javascript" src="js/ajax.js"></script>
   <script type="text/javascript">
       function formcheck(){
            var url="formcheck";
            var params="userid="+userid.value+"&userpwd="+userpwd.value;
            sendRequest(url,params,'POST',showresult);
      }
      function showresult(){
            if (httpRequest.readyState == 4) {
                  if (httpRequest.status == 200) {
                        var info=httpRequest.responseText;
                        result.innerHTML=info;
                  }
            }
}
</script>
  </head>
  <body>
    请输入用户名：<input type="text" name="userid" onblur="formcheck()"/><br/>
    请输入密码   ：<input type="password" name="userpwd"/><br/>
    <input type="button" value="登录" onclick="formcheck()"/>
    <div id="result"></div>
  </body>
</html>
```

（2）检验表单数据的 Servlet：FormCheck.java，其关键代码如下：

```
package servlets;
//省略了导入包
public class FormCheck extends HttpServlet {
     public void doPost(HttpServletRequest request, HttpServletResponse response)
                  throws ServletException, IOException {
```

```
                response.setContentType("text/html;charset=UTF-8");
                PrintWriter out = response.getWriter();
                request.setCharacterEncoding("UTF-8");
                String userid=request.getParameter("userid");
                if(!"张三".equals(userid)){
                    out.print("用户名不存在");
                }
                else{
                    String userpwd=request.getParameter("userpwd");
                    if(!"".equals(userpwd)){
                        if("123".equals(userpwd))
                            out.print("欢迎您");
                        else
                            out.print("密码错误");
                    }

                }

        }
}
```

（3）Servlet 在 web.xml 中的配置信息如下：

```
<servlet>
    <servlet-name>formcheck</servlet-name>
    <servlet-class>servlets.FormCheck </servlet-class>
  </servlet>
  <servlet-mapping>
    <servlet-name>formcheck</servlet-name>
    <url-pattern>/formcheck</url-pattern>
  </servlet-mapping>
```

运行结果如图 8-9 所示。

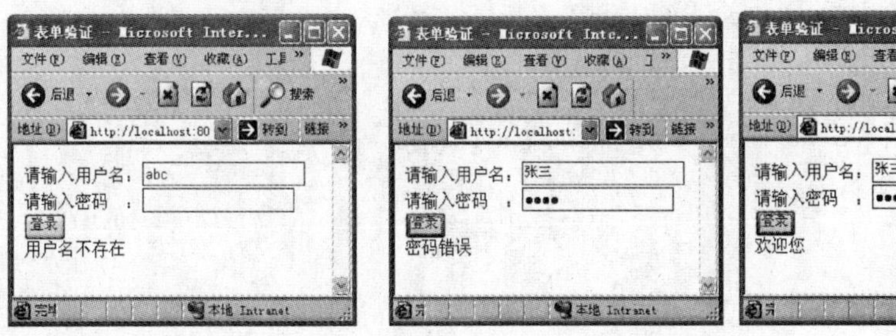

图 8-9　例 8-10 运行结果

8.5.2　案例——实现级联列表

在 Web 应用的开发中，经常会遇到联动动态列表的需求，尤其是在查询条件的选择中，所有的下拉列表中的选项都是从数据库中动态取出的，当选择第一个下拉列表的时候，后面的下拉列表要以这个选择为条件从数据库中取出满足条件的内容，从而调整显示选项的内容。下面给出采用 Ajax 实现级联列表的方法。

【例 8-11】 实现级联列表。当在第一个列表框中输入省名时，在第二个列表框中显示该省包含的城市。

【设计关键】 采用 Ajax 实现级联列表是最合理的技术，第一个列表项变化时发送请求，让服务器查找并返回第二个列表框要显示的值，在客户端将信息更新到第二个列表框中。为此，需要在网页 select.html 中设计函数：function refresh()和 function show()。

【实现】

（1）级联列表页面 select.html

```
<html>
<head>
<meta http-equiv="Content-Type" content="text/html; charset=UTF-8"/>
<script type="text/javascript" src="../js/ajax.js"></script>
<script type="text/javascript">
    function refresh(){
        var p=prov.value;
        if(p==""){
            city.length=0;
            city.options.add(new Option("--请选择城市--"))
        }
        else{
          var url="list";
          var params="proc="+prov.value ;
          sendRequest(url,params,'POST',show);
        }
    }
    function show(){
        if (httpRequest.readyState == 4) {
            if (httpRequest.status == 200) {
                var citylist=httpRequest.responseText.split(",");
                var citynum=citylist.length;
                city.length=0;
                for(i=0;i<citynum;i++)
                    city.options.add(new Option(citylist[i]))
                }
        }
    }
</script>
</head>
    <body>
        <form action="">
         <select name="prov" onchange="refresh();">
           <option value="">--请选择省份--</option>
           <option value="山东">山东</option>
           <option value="江苏">江苏</option>
           <option value="广东">广东</option>
        </select>
        <select name="city">
           <option>--请选择城市--</option>
        </select>
```

```
    </form>
    </body>
</html>
```

（2）查找指定省份的城市列表的 Servlet：List.java（只列出主要代码）

```
public void doPost(HttpServletRequest request, HttpServletResponse response)
            throws ServletException, IOException {
        Map<String,String> pm=new HashMap<String,String>();
        pm.put("山东", "济南,青岛,泰安,潍坊,烟台,聊城,枣庄,菏泽,莱芜,临沂");
        pm.put("江苏", "南京,苏州,无锡,徐州,南通,连云港,镇江,常州,淮安,扬州");
        pm.put("广东", "广州,深圳,珠海,汕头,佛山,东莞,湛江,江门,中山,惠州");
        response.setContentType("text/html;charset=UTF-8");
        request.setCharacterEncoding("UTF-8");
        PrintWriter out = response.getWriter();
        String s1=request.getParameter("proc");
        out.print(pm.get(s1));
    }
```

运行结果如图 8-10 所示。

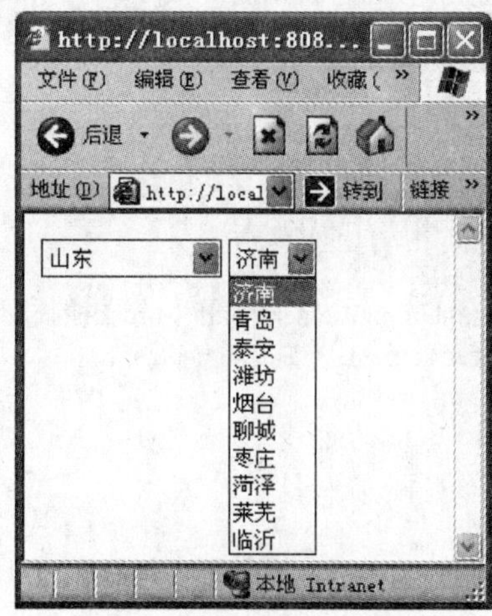

图 8-10 例 8-11 运行结果

8.5.3 案例——输入提示和自动完成

在使用 Google 搜索或者是 Baidu 搜索时，在输入搜索关键字的同时会自动弹出匹配的其他关键字的提示，这种输入提示和自动完成的功能是在 Google 中首先推出的，然后就在各种 Web 应用中被广泛采用。

【例 8-12】 利用 Ajax 技术实现类似百度搜索的“Search Suggest”功能，即在输入搜索关键字的过程中，服务器将相关信息在搜索文本框下列出。

【分析】 实现思路同例 8-11，在搜索内容变化时发送请求，让服务器查找相关内容，在客户端将信息以列表形式显示出来。

【设计与实现】

（1）搜索页面 search.html

```
<!DOCTYPE HTML PUBLIC "-//W3C//DTD HTML 4.01 Transitional//EN">
<html>
  <head>
    <title>Search Suggest</title>
    <meta http-equiv="content-type" content="text/html; charset=UTF-8">
    <script type="text/javascript" src="js/ajax.js"></script>
    <script type="text/javascript">
     var trSrc;
     function search(){
            var inputWord = document.getElementById('inputWord').value;
            var url="formcheck";
            var params = 'inputWord='+inputWord;
            sendRequest(url,params,'POST',display);
      }
      function display(){
            if (httpRequest.readyState == 4) {
                  if (httpRequest.status == 200) {
                        var xmlDoc = httpRequest.responseXML;
                        clearDivData();
                        changeDivData(xmlDoc);
                  } else { //页面不正常
                        alert("您请求的页面有异常");
                  }
            }
      }
            //清除下拉提示框中已有的数据
      function clearDivData(){
            var tbody = document.getElementById('wordsListTbody');
            var trs = tbody.getElementsByTagName('tr');
            for(var i=trs.length-1;i>=0;i--){
                  tbody.removeChild(trs[i]);
            }
      }
      //设置用户选中条目的背景色
      function setBgColor(){
       if(trSrc)
           trSrc.style.backgroundColor="white";
       trSrc=event.srcElement;
       trSrc.style.backgroundColor="gray";
      }
      //将用户选中条目显示在文本框中
      function setText(){
         document.getElementById('inputWord').value=trSrc.firstChild.data;
         document.getElementById('wordsListDiv').style.visibility="hidden";
      }
      //实际将数据加入下拉提示框
      function changeDivData(xmlDoc){
            var words = xmlDoc.getElementsByTagName('word');;
            var tbody = document.getElementById('wordsListTbody');
            for(i=0;i<words.length;i++){
                  var newTr = document.createElement('tr');
                  var newCell = document.createElement('td');
                  var wordText=words[i].firstChild.data;
```

```
                var textNode = document.createTextNode(wordText);
                newCell.onmouseover=setBgColor;
                newCell.onclick=setText;
                newCell.appendChild(textNode);
                newTr.appendChild(newCell);
                tbody.appendChild(newTr);
            }
            if(words.length>0){
                document.getElementById('wordsListDiv').style.visibility='visible';
            }else{
                document.getElementById('wordsListDiv').style.visibility='hidden';
            }
        }
        //设置下拉提示框的位置
        function setDivPosition(){
            var input = document.getElementById('inputWord');
            var listdiv = document.getElementById('wordsListDiv');
            listdiv.style.left=(input.offsetLeft)+'px';
            listdiv.style.border='blue 1px solid';
            listdiv.style.top=(input.offsetTop+input.offsetHeight ) + 'px' ;
            listdiv.style.width=input.offsetWidth+'px';
        }
</script>
</head>
<body   onload="setDivPosition()">
<p>搜索字符串:<input type="text" id="inputWord" onKeyUp="search()"/></p>
<div id="wordsListDiv" style="position:absolute;visibility:hidden">
    <table id="wordsListTable">
        <tbody id="wordsListTbody"><tr><td>test</td></tr></tbody>
    </table>
</div>
  </body>
</html>
```

（2）提供搜索建议信息的 Servlet：SearchSuggest.java（只列出主要代码）

```
public void doPost(HttpServletRequest request, HttpServletResponse response)
                throws ServletException, IOException {
    response.setContentType("text/xml;charset=UTF-8");
    PrintWriter out = response.getWriter();
    HashMap map = new HashMap();
    map.put("a","<words><word>a</word><word>ab</word><word>abc</word>
            <word>abcd</word><word>abcde</word></words>");
    map.put("ab","<words><word>ab</word><word>abc</word><word>abcd</word>
            <word>abcde</word></words>");
    map.put("abc","<words><word>abc</word><word>abcd</word>
            <word>abcde</word></words>");
    map.put("abcd","<words><word>abcd</word><word>abcde</word></words>");
    map.put("abcde","<words><word>abcde</word></words>");
    String inputWord= request.getParameter("inputWord");
    if(!map.containsKey(inputWord)){
        out.println("<words></words>");
    }else{
        out.println(map.get(inputWord).toString());
```

```
        }
    }
```

运行结果如图 8-11 所示。

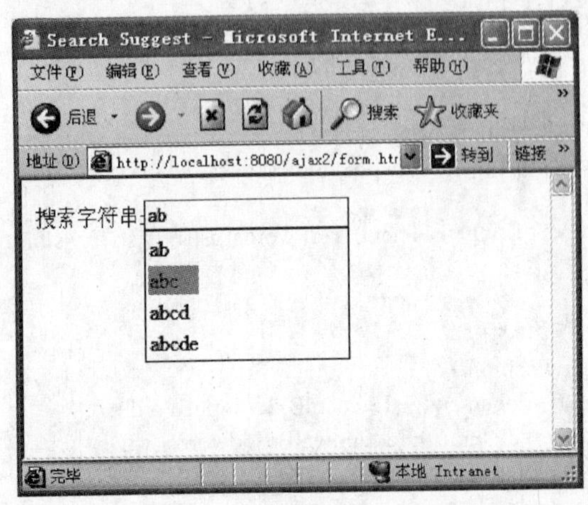

图 8-11　例 8-12 运行结果

本章小结

本章介绍了 EL、JSTL 和 Ajax 的有关知识，并通过案例给出它们的使用方法。这 3 种技术都属于视图技术，用于页面的设计和信息的显示。

EL 实现信息的显示，主要用于表达式和有关属性值的显示；JSTL 通过标签控制信息的设置、存取以及显示；而 Ajax 则是异步通信，实现页面的局部刷新和显示。

习题

1．在 First.jsp 中输入 username 和 userpass，表单提交给 Second.jsp。假设用户名和密码是“abc”和“123”，则转到 Third.jsp，显示问候语“***，你好”，否则转回到 First.jsp，原来用户输入的用户名要保留，并有提示信息：“用户名或密码错误，请重新输入”，使用本章的技术实现。

2．利用 Ajax 技术实现表单输入信息的验证。以用户注册页面示例，在注册页面中需要对用户名和两次输入的密码进行验证，其中用户名是唯一的，不能重复，而两次输入的密码必须相同，只有这样的输入才是有效的。要求用户名的格式是：字母开头，后跟字母或数字，长度至少 6 位，密码由数字组成，长度在 6～10 位。

第 9 章　过滤器和监听器技术

过滤器（Filter）和监听器（Listener）是两种特殊的 Servlet 技术。过滤器可以对用户的请求信息和响应信息进行过滤，常被用于权限检查和参数编码统一设置等。监听器可以用来对 Web 应用进行监听和控制，增强 Web 应用的事件处理能力。

本章主要介绍过滤器和监听器的编程接口、基本结构、信息配置、部署和运行，最后通过案例说明过滤器和监听器的典型应用。

9.1　过滤器技术

过滤器是在服务器上运行的，且位于请求与响应中间起过滤功能的程序，其工作原理如图 9-1 所示。在与过滤器相关联的 Servlet 或 JSP 运行前，过滤器先执行。一个过滤器可以与一个或多个 Servlet 或 JSP 绑定，可以检查访问这些资源的请求信息。检查请求信息后，过滤器可以选择下一个动作：

- 正常调用请求的资源（即 Servlet 或 JSP）。
- 用修改后的请求信息调用请求资源。
- 调用请求的资源，修改请求响应，再将响应发送到客户端。
- 禁止调用该资源，将请求重定向到其他的资源，或返回一个特定的状态码，或产生替换的输出。

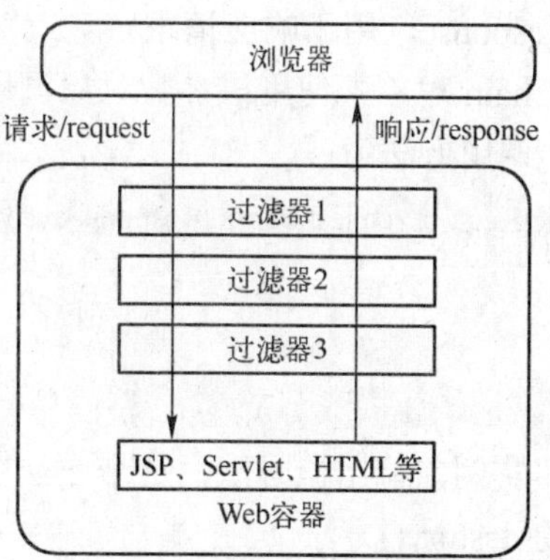

图 9-1　过滤器的工作原理

9.1.1　过滤器编程接口

过滤器编程用到 javax.servlet.jar 中的一组接口和类，表 9-1 只列出了与过滤器设计有关的 3 个重要接口，而与 Servlet 编程有关的接口、类请参考第 6 章。

表 9-1　Servlet 编程接口

功　　能	类 和 接 口
Filter 实现	javax.servlet.Filter
Filter 配置	javax.servlet.FilterConfig
Filter 链	javax.servlet.FilterChain

接口 Filter 的主要方法如下所示。

（1）init()方法

方法原型：

```
public void init(FilterConfig filterConfig) throws ServletException{}
```

该方法用于初始化过滤器，并获取 web.xml 文件中配置的过滤器初始化参数，默认情况下，服务器启动时就会加载过滤器，init 方法就会执行。

该方法有一个 FilterConfig 类型的参数，利用它可以获取在 web.xml 中设置的过滤器的初始化参数值。获取初始参数值的方法为：

```
public String getInitParameter(String paraName)
```

过滤器的信息配置将在 9.1.3 节中介绍。

（2）doFilter()方法

方法原型：

```
public void doFilter(ServletRequest request, ServletResponse response,
                FilterChain filterChain) throws IOException,ServletException{}
```

当请求地址和过滤地址匹配时将进行过滤操作，该方法被执行。

- 第一个参数为 ServletRequest 对象，此对象给过滤器提供了对请求信息（包括表单数据、Cookie 和 HTTP 请求头）的完全访问。
- 第二个参数为 ServletResponse，用于响应请求。
- 最后一个参数为 FilterChain 对象，使用该参数对象调用 Servlet、JSP 页面或者过滤器链中的下一个过滤器。调用方法为：

```
public void doFilter(ServletRequest request,ServletResponse response)
```

（3）destroy()方法

方法原型：

```
public void destroy()
```

Servlet 容器在销毁过滤器实例前调用该方法，这个方法中可以释放 Servlet 过滤器占用的资源，性质等同于 Servlet 的 destory()方法。

这些方法构成了过滤器对象的生命周期：创建、执行过滤方法、销毁。

9.1.2　设计过滤器

过滤器的设计需要实现 Filter 接口，并要根据处理的功能需要，实现 Filter 接口中的 3 个方法：

```
public void init(FilterConfig filterConfig) throws ServletException
public void doFilter(ServletRequest request,ServletResponse response
```

```
                    FilterChain filterChain) throws IOException,ServletException
    public void destroy()
```

1．过滤器基本结构

一个过滤器程序的基本结构如下：

```
package …;
import …;
public class Filter1 implements Filter{ //这里是给出 Filter 的一个实现类 Filter1
    public void destroy(){
        //添加代码
    }
    public void doFilter(ServletRequest request, ServletResponse response,
        FilterChain filterChain) throws IOException,ServletException{
        //添加代码
    }
    public void init(FilterConfig filterConfig) throws ServletException{
        //添加代码
    }
}
```

2．过滤器的建立

在 MyEclipse 开发环境下创建过滤器是很方便的，其创建过程如下。

- 创建实现 Filter 接口的类：在项目的 src 下，创建一个或多个过滤器，并采用“包”结构的方式组织所有的过滤器。
- 实现 init 方法：读取过滤器的初始化函数。
- 将过滤行为放入 doFilter()方法中：实现 doFilter()，完成该过滤器所需要过滤功能。
- 调用 filterchain 对象的 doFilter 方法：filterChain 对象是过滤器接口的 doFilter 方法的一个参数，调用 Filterchain 的 doFilter 方法时，下一个关联的过滤器将被调用，若没有其他与 Servlet 或 JSP 相关联的过滤器，就调用 Servlet 或 JSP 本身。
- 将过滤器与特定的 Servlet 或 JSP 页面关联：使用部署配置文件（web.xml）中的 filter 元素和 filter-mapping 元素。

提示：在 Myeclipse6.0 环境下没有直接新建 Filter 的菜单项，需要通过新建 Class 完成，在新建 class 时指定 class 实现的接口：javax.servlet.Filter。Filter 的配置也需要在 web.xml 中手工配置完成。

第 1 步：实现 Filter 的接口，建立过滤器。

选中工程，右击工程 src 目录，选择“New”，再选择“Class”，显示如图 9-2 所示的对话框，并按提示输入有关的信息，在 filter 下新建过滤器类 Filter_first.java。

点击图 9-2 中的“Finish”按钮后，就建立了过滤器程序的基本框架。新建的 Servlet 的基本结构代码如下：

```
package filter;
import java.io.IOException;
import javax.servlet.Filter;
import javax.servlet.FilterChain;
import javax.servlet.FilterConfig;
```

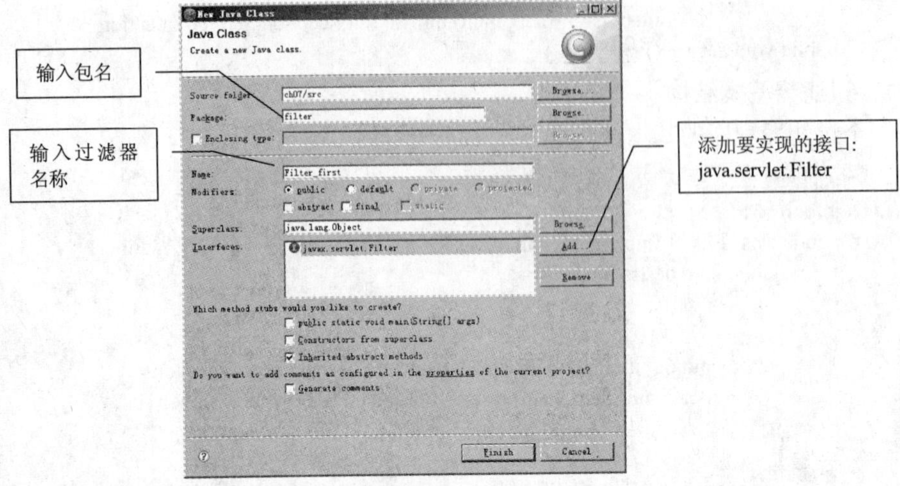

图 9-2　过滤器创建对话框

```
import javax.servlet.ServletException;
import javax.servlet.ServletRequest;
import javax.servlet.ServletResponse;
public class Filter_first implements Filter {
	public void destroy() {
		// TODO Auto-generated method stub
	}
	public void doFilter(ServletRequest arg0, ServletResponse arg1,
			FilterChain arg2) throws IOException, ServletException {
		// TODO Auto-generated method stub
	}
	public void init(FilterConfig arg0) throws ServletException {
		// TODO Auto-generated method stub
	}
}
```

第 2 步：将过滤行为放入 doFilter()方法中，按功能需要实现 doFilter()方法。

第 3 步：过滤器与相关联的 Servlet、JSP 注册。

过滤器的配置信息要在 web .xml 注册。配置过滤器需要使用<filter>和<filter-mapping>元素，并且要放在<app>与</app>之间。其配置格式如下：

```
<filter>
	<filter-name> FilterName </filter-name>
	<filter-class>package.className </filter-class>
	<init-param>
		<param-name>ParamName1</param-name>
		<param-value>ParamValue1</param-value>
	</init-param>
</filter>
<filter-mapping>
	<filter-name>FilterName </filter-name>
	<url-pattern>/path</url-pattern>
</filter-mapping>
<filter-mapping>
	<filter-name>FilterName </filter-name>
```

```
        <servlet-name>ServletName</servlet-name>
</filter-mapping>
```

说明：

（1）<init-param>标签(可有多个)用来设置过滤器的初始化参数，在 init(FilterConfig config)方法中通过 config 的 getInitParameter("ParamName")获得参数值。

（2）url-pattern 用来设定过滤器的过滤地址，可带通配符“/*”表示任何地址都要经过该过滤器。

（3）若对 Servlet 实现过滤，其配置方式如下：

```
<filter-mapping>
        <filter-name>FilterName </filter-name>
        <servlet-name>ServletName</servlet-name>
</filter-mapping>
```

3．过滤器的部署与运行

过滤器编译后的字节码文件必须部署到 web 目录/WEB-INF/classes 下才能起作用。

9.1.3 案例——基于过滤器的用户权限控制

【例 9-1】 在一个 Web 应用程序中，有些 JSP 页面或 Servlet 必须是注册用户登录后才有权访问。设计一个过滤器用于对用户是否是登录用户进行检验。

【分析】 判断一个用户是否登录的方法通常是：当用户登录成功后，将用户名存放到 session 范围内（session.setAttribute("u_name",username)），判断时，从 session 中取出 u_name 属性（session.getAttribute("u_name")），若取值不为空就是登录用户，否则，就不是登录用户，可转入注册页面。

在每个需要登录用户才可以访问的页面或 Servlet 中加入登录检验代码很冗余，可以通过编写过滤器统一解决，过滤地址设为需要进行登录检验的那些 Servlet 或 JSP 的地址。

【设计关键】 在过滤器中获取 session 对象（HttpSession）：

```
HttpServletRequest requ = (HttpServletRequest)request;
HttpSession session = requ.getSession(true);
```

【实现】 登录检验过滤器：LoginFilter.java。

```
package filters;
……//省略了创建时自动导入的包
import javax.servlet.http.HttpServletRequest;
import javax.servlet.http.HttpServletResponse;
import javax.servlet.http.HttpSession;
public class LoginFilter implements Filter{
    public void destroy() {}
    public void doFilter(ServletRequest request,ServletResponse response,
            FilterChain filterchain) throws IOException, ServletException{
        HttpServletRequest requ = (HttpServletRequest)request;
        HttpServletResponse resp = (HttpServletResponse)response;
        HttpSession session = requ.getSession(true);
        if (session.getAttribute("u_name") == null) {
            resp.sendRedirect("login.jsp");
```

```
            } else {
                filterchain.doFilter(request,response);
            }
        }
        public void init(FilterConfig arg0) throws ServletException {}
    }
```

过滤地址在 web.xml 中设置，假设是以/admin 开头的所有地址。

```
<filter>
    <filter-name>loginfilter</filter-name>
    <filter-class>filters.LoginFilter </filter-class>
</filter>
<filter-mapping>
    <filter-name>loginfilter</filter-name>
    <url-pattern>/admin/*</url-pattern>
</filter-mapping>
```

该程序还需要设计注册页面（register.jsp）、登录页面（login.jsp）以及登录处理页面（主要将请求参数 uaerName 保存到 session 中的 u_name 属性中），具体实现请读者完成。

9.1.4 案例——基于过滤器的中文乱码解决

【例 9-2】 设计一个过滤器统一处理 Post 提交方式下参数值中文乱码问题。

【分析】 对于有汉字信息处理的 Servlet 或 JSP，可以通过编写过滤器实现请求和请求响应的统一汉字编码。过滤地址设为需要进行编码转换的 Servlet 或 JSP 的地址。

【设计关键】 解决 post 提交方式下参数值中文乱码：

```
request.setCharacterEncoding("UTF-8");
```

【实现】（1）编码转换过滤器——EncodingFilter.java，代码如下：

```
package filter;
……//省略了创建时自动导入的包
public class EncodingFilter implements Filter {
    public void destroy() {}
    public void doFilter(ServletRequest request,ServletResponse response,
            FilterChain filterchain) throws IOException,ServletException{
        request.setCharacterEncoding("UTF-8");
        filterchain.doFilter(request, response);
    }
    public void init(FilterConfig arg0) throws ServletException {}
}
```

（2）过滤地址在 web.xml 中设置，假设是以/servlet 开头的所有地址。

```
<filter>
    <filter-name>EncodingFilter</filter-name>
    <filter-class>filter.EncodingFilter </filter-class>
</filter>
<filter-mapping>
    <filter-name>EncodingFilter</filter-name>
    <url-pattern>/servlet/*</url-pattern>
</filter-mapping>
```

9.1.5 案例——禁止未授权的 IP 访问站点过滤器

【例 9-3】 设计一个过滤器禁止未授权的 IP 访问站点。

【分析】 使用过滤器禁止未授权的 IP 访问站点是过滤器常见的应用之一。其业务流程是：将需要禁止的 IP 地址在 web.xml 中配置，利用 init()方法读取该 IP 地址，并在 dofilter()中使用。

【设计关键】 在 init()获取 web.xml 中禁止的 IP 地址，需要将该值保存到过滤器的属性中，供 doFilter()使用。

（1）需要设置一个私有属性 FilteredIP，用于存放被过滤的 IP 值。

（2）在 web.xml 中配置 IP 信息：

```
<filter>
    <filter-name>FilterIP</filter-name>
    <filter-class>test.FilterIP</filter-class>
    <init-param>
        <param-name>FilteredIP</param-name>
        <param-value>127.0.0.1</param-value>
    </init-param>
</filter>
```

（3）在 init()方法中，利用 getInitParameter()从 web.xml 中获取 IP 地址信息。

（4）在 doFilter()方法中，实现 IP 地址的过滤。若是被禁止的 IP 时，转入禁止提示页面 ErrorInfo.jsp，否则，正常执行。

【实现】（1）创建一个过滤器操作类

在 src 目录下，建立一个 IP 过滤操作 FilterIP 类，包名为 test，文件名为 FilterIP.java，代码如下：

```
package test;
import java.io.*;
import javax.servlet.*;
//通过过滤 IP 来控制访问操作
public class FilterIP implements Filter{
    private String FilteredIP;    //存放被过滤的 IP
    public void init(FilterConfig conf) throws ServletException{ //过滤器初始化
        FilteredIP=conf.getInitParameter("FilteredIP");
        if(FilteredIP==null) FilteredIP="";
    }
    public void doFilter( ServletRequest request, ServletResponse response,
      FilterChain chain) throws IOException, ServletException {//过滤操作
          String remoteIP = request.getRemoteAddr();
          if(remoteIP.equals(FilteredIP)){
             RequestDispatcher dispatcher = request.getRequestDispatcher("ErrorInfo.jsp");
          //读出本地 IP，将其与要过滤掉的 IP 比较，如果相同，就转移到错误处理页面
             dispatcher.forward(request,response);
           } else{
             chain.doFilter(request,response);    //将请求转发给过滤链上的其他对象
          }
    }
    public void destroy(){ }//销毁操作
}
```

（2）修改 web.xml 文件，在 web.xml 文件中添加以下配置代码：

```
<filter>
      <filter-name>FilterIP</filter-name>
      <filter-class>test.FilterIP</filter-class>
      <init-param>
            <param-name>FilteredIP</param-name>
            <param-value>127.0.0.1</param-value>
      </init-param>
</filter>
<filter-mapping>
      <filter-name>FilterIP</filter-name>
      <url-pattern>/*</url-pattern>
</filter-mapping>
```

（3）新建一个 Succeed.jsp 文件，其代码如下：

```
<%@ page contentType="text/html; charset=UTF-8" %>
<%@ page import="java.util.*" %>
<html>
  <head> <title>欢迎登录</title></head>
  <body>
    <center><font size=4 color=blue>欢迎登录</font></center>
  </body>
</html>
```

（4）新建一个 ErrorInfo.jsp 文件，代码如下：

```
<%@ page contentType="text/html; charset=UTF-8" %>
<%@ page import="java.util.*" %>
<html>
   <head><title>错误报告</title> </head>
   <body>
       <center><font color=red>对不起,您的 IP 不能登录本站点!</font></center>"
  </body>
</html>
```

9.2 监听器技术

监听器是 Web 应用开发的一个重要组成部分。通过它可以监听 Web 应用的上下文信息、Servlet 请求信息、Servlet 会话信息，并自动根据不同情况，在后台调用相应的处理程序。利用监听器来对 Web 应用进行监听和控制，极大地增强了 Web 应用的事件处理能力。

监听器运行机制：当服务器启动时，监听器自动加载（执行构造函数），特定事件发生时，容器自动调用相应监听器中对应的事件处理方法。

9.2.1 监听器编程接口

监听器编程要用到 javax.servlet.jar 中的一组监听接口和事件类。根据监听对象的不同，监听器划分为以下 3 种。

（1）ServletContext 事件监听器：用于监听应用程序环境对象。

（2）HttpSession 事件监听器：用于监听用户会话对象。

（3）ServletRequest 事件监听器：用于监听请求消息对象。

这 3 种监听器共包含了 8 个监听接口和 6 个监听事件类，如表 9-2 所示。

表 9-2　监听器接口与事件类

监听对象	监听接口	监听事件
ServletRequest	ServletRequestListener	ServletRequestEvent
	ServletRequestAttributeListener	ServletRequestAttributeEvent
HttpSession	HttpSessionListener	HttpSessionEvent
	HttpSessionActivationListener	
	HttpSessionAttributeListener	HttpSessionBindingEvent
	HttpSessionBindingListener	
ServletContext	ServletContextListener	ServletContextEvent
	ServletContextAttributeListener	ServletContextAttributeEvent

1．监听 ServletContext 对象

对 ServletContext 对象实现监听，可以监听到 ServletContext 对象中属性的变化（增加、删除、修改操作），也可以监听到 ServletContext 对象本身的变化（创建与销毁）。常用的监听方法如表 9-3 所示。

表 9-3　监听 ServletContext 对象的常用方法

接口名称	接口方法	激发条件
ServletContextAttributeListener	void attributeAdded(ServletContextAttributeEvent scab)	增加属性
	void attributeRemoved(ServletContextAttributeEvent scab)	删除属性
	void attributeReplaced(ServletContextAttributeEvent scab)	修改属性
ServletContext.Listener	void contextInitialized(ServletContextAttributeEvent scab)	创建对象
	void contextDestroyed(ServletContextAttributeEvent scab)	销毁对象

2．监听会话

对 HttpSession 对象的监听，可以监听到 HttpSession 对象中属性的变化（增加、删除、修改操作），可以监听到 HttpSession 对象本身的变化（创建与销毁），以及该对象的状态，还可以监听到 HttpSession 对象是否绑定到该监听器对象上。常用的监听方法如表 9-4 所示。

表 9-4　监听 HttpSession 对象的常用方法

接口名称	接口方法	激发条件
HttpSessionAttributeListener	void attributeAdded(HttpSessionBindingEvent hsbe)	增加属性
	void attributeRemoved(HttpSessionBindingEvent hsbe)	删除属性
	void attributeReplaced(HttpSessionBindingEvent hsbe)	修改属性
HttpSessionListener	void sessionCreated(HttpSessionEvent hse)	创建对象
	void sessionDestroyed(HttpSessionEvent hse)	销毁对象
HttpSessionActivationListener	void sessionDidActivate(HttpSessionEvent hse)	会话刚被激活
	void sessionWillPssivate(HttpSessionEvent hse)	会话将要钝化

（续）

接口名称	接口方法	激发条件
HttpSessionBindingListener	void valueBound(HttpSessionBindingEvent hsbe)	调用 setAttribute()
	void valueBound(HttpSessionBindingEvent hsbe)	调用 removeAttribute()

📖 说明：活化（Activate）和钝化（Passivate）是 Web 容器为了更好地利用系统资源或者进行服务器负载平衡等原因而对特定对象采取的措施。会话对象的钝化指的是暂时将会话对象通过序列化的方法存储到硬盘上，而活化与钝化相反，是把硬盘上存储的会话对象重新加载到 Web 容器中。

3．监听请求

对 ServletRequest 对象进行监听，可以监听到 ServletRequest 对象中属性的变化（增加、删除、修改操作），可以监听到 HttpSession 对象本身的变化（创建与销毁）。常用的监听方法如表 9-5 所示。

表 9-5　监听 ServletRequest 对象的常用方法

接口名称	接口方法	激发条件
ServletContextAttributeListener	void attributeAdded(ServletRequestAttributeEvent srae)	增加属性
	void attributeRemoved(ServletRequestAttributeEvent srae)	删除属性
	void attributeReplaced(ServletRequestAttributeEvent srae)	修改属性
ServletRequestListener	void requestInitialized(ServletRequestEvent sre)	创建对象
	void requestDestroyed(ServletRequestEvent sre)	销毁对象

9.2.2　设计监听器

设计一个监听器一般需要以下步骤。

（1）实现合适的接口：监听器需要根据监听对象的不同，实现表 9-2 中的某个监听接口。

（2）实现有关事件的方法：按所选择的监听器接口，实现该接口中有关的方法。

（3）获取对重要 Web 应用对象的访问：在事件处理方法中，可能会用到如下 9 个重要对象（分为 3 类）。

- Servlet 上下文、变化后的 Servlet 上下文属性的名称、变化后的 Servlet 上下文属性的值。
- 会话对象、变化后的会话属性的名称、变化后的会话属性的值。
- 请求对象、变化后的请求对象属性的名称、变化后的请求对象属性的值。

（4）使用这些对象：需要根据具体应用，选择有关的对象。例如，对于 Servlet 上下文可能会读取初始化参数（getInitParameter 方法），存储数据供以后使用（setAttribute 方法）和读取原先存储的数据（getAttribute 方法）。

（5）配置监听器：在 web.xml 中，利用 listener 元素和 listener-class 元素完成配置。

（6）提供任何需要的初始化参数：Servlet 上下文监听器一般先读取 Servlet 上下文的初始参数，并将这些参数作为所有 Servlet 或 JSP 都可以使用的数据基础。在 web.xml 中使用 context-param 元素提供这些初始化参数的名称和值。

1. 监听器基本结构

一个监听器程序的基本结构如下：

```
package …;
import   …;
public class  监听器实现类名  implements ***Listerner{
      实现***Listerner 中的方法
}
```

2. 监听器信息配置

监听器的配置信息同样写在 web .xml 里，配置相对简单，不需要配置地址：

```
<listener>
      <listener-class>
            package.className
      </listener-class>
</listener>
```

📖 提示：在 Myeclipse6.0 环境下同样没有直接新建 Listener 的菜单项，通过新建 Class 完成，在新建 class 时指定 class 实现的接口；监听器的配置也需要在 web.xml 中手工完成。

3. 监听器的部署与运行

监听器编译后的字节码文件同样部署到 web 目录/WEB-INF/classes 下。

9.2.3 案例——会话计数监听器的设计

【例 9-4】 使用监听器统计与显示在线用户数目。

【分析】 在网站中经常需要进行在线人数的统计。过去的一般做法是结合登录和退出功能，即当用户登录的时候计数器加 1，当用户点击退出按钮时计数器减 1。这种处理方式存在两个缺点：一是用户正常登录后，可能会忘记单击退出按钮，而直接关闭浏览器，导致计数器减 1 的操作不会执行；二是该方法无法统计非登录的在线人数。

可以利用监听器来解决这个问题，实现更准确的在线人数统计功能。当一个浏览器第一次访问网站时，服务器会新建一个 HttpSession 对象，并触发 HttpSession 创建事件，如果注册了 HttpSessionListener 事件监听器，则会调用 HttpSessionListener 事件监听器的 sessionCreated 方法。相反，当这个浏览器用户注销或访问结束超时的时候，服务器会销毁相应的 HttpSession 对象，触发 HttpSession 销毁事件，同时调用所注册 HttpSessionListener 事件监听器的 sessionDestroyed 方法。这样只需要在 HttpSessionListener 实现类的 sessionCreated 方法中让计数器加 1，在 sessionDestroyed 方法中让计数器减 1，就可实现网站在线人数的统计功能。

【设计关键】 选择正确的监听接口并实现相应抽象方法。由上面分析知道，要监听 HttpSession 对象的创建和销毁，因此监听器类要实现的接口为 HttpSessionListener。

【实现】

（1）设计监听器类：OnlineListener.java

```
package listener;
import javax.servlet.http.HttpSessionEvent;
import javax.servlet.http.HttpSessionListener;
```

```
public class OnlineListener implements HttpSessionListener {
    private static int onlineCount=0;
    public void sessionCreated(HttpSessionEvent sessionEvent) {
        onlineCount++;
    }
    public void sessionDestroyed(HttpSessionEvent sessionEvent) {
        if(onlineCount>0)   onlineCount--;
    }
     public static int getOnlineCount(){
          return onlineCount;
     }
}
```

（2）修改 web.xml 文件，在 web.xml 文件中添加以下配置代码：

```
<listener>
    <listener-class>listener.OnlineListener</listener-class>
</listener>
```

（3）显示在线人数的页面 online.jsp，代码如下：

```
<%@ page   pageEncoding="UTF-8" %>
<%@page import="listener.OnlineListener"%>
<html>
   <head><title>在线人数显示页面</title>   </head>
   <body>
        <h2>当前的在线人数：<%=OnlineListener.getOnlineCount() %></h2>
   </body>
</html>
```

本章小结

本章介绍了过滤器和监听器。过滤器主要用来拦截用户请求，实现如权限检查、编码转换、加密等通用的“横向”模块；监听器主要用来监听 Web 应用的上下文信息、Servlet 请求信息、Servlet 会话信息，并根据不同的情况，在后台调用相应处理程序。本章最后给出了过滤器和监听器的设计方法及其应用案例。

习题

1．编写过滤器实现：只允许客户端 IP 地址是 219.218.*.*形式的访问站点，否则转到 Error 页面。

2．编写监听器监听请求对象的创建和销毁程序。

第 10 章　Java Web 实用开发技术

在很多 Web 应用程序中都存在着一些通用的模块，如登录、注册、文件的上传和下载、邮件的收发、信息的分页浏览、在线编辑器的使用等。本章介绍这些通用的模块及其相关的实用开发技术。

本章的主要内容包括验证码的设计与使用、MD5 加密算法的实现、在线编辑器 FckEditor 的使用、文件上传下载组件 Cos 的使用、使用 JavaMail 进行邮件的发送、信息分页浏览的实现等。

10.1　图形验证码

很多网站为了安全，在登录或注册时均使用图形验证码，下面介绍验证码的作用和具体实现。

10.1.1　图形验证码简介

在 Web 应用的登录功能中，主要通过对用户密码进行验证来识别用户。不法分子可通过暴力破解程序（遍历所有的可能性）来破解用户密码。为了增加密码被破解的难度提出了图形验证码，即在用户登录时除了输入用户名和密码外，需要额外输入服务器端生成的图形验证码的信息。对于破解程序，识别这些验证码比较困难，而且验证码是随机产生的，更增加了破解的难度。同样在注册模块下引入验证码，也可以有效防止通过程序恶意注册大量用户。

验证码就是在用户界面上以图形的方式显示的一些符号，通常是字母、数字或汉字组成的一个随机字符串，它是如何产生和验证的呢？它通常是由服务器端程序（如 Servlet）产生并保存的（保存在 Session 范围内），登录或注册时将用户输入的验证码和服务器端保存的验证码进行比对。

10.1.2　图形验证码的实现

图形验证码的实现包括如下 3 个部分。

（1）图形验证码的生成。可通过一个 Servlet 完成该任务，也可通过 JSP 或 JavaBean，其思路是一样的。这里以 Servlet 为例，核心代码如下：

```
public void doGet(HttpServletRequest request, HttpServletResponse response)
                throws ServletException, IOException {
    response.setContentType("image/jpeg");
    HttpSession session = request.getSession();
    int width = 60;
    int height = 20;
```

```
    //设置浏览器不要缓存此图片
    response.setHeader("Pragma", "No-cache");
    response.setHeader("Cache-Control", "no-cache");
    response.setDateHeader("Expires", 0);
    //创建内存图像并获得其图形上下文
    BufferedImage image = new BufferedImage(width, height,ufferedImage.TYPE_INT_RGB);
    Graphics g = image.getGraphics();
     // 产生随机验证码
     //定义验证码的字符表
    String chars = "0123456789ABCDEFGHIJKLMNOPQRSTUVWXYZ";
    char[] rands = new char[4];
    for(int i = 0; i < 4; i++) {
        int rand = (int) (Math.random() * 36);
        rands[i] = chars.charAt(rand);
    }
     // 产生图像
    //画背景
    g.setColor(new Color(0xDCDCDC));
    g.fillRect(0, 0, width, height);
    //随机产生 120 个干扰点
    for(int i = 0; i < 120; i++) {
        int x = (int)(Math.random() * width);
        int y = (int)(Math.random() * height);
        int red = (int)(Math.random() * 255);
        int green = (int)(Math.random() * 255);
        int blue = (int)(Math.random() * 255);
        g.setColor(new Color(red, green, blue));
        g.drawOval(x, y, 1, 0);
    }
    g.setColor(Color.BLACK);
    g.setFont(new Font(null, Font.ITALIC|Font.BOLD, 18));
    //在不同的高度上输出验证码的不同字符
    g.drawString("" + rands[0], 1, 17);
    g.drawString("" + rands[1], 16, 15);
    g.drawString("" + rands[2], 31, 18);
    g.drawString("" + rands[3], 46, 16);
    g.dispose();
    //将图像输出到客户端
    ServletOutputStream sos = response.getOutputStream();
    ByteArrayOutputStream baos = new ByteArrayOutputStream();
    ImageIO.write(image, "JPEG", baos);
    byte[] buffer = baos.toByteArray();
    response.setContentLength(buffer.length);
    sos.write(buffer);
    baos.close();
    sos.close();
    //将验证码放到 session 中
    session.setAttribute("checkCode", new String(rands));
}
```

（2）在页面中的使用。通过 img 标签来显示 Servlet 产生的图形验证码，代码如下：

```
<img border=0 src="checkcode"/>
```

其中 checkcode 是产生验证码的 Servlet 的访问地址。

（3）验证

获取用户输入的验证码，从 session 中获取保存的验证码，对比验证。

10.1.3　案例——带图形验证码的登录模块

【例 10-1】 设计登录程序，要求登录时输入图形验证码，假设正确的用户名和密码是“张三”和“123”。登录界面如图 10-1 所示。

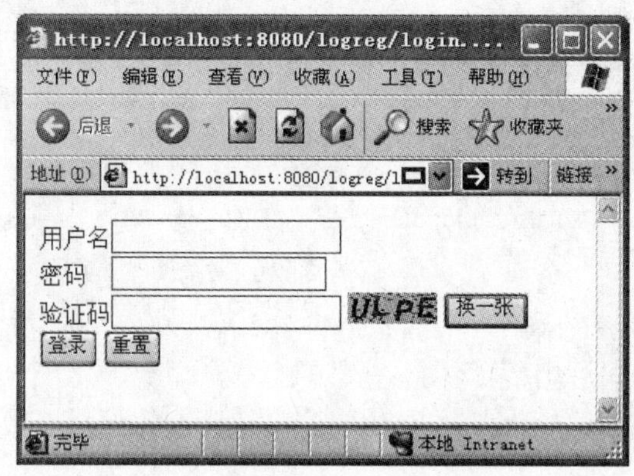

图 10-1　带图形验证码的登录界面

【设计关键】 验证码的产生和验证过程上节已经介绍，这里不再重复。当用户单击“换一张”按钮时应该如何处理呢？可以刷新当前页面，验证码也会刷新，但这样用户输入的用户名和密码也会清除，用户需要重新输入，如何保留用户输入的信息呢？可以采用如下方法：用户单击“换一张”按钮时，提交给一个 Servlet 转发到当前页面，这样 request 对象中参数信息不会丢失，利用 EL 表达式得到它们并在文本框和密码框中重新显示。

【实现】

（1）登录页面 Login.jsp，代码如下：

```
<%@ page pageEncoding="UTF-8"%>
<html>
  <head><title>带图形验证码的登录</title></head>
  <body>
    <form method="post" name="form1">
       用户名<input type="text" name="userid"
              onclick="mes.innerHTML=''" value="${param.userid }"/><br/>
       密码<input type="password" name="userpwd" value="${param.userpwd }"/><br/>
       验证码<input type="text" name="checkcode" />
       <img border="0" src="checkcode"/>
       <input type="submit" value="换一张" onclick="form1.action='changecheckcode'"/>
       <br/>
       <input type="submit" value="登录" onclick="form1.action='logcheck'"/>
       <input type="reset" value="重置"/>
       <div id="mes">${info} </div>
    </form>
  </body>
</html>
```

（2）产生验证码的 Servlet（地址为 checkcode）见 10.1.2 节。

（3）处理登录请求的 Servlet（地址为 logcheck），核心代码如下：

```
public void doPost(HttpServletRequest request, HttpServletResponse response)
                throws ServletException, IOException {
    request.setCharacterEncoding("UTF-8");
    String userid = request.getParameter("userid");
    String userpwd = request.getParameter("userpwd");
    String usercheckcode = request.getParameter("checkcode");
    String info = "";
    HttpSession session = request.getSession();
    String servercheckcode = (String) session.getAttribute("checkCode");
    if (!servercheckcode.equalsIgnoreCase(usercheckcode)) {
        info = "验证码不正确，请重新输入";
    } else if ("张三".equals(userid) && "123".equals(userpwd)) {
        info = "登录成功";
    }
    else {
        info = "用户名或密码不正确";
    }

    request.setAttribute("info", info);
    RequestDispatcher rd = request.getRequestDispatcher("/login.jsp");
    rd.forward(request, response);
}
```

（4）刷新验证码的 Servlet（地址为 changecheckcode），核心代码如下：

```
public void doPost(HttpServletRequest request, HttpServletResponse response)
                throws ServletException, IOException {
    request.getRequestDispatcher("/login.jsp").forward(request, response);
}
```

注意：在本案例中，各 Servlet 在 web.xml 中的配置信息省略。

10.2 MD5 加密

在一个 Web 系统中，如果注册用户的密码直接以明文存储，则数据库管理员可以查看所有用户的密码；如果数据库被黑客侵入，则会造成用户信息的泄露。为了避免这样的情况发生，通常采用加密技术对用户密码加密后再存储到数据库中，现在比较流行的加密算法是 MD5。

10.2.1 MD5 加密算法简介

MD5（Message Digest 5）是一种加密算法，能够对字节数组进行加密，有如下特点：

（1）不能根据加密后的信息（密文）得到加密前的信息（明文）。

（2）对于不同的明文，加密后的密文也是不同的。

该算法的原理和具体步骤这里不做讨论，感兴趣的读者可查阅相关资料。

10.2.2 MD5 算法的实现

在 Java 类库中，java.security.MessageDigest 和 sun.misc.BASE64Encoder 类提供了对 MD5 算法实现的支持，因此不用了解 MD5 算法的细节也能实现它。基本过程如下：

（1）把要加密的字符串转换成字节数组。

（2）获取 MessageDigest 对象，利用该对象的 digest 方法完成加密，返回字节数组。

（3）将字节数组利用 base64 算法转成等长字符串。

具体代码如下：

```
import java.security.MessageDigest;
import java.security.NoSuchAlgorithmException;
import sun.misc.BASE64Encoder;
public class MD5_Test{
        public static void main(String[] args){
                System.out.println(MD5("abc"));
        }
        public static String MD5(String oldStr){
                byte[] oldBytes=oldStr.getBytes();
                MessageDigest md;
                try {
                        md = MessageDigest.getInstance("MD5");
                        byte[] newBytes=md.digest(oldBytes);
                        BASE64Encoder encoder=new BASE64Encoder();
                        String newStr=encoder.encode(newBytes);
                        return newStr;
                } catch (NoSuchAlgorithmException e) {
                        return null;
                }


        }
}
```

上述代码中，MD5 是加密方法，它将字符串加密后的结果是个 24 位的字符串。

如将“abc”加密后结果为“kAFQmDzST7DWlj99KOF/cg==”。读者可以将该算法用于注册模块中。

10.3 在线编辑器

在实现诸如留言簿、论坛、新闻发布等 Web 模块时，经常用到在线编辑器，它使得我们可以像使用 Word 一样在线编辑留言或新闻内容，例如：对某段文字设置字体、插入表情、上传图片等。

10.3.1 在线编辑器简介

在线编辑器是一种通过浏览器等来对文字、图片等内容进行在线编辑修改的工具，让用户在网站上获得“所见即所得”效果。在线编辑器一般具有如下基本功能：

（1）文字的编辑。

（2）文字格式（如字体、大小、颜色、样式等）的设置。

（3）表格的插入和编辑。

（4）图片、音频、视频等多媒体的上传、导入和样式修改等。

常见的在线编辑器有 FreeTextBox、CKEditor（其旧版本为 FCKeditor）、KindEditor、eWebEditor、WebNoteEditor 等。下面以比较流行的 CKEditor 为例介绍在线编辑器的使用，如图 10-2 所示（使用的版本是 CKEditor 3.6.1）。

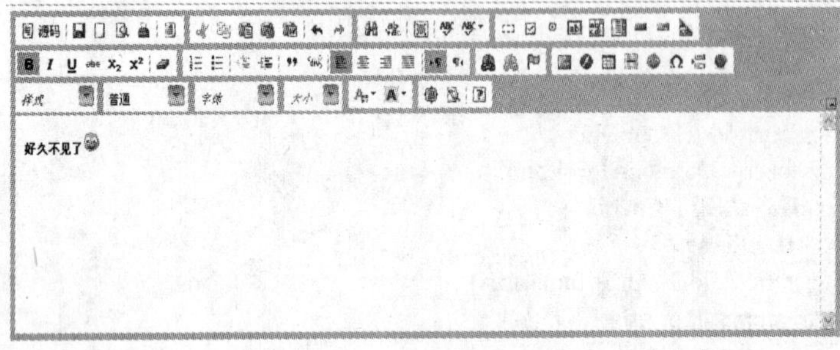

图 10-2　CKEditor 工具栏

10.3.2　CKEditor 的使用

1．CKEditor 的下载

在 CKEditor 的官方网站 http：//www.ckeditor.com 下载 CKEditor 压缩包（如 ckeditor_3.6.1.zip），解压后就可以使用了。

2．CKEditor 的创建

将 CKEditor 工具嵌入到网页中有多种方法，可以用 JavaScript 或 JSP 标签完成 CKEditor 对象的创建，这里介绍最简单的一种方法：

（1）先将解压后的 ckeditor 目录复制到 web 工程的 WebRoot 下。

（2）在 WebRoot 下创建页面 editor.html，页面中关键步骤有两个：一是通过<script type="text/javascript" src="ckeditor/ckeditor.js"></script>导入 ckeditor.js 文件；另一个是创建 textarea 元素，将其 class 属性设置为 ckeditor。

```
<!DOCTYPE HTML PUBLIC "-//W3C//DTD HTML 4.01 Transitional//EN">
<html>
  <head>
      <meta http-equiv="content-type" content="text/html; charset=UTF-8">
      <script type="text/javascript" src="ckeditor/ckeditor.js"></script>
  </head>
  <body>
      <form method="post">
            <textarea class="ckeditor" cols="80" name="editor1" rows="10"></textarea>
            <input type="submit" value="提交" />
      </form>
  </body>
</html>
```

（3）预览该页面就会看到类似图 10-2 的画面，表示 CKEditor 工具成功嵌入到网页中。当提交表单时，得到的 textarea 的值是编辑内容的源代码，如图 10-2 中的源代码如下。

```
<p>
```

```
        <strong>好久不见了</strong>
        <img alt="smiley" height="20"
            src="http://localhost:8080/editor/ckeditor/plugins/smiley/images/regular_smile.gif"
            title="smiley" width="20" />
    </p>
```

3．CKEditor 的配置

CKEditor 编辑器可以自由配置，如：编辑器的语言、工具集、界面背景色等等。CKEditor 的配置都集中在 ckeditor/config.js 文件中，该文件内容如下：

```
/*
Copyright (c) 2003-2011, CKSource - Frederico Knabben. All rights reserved.
For licensing, see LICENSE.html or http://ckeditor.com/license
*/
CKEDITOR.editorConfig = function( config ){
    // Define changes to default configuration here. For example:
    // config.language = 'fr';
    // config.uiColor = '#AADC6E';
};
```

可以在{}中对 CKEditor 进行配置，常用参数如下。

- config.language：界面语言，常见取值'en'、'zh-cn'。
- config.width，config.height：编辑器宽度和高度，以像素为单位。
- config.skin ：编辑器样式，取值有 3 个——'kama'（默认）、'office2003'、'v2'。
- config.uiColor：编辑器背景颜色。
- config.toolbar：定义工具栏，有基础'Basic'、全能'Full'、自定义 3 个取值。

更详细的配置信息可以查看官方网站的相关文档。

10.3.3 案例——使用 CKEditor 编辑公告内容

【例 10-2】 设计公告板模块，使用 CKEditor 编辑公告内容，界面如图 10-3 所示。

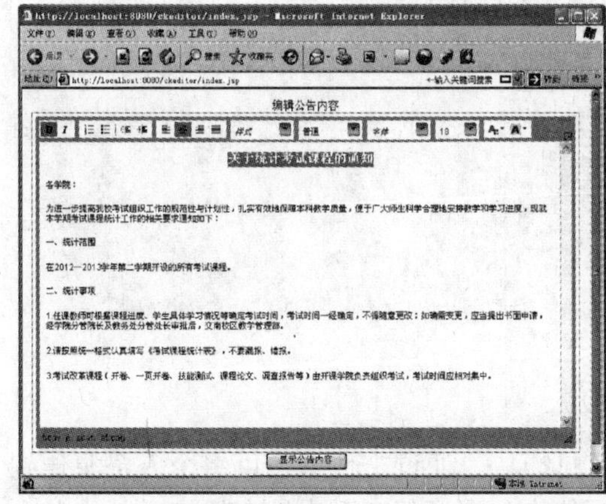

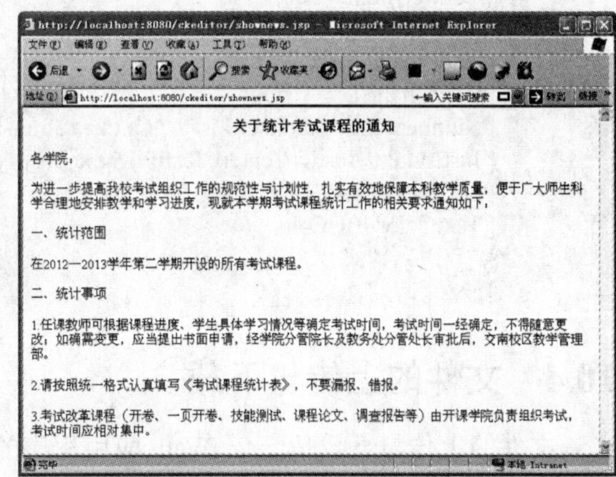

图 10-3 例 10-2 运行界面

【设计关键】 使用 CKEditor 编辑公告可以实现“所见即所得”，用户在编辑器中编辑的结果就是最终发布的结果。这里需要设计两个页面，一个是公告编辑页面 edit.jsp，一个是显示发布结果页面 show.jsp，另外修改 ckeditor 下的 config.js 文件定制编辑器的工具栏。

【实现】

（1）公告编辑页面 edit.jsp，代码如下：

```
<%@ page pageEncoding="UTF-8"%>
<!DOCTYPE HTML PUBLIC "-//W3C//DTD HTML 4.01 Transitional//EN">
<html>
    <head>
        <script type="text/javascript" src="ckeditor/ckeditor.js"></script>
    </head>
    <body>
      <center>
        <form method="post" action="show.jsp">
          编辑公告内容<textarea class="ckeditor" cols="80"
                           name="newsBody" rows="10"> </textarea>
          <input type="submit" value="显示公告内容" />
        </form>
    </center>
    </body>
</html>
```

（2）公告显示页面 show.jsp，代码如下：

```
<%@ page   pageEncoding="UTF-8"%>
<!DOCTYPE HTML PUBLIC "-//W3C//DTD HTML 4.01 Transitional//EN">
<html>
    <head><title>显示公告内容</title></head>
    <body>
        <% request.setCharacterEncoding("UTF-8"); %>
        ${param.board }
    </body>
</html>
```

（3）CKEditor 配置文件 config.js，代码如下：

```
CKEDITOR.editorConfig = function( config )
{ config.width = 800;
  config.height = 400;
config.toolbar_Full = [
['Bold','Italic'],
['NumberedList','BulletedList','-','Outdent','Indent'],
['JustifyLeft','JustifyCenter','JustifyRight','JustifyBlock'],
['Styles','Format','Font','FontSize'],
['TextColor','BGColor']
];
};
```

10.4 文件的上传与下载

文件的上传与下载是一个 Web 应用程序的常见模块，通过文件上传可将个人资源传到服务器上保存或供大家共享；通过文件下载可将网络上的资源保存到本地离线查看。本节介绍如何实现文件的上传和下载功能。

10.4.1 常见文件上传下载组件

使用 Java 技术实现文件上传下载，需要借助于输入输出流类实现，比较复杂。而借助于一些上传下载组件来实现则非常简单，而且效率比较高。常见的上传下载组件有 FileUpload、jspSmartUpload、Cos 等。

在本书中使用 Cos 组件实现文件的上传和下载。Cos 是一个性能优秀的上传下载组件，可以非常容易地实现文件的上传下载功能。要使用它首先从网上下载 cos.jar 并导入到工程的 lib 目录下。

10.4.2 文件上传的实现

（1）文件上传页面 upload.jsp

```
<%@ page    pageEncoding="utf-8"%>
<html>
  <body>
    <form method="post" action="upload" enctype="multipart/form-data">
    <input type="file" name="file1"/><br/>
    <input type="submit" value="上传"/>
    </form>
  </body>
</html>
```

在页面中一定注意表单的 method 属性的值必须为 post，enctype 属性值必须设置为 multipart/form-data，upload 为执行上传操作的 Servlet 的地址。

（2）执行上传操作的 Servlet 的核心代码如下：

```
public void doPost(HttpServletRequest request, HttpServletResponse response)
                throws ServletException, IOException {
        String saveDirectory ="d:\\tools\\upload";
        File savedir=new File(saveDirectory);
        if(!savedir.exists()){//如果上传的路径不存在，则创建它
                savedir.mkdirs();
        }
        int maxPostSize = 5 * 1024 * 1024 ;    //上传大小限制：5M
        MultipartRequest multi;
        multi= new MultipartRequest(request, saveDirectory, maxPostSize,"utf-8");
}
```

在上述代码中，saveDirectory 是上传到服务器的路径，maxPostSize 是上传大小限制，以字节为单位。如果上传文件重名，默认会覆盖原先的文件。

下面这段代码则不会覆盖原来的文件，会自动为新文件重新命名（文件名后加序号 01，02…）。

```
public void doPost(HttpServletRequest request, HttpServletResponse response)
                throws ServletException, IOException {
        String saveDirectory ="d:\\tools\\upload";
        File savedir=new File(saveDirectory);
        if(!savedir.exists()){ savedir.mkdirs();}
        int maxPostSize = 5 * 1024 * 1024 ;    //上传大小限制：5M
        FileRenamePolicy policy =(FileRenamePolicy)new DefaultFileRenamePolicy();
        MultipartRequest multi;
        multi = new MultipartRequest(request, saveDirectory, maxPostSize,"utf-8",policy);
}
```

（3）要获得上传的文件和表单的其他元素的信息，可借助于 MultipartRequest 类型的对

象 multi，典型代码如下：

```
Enumeration<String> files = multi.getFileNames();
while(files.hasMoreElements()) {
        String name=files.nextElement();
        File f = multi.getFile(name);
        if(f!=null){
            String fileName = multi.getFilesystemName(name);
            String lastFileName= saveDirectory+"\\" + fileName;
            out.println("上传的文件:"+lastFileName);
            out.println("<hr>");
        }
}
```

10.4.3 文件下载的实现

实现下载操作的 Servlet（下载链接地址是一个 Servlet），代码如下：

```
public void doGet(HttpServletRequest request, HttpServletResponse response)
        throws ServletException, IOException {
        String filepath="d:/";              //下载路径
        String filename="1.jpg";        //下载的文件名
        String guessCharset="gbk";
        try { //使用 iso8559_1 编码方式
            String isofilename = new String(filename.getBytes(guessCharset),"iso-8859-1");
            response.setContentType("application/octet-stream");
            response.setHeader("Content-Disposition","attachment; filename=" + isofilename);
            ServletOutputStream out = null;
            out = response.getOutputStream();
            ServletUtils.returnFile(filepath+filename,out);      //下载文件
        }catch (UnsupportedEncodingException ex) {        //iso8559_1 编码异常
              ex.printStackTrace();
        }catch(IOException e){           //getOutputStream()异常
              e.printStackTrace();
        }
}
```

10.4.4 案例——使用 Cos 组件实现作业上传

【例 10-3】 设计作业上传程序，要求上传的作业文件命名格式为“学号-题号”，上传到服务器后，将文件重命名为“客户端 Ip 地址-学号-题号”的形式。同一题目，学生可上传多次，后上传的将覆盖先前上传的文件。文件上传路径为 Web 目录下的 upload 文件夹。运行界面如图 10-4 所示，其中图 10-4a 是选择上传文件界面，图 10-4b 是文件上传成功后界面。

【设计关键】 该例要求对上传文件重新命名，这就需要借助于 MultipartRequest 对象获得上传的文件信息，并对它进行重命名。需要设计文件上传页面 upload.jsp 和处理上传的 Servlet：UpLoad.java。

【实现】

（1）上传页面 upload.jsp，代码如下：

```
<%@ page   pageEncoding="UTF-8"%>
<html>
```

```
    <body>
        <form method="post" action="upload" enctype="multipart/form-data">
            <input type="file" name="file1" contenteditable="false"
                            onclick="info.innerHTML=""/><br/>
            <input type="submit" value="上传"/>
        </form>
        <div id="info">${message}</div>
    </body>
</html>
```

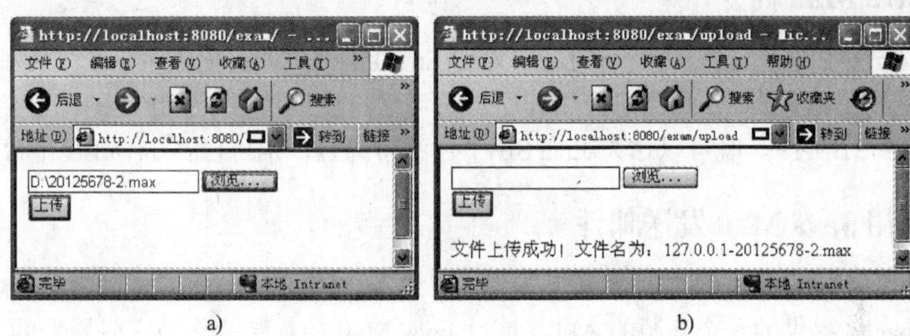

a) b)

图 10-4 例 10-3 运行界面

a) 选择上传文件界面 b) 文件上传成功界面

（2）处理上传的 Servlet：UpLoad.java，其地址为 upload（只列出核心代码），代码如下。

```
public void doPost(HttpServletRequest request, HttpServletResponse response)
                throws ServletException, IOException {
    String requestip=request.getRemoteAddr();
    String saveDirectory =this.getServletContext().getRealPath("")+"\\upload";
    File savedir=new File(saveDirectory);
    if(!savedir.exists()){//如果上传目录不存在则创建它
        savedir.mkdirs();
    }
    int maxPostSize = 5 * 1024 * 1024 ;  //上传大小限制：5M
    FileRenamePolicy policy =(FileRenamePolicy)new DefaultFileRenamePolicy();
    MultipartRequest multi;
    multi = new MultipartRequest(request, saveDirectory, maxPostSize,"UTF-8",policy);
    Enumeration<String> files = multi.getFileNames();
    String name=files.nextElement();
    File f = multi.getFile(name);
    if(f!=null){
        String fileName = f.getName();
        File sServerFile= new File(saveDirectory+"\\" +requestip+"-"+fileName);
        if(sServerFile.exists()){//将先前上传的文件删除掉，这样重命名才能成功
            sServerFile.delete();
        }
        f.renameTo(sServerFile);//重命名文件
        String   message="文件上传成功！文件名为："+requestip+"-"+fileName;
        request.setAttribute("message", message);
    }
    request.getRequestDispatcher("/upload.jsp").forward(request, response);
}
```

10.5 Java Mail 编程

在开发项目或软件产品的功能中，经常遇到需要将数据、提醒、公告等通过邮件方式发送给客户或者管理人员，也就是通过邮件驱动来执行业务规则。本节介绍利用 Java Mail 实现邮件的发送。

10.5.1 Java Mail 简介

Java Mail API 是 Sun 公司发布的用来处理 Email 的 API，它提供了一个平台独立和协议独立的框架，用来建立邮件和消息应用程序。它可以方便地执行一些常用的邮件传输，支持 POP3、IMAP、SMTP，既可以作为 Java SE 平台的可选包，也可以在 Java EE 平台中使用。

10.5.2 使用 Java Mail 发送邮件

直接使用 Java Mail 实现邮件发送比较复杂，这里采用 Commons-Email 实现。Commons-Email 是 Apache 提供的一个开源的 API，是对 Java Mail 的封装，使用它时用到的 jar 包括：mail.jar、activation.jar、additionnal.jar 和 commons-email-1.2.jar，主要包括 SimpleEmail、MultiPartEmail、HtmlEmail、EmailAttachment 4 个类。

- SimpleEmail：发送简单的 Email，不能添加附件。
- MultiPartEmail：发送文本邮件，可以添加多个附件。
- HtmlEmail：发送 HTML 格式邮件，同时具有 MultiPartEmail 类的所有功能。
- EmailAttchment：附件类，可以添加本地资源，也可以指定网络上资源，在发送时自动将网络上资源下载发送。

1．发送简单文本邮件

代码片段如下：

```
SimpleEmail email=new SimpleEmail();
email.setHostName("smtp.163.com");//设置邮箱服务器
email.setAuthentication("javalesson2011", "java2011");//设置用户名和密码
email.addTo("***@**.com");//收件人
email.setFrom("javalesson2011@163.com");//发件人
email.setSubject("Subject");//邮件主题
email.setMsg("你好");//邮件内容
email.send();//发送邮件
```

2．发送带附件的邮件

核心代码片段如下：

```
EmailAttachment attachment = new EmailAttachment();
attachment.setPath("d:\\201301.txt");                          //附件路径
attachment.setDisposition(EmailAttachment.ATTACHMENT);
MultiPartEmail email = new MultiPartEmail();
email.setHostName("smtp.163.com");                             //设置邮箱服务器
email.setAuthentication("javalesson2011", "java2011");      //设置用户名和密码
email.addTo("***@**.com");//收件人
email.setFrom("javalesson2011@163.com");                       //发件人
email.setSubject("Subject");
```

```
email.setMsg("你好");
email.attach(attachment);
email.send();
```

3．发送 HTML 形式的邮件

核心代码片段如下：

```
HtmlEmail email = new HtmlEmail();
email.setHostName("smtp.163.com");                              //设置邮箱服务器
email.setAuthentication("javalesson2011", "java2011");          //设置用户名和密码
email.addTo("***@**.com");//收件人
email.setFrom("javalesson2011@163.com");//发件人
email.setSubject("Subject");                                    //邮件主题
email.setHtmlMsg("<font color='red'>123</font>");               //html 形式的邮件内容
email.send();                                                   //发送邮件
```

10.5.3 案例——使用 Java Mail 实现邮件发送

【例 10-4】 设计一个简单邮件发送系统，运行界面如图 10-5。

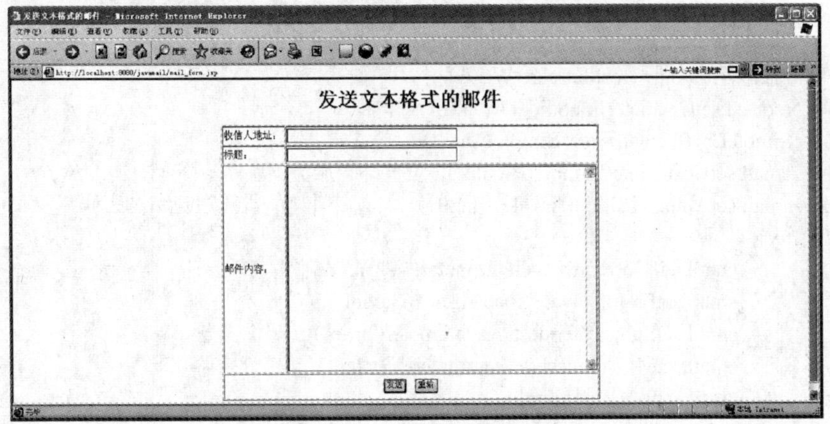

图 10-5 例 10-4 运行界面

【设计】 该例需要设计邮件发送页面 mail.jsp 和处理邮件发送的 Servlet：SendSimpleMail.java。

【实现】

（1）邮件发送页面 mail.jsp，代码如下：

```
<%@ page pageEncoding="UTF-8"%>
<html>
      <head><title>发送文本格式的邮件</title></head>
      <body>
      <h1 align="center">发送文本格式的邮件</h1>
      <form name="form1" method="post" action="sendmail">
            <table width="48%" border="1" align="center" cellspacing="1">
               <tr > <td width="20%" height="30">收信人地址：</td>
                  <td width="80%" height="30">
                        <input name="to" type="text" size="40">
                  </td>
            </tr>
            <tr > <td height="30">标题：</td>
                  <td height="30"><input name="title" type="text" size="40"></td>
```

```
            </tr>
            <tr> <td height="30">邮件内容：</td>
                <td height="30">
                    <textarea name="content" cols="60" rows="20" id="content"></textarea>
                </td>
            </tr>
            <tr align="center">
                <td colspan="2" height="40">
                  <input type="submit"   value="发送">  
                  <input type="reset"   value="重输">
                 </td>
            </tr>
      </table>
    </form>
    </body>
</html>
```

（2）处理邮件发送的 Servlet：SendSimpleMail.java，其地址为 sendmail（只列出核心代码）。

```
public void doPost(HttpServletRequest request, HttpServletResponse response)
                throws ServletException, IOException {
    response.setContentType("text/html;charset=UTF-8");
    PrintWriter out = response.getWriter();
    request.setCharacterEncoding("UTF-8");
    SimpleEmail email=new SimpleEmail();
    email.setHostName("smtp.163.com");//设置邮箱服务器
    email.setAuthentication("javalesson2011", "java2011");//设置用户名和密码
    try {
        email.addTo(request.getParameter("to"));//收件人
        email.setFrom("javalesson2011@163.com");//发件人
        email.setSubject(request.getParameter("title"));//邮件主题
        email.setMsg(request.getParameter("content"));//邮件内容
        email.send();//发送邮件
        out.print("邮件发送成功");
    } catch (EmailException e) {
        e.printStackTrace();
        out.print("邮件发送失败");
    }
}
```

10.6 页面分页技术

在设计信息浏览页面时，如果信息量很大，则经常需要分页显示信息，本节将介绍分页技术的设计思想和具体实现。

10.6.1 分页技术的设计思想

这里按照“表示层-控制层-DAO 层-数据库”的分层设计思想实现：首先在 DAO 对象中提供分页查询的方法；在控制层调用该方法查到指定页的数据；在表示层通过 EL 表达式和 JSTL 将该页数据显示出来。

10.6.2 分页具体实现

假设要实现如图 10-6 的用户信息分页浏览，数据库使用 MySql。

所有用户信息

共有3页，这是第2页。 第一页 上一页 下一页 最后一页

用户编号	用户名	性别
20130006	李红	女
20130007	周良	男
20130008	谭亮	女
20130009	陈军	男
20130010	冯胜	男

图 10-6 分页浏览用户信息

（1）在 Dao 对象（UserDao）中提供两个方法用来计算总页数和查询指定页数据，核心代码如下（其中 JdbcUtils 类在 JavaBean 中已经介绍过）：

```
public int getPageCount() throws Exception{
        Connection conn = null;
        PreparedStatement ps = null;
        ResultSet rs = null;
        int recordCount=0,t1=0,t2=0;
        try {
                conn = JdbcUtils.getConnection();
                String sql = "select count(*) from user";
                ps=conn.prepareStatement(sql);
                rs=ps.executeQuery();
                rs.next();
                recordCount=rs.getInt(1);
                t1=recordCount%5;
                t2=recordCount/5;
        }finally {
                JdbcUtils.free(rs, ps, conn);
        }
        return t1==0?t2:t2+1;
}
public List<User> listUser(int pageNo) throws Exception{
        Connection conn = null;
        PreparedStatement ps = null;
        ResultSet rs = null;
        int pageSize=5;
        int startRecno=(pageNo-1)*pageSize;
        ArrayList<User> userList=new ArrayList<User>();
        try {
                conn = JdbcUtils.getConnection();
                String sql = "select * from user   order by userid limit ?,?";
                ps=conn.prepareStatement(sql);
                ps.setInt(1,startRecno);
                ps.setInt(2,pageSize);
                rs=ps.executeQuery();
                while(rs.next()){
                    User user=new User();
```

```
                    user.setUserid(rs.getString(1));
                    user.setUsername(rs.getString(2));
                    user.setSex(rs.getString(3));
                    userList.add(user);
                }
        }finally {
                JdbcUtils.free(rs, ps, conn);
        }
        return userList;
}
```

（2）控制层提供一个 Servlet 调用 Dao 对象查询数据并指派页面显示数据，其访问地址是 listUser，核心代码如下：

```
public void doGet(HttpServletRequest request, HttpServletResponse response)
                throws ServletException, IOException {
    int pageNo = 1;int pageSize=5;
    String strPageNo = request.getParameter("pageNo");
    if(strPageNo != null){
        pageNo = Integer.parseInt(strPageNo); // 把字符串转换成数字
    }
    UserDao userDao = new UserDao();
    try{
        List<User> userlist = userDao.listUser(pageNo);
        request.setAttribute("userlist",userlist);
        Integer pageCount = new Integer(userDao.getPageCount());
        request.setAttribute("pageCount",pageCount);
        request.setAttribute("pageNo",pageNo);
        RequestDispatcher rd = request.getRequestDispatcher("userlist.jsp");
        rd.forward(request,response);
    }catch(Exception e){
        e.printStackTrace();
    }
}
```

（3）输出页面 userlist.jsp，使用 EL 和 JSTL 输出查询结果，代码如下：

```
<%@ page pageEncoding="UTF-8"%>
<%@ taglib prefix="c" uri="http://java.sun.com/jsp/jstl/core"%>
<html>
    <head>
        <title>用户列表</title>
        <style>
          th,td{width:150px;border:2px solid gray;text-align:center;padding:2px 10px;}
          table{border-collapse:collapse;}
          body{text-align:center;}
          a{text-decoration:none;}
        </style>
    </head>
    <body>
     <c:if test="${pageCount>0}">
        <h2>所有用户信息</h2>
        共有${pageCount}页，这是第${pageNo}页。
        <c:if test="${pageNo>1}">
```

```
            <a href="listUser?pageNo=1">第一页</a>
            <a href="listUser?pageNo=${pageNo-1}">上一页</a>
        </c:if>
        <c:if test="${pageNo!=pageCount}">
            <a href="listUser?pageNo=${pageNo+1}">下一页</a>
            <a href="listUser?pageNo=${pageCount}">最后一页</a>
        </c:if>
        <table >
          <tr><th>用户编号</th><th>用户名</th><th>性别</th></tr>
          <c:forEach items="${userlist}" var="user" >
            <tr><td>${user.userid}</td><td>${user.username}</td><td>${user.sex}</td></tr>
          </c:forEach>
        </table>
        <br>
      </c:if>
      <c:if test="${pageCount==0}">
          <p>目前没有记录</p>
      </c:if>
   </body>
</html>
```

本章小结

本章介绍了一些在 Java Web 开发中经常用到的开发技术，包括：图形验证码的使用、MD5 加密算法、在线编辑器、文件上传和下载、使用 Java Mail API 实现邮件发送以及分页浏览技术。

习题

1．设计功能完善的登录、注册程序，要求：登录使用图形验证码，用户密码要加密。
2．设计一个留言板系统，要求：留言使用 CKEditor 进行编辑。
3．设计一个文件管理系统，要求：可进行文件上传和下载并能分页浏览文件信息。

第 11 章 Struts2 框架技术

Struts 框架提供了一种基于 MVC 体系结构的 Web 程序的开发方法，具有组件模块化、灵活性和重用性等优点，使基于 MVC 模式的程序结构更加清晰，同时也简化了 Web 应用程序的开发。本章主要介绍 Struts2 框架的使用方法以及使用 Struts2 开发 Web 程序的过程及其设计案例。

11.1 Struts2 简介

Struts 是整合了当前动态网站技术中 Servlet、JSP、JavaBean、JDBC、XML 等相关开发技术基础之上的一种主流 Web 开发框架，是一种基于经典 MVC 的框架。采用 Struts 可以简化 MVC 设计模式的 Web 应用开发工作，很好地实现代码重用。

11.1.1 Struts2 的组成与工作原理

Struts2 是基于 MVC 模式的 Web 框架，Struts2 框架按照 MVC 的思想主要有控制器层，包括核心控制器 FilterDispatcher、业务控制器 Action；模型层，包括业务逻辑组件和数据库访问组件；视图组件。如图 11-1 所示。

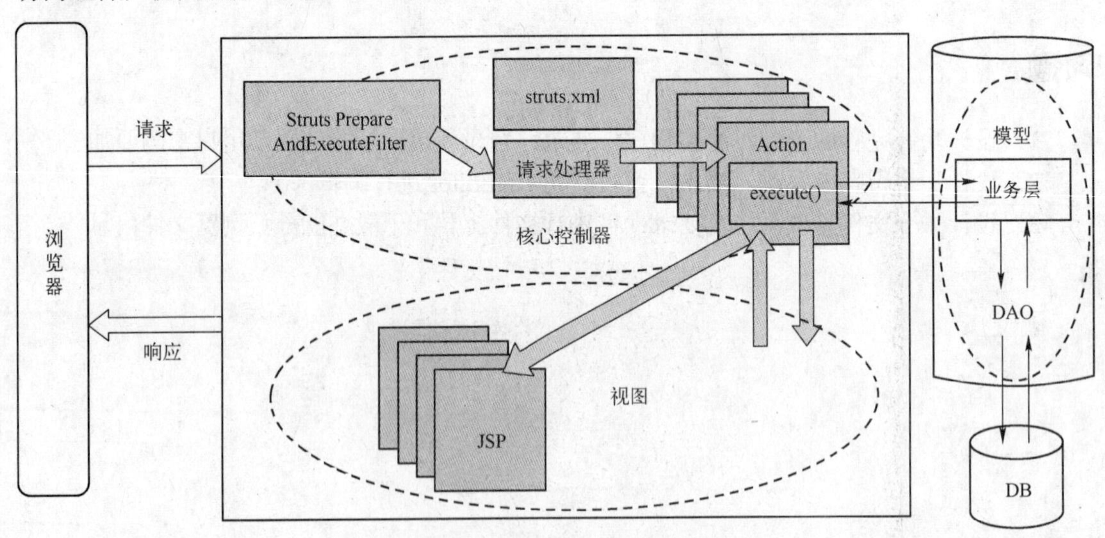

图 11-1 Struts2 框架的组成结构图

（1）模型组件：模型组件是实现业务逻辑的模块，由 JavaBean 或者 EJB 构成。

（2）视图组件：视图组件主要有 HTML、JSP 和 Struts2 标签，以及 FreeMarker、Velocity 等模板视图技术。

（3）控制器组件：控制器组件主要由一个 StrutsPrepareAndExecuteFilter 核心控制器和业务控制器 Action 组成。

- StrutsPrepareAndExecuteFilter：核心控制器，负责接收所有请求，在 web.xml 配置文件中配置，系统启动时自动创建该控制器。
- Action：负责处理单个特定请求，Action 是一个普通的类，不需要实现任何接口或继承任何类。在系统设计中，需要设计有关业务处理的各种 Action 类。
- 另外，一个 struts.xml 的配置文件，实现视图（页面 JSP）与业务逻辑组件（Action）之间关系的声明。

StrutsPrepareAndExecuteFilter 是 Struts2 框架的核心控制器，它负责拦截由<url-pattern>/*</url-pattern>指定的所有用户请求，当用户请求到达时，该 Filter 会过滤用户的请求。当请求转入 Struts2 框架处理时会先经过一系列的拦截器，然后再到 Action。Struts2 对用户的每一次请求都会创建一个 Action，所以 Struts2 中的 Action 是线程安全的。Struts2 的处理流程如图 11-2 所示。

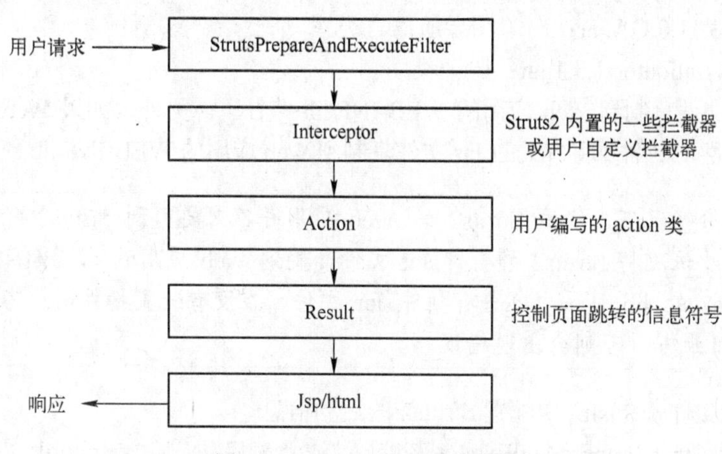

图 11-2　Struts2 的处理流程图

11.1.2　搭建 Struts2 开发环境

Struts2 必须与 JDK（JDK1.4 以上版本）和 Servlet Container（Tomcat）结合使用。对于 JDK 和 Tomcat 的安装与配置在第一章中已经介绍，在这里主要介绍 Struts2 的安装与配置。

1．下载 Struts2

在搭建 Struts2 环境前，首先需要下载 Struts2 包文件。下载网站为http://struts.apache.org/download，下载压缩文件 struts-2.x.x-all.zip（目前最新的版本为 Strut-2.3.8-all-zip）。下载后，解压该文件，其目录下包含以下 4 个子目录。

- apps：该文件夹下包含了基于 Struts2 的示例应用，这些示例应用对于学习者是非常有用的资料。
- docs：该文件夹下包含了 Struts 2 的相关文档，包括 Struts 2 的快速入门、Struts 2 的文档，以及 API 文档等内容。
- lib：该文件夹下包含了 Struts 2 框架的核心类库，以及 Struts 2 的第三方插件类库，在开发应用程序时，要将需要用到的 jar 文件导入工程中。

- src：该文件夹下包含了 Struts 2 框架的全部源代码。

2．搭建 Struts2 环境

对于一个应用程序（Web 工程），搭建其所需要的 Struts2 环境，一般需要以下两步工作：首先，找到开发 Struts2 应用所需要使用到的 Jar 文件，并导入工程中；其次，修改配置 web.xml 文件，在 web.xml 文件中加入 Struts2 MVC 框架启动配置。

（1）导入开发 Struts2 应用所依赖的 Jar 文件

- struts2-core-2.x.x.jar：Struts 2 框架的核心类库。
- xwork-core-2.x.x.jar：XWork 类库。
- ognl-2.6.x.jar：对象图导航语言，struts2 框架通过其读写对象的属性。
- freemarker-2.3.x.jar：Struts 2 的 UI 标签的模板使用 FreeMarker 编写。
- commons-logging-1.x.x.jar：支持 Log4J 和 JDK 1.4 以上的日志记录。
- commons-fileupload-1.2.1.jar：文件上传组件。
- javassist-3.11.0.GA.jar：对象图导航语言类库。
- commons-validator-1.3.1.jar：验证类库。

将这些 Jar 文件复制到 Web 应用的 WEB-INF/lib 路径下。另外，如果 Web 应用需要使用 Struts2 的更多特性，则需要将有关的 Jar 文件复制到 Web 应用的 WEB-INF/lib 路径下。

提示：大部分情况下，使用 Struts2 的 Web 应用并不需要用到 Struts2 的全部特性，因此，没有必要依次将 Struts2 的全部 Jar 文件复制到 Web 应用的 WEB-INF/lib 路径下。另外，Struts2 的 lib 目录中包含有插件 Jar 文件，在没有配置插件前，不要复制到应用程序的 lib 目录下，否则会出现错误。

（2）在配置文件 web.xml 中配置 Struts2 的启动信息

Struts2 通过 StrutsPrepareAndExecuteFilter 过滤器来启动，在 web.xml 文件中添加如下配置：

```
<filter>
    <filter-name>struts2</filter-name>
    <filter-class>
        org.apache.struts2.dispatcher.ng.filter.StrutsPrepareAndExecuteFilter
    </filter-class>
</filter>
<filter-mapping>
    <filter-name>struts2</filter-name>
    <url-pattern>/*</url-pattern>
</filter-mapping>
```

另外，对于基于 Struts2 的 Web 工程，还必须建立一个 Struts2 应用的配置文件，Struts2 默认的配置文件为 struts.xml（对于 MyEclipse 开发环境，需要建立在 src 子目录下）。对于刚建立的 Web 应用程序，struts.xml 文件的配置信息模版如下：

```
<?xml version="1.0" encoding="UTF-8"?>
<!DOCTYPE struts PUBLIC
    "-//Apache Software Foundation//DTD Struts Configuration 2.0//EN"
```

```
        "http://struts.apache.org/dtds/struts-2.0.dtd">
<struts>
        各种配置信息
</struts>
```

在以后的设计中，需要对该文件进行修改添加有关的配置信息。

对于一个应用程序，通过上面的处理就具有了 Struts2 基本的运行环境，但在以后进一步设计中，还需要对 web.xml 和 struts.xml 配置文件进行修改。具体修改内容和修改方式将在后面几节中介绍。

11.1.3 Struts2 入门案例——基于 Struts2 任意两数据的代数和

在本小节中，基于 Struts2 实现任意两个数代数和并显示结果的案例，展现 Struts2 的使用方法。

【例 11-1】 设计一个简单的 Web 程序，其功能是让用户输入两个整数，并提交给 Action，在 Action 中计算这两个数的代数和，如果代数和为非负数，则跳转到 ch11_1_Positive.jsp 页面，否则跳转到 ch11_1_Negative.jsp 页面。

【分析】 由于 Struts2 是基于 MVC 模式，可以将该问题设计成由 3 个大组件构成，视图组建、模型组建和控制组建，但由于该问题较简单，只需要视图组建和控制组建。其中，视图组建有 3 个 Jsp 页面：输入两个数据的提交页面（ch11_1_Input.jsp），代数和为非负数，跳转到 ch11_1_Positive.jsp 页面，否则跳转到 ch11_1_Negative.jsp 页面；控制器有一个 Action：Ch11_1_Action，该类有 3 个属性（int x,int y,int sum），分别存放加数、被加数以及和值。其逻辑关系如图 11-3 所示。

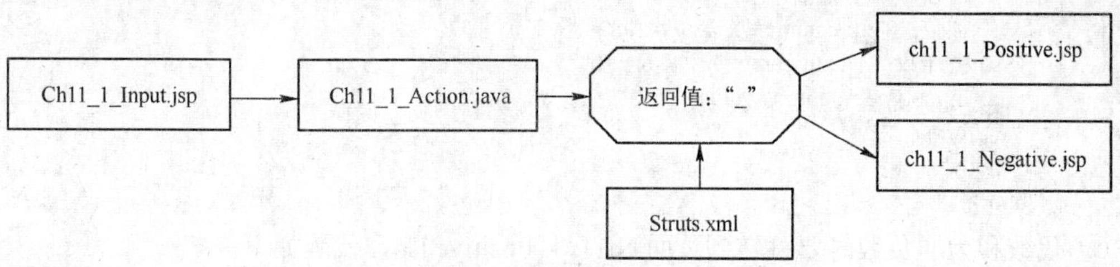

图 11-3　例 11-1 的各组件之间的逻辑关系

> 📖 提示：对于 Struts2，各组件之间的数据共享是通过 Action 的属性（int x,int y,int sum）实现的，提交页面给输入域 x，y 提供值；提交后，进入 Action，Action 接收数据并赋值给自身属性，然后自动执行方法 execute()，并返回一个字符串；在配置文件 struts.xml 中，根据字符串的值，转向不同的处理。

【设计步骤】 由上面的分析，该程序的开发步骤为：

（1）建立 Web 工程并在 web.xml 中配置核心控制器。

（2）设计和编写视图组件（使用 JSP 编写页面）。

（3）编写视图组件对应的业务控制器组件 Action。

（4）配置业务控制器 Action，即修改 struts.xml 配置文件，配置 Action。

（5）部署程序。

【系统的实现】 按设计步骤，依次实现：

（1）在 MyEclipse 中创建 Web 工程 ch11_1_StrutsAdd（注意：在创建 Web 工程时，最好选用 JavaEE 规范），并导入 Struts2 必需的 jar 包。

（2）修改 web.xml 配置文件，在 web.xml 中添加如下的配置信息：

```
<filter>
      <filter-name>struts2</filter-name>
      <filter-class>
            org.apache.struts2.dispatcher.ng.filter.StrutsPrepareAndExecuteFilter
      </filter-class>
</filter>
<filter-mapping>
      <filter-name>struts2</filter-name>
      <url-pattern>/*</url-pattern>
</filter-mapping>
```

（3）编写 JSP 页面

由图 11-3 可知，该系统需要 3 个页面：ch11_1_Input.jsp、ch11_1_Positive.jsp、ch11_1_Negative.jsp 页面。

① 提交数据页面 ch11_1_Input.jsp，代码如下：

```
<%@ page language="java" import="java.util.*" pageEncoding="UTF-8"%>
<html>
  <head> <title>提交两数据页面</title> </head>
  <body>
    <form action="add"   method="post">
      请输入两个整数：<br><br>
      加数：<input name="x"/><br><br>
      被加数：<input name="y"/><br><br>
     <input type="submit" value="求和">
    </form>
  </body>
</html>
```

提交后，要执行的 Action，要在 struts.xml 中配置

② 代数和为非负数时要跳转到页面 ch11_1_Positive.jsp，代码如下：

```
<%@ page language="java"   pageEncoding="UTF-8"%>
<%@   taglib prefix="s" uri="/struts-tags"%>
<html>
  <head> <title>显示页面——代数和为非负整数</title> </head>
  <body>
     代数和为非负整数:<s:property value="sum"/>
  </body>
</html>
```

导入 Struts2 标签库

使用了 Struts2 标签，显示 sum 的值

③ 代数和为负数时要跳转到页面 ch11_1_Negative.jsp，代码如下：

```
<%@ page language="java"   pageEncoding="UTF-8"%>
<%@   taglib prefix="s" uri="/struts-tags"%>
<html>
  <head> <title>显示页面——代数和为负整数</title> </head>
  <body>
     代数和为负整数:<s:property value="sum"/>
  </body>
```

```
</html>
```

（4）设计控制类（Action 类）：Ch11_1_Action.java。

该控制器的属性 x、y 用于接受用户提交的数据，而 sum 用于保存计算结果，并将信息转发给 ch11_1_Positive.jsp 或 ch11_1_Negative.jsp，其代码如下：

```
package Action;
public class Ch11_1_Action {
        private int x;
        private int y;
        private int sum;
        public int getX() {return x;}
        public void setX(int x) {this.x = x;}
        public int getY() {return y;}
        public void setY(int y) {this.y = y;}
        public int getSum() {return sum;}
        public String execute() {
                sum=x+y;
                if(sum>=0) return "+";
               else return "-";
        }
}
```

利用 setter 方法，将接受提交页面的数据，并赋值给相应的属性

利用该方法，将属性 sum 的值，传给要跳转到的视图中

（5）修改 struts.xml 配置文件，配置 Action 代码如下：

```
<?xml version="1.0" encoding="UTF-8" ?>
<!DOCTYPE struts PUBLIC
        "-//Apache Software Foundation//DTD Struts Configuration 2.3//EN"
        "http://struts.apache.org/dtds/struts-2.3.dtd">
<struts>
        <package name="default" namespace="/" extends="struts-default">
                <action name="add" class="Action.Ch11_1_Action">
                        <result name="+">/ch11_1_Positive.jsp </result>
                        <result name="-">/ch11_1_Negative.jsp</result>
                </action>
        </package>
</struts>
```

Action 配置信息，以及页面的跳转配置

（6）部署该程序到服务器 Tomcat 中运行，运行界面如图 11-4 所示。

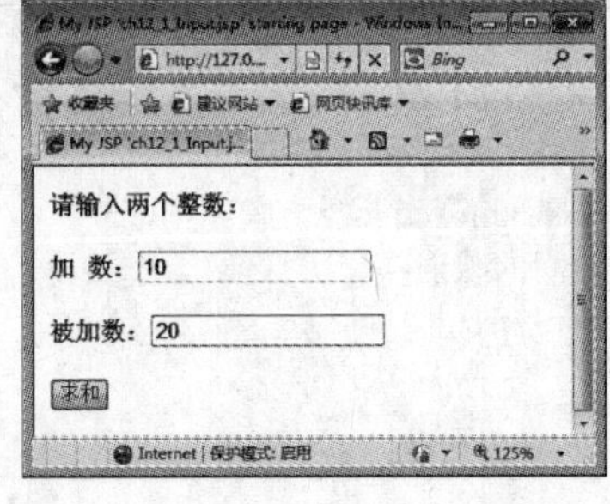

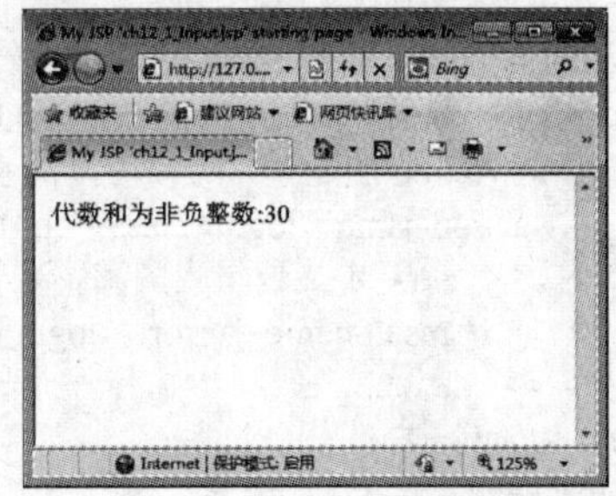

图 11-4　例 11-1 的运行界面

📖 提示：各组建实现数据共享是通过 Action 属性实现的，所以在提交页面和从 Action 实现的跳转页面中所共享的数据，必须与 Action 属性一样。

从该案例可以看出，基于 Struts2 开发 Web 程序的关键是 Action 的设计以及 struts.xml 配置文件。将在 11.2 节和 11.3 节两节中详细介绍 Action 的设计以及 struts.xml 配置文件。

11.1.4 Struts 2 的中文乱码问题处理

中文乱码问题一般指的是当请求参数中有中文时，无法在 Action 中得到正确的中文。Struts2 中有两种方法可以解决这个问题：

（1）设置 JSP 页面的 pageEncoding="UTF-8"，就不会出现中文乱码。

（2）如果 JSP 页面的 pageEncoding="GBK"，那么需要在源包（src）下，建立一个属性文件 struts.properites，并在该文件内填写如下内容，修改有关的属性值：

```
struts.locale=zh_CN
struts.i18n.encoding=gbk
```

思考：修改例 11-1，实现两个汉字字符串的连接，当连接后的串长度大于 10，就显示连接结果并显示“串太长”；当连接串的长度小于 10，则显示连接结果并显示“串长度较短”。

11.2 Struts2 的配置文件

Struts2 的核心配置文件是 struts.xml，struts 应用的各个组件及其关系均在该文件中声明。所有用户请求被 Struts2 核心控制器拦截，然后业务控制器代理通过配置管理类查询配置文件 struts.xml 中由哪个 Action 处理。

struts.xml 配置文件的基本结构如下：

注意版本号，这里使用的是 Struts2.3.8 版本

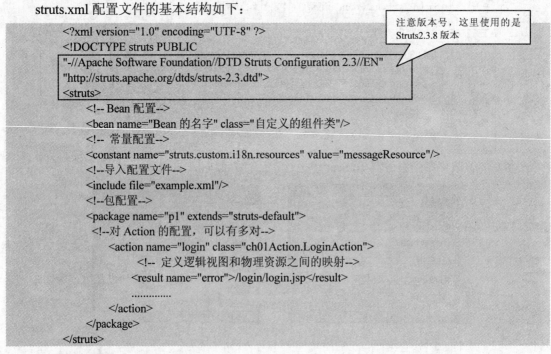

```
<?xml version="1.0" encoding="UTF-8" ?>
<!DOCTYPE struts PUBLIC
"-//Apache Software Foundation//DTD Struts Configuration 2.3//EN"
"http://struts.apache.org/dtds/struts-2.3.dtd">
<struts>
    <!-- Bean 配置-->
    <bean name="Bean 的名字" class="自定义的组件类"/>
    <!-- 常量配置-->
    <constant name="struts.custom.i18n.resources" value="messageResource"/>
    <!--导入配置文件-->
    <include file="example.xml"/>
    <!--包配置-->
    <package name="p1" extends="struts-default">
     <!--对 Action 的配置，可以有多对-->
        <action name="login" class="ch01Action.LoginAction">
                <!-- 定义逻辑视图和物理资源之间的映射-->
            <result name="error">/login/login.jsp</result>
            ..............
        </action>
    </package>
</struts>
```

1．Bean 配置

Bean 配置格式：

```
<bean name="Bean 的名字" class="自定义的组件类"/>
```

<bean/>元素的主要属性如下。

- name：指定 Bean 实例化对象名字，该项是可选项。
- class：指定 Bean 实例的实现类，即对应的类，该项是必选项。

2．常量配置

常量配置格式：

```
<constant name="属性名" value="属性值"/>
```

<constant/>元素的常用属性如下。

- name：指定常量（属性）的名字。
- value：指定常量的值。

例如，在 struts.xml 文件中，配置国际化资源文件名和字符集的编码方式为“GB2312”，代码如下：

```
<!-- 常量配置，指定 Struts2 国际化资源文件 Bean 的名字 messageResource。-->
<constant name="struts.custom.i18n.resources" value="messageResource"/>
<!--常量配置，指定国际化编码方式。-->
<constant name="struts.custom.i18n.encoding" value="GB2312"/>
```

3．包含配置

Struts2 的配置文件 struts.xml 提供了<include/>元素能够把其他程序员开发的配置文件包含过来，但是被包含的每个配置文件必须和 struts.xml 格式一样。Struts2 框架将按照顺序加载配置文件。

包含配置格式：

```
<include file="文件名"/>
```

<include />元素的属性只有 flie：指定文件名，必选项。

4．包配置

在 struts2 框架中使用包来管理 Action，包的作用和 java 中的类包是非常类似的，它主要用于管理一组业务功能相关的 action。在实际应用中，应该把一组业务功能相关的 Action 放在同一个包下。

包配置格式：

```
<package name="包名称" namespace="/包的命名空间名" extends="struts-default">
    在该包下的 Action 配置
</package>
```

其中，

（1）name 属性。配置包时必须指定 name 属性，该 name 属性值可以任意取名，但必须唯一。如果其他包要继承该包，必须通过该属性进行引用。

（2）namespace 属性。包的 namespace 属性用于定义该包的命名空间，命名空间作为访问该包下 Action 的路径的一部分。

假设有如下的包配置及其该包下的 Action 配置信息：

```
<package name="abcd" namespace="/xyz" extends="struts-default">
    <action name="helloworld" class="Action 对应的类" >…</action>
</package>
```

则访问上面例子的 Action，其访问路径为：/xyz/helloworld.action。

namespace 属性可以不配置，如果不指定该属性，默认的命名空间为“”（空字符串）。

（3）extends 属性。通常每个包都应该继承 struts-default 包，因为 Struts2 很多核心的功能都是拦截器来实现。假如，从请求中把请求参数封装到 action、文件上传和数据验证等等都是通过拦截器实现的。struts-default 定义了这些拦截器和 Result 类型。可以这么说，当包继承了 struts-default 才能使用 struts2 提供的核心功能。struts-default 包是在 struts2-core-2.x.x.jar 文件中的 struts-default.xml 中定义。struts-default.xml 也是 Struts2 默认配置文件。Struts2 每次都会自动加载 struts-default.xml 文件。

5. Action 配置

Struts2 中 Action 类的配置能够让 Struts2 知道 Action 的存在，并可以通过调用该 Action 来处理用户请求。Struts2 使用包来组织和管理 Action。

Action 的一般配置格式：

```
<action name="名称" class="Action 对应的类" method="Action 中某方法名" >
    <result name="success">/page/hello.jsp</result>
</action>
```

<action>元素的常用属性如下。

- name：指定客户端发送请求的地址映射名称，必选项。
- class：指定 Action 对应的实现类，默认值为 ActionSupport 类。
- method：指定 Action 类中处理方法名，默认值为 Action 中的 execute 方法。
- converter：指定 Action 类型转换器的完整类名，可选项。

6. 结果配置

Action 的 result 子元素用于配置 Action 跳转的目的地，结果配置格式：

```
<result name="resultName" type="resultType">跳转的目的地</result>
```

<result>元素的常用属性如下。

- name：指定 Action 返回的逻辑视图，默认值为“success”。
- type：指定结果类型定向到其他文件，可以是 JSP 文件或者 Action 类，默认值为 JSP 页面程序。

7. result 类型——type 属性及其属性值

type 可以有多种选择，Struts2 支持各种视图技术，例如 JSP、JSF、XML 等，默认的是 JSP 页面的转发。常见的 type 类型配置有 dispatcher、redirect、chain、redirectAction。

（1）dispatcher

dispatcher 是默认类型，表示转发到 JSP 页面，和<jsp:forward/>的效果一样。

例如：

```
<result name="success" type="dispatcher">
    <param name="location">/common/message.jsp</param>
    <param name="parse">true</param>
</result>
```

其中，location 指定了该逻辑视图对应的实际视图资源。parse 指定是否允许在实际视图名字中使用 OGNL 表达式，该参数值默认为 true。若设置为 false，则不允许在实际视图名字中使用表达式。

省略默认值，其简化格式：

```
<result name="success">/common/message.jsp</result>
```

由于 name 的默认值为 success，所以还可以简化为：

```
<result>/common/message.jsp</result>
```

（2）redirect

类型 redirect 表示重定向，其配置方法与 dispatcher 类型的配置方法类似。

（3）chain

类型 chain 表示转发到 action，形成 action-chain。可以指定两个属性值：actionName 指定转向的 action 名；namespace 指定转向的 action 所在的命名空间。

格式：

```
<result name="resultName" type="chain">
    <!-- 指定 action 的命名空间 -->
    <param name="namespace">/其他的命名空间名</param>
      <!-- 指定 action 名 -->
    <param name="actionName">/其他的 Action 名</param>
</result>
```

若在一个命名空间下，可以简写为：

```
<result name="resultName" type="chain">/其他的 Action 名</result>
```

（4）redirectAction

类型 redirectAction 表明是重定向 Action，其配置方法与 chain 类似。

（5）其他类型

除上述类型外，Struts2 还支持如下的 result 类型。

- char：用于整合 JFreeChar 的 result 类型。
- freemarker：用于整合 FreeMarker 的 result 类型。
- httpheader：用于处理特殊 http 行为的 result 类型。
- jasper：用于整合 jasperReport 的 result 类型。
- jsf：用于整合 JSF 的 result 类型。
- tiles：用于整合 Tiles 的 result 类型。
- velocity：用于整合 Velocity 的 result 类型。
- xslt：用于整合 XML/XSLT 的 result 类型。

对这些视图技术的支持，有些需要导入相应的插件包，即 Struts2 提供的含有 plugin 字样的 Jar 包。

8．如何访问 Action

上面介绍了有关的配置，特别是包配置和 Action 配置，配置这些信息后，实际上就制定了访问使用 action 的方式。

访问 struts2 中 action 的 URL 路径由两部分组成：包的命名空间和 action 的名称。

例如下面的配置信息：

```
<package name="abcd" namespace="/xyz" extends="struts-default">
    <action name="helloworld" class="Action 对应的类" >…</action>
</package>
```

其访问 URL 路径为：/xyz/helloworld（注意：完整路径为：http://localhost:端口/内容路径/xyz/helloworld）。另外，可加上.action 后缀访问此 Action，即：/xyz/helloworld.action。

假设 Action 的请求路径的 URI 为：http://server/struts2/path1/path2/path3/test.action，则按以下次序寻找 Action 访问。

Step1：首先寻找 namespace 为/path1/path2/path3 的 package，如果不存在这个 package 则执行步骤 Step2；如果存在这个 package，则在这个 package 中寻找名字为 test 的 action，当在该 package 下寻找不到 action 时就会直接跑到默认 namaspace 的 package 里面去寻找 action（默认的命名空间为空字符串“ ”），如果在默认 namaspace 的 package 里面还寻找不到该 action，页面提示找不到 action。

Step2：在 namespace 为/path1/path2 的 package 寻找。若不存在这个 package，则转至步骤 Step3；如果存在这个 package，其查找过程与 Step1 类似。

Step3：在 namespace 为/path1 的 package 寻找，如果不存在这个 package 则执行步骤 Step4：如果存在这个 package，其查找过程与 Step2 类似

Step4：寻找 namespace 为/的 package，如果存在这个 package，则在这个 package 中寻找名字为 test 的 action，当在 package 中寻找不到 action 或者不存在这个 package 时，都会去默认 namaspace 的 package 里面寻找 action，如果还是找不到，页面提示找不到 action。

11.3 Struts2 的业务控制器——Action 类设计

开发基于 Struts2 的 Web 应用程序时，action 是程序的核心，需要编写大量的 Action 类，并在 struts.xml 文件中配置 Action。Action 类中包含了对用户请求的处理逻辑，因此，也把 Action 称为 Action 业务控制器。

11.3.1 Action 实现类

Struts2 对 Action 类没有特殊要求，可以是任意的 Java 类。Action 类的实现有 3 种方式：

- 普通的 Java 类作为 Action。
- 继承 ActionSupport 实现 Action。
- 对象属性驱动的 Action。

1. 普通的 Java 类作为 Action

一个普通的 Java 类可作为 Action 使用，但该类除所必需的属性外，通常包含一个 execute()普通方法，该方法并没有任何参数，并返回字符串类型。

Action 中属性定义要符合 JavaBean 规范，包含 Setter 方法的属性接受请求参数，Action 能自动将请求参数传递给对应的包含 Setter 方法的属性；包含 Getter 方法的属性用于将数据转发给视图，需要验证的属性需要定义 Getter 方法。

在上一节中例 11-1 中所设计的 Action：Ch1_1_Action 就是一般的 Java 类。其中，属性 x、y 用于接受用户提交的数据（请求参数）；而 sum 用于保存计算结果，并将信息转发给 ch11_1_Positive.jsp 或 ch11_1_Negative.jsp 页面。

2. 继承 ActionSupport 实现 Action

为了能够开发出更加规范的 Action 类，Struts2 提供了 Action 接口，该接口定义了

Struts2 中 Action 类中应该使用的规范。

Struts2 类库中的 Action 接口（Action.java），其代码如下：

```
public interface Action {
    //声明常量
    public static final String SUCCESS = "success";
    public static final String NONE = "none";
    public static final String ERROR = "error";
    public static final String INPUT = "input";
    public static final String LOGIN = "login";
    public String execute() throws Exception;   //声明方法
}
```

Struts2 为 Action 接口提供一个实现类 ActionSupport。ActionSupport 类是一个默认的 Action 实现类，该类提供了许多默认的方法，其中的 3 个主要方法如下。

（1）void addFieldError(String fieldname,String errorMessage)：添加错误信息。

（2）String exeute()：请求时，执行的方法需要重载。

（3）void validate()：用于输入验证。

在编写业务控制器类时，采用继承 ActionSupport 类会大大简化业务控制器类的开发，建议在实际开发中，采用继承 ActionSupport 实现 Action 类，但该类中一般需要重写 execute() 方法。

对于例 11-1 中所设计的 Action：Ch11_1_Action.java，代码如下：

```
package Action;
import com.opensymphony.xwork2.ActionSupport;
public class Ch11_1_Action extends ActionSupport {
    private int x,y, sum;
    public int getX() {return x;}
    public void setX(int x) {this.x = x;}
    public int getY() {return y;}
    public void setY(int y) {this.y = y;}
    public int getSum() {   return sum;}
    public String execute() throws Exception {
        sum=x+y;
        if(sum>=0) return "+";
        else return "-";
    }
}
```

重写 execute()方法

其他组件都不需要修改，运行情况与例 11-1 一样。

3．对象属性驱动的 Action

Struts2 中的 Action 能自动将请求参数传递给对应的包含 Setter 方法的属性，但当页面请求参数较多时，把过多的参数属性定义在 Action 中不符合 Struts 所倡导的松耦合原则，较好的方法是使用 JavaBean 来封装参数，在 Action 中定义该 JavaBean 对象作为属性，在表单中使用对象的属性作为表单域的名字。

对于例 11-1 中的 Action：Ch11_1_Action.java，可以这样实现，首先定义一个包含两数据属性的 JavaBean：Add.java；然后，再设计普通的 Java 类作为 Action 或利用继承

ActionSupport 实现 Action。这里使用继承 ActionSupport 设计 Ch11_1_Action.java。其实现代码如下。

（1）JavaBean 类——Add.java，代码如下

```
package JavaBeans;
public class Add {
        private int x;
        private int y;
        public int getX() {return x;}
        public void setX(int x) {this.x = x;}
        public int getY() {return y;}
        public void setY(int y) {this.y = y;}
        public int sum() {return x+y; }
}
```

（2）重新设计 Ch11_1_Action.java，其代码如下：

```
package Action;
import JavaBeans.Add;
import com.opensymphony.xwork2.ActionSupport;
public class Ch11_1_Action extends ActionSupport {
        private Add s;
        private int sum;
        public Add getS() {return s;}
        public void setS(Add s) {this.s = s;}
        public int getSum() {    return s.sum();}
        public String execute() throws Exception {
                sum=s.sum();
                if(sum>=0) return "+";
                else return "-";
        }
}
```

（3）修改提交页面，提交信息的属性，采用 s.x 和 s.y，ch11_1_Input.jsp 代码如下：

```
<%@ page language="java" import="java.util.*" pageEncoding="UTF-8"%>
<html>
   <head>   <title>提交数据页面</title> </head>
   <body>
      <form action="add" method="post">
         请输入两个整数：<br><br>
         加  数：<input name="s.x"/><br><br>
         被加数：<input name="s.y"/><br><br>
       <input type="submit" value="求和">
      </form>
   </body>
</html>
```

其他组件都不需要修改，运行情况与例 11-1 一样。

11.3.2　Action 访问 Web 对象

在 Struts2 中，Action 类和 Web 对象之间没有直接关系，但可以通过 Action 访问 Web 对象，在 Action 中访问 Web 对象有 4 种方式：

- 直接访问 Web 对象——Servler 依赖容器方式。
- 通过 ActionContext 访问——Map 依赖容器方式。
- 通过 IoC 访问 Servlet 对象——Map IoC 方式。
- 通过 IoC 访问 Servlet 对象——Servler IoC 方式。

下面通过例 11-2，分别给出这 4 种访问方式的实现方法。

【例 11-2】 修改例 11-1，将提交的加数 x 保存到 request 中，被加数 y 保存到 session 中，而和值 sum 保存在 application 中，并在显示页面中分别从 request、session 和 application 中获取数据并显示出来。

【分析】 对于该题目，需要在 Action 中访问 Web 对象，并实现数据的保存，所以只需要修改例 11-1 的 Action，即重新设计 Ch11_1_Action.java；另外，需要修改显示页面（ch11_1_Positive.jsp 和 ch11_1_Negative.jsp）。

【实现】 由于有 4 种方式通过 Action 访问 Web 对象，所以可以有 4 种实现方式，下面分别给出介绍和实现过程。

1．直接访问 Web 对象——Servlet 依赖容器方式

Struts2 框架提供 org.apache.struts2.ServletActionContext 辅助类来获得 web 对象。

- HttpServletRequest request = ServletActionContext.getRequest();
- HttpServletResponse response = ServletActionContext.getResponse();
- ServletContext application = ServletActionContext.getServletContext();
- PageContext pagecontext = ServletActionContext.getPageContext();

而 HttpSession session 的获取需要两步：

```
HttpServletRequest request = ServletActionContext.getRequest();
HttpSession session = request.getSession();
```

【实现方式 1】

（1）对于例 11-2，重新设计 Action：Ch11_1_Action.java，其代码如下：

```
package Action;
import javax.servlet.ServletContext;
import javax.servlet.http.HttpServletRequest;
import javax.servlet.http.HttpSession;
import org.apache.struts2.ServletActionContext;
public class Ch11_1_Action {
    private HttpServletRequest request;
    private HttpSession session;
    private ServletContext application;
    private int x, y, sum;
    public Ch11_1_Action() {
        request = ServletActionContext.getRequest();
        session = request.getSession();
        application = session.getServletContext();
    }
    public int getX() {return x;}
    public void setX(int x) {this.x = x;}
    public int getY() {return y;}
    public void setY(int y) {this.y = y;}
    public int getSum() {return sum;}
```

```
        public String execute() {
            sum=x+y;
             request.setAttribute("x2", x);
             session.setAttribute("y2", y);
             application.setAttribute("sum2",sum);
             if sum>= 0) return "+";
             else return "-";
        }
    }
```

（2）修改显示页面 ch11_1_Positive.jsp，其代码如下：

```
<%@ page language="java"    pageEncoding="UTF-8"%>
<%@    taglib prefix="s" uri="/struts-tags"%>
<html>
   <head> <title>显示页面——代数和为非负整数</title> </head>
   <body>
         代数和为非负整数:<s:property value="sum"/><br>
         加数:<s:property value="#request.x2"/><br>
         被加数:<s:property value="#session.y2"/><br>
         和值:<s:property value="#application.sum2"/><br>
   </body>
</html>
```

在这里使用了 ognl 表达式，具体使用方式在下一节详细介绍。

（3）对于 ch11_1_Negative.jsp 的修改与 ch11_1_Positive.jsp 类似，读者可以自己给出。

2．通过 ActionContext 访问——Map 依赖容器方式

ActionContext 类位于 com.opensymphony.xwork2 中，提供了一系列相关的方法用于访问保存在 ServletContext、HttpSession、HttpServletRequest 中的信息，并将访问结果存储在 Map 中。

ActionContext 类中的常用方法如下。

- public static ActionContext getContext()：获得 ActionContext 对象。
- public Object get(Object key)：在 ActionContext 中查找 key 的值。
- public void put(Object key,Object value)：向当前 ActionContext 存入值。
- public void setApplication(Map application)：设置 application 的值。
- public void setSession(Map session)：设置 session 的值。
- public Map getParameters()：从请求对象中获取请求参数。
- public Map getApplication()：获取 ServletContext 中保存的 Attribute。
- public Map getSession()：获取 HttpSession 中保存的 Attribute。

若要实现 Web 的访问，首先需要获取 ActionContext 对象，然后利用该对象获取 request、session 和 application 3 个对象，这 3 个对象的类型是 Map 类型的元素。

【实现方式 2】

（1）对于例 11-2，要重新设计 Ch11_1_Action.java，其代码如下：

```
package Action;
import java.util.Map;
import com.opensymphony.xwork2.ActionContext;
import com.opensymphony.xwork2.ActionSupport;
public class Ch11_1_Action{
        private Map<String, Object> request;
```

```
    private Map<String, Object> session;
    private Map<String, Object> application;
    private int x, y, sum;
    public Ch11_1_Action() {
        ActionContext context = ActionContext.getContext();
        request = (Map<String, Object>) context.get("request");
        session = context.getSession();
        application = context.getApplication();
    }
    public int getX() {return x;}
    public void setX(int x) {this.x = x;}
    public int getY() {return y;}
    public void setY(int y) {this.y = y;}
    public int getSum() {    return sum;}
    public String execute() {//
        sum=x+y;
        request.put("x2", x);
        session.put("y2", y);
        application.put("sum2", sum);
        if (sum>= 0) return "+";
        else return "-";
    }
}
```

利用构造方法，获取三个 web 对象

（2）对于显示页面：ch11_1_Positive.jsp 和 ch11_1_Negative.jsp 与“【实现方式 1】”中的页面一样。

3．通过 IoC 访问访问 Servlet 对象——Map IoC 方式

在 Struts2 框架中，通过 IoC 方式将 Servlet 对象注入到 Action 中，需要在 Action 中实现以下接口：

（1）org.apache.struts2.interceptor.RequestAware

该接口有 void set.Request(Map map)方法，实现该方法的 Action 可访问 HttpSession 对象。

（2）org.apache.struts2.interceptor.SessionAware

该接口有 void setSession(Map map)方法，实现该方法的 Action 可访问 HttpSession 对象。

（3）org.apache.struts2.interceptor.ApplicationAware

该接口有 void setApplication(Map map)方法，实现该方法的 Action 可访问 HttpSession 对象。

【实现方式 3】

（1）对于例 11-2，重新设计 Action：Ch11_1_Action.java，其代码如下：

```
package Action;
import java.util.Map;
import org.apache.struts2.interceptor.ApplicationAware;
import org.apache.struts2.interceptor.RequestAware;
import org.apache.struts2.interceptor.SessionAware;
public class Ch11_1_Action implements RequestAware, SessionAware,ApplicationAware {
    private Map<String, Object> request;
    private Map<String, Object> session;
    private Map<String, Object> application;
    private int x, y, sum;
    public int getX() {return x;}
```

```
        public void setX(int x) {this.x = x;}
        public int getY() {return y;}
        public void setY(int y) {this.y = y;}
        public int getSum() {return sum;}
        public void setSum(int sum) {this.sum = sum;}
        public void setRequest(Map<String, Object> request) {this.request = request;}
        public void setSession(Map<String, Object> session) {this.session = session;}
        public void setApplication(Map<String, Object> application)
                {this.application = application;
        }
        public String execute() {
                sum=x+y;
                request.put("x2", x);
                session.put("y2", y);
                application.put("sum2", sum);
                if (sum>= 0) return "+";
                else return "-";
        }
}
```

三个方法的重写，并获取 3 个 Web 对象

（2）对于显示页面：ch11_1_Positive.jsp 和 ch11_1_Negative.jsp 与“【实现方式 1】”中的页面一样。

4．通过 IoC 方式访问 Servlet 对象——Servlet IoC 方式

在 Struts2 框架中，通过 IoC 方式将 Servlet 对象注入到 Action 中，需要在 Action 中实现以下接口：

（1）org.apache.struts2.interceptor.ServletContextAware

该接口有 void setServletContext(ServletContext servletContext)方法，实现该接口的 Action 可以直接访问 ServletContext 对象。

（2）org.apache.struts2.interceptor.ServletRequestAware

该接口有 void setServletRequest(HttpServletRequest ruquest)，实现该接口的 Action 可以直接访问 HttpServletRequest 对象。

（3）org.apache.struts2.interceptor.ServletResponseAware

该接口有 void setServleResponse (HttpServletResponse response)，实现该接口的 Action 可以直接访问 HttpServletResponse 对象。

【实现方式 4】

（1）对于例 11-2，重新设计 Action：Ch11_1_Action.java，其代码如下：

```
package Action;
import javax.servlet.ServletContext;
import javax.servlet.http.HttpServletRequest;
import javax.servlet.http.HttpSession;
import org.apache.struts2.interceptor.ServletRequestAware;
public class Ch11_1_Action implements ServletRequestAware {
        private HttpServletRequest request;
        private HttpSession session;
        private ServletContext application;
        private int x, y, sum;
        public int getX() {return x;}
```

```
        public void setX(int x) {this.x = x;}
        public int getY() {return y;}
        public void setY(int y) {this.y = y;}
        public int getSum() {return sum;}
        public void setSum(int sum) {this.sum = sum;}
        public void setServletRequest(HttpServletRequest request) {
            this.request = request;
            this.session = request.getSession();
            this.application = session.getServletContext();
        }
        public String execute() {
            sum=x+y;
            request.setAttribute("x2", x);
            session.setAttribute("y2", y);
            application.setAttribute("sum2", sum);
            if sum>= 0) return "+";
            else return "-";
        }
    }
```

（2）对于显示页面：ch11_1_Positive.jsp 和 ch11_1_Negative.jsp 与“【实现方式 1】”中的页面一样。

11.3.3 多方法的 Action

前面所定义的 Action 都是通过 execute()方法处理请求。在实际的应用中，如果为每个业务逻辑定义一个 Action，虽然实现方便，但是 Action 数量多，struts.xml 中需要配置的内容也多，使系统非常庞杂。实际上，可以用一个 Action 处理多个业务请求，并在 struts.xml 指定业务处理所采用的方法。

【例 11-3】 对于例 11-1，只实现了两个整数的求和运算。修改该程序，完成 2 个整数的四则运算（加减乘除），系统的提交界面如图 11-5 所示，单击“求和”，系统完成求和运算并显示运行结果，对于其他 3 个提交按钮类似。

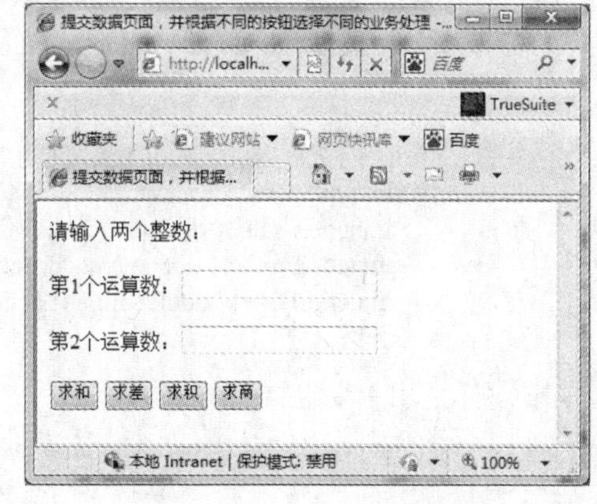

图 11-5 例 11-3 的提交页面

【分析】 在提交页面有 4 个提交按钮，分别完成不同的计算功能，但这 4 种运算可以在一个 Action 中定义 4 个不同的方法来实现，这些方法的格式和 execute()方法一样。

【实现过程】

（1）设计一个具有 4 个方法的 Action：Ch11_3_Action.java，其代码如下：

```
package Action;
public class Ch11_3_Action{
    private int x, y;
    private int value;            // 用于存放计算结果
    private String msg;           // 用于存放计算信息
    public int getX() {return x;}
    public void setX(int x) {this.x = x;}
```

```
        public int getY() {return y;}
        public void setY(int y) {this.y = y;}
        public int getValue() {return value;}
        public void setValue(int value) {this.value = value;}
        public String getMsg() {return msg;}
        public void setMsg(String msg) {this.msg = msg;}
        public String add() throws Exception {     // 求和方法
            value = x + y;
            msg = "你选择的是求和运算！ ";
            return "show";
        }
        public String sub()   throws Exception{   // 求差方法
            value = x - y;
            msg = "你选择的是求差运算！ ";
            return "show";
        }
        public String mul()   throws Exception{   // 求积方法
            value = x * y;
            msg = "你选择的是求积运算！ ";
            return "show";
        }
        public String div() throws Exception {     // 求商方法
            value = x / y;
            msg = "你选择的是求商运算！ ";
            return "show";
        }
    }
```

（2）设计提交数据页面：ch11_3_Input.jsp，其代码如下：

```
<%@ page language="java"   pageEncoding="UTF-8"%>
<html>
  <head>
    <title>提交数据页面，并根据不同的按钮选择不同的业务处理</title>
    <script type="text/javascript">
        function sub(){ document.aaa.action="sub";} //动态修改表单的 action 属性
        function mul(){ document.aaa.action="mul";} //动态修改表单的 action 属性
        function div(){ document.aaa.action="div";} //动态修改表单的 action 属性
    </script>
  </head>
  <body>
    <form action="add" method="post" name="aaa">
            请输入两个整数：<br><br>
            第 1 个运算数：<input name="x"/><br><br>
            第 2 个运算数：<input name="y"/><br><br>
     <input type="submit" value="求和"/>
     <input type="submit" value="求差" onclick="sub()";/>
     <input type="submit" value="求积" onclick="mul()";/>
     <input type="submit" value="求商" onclick="div()";/>
    </form>
  </body>
</html>
```

（3）设置显示运行结果的页面：ch11_3_Show.jsp，其代码如下：

```
<%@ page language="java"   pageEncoding="UTF-8"%>
<%@   taglib prefix="s" uri="/struts-tags"%>
```

```
<html>
  <head> <title>计算结果显示页面</title>   </head>
  <body>
      <s:property value="msg"/><br>
      第 1 个数为：<s:property value="x"/><br>
      第 2 个数为：<s:property value="y"/><br>
      运算结果为：<s:property value="value"/><br>
  </body>
</html>
```

对于例 11-3，在一个 Action 中，定义 4 个（多个）方法，如何配置这种情况下的 Action 呢？这种 Action 的配置及调用有如下 3 种方式：

- 为 Action 配置 method 属性。
- 动态方法调用。
- 使用通配符映射方式。

1．为 Action 配置 method 属性

Struts2 中为 Action 配置 method 属性是指每个表单都有 method 属性，属性值指向在 Action 中定义的方法名。指定 method 属性格式：

```
<form action="Action 名字"   method="方法名字">
```

指定 method 属性需要在 struts.xml 中配置 Action 中的每个方法，而且每个 Action 配置中都要指定 method 属性，该属性值和表单属性值一致。在 struts.xml 中配置格式：

```
<action name="Action 名字" class="包名.Action 类名" method="方法名字">
    <result name="***">/***.jsp</result>
    …………
</action>
```

对于例 11-3 的在 struts.xml 中配置 Action，配置内容如下：

```
<struts>
    <package name="default" namespace="/" extends="struts-default">
        <action name="add" class="Action.Ch11_3_Action" method="add">
            <result name="show">/ch11_3_Show.jsp</result>
        </action>
        <action name="sub" class="Action.Ch11_3_Action" method="sub">
            <result name="show">/ch11_3_Show.jsp</result>
        </action>
        <action name="mul" class="Action.Ch11_3_Action" method="mul">
            <result name="show">/ch11_3_Show.jsp</result>
        </action>
        <action name="div" class="Action.Ch11_3_Action" method="div">
            <result name="show">/ch11_3_Show.jsp</result>
        </action>
    </package>
</struts>
```

思考：该种配置方式有什么缺点？

2．动态方法调用

动态方法调用是指采用如下格式调用 Action 中对应的方法：

```
<form action="Action 名字!方法名字">
```

在 struts.xml 中只需配置该 Action，而不必配置每个方法，配置格式：

```
<action name="Action 名字" class="包名.Action 类名">
    <result name="***">/***.jsp</result>
</action>
```

对于例 11-3，首先需要修改提交数据页面，修改的代码如下：

```
<%@ page language="java"   pageEncoding="UTF-8"%>
<html>
  <head>
    <title>提交数据页面，并根据不同的按钮选择不同的业务处理</title>
    <script type="text/javascript">
      function sub(){ document.aaa.action="FourOp!sub";}
      function mul(){ document.aaa.action="FourOp!mul";}       修改的内容
      function div(){ document.aaa.action="FourOp!div"; }
    </script>
  </head>
  <body>
    这部分内容与原来的一样。
  </body>
</html>
```

对于例 11-3 的在 struts.xml 中配置 Action，配置内容如下：

```
<struts>
    <package name="default" namespace="/" extends="struts-default">
        <action name="FourOp" class="Action.ch11_3_Action">
            <result name="show">/ch11_3_Show.jsp</result>
        </action>
    </package>
</struts>
```

思考：这种配置方式与第 1 种配置方式对比，有什么优点？又有什么缺点呢？

3．使用通配符映射方式

在 struts.xml 文件中配置 action 元素时，它的 name、class、method 属性都支持通配符。当使用通配符定义 action 的 name 属性时，相当于用一个元素 action 定义了多个逻辑 Action。配置格式如下：

```
<action name="Action 名字_*" class="包名.Action 类名"   method="{1}">
    <result name="***">/***.jsp</result>
    ............
</action>
```

其中，用户请求的 URL 的模式是“Action 名字_*”；同时，method 属性值是一个表达式{1}，表示它的值为 name 属性值中第一个“*”的值。

对于例 11-3 的在 struts.xml 中配置 Action，配置内容如下：

```
<struts>
    <package name="default" namespace="/" extends="struts-default">
        <action name="FourOp_*" class="Action.Ch11_3_Action"   method="{1}">
            <result name="show">/ch11_3_Show.jsp</result>
        </action>
    </package>
</struts>
```

同时，需要对例 11-3 修改提交数据页面 ch11_3_Input.jsp，修改的代码如下：

```
<%@ page language="java"   pageEncoding="UTF-8"%>
<html>
  <head>
    <title>提交数据页面，并根据不同的按钮选择不同的业务处理</title>
    <script type="text/javascript">
        function sub(){ document.aaa.action="FourOp_sub";}
        function mul(){ document.aaa.action="FourOp_mul";}      修改的内容
        function div(){ document.aaa.action="FourOp_div"; }
    </script>
  </head>
  <body>
     <form action=" FourOp_add" method="post" name="aaa">
           其他内容与例 11_3_Input.jsp 一样
     </form>
  </body>
</html>
```

思考：对比三种配置方式，它们各自的优点和缺点是什么？

11.4　Struts2 的 OGNL 表达式、标签库、国际化

Struts 视图除了可以使用 JSP、HTML、JavaScript 和样式表等技术外，Struts2 框架专门给出自己的标签库、OGNL 表达式和国际化处理方式。本小节对这 3 部分内容给出一个简单的介绍，若需要较详细的内容，可以参考有关的专业书籍。

11.4.1　Struts2 的 OGNL 表达式

OGNL（Object-Graph Navigation Language，对象图导航语言），它是一种功能强大的表达式语言，可以通过简单的表达式来访问 Java 对象中的属性。它是 Struts2 框架的默认表达式语言。

提示：OGNL 表达式类似于 EL 表达式，其使用方式也类似。

1．Struts2 的 OGNL 对象、属性及其访问

Struts2 框架中的 ActionContext 是 OGNL 的根对象，即 Action 对象是 OGNL 的根对象。假设在 Action 中有一个属性类型是对象 Student(name, age)，变量名是 stu，那么访问属性 name 的 OGNL 表达式为 stu.name。

访问其他 Context 中的对象时，由于不是根对象，在访问时需要加“#”前缀。

（1）application：用于访问 ServletContext

如#application.userName 或者#application['userNamer']，相当于调用 Servlet 的 getAtrribute ("userName")。

（2）session：用于访问 HttpSession

如#session.userName 或者#session['userNamer']，相当于调用 session.getAtrribute(" userName")。

（3）request：用于访问 HttpServletRequest

如#request.userName 或者#request['userNamer']，相当于调用 request.getAtrribute("userName")。

（4）parameters：用于访问 Http 的请求参数

如#parameters.userName 或者#parameters['userNamer']，相当于调用 request.getParameter ("userName")。

（5）attr：用于按 page->request->session->application 的顺序访问其属性

例如，# attr.id。

2．Struts2 的 OGNL 集合及其访问

如果需要一个集合元素时，如 List 对象或者 Map 对象，可以使用 OGNL 集合。

（1）OGNL 中使用 List 对象格式：

```
p{e1,e2,e3,…}
```

该表达式直接生成一个 List 对象，该 List 对象中包含：e1、e2、e3、….等元素。

（2）OGNL 中使用 Map 对象格式：

```
#{key1:value1, key2:value2, key3:value3,…}
```

该表达式直接生成一个 Map 对象。

OGNL 集合可以使用“in”和“not in”判定元素是否属于该集合。

In：表达式用来判断某个元素是否在指定的集合对象中。

not in：用于判断某个元素是否不在指定的集合对象中。

例如：

```
<s:if test="'a' in {'a', 'b'}">
    …
</s:if>
```

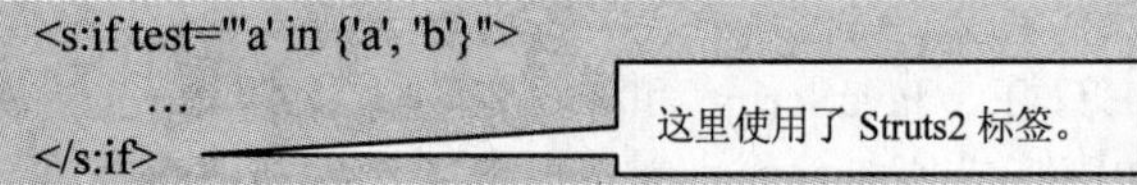

或者

```
<s:if test="'a' not in {'a', 'b'}">
    …
</s:if>
```

除了 in 和 not in 之外，OGNL 还允许使用某些规则获取集合对象的子集，常用的相关操作有：

- ？：用于获取多个符合逻辑的元素。
- ^：用于获取符合逻辑的第一个元素。
- $：用于获取符合逻辑的最后一个元素。

例如：

```
Student.sex{?#this.sex=='male'}//获取 Student 的所有 male 的 sex 集合
```

11.4.2 Struts2 的标签库

Struts2 框架提供了丰富的标签库用来构建视图组件。Struts2 标签库大大简化视图页面的开发，并且提高了视图组件的可维护性。按照标签库提供的功能可以把 Struts2 标签库分为：表单标签、非表单标签、数据标签、控制标签。

1．Struts2 的表单标签

Struts2 中大部分表单标签和 HTML 表单元素一一对应。常用的表单标签如表 11-1 所示。其中几个元素的使用格式如下。

（1）textfield 标签：生成一个单行的文本输入框

```
格式：<s:textfield label="***" name="***" size= "***" maxlength="***"/>
```

其中，label 是文本框提示，size 是文本框宽度，maxlength 是最大字符数。

表 11-1　常用 Struts2 的表单标签

标签名称	说　明
html	表示一个 HTML <html> 元素
base	插入一个 HTML <base> 元素
textfield	表示输入类型为文本字段的 HTML <input> 元素
textarea	表示输入类型为文本区域的 HTML <input> 元素
password	表示生成一个密码域元素
hidden	表示生成一个隐藏域元素
file	用于在页面上生成一个上传文件的元素
radio	表示一个单选按钮
form	定义 HTML 表单元素
button	定义一个按钮输入字段
cancel	表示一个取消按钮
checkbox	定义一个复选框输入字段
checkboxlist	一次创建多个复选框元素
frame	表示一个 HTML 框架元素
rewrite	定义一个 URL
select	表示输入类型为选择的 HTML <input> 元素

（2）password 标签：生成一个密码域

```
格式：<s:password label="***" name="***" size= "***" maxlength="***"/>
```

（3）textarea 标签：生成一个多行文本框

```
格式：<s:textarea label="***" name="***" cols= "***" rows="***"/>
```

（4）hidden 标签：生成一个隐藏域

```
格式：<s:hidden name="***" />
```

（5）file 标签：用于在页面上生成一个上传文件的元素

```
格式： <s:file name="***" label ="***"/>
```

（6）radio 标签：为一个单选框

```
例：<s: radio label="性别" list="{'男','女'}" name="sex"></s: radio>
```

（7）checkbox 标签：复选框标签

```
格式：<s:checkbox label="***" name="***" value="true"/>
```

例如：

```
<s:checkbox label="学习" name="学习" value="true"/>
<s:checkbox label="电影" name="电影"/>
```

（8）checkboxlist 标签：可以一次创建多个复选框

```
例如：<s:checkboxlist label="个人爱好" list="{'学习','看电影','编程序'}" name="love">
      </s:checkboxlist>
```

其中，list：指定集合为复选框命名，可以使用 List 集合或者 Map 对象，必选项。

（9）select 标签：生成一个下拉列表框

例：

```
<s:select label="选择星期" headerValue="---请选择---" headerKey="1"
        list="{'星期一','星期二','星期三','星期四','星期五','星期六','星期日'}"/>
```

其中，使用 list 属性指定的下拉列表内容，size：指定下拉文本框中可以显示的选择项个数，可选项，multiple：设置该列表框是否允许多选，默认值为 false，可选项。

2．Struts2 的非表单标签

非表单标签主要用于在页面中生成非表单的可视化元素。

（1）a 标签：用于超链接，例如，<s:a href="register.action">注册</s:a>

（2）actionerror 和 actionmessage 标签。actionerror 标签和 actionmessage 标签的作用基本一样，这两个标签都是在页面上输出 Action 中方法添加的信息。其中，actionerror 标签输出 Action 中 addActinErrors()方法添加的信息；而 actionmessage 标签输出的是 Action 中 AddAction Message()方法添加的信息。

【例 11-4】 在 Action 中，利用 addActinErrors()方法添加信息。在 JSP 中利用 actionerror 标签和 actionmessage 标签输出 Action 中添加的信息。

```
//设计添加信息的 Action：ActionErrorActionMessage
public class ActionErrorActionMessage extends ActionSupport{
    public String execute(){
          //使用 addActionError()方法添加信息
        addActionError("使用 ActionError 添加错误信息！");
        addActionMessage("使用 ActionMessage 添加普通信息！");
        return SUCCESS;
    }
}
/*设计 JSP：showErrorActionMessage.jsp，输出由 Action 中 AddActionMessage()方法添加的信息*/
<%@page contentType="text/html" import="java.util.*" pageEncoding="UTF-8"%>
<%@taglib prefix="s" uri="/struts-tags"%>
<html>
    <head>   <title>actionerror 标签和 actionmessage 标签的使用</title> </head>
    <body>
        <s:actionerror/> <br>
        <s:actionmessage/>
    </body>
</html>
```

📖 提示：需要配置 Action，这里省略了。

3．Struts2 的数据标签

Struts2 中数据标签主要用于提供各种数据访问相关的功能，常用于显示 Action 中的属性以及国际化输出。

（1）action 标签：在 JSP 页面中直接调用 Action。

常用属性如下。

- id：指定被调用 Action 的引用 ID，可选项。
- name：指定 Action 的名字，必选项。
- namespace：指定被调用 Action 所在的 namespace，可选项。

● executeResult：指定将 Action 处理结果包含到当前页面中，默认值为 false，即不包含。

● ignoreContextParams：指定当前页面的数据是否需要传给被调用的 Action，默认值为 false，即默认将页面中的参数传给被调用 Action，可选项。

（2）bean 标签：bean 标签是用在 JSP 页面中创建 JavaBean 实例。在创建 JavaBean 实例时，可以使用<s:param>标签为 JavaBean 实例传入参数。

常用属性如下。

● name：指定实例化 JavaBean 的实现类，必选项。

● id：为实例化对象指定 id 名称，可选项。

（3）include 标签：include 标签用来在页面上包含一个 JSP 页面或者 Servlet 文件。

```
格式：    <s:include value="文件路径"/>
或格式：  <s:include value="文件路径">
              <s:param name="" value=""/>
          </s:include >
```

（4）param 标签：用来为其他标签提供参数，如 include 标签、bean 标签等。

（5）set 标签：定义新变量，并赋值，同时可指定存取范围。

常用属性如下。

● name：指定新变量的名字，必选项。

● scope：指定新变量的使用范围，如 action、page、request、response、session、application，可选项。

● value：为新变量赋值，可选项。

● id：指定应用的 ID。

例如：使用 set 标签设置新变量（setTag.jsp）。

```
<s:bean name="beanTag.Student" id="s">
    <s:param name="name" value="'张三'" />
</s:bean>
scope 属性值为 action 范围:
<s:set name="user" value="#s" scope="action" />
 <s:property value="#attr.user.name" />
 <br> scope 属性值为 session 范围:
<s:set name="user" value="#s" scope="session" />
 <s:property value="#session.user.name" />
```

（6）property 标签：用来输出 value 属性指定的值，值可以使用 OGNL 表达式。

（7）url 标签：url 标签主要用来在页面中生成一个 URL 地址。

常用属性如下。

● action：指定一个 Action 作为 URL 地址。

● method：指定使用 Action 的方法。

● id：指定该元素的应用 ID。

● valu：用来指定生成 URL 的地址，如果不指定该属性，则使用 action 属性指定 Action 作为 URL 地址。

● encode：指定编码请求方法。

● names：指定名称空间。

● includeContext：指定是否将当前上下文包含在 URL 地址中，默认值为 true。

● includeParams：指定是否包含请求参数，值有 none、get、all，默认为 get。

（8）date 标签：date 标签用于格式化输出一个日期，还可以计算指定日期和当前时刻之间的时差。

常用属性如下。

● format：使用日期格式化。

● nice：指定是否输出指定日期与当前时刻的时差，默认值为 false，即不输出时差。

● name：指定要格式化的日期值。

● id：指定该元素的应用 ID。

● var：指定格式化后的字符串将被放入 StacContext 中，该属性可以用 id 属性代替。

例：date 标签的使用（dateTag.jsp），代码如下。

```
<body>
        <s:bean id="d" name="java.util.Date"/>
        nice="false"，且指定 format="dd/MM/yyyy" <br>
        <s:date name="#d" format="dd/MM/yyyy" nice="false"/>
        <hr>
        nice="true"，且指定 format="dd/MM/yyyy" <br>
        <s:date name="#d" format="dd/MM/yyyy" nice="true"/>
        <hr>
        指定 nice="true" <br>
        <s:date name="#d" nice="true" />
        <hr>
        nice="false"，且没有指定 format 属性<br>
        <s:date name="#d" nice="false"/>
        <hr>
        nice="false"，没有指定 format 属性，指定了 var <br>
        <s:date name="#d" nice="false" var="abc"/>
        <hr>
        ${requestScope.abc} <s:property value="#abc"/>
</body>
```

4．Struts2 的控制标签

控制标签主要用来完成流程的控制，如条件分支、循环操作，也可以实现对集合的排序和合并。

（1）if、elseif 和 else 标签。这 3 个标签是用来流程控制的与 Java 语言中的中的 if、elseif、else 语句相似。例如：

```
<body>
  <s:set name="score" value="86"/>
  <s:if test="#score>=90">优秀</s:if>
  <s:elseif test="#score>=80">良好</s:elseif>
  <s:elseif test="#score>=70">中等</s:elseif>
  <s:elseif test="#score>=60">及格</s:elseif>
  <s:else>不及格</s:else>
</body>
```

（2）iterator 标签。迭代器，用于遍历集合，集合可以是 List、Map、Set 和数组。

格式：

```
<s:iterator value=""   var=""   status="">……….</s:iterator>
```

常用属性如下。

- value：指定迭代输出的集合对象，该集合可以是 OGNL 表达式，也可以通过 Action 返回一个集合类型。
- var：指定集合中每个元素的引用变量。
- status：指定集合中元素的 status 属性。

另外，iterator 标签的 status 属性，可以实现一些很有用的功能。指定 status 属性后，每次迭代都会产生一个 IteratorStatus 实例对象，该对象常用的方法如下。

- int getCount()：返回当前迭代元素的个数。
- int getIndex()：返回当前迭代元素的索引值。
- boolean isEven()：返回当前迭代元素的索引值是否为偶数。
- boolean isOdd()：返回当前迭代元素的索引值是否为奇数。
- boolean isFirst()：返回当前迭代元素的是否是第一个元素。
- boolean isLast()：返回当前迭代元素的是否是最后一个元素。

使用 iterator 标签的属性 status 时，其实例对象包含以上的方法，而且也包含对应的属性，如#status.count、#status.even、#status.odd、#status.first 等。

例如：

```
<table border="1">
    <s:iterator value="{'AAAAA','BBBBB','CCCCC",DDDDD'}" var="abcd" status="s">
        <tr <s:if test="#s.odd">style="background-color:red"</s:if>>
            <td><s:property value="abcd"/></td>
        </tr>
    </s:iterator>
</table>
```

（3）append 标签：用来将多个集合对象连接起来，组成一个新的集合，从而允许通过一个 iterator 标签完成对多个集合的迭代。

常用属性即 id，指定连接生成的新集合的名字。

例如：

```
    <s:append id="newList">
        <s:param value="{'C 程序设计', 'C++程序设计','C#程序设计'}"/>
        <s:param value="{'Java 程序设计', 'JSP 程序设计','Web 框架技术'}"/>
    </s:append>
    <table border="1">
        <s:iterator value="#newList" status="st">
            <tr <s:if test="#st.odd">style="background-color:red"</s:if>>
                <td><s:property /></td>
            </tr>
        </s:iterator>
    </table>
</body>
```

（4）sort 标签：用来对指定集合进行排序，但是排序规则由开发者提供，即实现自己的 Comparator 实例，Comparator 是通过实现 java.util.Comparator 接口来实现的。

常用属性如下。

- Comparator：指定实现排序规则的 Comparator 实例，必选项。

● Source：指定要排序的集合。

例：排序规则的类（MyComparator.java），代码如下。

```
package sortTag;
import java.util.Comparator;
public class MyComparator implements Comparator{
	public int compare(Object element1, Object element2){
		return element1.toString().length()-element2.toString().length();
	}
}
```

对应的 sort 标签页面（sortTag.jsp），代码如下：

```
<s:bean id="mc" name="sortTag.MyComparator" />
<s:sort source="{'Java 程序设计', 'C++序设计','Web 框架技术'}" comparator="#mc">
	<s:iterator status="st">
		<br><s:property />
	</s:iterator>
</s:sort>
```

11.4.3 Struts2 的国际化

国际化是指应用程序运行时，可根据客户端请求来自的国家/地区、语言的不同而显示不同的界面。常用 I18N 作为“国际化”的简称，其来源是英文单词 Internationalization 的首末字母 I 和 N 及它们之间的字符数 18。Struts2 框架通过资源文件的方式来实现国际化。

实现国际化的步骤是：

（1）建立不同语言的资源文件，并把中文符转化为 Unicode 代码。

（2）在 struts.xml 配置文件中配置资源文件。

（3）国际化使用。

1．资源文件及其建立

语言资源文件内容是由一组 key-value 对组成。例如：

```
loginName=用户名称
loginPassword=用户密码
```

针对不同的语言环境，需要定义不同的资源文件。资源文件放在【源包】（src）下，全局资源文件的命名可以有以下 3 种形式：

● 资源文件名_语言种类编码_国家编码.properties。

● 资源文件名_语言种类编码.properties。

● 资源文件名.properties。

资源文件如果使用第 3 种命名方式，即缺省语言代码，若系统找不到与客户端请求的语言环境匹配的资源文件，则系统使用该默认的属性文件。

【例 11-5】 假设对登录系统进行国际化处理，要求根据不同的语言环境显示英文和中文用户界面，那么就需要创建英文和中文版本的资源文件，分别取名为 globalMessages_GBK.properties 和 globalMessages_en_US.properties。

📖 提示：对于中文资源文件名先使用 globalMessages_GBK.properties，待以后把中文符转化为 Unicode 代码后，建立的文件名为：globalMessages_zh_CN.properties。

（1）建立中文版资源文件——globalMessages_GBK.properties，代码如下：

```
title.login = 登录页面
label.username = 姓名
label.password = 密码
item.submit = 登录
item.reset = 重置
message.success = 你已成功登录。现进入了主页。
message.failure = 你登录失败。现进入注册页面，请注册你的信息。
```

（2）建立英文版资源文件——globalMessages_en_US.properties，代码如下：

```
title.login = Login Page
label.username = Input your username
label.password = Input your password
item.submit = Submit
item.reset = Reset
message.success = you're successful to login in. Now you've entered the main page.
message.failure = you fail to login in. You need register your information.
```

📖 注意：在国际化中，所有的编码都要使用标准的编码方式，需要把中文符转化为 Unicode 代码，否则在国际化处理时页面将会出现乱码。中文资源文件是不能直接使用的，必须转化为编制的编码方式。一般使用 JDK 自带的 native2ascii 工具进行中文资源文件编码方式转换。

（3）将中文资源文件中的中文字符转化为 Unicode 编码。

将中文资源文件 globalMessages_GBK.properties 中中文字符转化为 Unicode 代码，并生成符合资源文件的命名规则的新文件：globalMessages_zh_CN.properties，其实现方法是在资源文件所在的文件夹下（必须设置后 JDK 的访问路径）输入：

```
native2ascii -encoding UTF-8 globalMessages_GBK.properties globalMessages_zh_CN.properties
```

编译后在该文件夹下生成一个 globalMessages_zh_CN.properties 文件，并将该文件复制到工程的 src 包下。

2．在 struts.xml 配置文件中配置资源文件

编写完国际化资源文件后，需要在 struts.xml 文件中配置国际化资源文件的名称，从而使 Struts2 的 i18n 拦截器在加载国际化资源文件的时候能找到这些国际化资源文件。配置格式如下：

```
<struts>
    <!--使用 Struts2 中的 i18n 拦截器，并通过 constant 元素配置常量，指定国际资源文件名字，
value 中的值就是常量值，即国际化资源文件的名字-->
        <constant name="struts.custom.i18n.resources" value="globalMessages" />
        <constant name="struts.i18n.encoding" value="UTF-8" />
</struts>
```

这里是资源文件名的第一部分

3．国际化使用

当建立资源文件并配置后，就可以在 Web 应用程序中引用这些资源文件。但不同的

Web 技术（JSP、Struts2 中的 Action、XML）其引用方法不同。

（1）JSP 页面的国际化，主要使用<s:text>标签。例如：

```
<s:text name="title.login"></s:text>
```

（2）Action 中实现信息的国际化（直接从指定国际化资源文件中查找），主要是通过 getText(String key)方法实现的。主要用于在 Action 处理后，跳转到显示页面时，显示添加的有关信息。例如下面两个语句，就是当输入用户名不正确时要保存的信息：

```
this.addFieldError(loginName,this.getText("label.username"));
this.addActionError(this.getText("label.username"));
```

（3）xml 验证框架中错误信息的国际化（直接从指定国际化资源文件中查找）。

```
<message key="label.username"></message>
```

或

```
<message>${getText("label.username")}</message>
```

（4）Struts2 表单的国际化时，表单的 theme 属性不能设置为 simple，使用 key 属性。例如：

```
<s:textfield name="label.username" key="label.username"></s:textfield>
```

11.4.4 Struts2 的国际化应用案例

【例 11-6】 基于 Struts2，设计一个适应于中英文的登录系统。

【分析】 对于登录系统的业务流程，在前面的一些案例中已经介绍，请参考它们。

【设计】 该系统需要设计的组件有：

（1）登录页面 login.jsp、成功登录页面 loginsuccess.jsp。

（2）两个资源文件：支持英文登录的西文编码文件、支持中文登录的汉字编码文件。

（3）登录验证的控制器 LoginAction 类。该控制器的业务逻辑是：如果验证成功，则跳转到 loginsuccess.fsp 页面，否则重新返回到登录页面 login.jsp。

【实现过程】

（1）建立工程 ch11_6_i18n，并在 web.xml 中配置核心控制器。

（2）编写国际化资源文件并进行编码转换：见例 11-5 给出的资源文件及其转化。

（3）编写视图组件输出国际化消息。

中英文登录页面（login.jsp）代码如下：

```
<%@ page contentType="text/html; charset=UTF-8" %>
<%@ taglib prefix="s" uri="/struts-tags" %>
<html>
    <head>
        <!-- 使用 text 标签输出国际化消息 -->
        <title><s:text name="title.login"/></title>
    </head>
    <body>
        <s:form action="checkLogin" method="post">
            <!--表单元素的 key 值与资源文件的 key 对应-->
            <s:textfield name="name" key="label.username" size="20"/>
            <s:password name="password" key="label.password" size="22"/>
```

```
            <s:submit key="item.submit"/>
        </s:form>
    </body>
</html>
```

登录成功页面（loginSuccess.jsp）代码如下：

```
<%@ page contentType="text/html; charset=UTF-8" %>
<%@ taglib prefix="s" uri="/struts-tags" %>
<html>
    <!-- 使用 text 标签输出国际化消息 -->
    <head> <title><s:text name="message.success"/></title> </head>
    <body>
        <hr>
        <s:text name="label.username"/>:<s:property value="name"/><br>
        <s:text name="label.password"/>:<s:property value="password"/>
    </body>
</html>
```

（4）编写控制器 Action，login.jsp 对应的业务控制器 LoginAction 类，代码如下：

```
package loginAction;
import com.opensymphony.xwork2.ActionContext;
import com.opensymphony.xwork2.ActionSupport;
public class LoginAction extends ActionSupport{
    private String name;
     private String password;
     private String tip; //用于定义标题信息
     //.......省略了属性的 getter、setter 方法
     public String execute() throws Exception{
            if(getName().equals("QQ")&&getPassword().equals("123") ){
                  ActionContext.getContext().getSession().put("name",getName());
                  return "success";
            }
            else{
                  return "error";
            }
     }
}
```

（5）在 struts.xml 中配置 Action 与国际资源文件。修改配置文件 struts.xml，在配置文件中配置 Action 和国际化资源文件，配置内容如下：

```
<struts>
     <constant name="struts.custom.i18n.resources" value="globalMessages" />
    <constant name="struts.i18n.encoding" value="UTF-8" />
    <package name="I18N" extends="struts-default">
        <action name="checkLogin" class="loginAction.LoginAction">
            <result name="success">/I18N/loginSuccess.jsp</result>
            <result name="error">/I18N/login.jsp</result>
        </action>
    </package>
</struts>
```

（6）项目部署和运行

项目部署后运行，如果操作系统是中文系统下的，运行 login.jsp 页面，将出现中文提示信息的运行页面；如果使用的是英文操作系统或者通过设置浏览器语言，运行时将出现英文登录页面。

11.5　Struts2 的拦截器

拦截器（Interceptor）是 Struts2 的核心组成部分。拦截器动态拦截 Action 调用的对象，它提供了一种机制，使开发者可以定义一个特定的功能模块，这个模块可以在 Action 执行之前或者之后运行，也可以在一个 Action 执行之前阻止 Action 执行。

拦截器分为两类：Struts2 提供的内建拦截器和用户自定义的拦截器。

📖 提示：Struts2 的拦截器就是 Servlet 中的过滤器。

11.5.1　Struts2 的内建拦截器

Struts2 利用内建的拦截器完成了框架内的大部分操作，例如文件的上传和下载、国际化、转换器和数据校验等。表 11-2 所示的是 Struts2 主要的内建拦截器。

表 11-2　Struts2 主要的内建拦截器的功能说明

拦 截 器	名 字	说 明
Alias Interceptor	alias	在不同请求之间将请求参数在不同名字件转换，请求内容不变
Chaining Interceptor	chain	让前一个 Action 的属性可以被后一个 Action 访问，现在和 chain 类型的 result（<result type="chain">）结合使用
Checkbox Interceptor	checkbox	添加了 checkbox 自动处理代码，将没有选中的 checkbox 的内容设定为 false，而 html 默认情况下不提交没有选中的 checkbox
Cookies Interceptor	cookies	使用配置的 name,value 来是指 cookies
Conversion Error Interceptor	conversionError	将错误从 ActionContext 中添加到 Action 的属性字段中
Create Session Interceptor	createSession	自动的创建 HttpSession，用来为需要使用到 HttpSession 的拦截器服务
Execute and Wait Interceptor	execAndWait	在后台执行 Action，同时将用户带到一个中间的等待页面
Exception Interceptor	exception	将异常定位到一个画面
File Upload Interceptor	fileUpload	提供文件上传功能
I18n Interceptor	i18n	记录用户选择的 locale
Logger Interceptor	logger	输出 Action 的名字
Message Store Interceptor	store	存储或者访问实现 ValidationAware 接口的 Action 类出现的消息，错误，字段错误等
Model Driven Interceptor	model-driven	如果一个类实现了 ModelDriven，将 getModel 得到的结果放在 Value Stack 中
Scoped Model Driven	scoped-model-driven	如果一个 Action 实现了 ScopedModelDriven，则这个拦截器会从相应的 Scope 中取出 model 调用 Action 的 setModel 方法将其放入 Action 内部
Parameters Interceptor	params	将请求中的参数设置到 Action 中去
Prepare Interceptor	prepare	如果 Acton 实现了 Preparable，则该拦截器调用 Action 类的 prepare 方法
Scope Interceptor	scope	将 Action 状态存入 session 和 application 的简单方法
Servlet Config Interceptor	servletConfig	提供访问 HttpServletRequest 和 HttpServletResponse 的方法，以 Map 的方式访问

（续）

拦截器	名字	说明
Static Parameters Interceptor	StaticParams	从 struts.xml 文件中将<action>中的<param>中的内容设置到对应的 Action 中
Timer Interceptor	timer	输出 Action 执行的时间
Token Interceptor	token	通过 Token 来避免双击
Validation Interceptor	validation	使用 action-validation.xml 文件中定义的内容校验提交的数据。
Workflow Interceptor	workflow	调用 Action 的 validate 方法，一旦有错误返回，重新定位到 INPUT 页面

对于 Struts2 内建拦截器的应用，将在 11.5.3 节和 11.6 节给出。

11.5.2 Struts2 拦截器的自定义实现

为了实现自定义拦截器，Struts2 提供了 Interceptor 接口，以及对该接口实现的一个抽象拦截器类（AbstractInterceptor）。实现拦截器类一般可以实现 Interceptor 接口，或者直接继承 AbstractInterceptor 类。Struts2 还提供了一个 MethodFilterIntercepter 类，该类是 AbstractInterceptor 类的子类，若要实现方法过滤，就需要继承 MethodFilterIntercepter，设计方法拦截器。

用户自定义一个拦截器一般需要以下 3 步：

（1）自定义一个实现 Interceptor 接口（或继承 AbstractInterceptor 或继承 MethodFilter Intercepter）的类。

（2）在 struts.xml 中注册上一步中定义的拦截器。

（3）在需要使用的 Action 中引用上述定义的拦截器。

1．拦截器接口：Interceptor

Struts2 提供的 Interceptor 接口（Interceptor.java）的代码如下：

```
import com.opensymphony.xwork2.ActionInvocation;
import java.io.Serializable;
public interface Interceptor extends Serializable {
    void destroy();
    void init();
    String intercept(ActionInvocation invocation) throws Exception;
}
```

该接口提供了以下 3 个方法。

（1）void destroy()：用于在拦截器执行完之后，释放 init()方法里打开的资源。

（2）void init()：由拦截器在执行之前调用，主要用于初始化系统资源。

（3）String intercept(ActionInvocation invocation) throws Exception：该方法是拦截器的核心方法，实现具体的拦截操作，返回一个字符串作为逻辑视图。与 Action 一样，如果拦截器能够成功调用 Action，则 Action 中的 execute()方法返回一个字符串类型值作为逻辑视图，否则，返回开发者自定义的逻辑视图。

2．抽象拦截器类：AbstractInterceptor

抽象拦截器类（AbstractInterceptor）是对接口 Interceptor 的一种实现。其中，init()和 destroy()方法是空实现。

AbstractInterceptor 类（AbstractInterceptor.java）的代码如下：

```
import com.opensymphony.xwork2.ActionInvocation;
```

```
public abstract class AbstractInterceptor implements Interceptor {
    public void init(){ }
    public void destroy(){ }
    public abstract String intercept(ActionInvocation invocation) throws Exception;
}
```

3．自定义拦截器

实现接口 Intercepter（或继承 AbstractInterceptor）并在 interceptor 方法中加入有关的处理代码，其代码格式如下：

```
package interceptor;
public class MyInterceptor extends AbstractInterceptor {
        public String intercept(ActionInvocation invocation) throws Exception {
                System.out.println("Before");        //在 Action 之前调用
                String result = invocation.invoke();
                /*  invocation.invoke()方法检查是否还有拦截器，若有，则继续调用余下的拦截器，若
没有，则执行 action 的业务逻辑，并返回值*/
                System.out.println("After");
                return result;
        }
}
```

4．在 Struts.xml 中配置拦截器

在 struts.xml 中声明拦截器，并在 Action 中配置拦截器，配置格式如下：

```
<struts>
    <package name="interceptor1" extends="struts-default">
        <!-- 定义拦截器 -->
        <interceptors>
            <interceptor name="myInterceptor" class="interceptor.MyInterceptor"/>
        </interceptors>
        <!-- 配置 action -->
        <action name="test_interceptor" calss="Action.Test_InterceptorAction">
            <result name="success">/success.jsp</result>
            <result name="input">/test.jsp</result>
            <!-- 将声明好的拦截器插入 action 中 -->
            <interceptor-ref name="myInterceptor"></interceptor-ref>
            <!—引用系统默认的拦截器 -->
            <interceptor-ref name="defaultStack"></interceptor-ref>
        </action>
    </package>
</struts>
```

📖 注意：一旦某个 Action 引用了自定义的拦截器，Struts2 默认的拦截器就不会再起作用了，为此，还需要引用默认拦截器。

5．自定义方法拦截器

Struts2 还提供了一个方法拦截器类 MethodFilterInterceptor，该类继承 AbstractInterceptor 类，并重写了 intercept(ActionInvocation invocation)方法，还提供了一个新的抽象方法 doInterceptor(ActionInvocation invocation)。通过该拦截器可以指定哪些方法需要被拦截，哪些不需要。

（1）建立拦截器：继承 MethodFilterInterceptor，创建一个拦截器。

（2）配置拦截器：该类拦截器只能配置在 Action 内部，配置格式如下。

```
<action name="test_interceptor" calss="Action.Test_InterceptorAction">
    <result name="success">/success.jsp</result>
    <result name="input">/test.jsp</result>
    <interceptor-ref name="MyInterceptor">
        <param name="includeMethod">test,execute</param>
        <!-- 拦截 text 和 execute 方法，方法间用逗号分隔 -->
        <param name="excludeMethod">myfun</param>
        <!-- 不拦截 myfun 方法 -->
    </interceptor-ref>
</action>
```

注意：

（1）excludeMethods——指定不被拦截的方法，若有多个方法以逗号分隔。

（2）includeMethods——指定被拦截的方法，若有多个方法以逗号分隔。

6．在 interceptor 方法中，利用参数 ActionInvocation 可获取页面提交的信息

```
public String intercept(ActionInvocation ai) throws Exception {
    Map session = invocation.getInvocationContext().getSession();
    if(session.get("user") == null) {
        return "login";
    } else {
        return ai.invoke();
    }
}
```

11.5.3 案例——文字过滤器的设计与应用

【例 11-7】 开发一个网上论坛过滤系统，如果网友发表的有不文明语言，将通过拦截器对不文明的文字进行自动替代。这里只是给出了一种简单的过滤，过滤是否有“讨厌”文字，若有“讨厌”，则用“喜欢”代替要过滤的内容“讨厌”，形成新的文本内容并显示在论坛上。运行界面如图 11-6 所示。

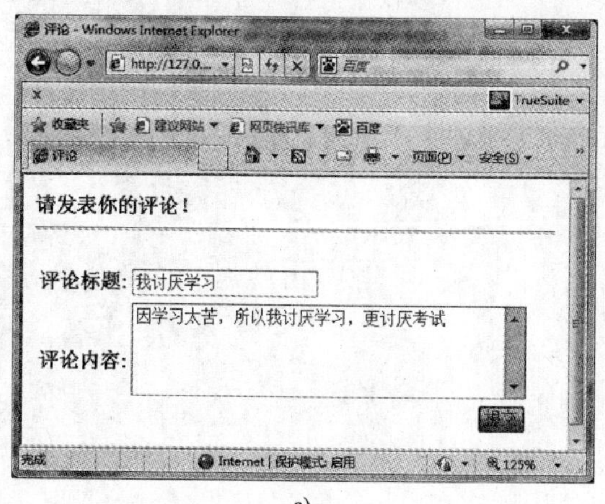

a)

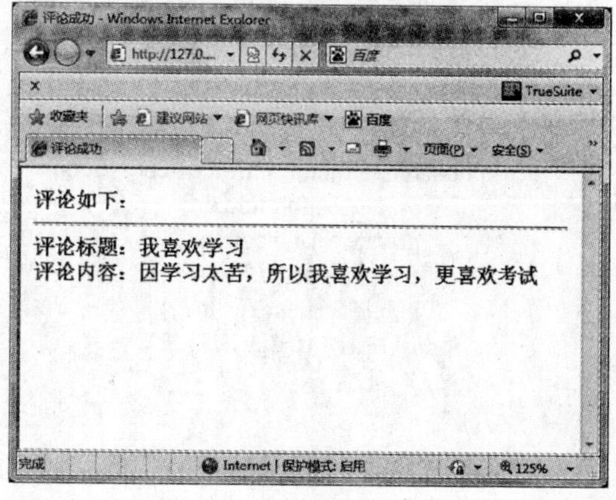

b)

图 11-6　例 11-10 的运行界面

a) 提交页面　b) 过滤后显示信息的页面

【分析】 对于该案例，需要编写一个自定义拦截器（MyInterceptor.java），一个发表新闻评论的页面（news.jsp），其对应的业务控制器 PublicAction 类，评论成功页面 success.jsp 页面。

【设计关键】 该问题的关键是设计一个拦截器 MyInterceptor.java，该拦截器的工作过程是：在页面提交后，获取所提交的请求参数信息，对其进行判定是否含有“讨厌”文字，并进行处理，处理后重新修改请求参数值，然后再执行 Action 或下一个过滤器。

【实现过程】

（1）建立工程：ch11_7_Interceptor，并在 web.xml 中配置核心控制器。

（2）根据图 11-6 所示页面，设计评论页面（news.jsp），其代码如下：

```
<%@ page language="java" pageEncoding="UTF-8"%>
<%@taglib prefix="s" uri="/struts-tags"%>
<html>
    <head> <title>评论</title> </head>
    <body>
        请发表你的评论！<hr>
        <s:form action="public" method="post">
                <s:textfield name="title" label="评论标题" maxLength="36"/>
                <s:textarea name="content" cols="36" rows="6" label="评论内容"/>
                <s:submit value="提交"/>
        </s:form>
    </body>
</html>
```

（3）编写评论成功页面（success.jsp），其代码如下：

```
<%@ page contentType="text/html; charset=UTF-8" %
<%@ taglib prefix="s" uri="/struts-tags" %>
<html>
    <head> <title>评论成功</title> </head>
    <body>
        评论如下：<hr>
        评论标题：<s:property value="title"/> <br>
        评论内容：<s:property value="content"/>
  </body>
</html>
```

（4）评论页面对应的业务控制器（PublicAction.java），其代码如下：

```
package interceptor;
import com.opensymphony.xwork2.ActionSupport;
public class PublicAction extends ActionSupport{
        private String title;
        private String content;
        //属性的 getter、setter 方法
        public String execute(){
                return SUCCESS;
        }
}
```

（5）编写自定义拦截器：MyInterceptor.java，用于对发表评论的内容进行过滤，其代码如下：

```
package interceptor;
import java.util.Map;
```

```
import org.apache.struts2.ServletActionContext;
import com.opensymphony.xwork2.ActionInvocation;
import com.opensymphony.xwork2.interceptor.AbstractInterceptor;
public class MyInterceptor extends AbstractInterceptor {
    public String intercept(ActionInvocation ai) throws Exception {
        //获取页面提交的所有属性及其属性值
        Map<String, Object> parameters = ai.getInvocationContext().getParameters();
        //对每对属性、属性值分别进行过滤，将过滤后的内容再保存到该属性中
        for (String key : parameters.keySet()) {
            Object value = parameters.get(key);
            if ( value != null && value instanceof String[]) {
                String[] valueArray = (String[]) value;
                for (int i = 0; i < valueArray.length; i++) {
                    if( valueArray[i] != null ){
                        //判断用户提交的评论内容是否有要过滤的内容
                        if(valueArray[i].contains("讨厌")) {
                            //以"喜欢"代替要过滤的内容"讨厌"
                            valueArray[i] =valueArray[i].replaceAll("讨厌", "喜欢");
                            //把替代后的评论内容设置为 Action 的评论内容
                            parameters.put(key, valueArray);
                        }
                    }
                }
            }
        }
        return ai.invoke();//进行执行下一个拦截器或 Action
    }
}
```

（6）在 struts.xml 中配置自定义拦截器和 Action，其代码如下：

```
<struts>
    <constant name="struts.custom.i18n.resources" value="globalMessages"/>
    <constant name="struts.i18n.encoding" value="UTF-8" />
    <package name="I18N" extends="struts-default">
        <interceptors>
            <!--文字过滤拦截器配置，replace 是拦截器的名字-->
            <interceptor name="replace" class="interceptor.MyInterceptor" />
        </interceptors>
        <action name="public" class="interceptor.PublicAction"><!--文字过滤 Action 配置-->
            <result name="success">/success.jsp</result>
            <result name="login">/success.jsp</result>
            <interceptor-ref name="replace"/>  <!--使用自定义拦截器-->
            <interceptor-ref name="defaultStack" />  <!--Struts2 系统默认拦截器-->
        </action>
    </package>
</struts>
```

（7）项目部署和运行。部署后，其运行效果如图 11-6 所示的页面。

11.6 Struts2 的文件上传和下载

在 Struts2 框架中，专门提供了实现文件上传、下载功能的两包：commons-fileuplood-版本号.jar 和 commons-io-版本号.jar，在开发 Web 程序时，需要将两 Jar 包：导入到 Web 工程中。

11.6.1 文件上传

使用 Struts2 上传文件时，只需要使用普通的 Action，但是为了获取一些上传文件的信息，如上传文件名、文件类型，需要按照一定的规则在 Action 中增加一些 getter 和 setter 方法。可以按以下步骤实现文件上传：

（1）编写上传页面，并设置 form 表单的编码类型。

（2）编写上传文件的 Action，在该 action 中必须定义 3 个变量，即文件、文件名，文件类型。

（3）修改配置文件 struts.xml，对 Action 进行配置。

（4）文件上传过滤。

（5）编写上传成功页面。

1．编写上传页面，并设置 form 表单的编码类型

在文件上传页面的表单中，所使用的编码类型 enctype=“multipart/form-data”，并且数据提交方式要用 post 方式。假设该页面是 inputFile.jsp。

```
<s:form action="fileupload"   method="post" enctype="multipart/form-data">
  <s:file name="file" lable="选择要上传的文件" />
  <input type="submit" value="上传"/>
</form>
```

2．编写上传文件的 Action，在该 action 中必须定义三个变量：文件、文件名，文件类型

```
private File file;                          //上传文件对象
private String fileFileName;                //上传文件名
private String fileContentType;             //上传文件内容类型
```

注意：这 3 个变量的命名，必须按如下规则：

（1）File 类型的变量名必须与表单中文件的 name 要相同。

（2）fileFileName，命名格式是 name+"FileName"。

（3）fileContentType，命名规则是 name+"ContentType"。

编写 Action：FileUploadAction，其关键代码如下：

```
package Action;
import java.io.File;
import org.apache.commons.io.FileUtils;
import org.apache.struts2.ServletActionContext;
import com.opensymphony.xwork2.ActionContext;
import com.opensymphony.xwork2.ActionSupport;
public class FileUploadAction extends ActionSupport {
        private File file;
        private String fileFileName;
        private String fileContentType;
        //省略了属性的 setter、getter 方法
        public String execute() throws Exception {
                String realPath=ServletActionContext.getServletContext().getRealPath("/file");
                if(file!=null){
                    //创建上传文件要存放的文件及其存放位置（绝对路径）
                    File saveFile=new File(new File(realPath),fileFileName); //上传文件存放路径
```

```
                if(!saveFile.getParentFile().exists())
                    saveFile.getParentFile().mkdirs();
                //利用 commons.io 包中的工具类，实现文件复制
                FileUtils.copyFile(file, saveFile);
            }
            return "success";
        }
}
```

3．修改配置文件 struts.xml

```
<struts>
    <package name="default" namespace="/" extends="struts-default">
        <action name="fileupload" class="Action.FileUploadAction">
            <result name="success">/UpLoadSuccess.jsp</result>
            <result name="input">/inputFile.jsp</result>
        </action>
    </package>
</struts>
```

4．文件上传过滤

在 Struts2 中提供了文件上传拦截器（fileUpload），该拦截器能够实现对上传文件的过滤功能。

fileUpload 拦截器常用属性包括以下几项。

- maximumSize：设置上传文件的最大长度，默认值为 2MB。
- allowedTypes：设置上传的文件类型，以逗号为分隔符可以上传多种数据类型，如 text/html，如果不设置该属性就是允许任何类型文件上传。

使用拦截器对上传文件进行过滤，一旦上传的文件不符合要求时，系统自动转入“input”逻辑视图，并且在页面中提示异常信息，提示信息采用“健=值”的格式：

- struts.messages.error.content.type.not.allowed=你上传的文件类型不匹配，请重新上传！
- struts.messages.error.file.too.large=你上传的文件太大，请重新上传！
- struts.messages.error.uploading=没能正确上传文件，请重新上传！

为此，需要进行如下处理：

（1）编写国际化资源文件，将上面三种提示信息写入文件中，并利用 native2ascii 编译形成 UTF-8 编码的文件：globalMessages_zh_CN.properties。

（2）在 struts.xml 文件中，配置 uploadfile 拦截器和国际化资源文件，修改代码如下：

```
<struts>
    <!--  配置国际化资源文件  -->
    <constant name="struts.custom.i18n.resources" value="globalMessages"/>
    <constant name="struts.i18n.encoding" value="UTF-8" />
    <!--  配置 fileupload 拦截器  -->
    <interceptor-ref name=”fileupload”>
        <!--  配置允许文件上传的文件类型  -->
        <param name="allowedType">image/jpeg,image/gif</param>
       <!--  配置允许上传的文件大小，以字节为单位，这里设为 10M -->
        <param name="maximumSize">1048576</param>
    </interceptor-ref >
    <package name="default" namespace="/" extends="struts-default">
```

```
            <action name="fileupload" class="Action.FileUploadAction">
                <result name="success">/FileUploadSuccess.jsp</result>
                <result name="input">/inputFile.jsp</result>
            </action>
        </package>
    </struts>
```

5．编写上传成功页面：FileUploadSuccess.jsp

```
    <body>
        文件上传成功！<br>
        上传的文件是：<s:propertyvalue="fileFileName" />
    </body>
```

11.6.2 文件下载

使用 Struts2 实现文件下载是比较简单的，但必须注意两点：如果要下载的文件名为中文文件名，则需要编码转化，另外，有些应用程序需要让用户下载之前进行进一步检查，比如判断用户是否有足够权限来下载该文件等。

利用 Struts2 下载文件，一般需要以下 3 步：

（1）编写下载页面。

（2）编写 Struts2 实现文件下载的 Action

（3）修改配置文件 struts.xml，配置 Action。

下面按步骤给出实现过程。

1．编写下载页面

```
    <html>
        <head> <title>文件下载</title> </head>
        <body>
            文件下载
            <hr/>
            <a href="fileDownload.action">点击此处下载风景图片</a>
        </body>
    </html>
```

2．Struts2 实现文件下载的 Action

Struts2 的文件下载 Action 与普通的 Action 并没有太大的不同，仅仅是该 Action 需要提供一个返回 InputStream 流的方法，该输入流代表了被下载文件的入口。该 Action 类的代码如下：

```
    package action;
    import java.io.InputStream;
    import org.apache.struts2.ServletActionContext;
    public class DownloadAction {
        private String fileName;
        public void setFileName(String fileName) {
            try {// 解决中文文件名问题
                this.fileName = new String(fileName.getBytes("ISO-8859-1"), "GBK");
            } catch (UnsupportedEncodingException e) {
                e.printStackTrace();
            }
```

```
    }
    public String getFileName() {
      String name = "";
      try {// 解决下载文件中文文件名问题
            name = new String(fileName.getBytes("GBK"), "ISO8859-1");
      } catch (UnsupportedEncodingException e) {
          e.printStackTrace();
      }
      return name;
    }
    public InputStream getInputStream() {
      return ServletActionContext.getServletContext().getResourceAsStream("/" + fileName);
    }
    public String execute(){
          return "success";
    }
}
```

使用说明：

（1）getInputStream()方法返回一个 InputStream 输入流，这个输入流返回的是下载目标文件的入口。

（2）使用 getResourceAsStream 方法时，文件路径必须是以“/”开头，并且是相对于项目根目录的相对路径。

（3）可以用 return new FileInputStream(fileName)的方法来得到绝对路径的文件。

3．配置 struts.xml

Struts2 中实现文件的下载需要在 struts.xml 配置文件中配置文件下载拦截器 download，并配置<result name="success" type="stream">中 stream 的参数值。

配置格式如下：

```
<struts>
    <!-- 配置 Struts2 国际化资源文件的 baseName -->
    <constant name="struts.custom.i18n.resources" value="globalMessages"/>
    <!-- 配置 Struts2 应用的编码集 -->
    <constant name="struts.i18n.encoding" value="UTF-8"/>
    <package name="default" extends="struts-default">
        <!-- 配置下载的拦截器引用 -->
        <default-action-ref name="download"/>
        <action name="download" class="action.DownloadAction">
        <!-- 指定被下载资源的位置 -->
        <param name="fileName ">\ struts-gif.zip </param>
        <!-- 配置结果类型为 stream 的结果 -->
        <result type="stream">
            <param name="contentType">application/octet-stream</param>
            <param name="inputName">inputStream</param>
            <param name="contentDisposition">attachment;filename="${fileName}"</param>
            <param name="bufferSize">4096</param>
        </result>
      </action>
    </package>
</struts
```

说明：

（1）当 result 为 stream 类型时，struts2 会自动根据配置参数下载文件。

（2）contentType 参数：指定下载文件的文件类型——application/octet-stream 表示无限制。

（3）inputName 参数：流对象名——在 Action 中需要指定该输入流入口。

- 如果在 Action 中声明的是 getInputStream()方法，在配置文件 struts.xml 中配置为<param name="inputName">inputStream</param>。
- 如果在 Action 中声明的是 getTargetFile()方法，在配置文件 struts.xml 配置为<param name="inputName">targetFile</param>。
- 使用该配置，它就会自动去找 Action 中的 getInputStream（或 getTargetFile）方法。

（4）contentDisposition 参数：指定文件下载的处理方式。

- 内联方式（inline）表示浏览器会尝试直接显示文件。
- 附件方式（attachment）会弹出文件保存对话框，是默认方式，其格式是 attachment; filename="${fileName}"。

（5）bufferSize 参数：下载文件的缓冲大小。

11.7 Struts2 的输入验证

良好的输入验证是一个成熟系统的必备条件。Struts2 提供了安全的服务器验证方法，一种是使用 validate()方法，另一种是配置验证（使用配置验证文件）。

11.7.1 使用 validate()方法实现验证

在 Struts2 框架中，validate()方法是专门用来验证数据的，实现的时候需要继承 ActionSupport 类，并重写 validate()方法来完成输入验证。

输入验证可以针对不同的业务方法。例如，对登录进行输入验证，vaidate()方法可以命名成 validateLogin()。如果同时有 validate()方法，执行的顺序是先调用 validateLogin()，再调用 validate()，前面的方法验证没通过，后面的方法不再执行。具体的应用案例见 11.7.3 小节。

11.7.2 使用验证文件实现验证

Struts2 框架还提供了一种基于验证文件的输入验证方式，将验证规则保存在特定的验证文件中。

1．验证文件的命名规则

一般情况下，验证文件的命名规则是：Actio 类名-validatin.xml。如果一个 Action 有多个逻辑处理方法，要为某个特定方法做验证，其命名规则是：Action 类名-Action 逻辑名-validatin.xml（其中，Action 逻辑名是指 struts.xml 中的对应该处理方法的 action 配置中的 name 值）。为区分不同的方法可采用通配符的方式。

如果该校验器对应的 Action 类名为 Register2Action，那么验证文件名为 Register2Action-validation.xml。该验证文件一般都是保存在与 Action 类相同的目录下，这样对于不同的

Action 处理请求将会加载不同的校验文件。

2．校验器

Struts2 框架中提供了大量的内置校验器，在项目开发中，大部分校验功能都可以通过内置校验器来完成。Struts2 框架提供两种配置校验器的方式：字段校验器配置风格和非字段校验器配置风格。

（1）字段校验器配置风格

如果使用字段校验器配置风格，校验文件以<field>元素为基本元素，这个基本元素的 name 属性值为被校验的字段，该风格的格式如下：

```
<validators>
    <field name="被校验的字段">
        <!--用来指定校验器的类型-->
        <field-validator type="校验器的类型">
            <!--用来向校验器传递参数，可以包含多个 param-->
            <param name="参数名">参数值</param>
            <!--用来指定校验失败的提示信息-->
            <message>校验失败提示的信息</message>
        </field-validator>
    </field>
    <! --下一个要验证的字段-->
        ….
</validators>
```

（2）非字段校验器配置风格

非字段校验器配置风格是以校验器优先的配置方式。以<validator>为基本元素，在根元素<validators>下可以配置多个<validator >。该风格的配置方式如下：

```
<validators>
    <!--用来指定校验器的类型-->
    <validator type="校验器的类型" >
        <!--用来指定要校验的属性-->
        <param name="fildName" >需要被校验的字段属性</param>
        <!--用来向校验器传递的参数，可以包含多个 param-->
        <param name="参数名">参数值</param>
        <!--用来指定校验失败的提示信息-->
        <message>校验失败提示的信息</message>
    </validator>
    <!--下一个要验证的字段-->
</validators>
```

3．常用的字段检验器

常用的字段校验器有必填校验器、必填字符串校验器、字符串长度校验器、整数校验器、日期校验器、邮件地址校验器、网址校验器、表达式校验器、字段表达式校验器等。

（1）必填检验器：required。要求字段必须有值，校验字段是否为空。FieldName 用来指定校验字段的名称。例如：

```
<field name="userName">
    <field-validator type="required">
        <message>用户名不能为空！</message>
    </field-validator>
</field>
```

（2）必填字符串校验器：requiredstring。要求字段为一个非空字符串，并且长度需要大于0。fieldName 用来指定校验字段的名称，trim 用来指定是否在校验之前对字符串进行整理，截取字符串前后空格，默认值为 true。例如：

```
<field name="userName">
    <field-validator type="requiredstring">
        <param name="trim">true</param>
        <message>用户名不能为空！</message>
    </field-validator>
</field>
```

（3）整数校验器：int。要求被校验的整数在指定范围内，否则校验失败。fieldname 用来指定校验字段的名称；max 用来指定整数的最大值，可选项，不选为最大值不限制；min 用来指定整数的最小值，可选项，不选为最小值不限制。例如：

```
<field name="userAge">
    <field-validator type="int">
        <param name="min">1</param>
        <param name="max">100</param>
        <message>年龄必须在 1 到 100 之间！</message>
    </field-validator>
</field>
```

（4）日期校验器：date。要求字段的日期值在指定的范围内。fieldname 用来指定校验字段的名称；max 用来指定整数的最大值，可选项，不选为最大值不限制；min 用来指定整数的最小值，可选项，不选为最小值不限制。例如：

```
<field name="userBirthday">
    <field-validator type="conversion">
        <message>必须是日期格式！</message>
    </field-validator>
    <field-validator type="date">
        <param name="min">1900-01-01</param>
        <param name="max">2090-12-31</param>
        <message>key="userBirthday.range"</message>
    </field-validator>
</field>
```

使用日期验证器时，在 JSP 页面中要使用以下格式：

```
<s:form action="date.action" method="post">
    <s:datetimepicker displayFormat="yyyy-MM-dd" label="生日" name="userBirthday" >
    </s:datetimepicker>
    …
    <s:submit value="提交"/>
</s:form>
```

（5）邮件地址校验器：email。要求指定字段必须满足邮件地址规则（采用正则表达描述）。例如：

```
<field name="userEmail">
    <field-validator type="email" >
        <message>你的电子邮件地址必须是一个有效的电邮地址！</message>
    </field-validator>
</field>
```

（6）网址校验器：url。要求被校验字段必须为合法的 URL 地址。例如：

```
<field name="userNetURL">
        <field-validator type="url" >
            <message>无效的网络地址！</message>
        </field-validator>
</field>
```

（7）字段表达式校验器：fieldexpression。要求字段必须满足一个逻辑表达式。fieldname 用来指定校验字段的名称，expression 为一个逻辑表达式，使用 OGNL 表达式。例如：

```
<field name="userPassword">
      <field-validator type="fieldexpression">
          <!--验证两次输入的密码相同-->
          <param name="expression"><![CDATA[userPassword==ruserPassword]]> </param>
          <message>校验失败！</message>
      </field-validator>
</field>
```

（8）正则表达式校验器：regex。要求字段必须满足某种格式的正规式，expression_r 为一个逻辑表达式，使用正规表达式。例如：

```
<field name="userName">
      <field-validator type="regex">
          <param name="expression_r"><![CDATA[(\w{4,25})]]> </param>
          <message>您输入的用户名只能是长度在 4 到 25 之间的字母和数字</message>
      </field-validator>
</field>
```

（9）字符串长度校验器：stinglength。用于校验字段中字符串长度在指定的范围内。例如：

```
<field name="userName">
        <field-validator type="stringlength" >
            <param name="maxLength">16</param>
            <param name="minLength">6</param>
          <message>姓名长度为${minLength}到${maxLength}个字符！</message>
        </field-validator>
</field>
```

4. 非字段检验器

对于上面介绍的字段检验器，都存在对应的非字段检验器，请读者根据“非字段校验器配置风格”自己给出示例。

11.7.3 案例——实现客户注册输入验证

在第 2 章，客户注册页面曾使用 JavaScript 实现验证，在本小节，分别采用 validate()方法和使用配置验证文件对注册页面的信息输入实现验证。

【例 11-8】 使用 validate()方法实现对注册页面进行验证。注册页面如图 11-7 所示，若输入的数据验证成功，进入验证成功页面（该页面显示注册信息），否则，仍返回注册页面。

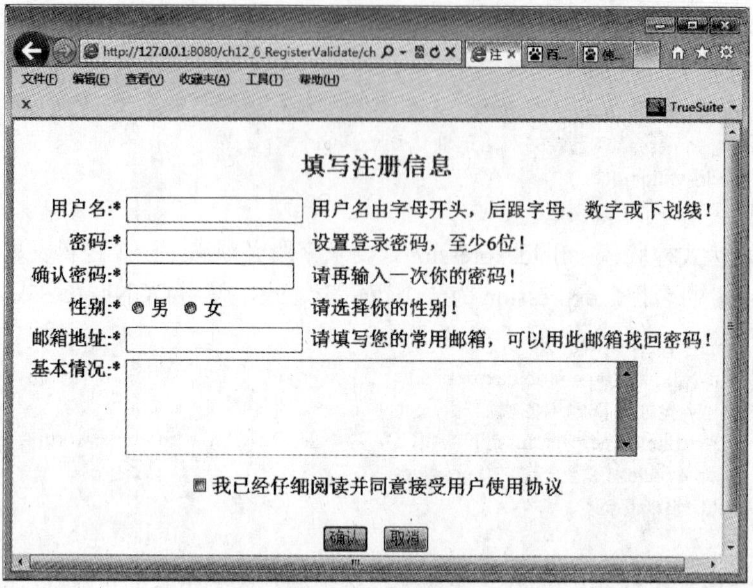

图 11-7　例 11-8 的提交页面

【分析】 对于该案例，根据 Struts2 的 MVC 设计思想，需要设计 3 部分组件。

（1）模型组件。

- 注册用户的 JavaBean：User.Java。
- 实现注册信息添加到数据库的 JavaBean：userDbase.java。

（2）Action 控制器的设计：ch11_8_RegisterAction.java，在该控制器中有以下两个主要方法。

- public String register()：实现注册。
- public void validate()：实现注册前的信息验证。

（3）设计视图。

- 注册页面（ch11_8_Regist.jsp）：按图 11-7 所示的页面设计。
- 注册成功后，显示注册信息的页面：ch11_5_Success.jsp。

【实现过程】

（1）建立工程 ch11_8_RegistValidate，并在 web.xml 中配置 Struts2 的核心控制器（配置内容参看例 11-1）。

（2）建立有关的 JavaBean。

首先建立注册用户的 JavaBean，User.Java 代码如下：

```
package Beans;
public class User {
        private String userName;
        private String userPwd;
        private String userSex;
        private String userEmail;
        private String userBasicInfo;
        //省略了 Setter、Getter 方法
}
```

其次建立对用户实现添加、删除等业务操作的 JavaBean，这里只给出有关的方法，没有具体实现，userDbase.java 代码如下：

```
package Beans;
public class userDbase {
    public int addUser(User user){//向数据库中添加注册用户方法
        return 1;
    }
}
```

（3）编写业务控制器——ch11_8_RegisterAction.java，其代码如下：

```
package Action;
import Beans.User;
import Beans.userDbase;
import com.opensymphony.xwork2.ActionSupport;
import java.util.regex.*;
public class ch11_8_RegisterValidateAction extends ActionSupport {
    private User user;
    private String userPwd;
    //省略了属性的 Setter、Getter 方法
    public String register() throws Exception {
        userDbase ud=new userDbase();
        if(ud.addUser(user)==1) return "success";
        else return "error";
    }
    public void validate() {
        if(user.getUserName()==null ||user.getUserName().length()<=0){
            addFieldError("user.userName","用户名不能为空！");
        }else{
            String f1="[a-zA-Z]\\w*";
             if(!Pattern.matches(f1,user.getUserName())){
               addFieldError("user.userName","用户名格式不正确！"); }
        }
      if(user.getUserPwd().length()<=0||user.getUserPwd()==null){
           addFieldError("user.userPwd","密码不能为空！");
       }else{
       if(user.getUserPwd().length()<6){
                addFieldError("user.userPwd","密码长度不能小于 6！"); }
       }
       if(userPwd.length()<=0||userPwd==null){
            addFieldError("userPwd","确认密码不能为空！");
         }else{
           if(userPwd.equals(user.getUserPwd())){
                   addFieldError("userPwd","密码不一致！");
           }
         }
        if(user.getUserEmail().length()<=0||user.getUserEmail()==null){
             addFieldError("user.userEmail","邮件地址不能为空！");
        }else{
            String f2="\\w+([-+.']\\w+)*@\\w+([-.]\\w+)*.\\w+([-.]\\w+)*";
             if(!Pattern.matches(f2,user.getUserEmail())){
              addFieldError("user.userName","邮箱地址格式不正确！");
             }
```

```
            }
        }
    }
```

（4）编写注册页面——ch11_8_Regist.jsp，其代码如下：

```
<%@ page language="java" pageEncoding="UTF-8"%>
<%@ taglib uri="/struts-tags" prefix="s"%>
<html>
    <head><title>注册页面</title>
        <style type="text/css">
          body{font-size:12px;}
          #title{color:#FF7B0B;font-size:20px;font-weight:bold;}
          .td{height:30px;}
          .info{color:#BBBBBB;}
        </style>
        <script language="javascript">
          function check(frm){
            if(frm.accept.checked==false){
              alert("您需要仔细阅读用户使用协议，并同意接受协议！");
              return false;
            }
            return true;
          }
        </script>
    </head>
    <body>
      <s:fielderror cssStyle="color: red"></s:fielderror>
      <s:form action="register" method="post" theme="simple"
            onsubmit="return check(this)">
        <table border="0" align="center" width="580">
          <tr><td colspan="3" align="center" height="40" id="title">
            填写注册信息<br/></td></tr>
          <tr> <td align="right">用户名:*</td>
            <td><s:textfield name="user.userName"/></td>
            <td class="info">
                用户名由字母开头，后跟字母、数字或下划线！</td></tr>
          <tr><td align="right">密码:*</td>
            <td><s:password name="user.userPwd"/></td>
            <td class="info">设置登录密码，至少 6 位！</td></tr>
          <tr><td align="right">确认密码:*</td>
            <td><s:password name="userPwd"/></td>
            <td class="info">请再输入一次你的密码！</td></tr>
          <tr><td align="right">性别:*</td>
            <td><s:radio name="user.userSex" list="{'男','女'}"/>  </td>
            <td class="info">请选择你的性别！</td> </tr>
          <tr><td align="right">邮箱地址:*</td>
            <td><s:textfield name="user.userEmail"/></td>
            <td class="info">
                请填写您的常用邮箱，可以用此邮箱找回密码！</td></tr>
          <tr><td align="right" valign="top">基本情况:*</td>
            <td colspan="2"><s:textarea
                  name="user.userBasicInfo" rows="5" cols="50"/></td></tr>
          <tr><td colspan="3" align="center" height="40">
```

```
                    <s:checkbox name="accept" value="false"/>
                            我已经仔细阅读并同意接受用户使用协议</td></tr>
                <tr><td colspan="3" align="center" height="40">
                        <input type="submit" value="确认"/> 
                    <input type="reset" value="取消"/></td></tr>
            </table>
        </s:form>
    </body>
</html>
```

（5）编写注册成功页面——ch11_8_Success.jsp，其代码如下：

```
<%@ page contentType="text/html; charset=UTF-8" %>
<%@ taglib prefix="s" uri="/struts-tags" %>
<html>
    <head><title>校验成功</title></head>
    <body>
        校验通过，用户信息如下：
        <hr>
        用户名：<s:property value="user.userName"/><br>
        密码：<s:property value="user.userPwd"/> <br>
        确认密码：<s:property value="userPwd"/> <br>
        性别：<s:property value="user.userSex"/> <br>
        邮箱地址：<s:property value="user.userEmail"/><br>
        基本情况：<s:property value="user.userBasicInfo"/>
    </body>
</html>
```

（6）修改 struts.xml 配置 Action，配置信息如下：

```
<action name="register" class=" Action.ch11_8_RegisterAction.java ">
    <result name="input">/register.jsp</result>
    <result name="success">/success1.jsp</result>
</action>
```

（7）项目部署和运行。

运行效果如图 11-8 所示，如果输入的数据符合要求进入验证成功页面，效果如图 11-7b，若输入的数据不符合要求，效果如图 11-7d 所示。

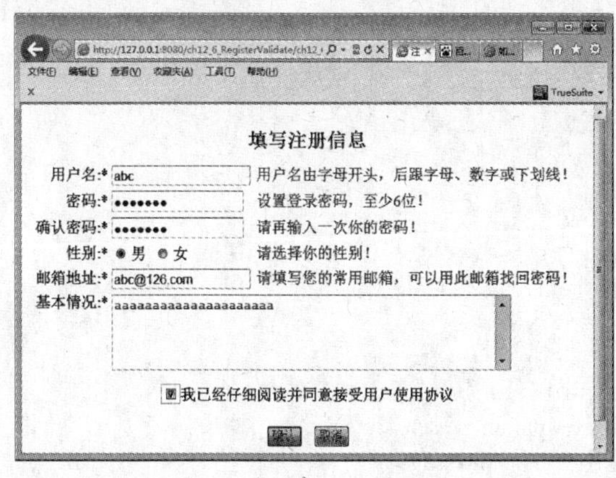

a)

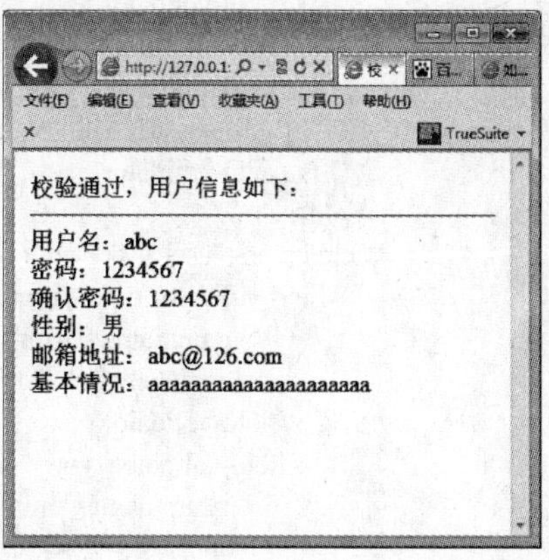

b)

图 11-8　例 11-11 的运行效果图

a) 输入正确数据信息　b) 正确注册后显示效果

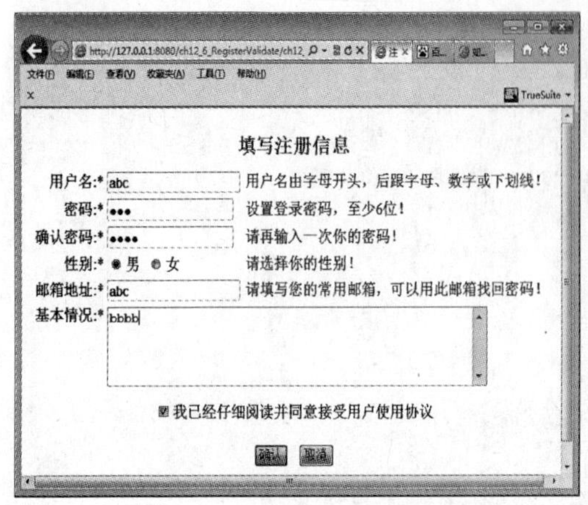

c)

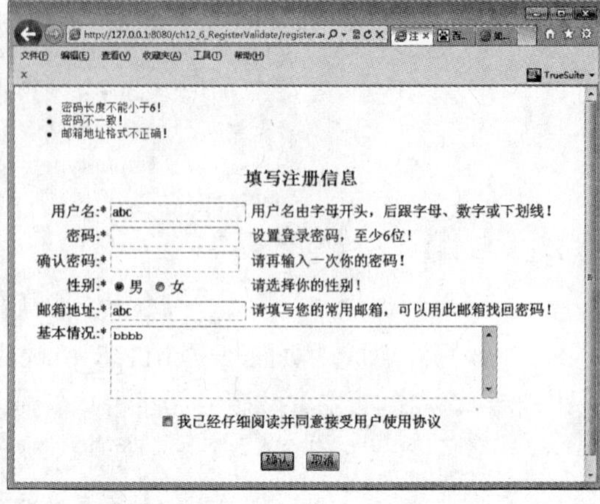

d)

图 11-8 例 11-8 的运行效果图（续）

c) 输入数据信息不正确 d) 验证未通过显示效果

【例 11-9】 修改例 11-8，使用配置验证文件实现对对注册页面的验证。其设计页面及其验证要求见例 11-8 中的说明。

【分析】 对于该案例，只需要修改业务控制器 ch11_8_RegisterAction.java，然后编写验证配置文件即可。

【修改过程】

（1）修改业务控制器：将 ch11_8_RegisterAction.java 中删除 validate()方法。

（2）编写验证文件——ch11_8_RegisterAction-validation.xml，其代码如下：

```
<!DOCTYPE validators PUBLIC "-//Apache Struts//XWork Validator 1.0.2//EN"
  "http://www.opensymphony.com/xwork/xwork-validator-1.0.2.dtd">
<validators>
    <field name="user.userName">
        <field-validator type="requiredstring">
            <param name="trim">true</param>
            <message>用户名不能为空！</message>
        </field-validator>
        <field-validator type="regex">
            <param name="expression"><![CDATA[^[a-zA-Z]\w*$]]></param>
            <message>用户名格式不正确！</message>
        </field-validator>
    </field>
    <field name="user.userPwd">
        <field-validator type="requiredstring">
            <param name="trim">true</param>
            <message>密码不能为空！</message>
        </field-validator>
        <field-validator type="stringlength">
            <param name="minLength">6</param>
            <message>密码长度不能小于 6！</message>
        </field-validator>
    </field>
    <field name="userPwd">
```

```
            <field-validator type="requiredstring" short-circuit="true">
                <message>确认密码不能为空！</message>
            </field-validator>
            <field-validator type="fieldexpression">
                <param name="expression"><![CDATA[userPwd==user.userPwd]]></param>
                <message>密码不一致！</message>
            </field-validator>
        </field>
        <field name="user.userEmail">
            <field-validator type="requiredstring">
                <param name="trim">true</param>
                <message>邮箱地址不能为空！</message>
            </field-validator>
            <field-validator type="regex">
                <param name="expression">
                    <![CDATA[\w+([-+.']\w+)*@\w+([-.]\w+)*.\w+([-.]\w+)*]]></param>
                <message>邮箱地址格式不正确！</message>
            </field-validator>
        </field>
    </validators>
```

（3））项目部署和运行：运行效果与例图 11-8 一样。

本章小结

本章主要介绍 Struts2 框架的使用方法及其使用 Struts2 开发 Web 程序所采用的技术；Struts2 框架的结构及其工作原理；Action 的设计与配置及其调用方法；Struts2 标签、国际化、拦截器、文件的上传与下载、输入验证等应用和实现方法。

习题

1．采用 struts2 架构构建一个简单的登录系统。

要求如下：

（1）系统功能要求。当用户在登录页面上填写用户名和密码并提交后，系统检查该用户是否已经注册。若注册，系统进入主页面，否则，进入注册页面。

（2）使用 javaBean 封装提交信息为对象，重新实现所要求的功能。

2．修改题目 1，将提交的“用户名信息”保存到 request 中，“密码信息”保存到 session 中，而“用户是否已经注册的判定信息”保存在 application 中，并在显示页面中分别从 request、session 和 application 中获取数据并显示出来。

3．基于 Struts2+JDBC+DAO，设计一个简单的网上名片管理系统，实现名片的增、删、改、查等操作。

该名片管理系统包括如下功能。

（1）用户登录与注册。

用户登录：在登录时，如果用户名和密码正确，进入系统页面。

用户注册：新用户应该先注册，然后再登录该系统。

（2）名片管理。

增加名片：以仿真形式（按常用的名片格式）增加名片信息。

修改名片：以仿真形式（按常用的名片格式）修改名片信息。

查询名片：以模糊查询方式查询名片。

删除名片：名片的删除由两种方式实现，即把名片移到回收站、把名片彻底删除。

（3）回收站管理。

还原：把回收站中的名片还原回收。

彻底删除：把名片彻底从回收站删除。

浏览/查询：可以模糊查询、浏览回收站中的名片。

第 12 章　Hibernate 持久化技术

Hibernate 是一个开放源代码的对象关系映射框架，它对 JDBC 进行了轻量级的对象封装。它不仅提供了从 Java 类到数据表之间的映射，也提供了查询和事务机制。相对于使用 JDBC 和 SQL 手工操作数据库，Hibernate 大大减少了操作数据库的工作量。

本章主要介绍 Hibernate 框架的基本用法，内容包括 Hibernate 技术简介、Hibernate 结构体系、核心组件和运行过程，最后通过几个案例说明 Hibernate 的具体应用。

12.1　Hibernate 技术简介

Hibernate 是封装了 JDBC 的一种开源的对象/关系映射（Object-Relation Mapping，ORM）框架，使程序员可以使用面向对象的思维来操作数据库。

12.1.1　Hibernate 简介

Hibernate 是目前最流行的 ORM 框架，它是一个面向 Java 环境的对象/关系数据库映射工具，是面向对象的程序设计语言和关系数据库之间的桥梁，Hibernate 真正实现了开发者采用面向对象的方式来操作关系数据库。

1．数据持久化的概念

程序中的数据以某种形式保存到某存贮介质中就称为数据的持久化。有以下几种技术可以实现数据的持久化。

（1）Serialization：序列化，可将对象存储到文件中。

（2）JDBC：可将对象存储到数据库中。

（3）对象关系映射（ORM）：可将对象通过对象/关系映射存储到关系数据库中。

（4）对象数据库（ODB）：以对象为存储单位的新型数据库。

2．ORM

ORM 的全称是 Object/Relation Mapping，即对象/关系映射，是为了解决关系数据库和面向对象模型不匹配而产生的一门非常实用的工程技术，它实现了程序对象到关系数据库数据的映射，允许开发者采用面向对象的方式操作数据库。

目前 ORM 框架的产品非常多，Hibernate 是目前最流行的 ORM 框架，已经被选作 JBoss 的持久层解决方案。

12.1.2　Hibernate 的体系结构

Hibernate 通过配置文件（hibernate.properties 或 hibernate.cfg.xml）和映射文件（*.hbm.xml）把 Java 对象或持久化对象（Persistence Object，PO）映射到数据库的表格，然后通过操作 PO 实现对数据库中的数据进行增、删、改、查等操作。Hibernate 结构体系如图 12-1 所示。

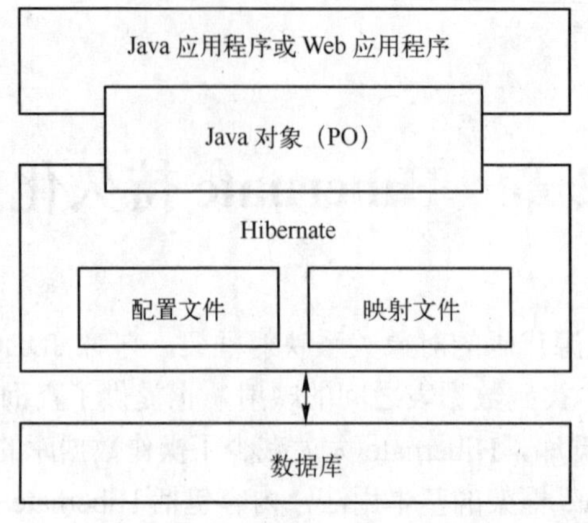

图 12-1 Hibernate 结构体系

由图 12-1 看到，对于使用 Hibernate 框架的开发者，主要任务是设计 PO 类、编写 Hibernate 配置文件和映射文件，然后利用 Hibernate API 来操作数据库。

12.2 Hibernate 软件包的下载与配置

在应用程序中使用 Hibernate，必须首先下载 Hibernate 并在应用程序中配置 Hibernate。

1．下载 Hibernate

Hibernate 的官方网站下载地址：http://www.hibernate.org，从该地址可以下载最新版本的 Hibernate。本教材使用 Hibernate 的 3.2.5 版本。

2．安装 Hibernate

下载的 Hibernate Core 的 zip 文件是一个包括源代码和文档的包，解压后的目录结构及其作用如图 12-2 所示。

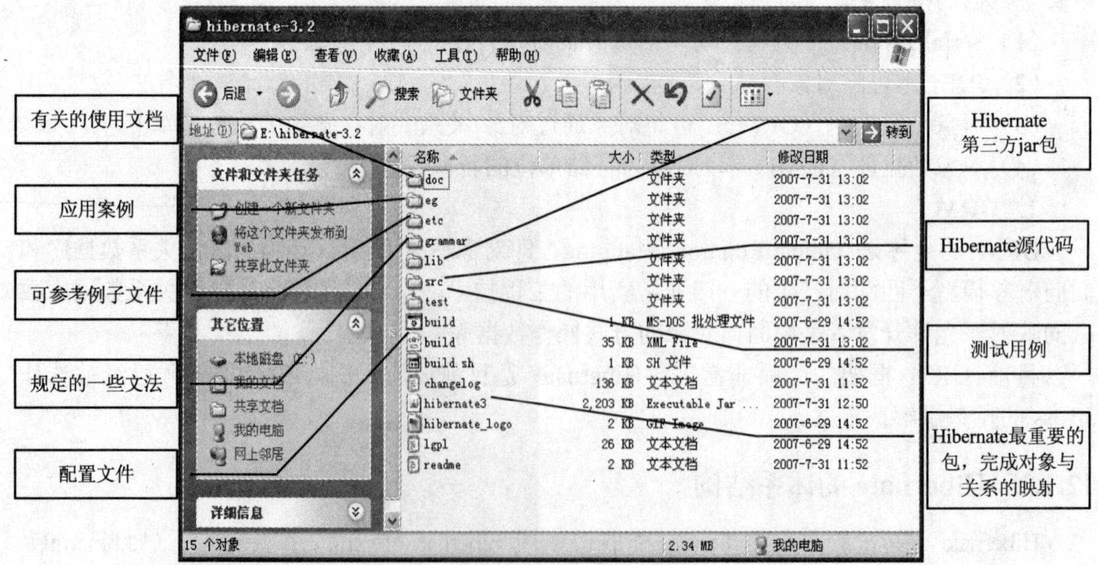

图 12-2 Hibernate 目录结构

在程序开发中，根目录下的 hibernate3.jar 包是必需的，同时还会用到，该包是/lib 目录下的有关 Jar 包。使用 Hibernate 的核心功能需要的 Jar 包有 8 个，缺一不可。

（1）hibernate3.jar：Hibernate3 的基础框架和核心类库。

（2）cglib-2.1.3.jar：CGLIB 库，Hibernate 用它实现 PO 字节码的动态生成。

（3）dom4j-1.6.1.jar：是一个 Java XML API，用来读写 XML 文件。

（4）commons-collections-2.1.1.jar：Apache Commons 包中的一个，包含了一些集合类，功能比 java.util.*强大。

（5）commons-logging-1.0.4.jar：Apache Commons 包中的一个，包含了日志功能。

（6）antlr-2.7.6.jar：实现 HQL 到 SQL 的转换。

（7）jta.jar：标准的 Java 事务处理接口。

（8）asm.jar：操作 Java 字节码的类库。

开发 Web 应用项目时，一般可以把根目录下 hibernate3.jar 文件、\lib 目录下所有的*.jar 文件复制到 WEB-INF\lib 下。

12.3 Hibernate 核心组件

Hibernate 核心组件如图 12-3 所示，这些组件按被使用的次序分为 5 层，上层可对下层调用与使用。

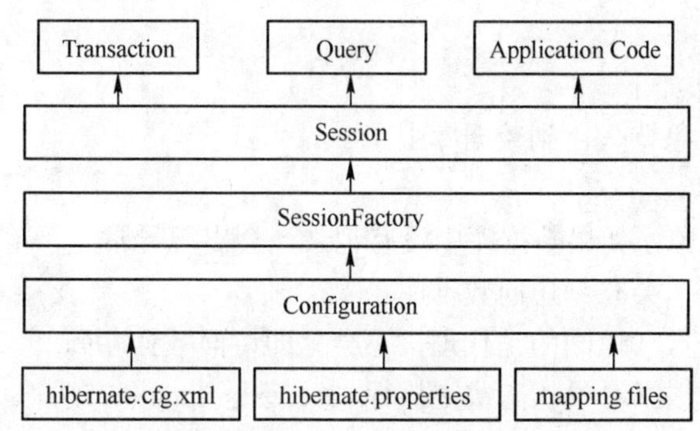

图 12-3 Hibernate 组件层次架构图

（1）Hibernate 配置文件主要用来配置数据库连接参数，例如：数据库驱动程序、URL、用户名、密码等。它有 hibernate.properties 和 hibernate.cfg.xml 两种格式。两者配置内容基本相同，通常使用后者。

（2）映射文件（*.hbm.xml）用来把 PO 与数据库中的数据表映射起来，是 Hibernate 核心文件。

（3）Configuration 类：用来读取 Hibernate 配置文件，并生成 SessionFactory 对象。

（4）SessionFactory 接口：产生 Session 实例的工厂。

（5）Session 接口：用来操作 PO。它有 get()、save()、update()、delete()等方法用来对 PO 进行加载、保存、更新及删除等操作，它是 Hibernate 的核心接口。

（6）Transaction 接口：用来管理 Hibernate 事务，主要方法有 commit()和 rollback()，可从 Session 的 beginTransaction()方法生成。

（7）Query 接口：用来对 PO 进行查询操作。它可从 Session 的 createQuery()方法生成。

（8）持久化对象（Persistent Object，PO）：可以是普通的 JavaBean，唯一特殊的是它们与一个 Session 相关联。

12.3.1 Hibernate 核心类

Hibernate 的核心接口一共有 5 个，分别为 Session、SessionFactory、Transaction、Query 和 Configuration，这 5 个核心接口在任何开发中都会用到。通过这些接口，不仅可以对持久化对象进行存取，还能够进行事务控制。

1．Hibernate 的 Session 接口

Session 接口是 Hibernate 的核心接口，它不是 JavaWeb 中的 HttpSession 接口，虽然都可以将其翻译为“会话”。

Session 对象是 Hibernate 的核心，持久化对象的生命周期、事务的管理和持久化对象的查询、更新和删除都是通过 Session 对象来完成的。Hibernate 在操作数据库前必须先取得 Session 对象，正如 JDBC 在操作数据库前必先取得 Connection 对象一样。Session 对象可以通过下面语句获取：

```
sessionFactory.openSession();
```

Session 对象不是线程安全的，一个 Session 对象最好只由一个单一线程来使用。同时该对象的生命周期要比 SessionFactory 短，其生命周期通常在完成数据库的一个短暂的系列操作之后结束。

Session 的主要方法如下。

- save：将一个对象持久化到数据库中。
- delete：删除对象。
- update：更新对象，如果数据库中没有记录，会出现异常。
- get：根据 ID 查，会立刻访问数据库。
- load：根据 ID 查，（返回的是代理，不会立即访问数据库）。
- saveOrUpdate：根据对象状态决定执行 save 还是 update 方法。

2．Hibernate 的 Configuration 类

Configuration 类的主要作用是解析 Hibernate 的配置文件和映射文件中的信息，即负责管理 Hibernate 的配置信息。Hibernate 运行时需要获取一些底层实现的基本信息，如：数据库驱动程序类、数据库的 URL、数据库登录名及密码等。这些信息定义在 Hibernate 配置文件中。通过 Configuration 对象的 buildSessionFactory()方法创建 SessionFactory 对象，当获取了该对象后，配置信息已经由 Hibernate 维护并绑定在返回的 SessionFactory 对象中，该 Configuration 对象将不再有价值。最常见的 Configuration 使用方式是：

```
Configuration cfg = new Configuration();
cfg.configure();//可在方法中指定配置文件名，默认是 hibernate.cfg.xml
```

当执行 cfg.configure();时，Hibernate 会自动在 classpath 下搜寻 Hibernate 配置文件；在 Java Web 应用中，Hibernate 会自动在 WEB-INF/classes 目录下搜寻。

3．Hibernate 的 SessionFactory 接口

SessionFactory 接口负责初始化 Hibernate。它充当数据存储源的代理，并负责创建

Session 对象，它由 cfg 创建：

```
SessionFactory sessionFactory = cfg.buildSessionFactory();
```

SessionFactory 是线程安全的，可以被多个线程调用。因为构造 SessionFactory 很消耗资源，所以多数情况下一个应用中只初始化一个 SessionFacotry，为不同的线程提供 Session。当客户端发送一个请求时，SessionFactory 生成一个 Session 对象来处理客户请求。

4．Hibernate 的 Transaction 接口

Transaction 接口是对实际事务实现的一个抽象，这些实现包括 JDBC 事务、JTA 等。这样允许开发人员能够使用一个统一的事务操作接口，使得自己的项目可以在不同的环境和容器间方便迁移。Transaction 的运行与 Session 有关，通过下面的代码创建它：

```
Transaction    tx = session.beginTransaction();
```

Transaction 常用的方法如下。

- commit()：提交事务。
- rollback()：撤销事务操作。
- wasCommitted()：检查事务是否提交。

5．Hibernate 的 Query 接口

使用 Query 类型的对象可以方便地查询数据库中的数据，它主要通过 HQL（Hibernate Query Language）查询数据。它通过如下语句创建：

```
Query query=s.createQuery("HQL 语句");
```

Query 接口的常用方法如下。

- setXxx()方法：用于设置 HQL 中“?”或“变量”的值。
- list()方法：返回 List 类型的查询结果。
- excuteUpdate()方法：执行更新或删除语句。

HQL 语言是 Hibernate 推荐的查询语言，具有与 SQL 语言类似的语法规范，只不过 SQL 针对表中字段进行查询，而 HQL 针对持久化对象。

HQL 语言中常用的语句如下。

（1）from 子句，如：

```
session.createQuery("from User");    //这里的 User 是类名，注意首字母大写
```

（2）select 子句，如：

```
session.createQuery("select user.name from User as user");
```

（3）统计函数：count()、min()、max()、sum()、avg()，如：

```
session.createQuery("select count(*) from User"); //
session.createQuery("select avg(s.age) from Student as s"); //
```

（4）where 子句，如：

```
session.createQuery("select user.name from User as user where user.name='张三'");
```

（5）order by 子句，如：

```
session.createQuery("from User user order by user.name desc");//别名前的 as 可以省略
```

（6）连接查询。同 SQL 查询一样，HQL 也支持连接查询，如：内连接、外连接和交叉连接。

- inner join：内连接。
- left outer join：左外连接。
- right outer join：右外连接。
- full join：全连接。

12.3.2 Hibernate 的 PO 对象

在 Hibernate 的应用中，一个数据表对应一个持久化对象（PO）。PO 可以是普通的 JavaBean，唯一特殊的是它们与 Session 相关联。PO 在 Hibernate 中存在以下 3 种状态。

- 瞬时（transient）：数据库中没有数据与之对应，超过作用域会被 JVM 垃圾回收器回收，一般是 new 出来且与 session 没有关联的对象。
- 持久（persistent）：数据库中有数据与之对应，当前与 session 有关联，并且相关联的 session 没有关闭，事务没有提交；持久对象状态发生改变，在事务提交时会影响到数据库（Hibernate 能检测到）。
- 脱管（detached）：数据库中有数据与之对应，但当前没有 session 与之关联；托管对象状态发生改变，Hibernate 不能检测到。

这 3 种状态的转换关系如图 12-4，图中展示了 Session 的方法引起 PO 状态的改变的情况。

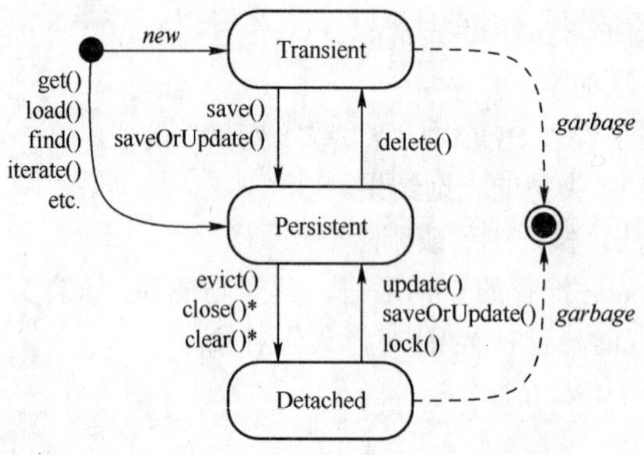

图 12-4　PO 状态转换

12.3.3 Hibernate 配置文件

Hibernate 配置文件主要用来设置连接数据库所需要的参数，有两种：hibernate.properties 和 hibernate.cfg.xml，它们配置的内容基本相同，这里介绍 hibernate.cfg.xml，它的模板如下：

```
<!DOCTYPE hibernate-configuration PUBLIC
      "-//Hibernate/Hibernate Configuration DTD 3.0//EN"
      "http://hibernate.sourceforge.net/hibernate-configuration-3.0.dtd">
<hibernate-configuration>
  <session-factory>
    <property name="connection.driver_class">com.mysql.jdbc.Driver</property>
    <property name="connection.url">
        jdbc:mysql://localhost:3306/test?useUnicode=true&amp;characterEncoding=utf-8
    </property>
```

```
        <property name="connection.username">root</property>
        <property name="connection.password">sa</property>
        <property name="dialect">org.hibernate.dialect.MySQLDialect</property>
        <property name="hbm2ddl.auto">update</property>
        <property name="show_sql">true</property>
        <mapping resource="domain/User.hbm.xml"/>
    </session-factory>
</hibernate-configuration>
```

说明：

（1）Hibernate 配置文件通常放在类路径（src）下，默认名称 hibernate.cfg.xml。

（2）前 5 项<property>设置是必需的，分别为驱动程序类、数据库连接 url、用户名、密码、数据库方言（表示连接的是哪种数据库）。

（3）<property name="hbm2ddl.auto">***</property>表示可由类和映射文件自动生成数据库表，属性值有以下 4 个。

- create：表示启动的时候先 drop，再 create。
- create-drop：也表示创建，只不过在系统关闭前执行一下 drop。
- update：这个操作启动的时候会去检查 schema 是否一致，如果不一致会做 scheme 更新。
- validate：启动时验证现有 schema 与配置的 hibernate 是否一致，如果不一致就抛出异常，并不做更新。

如果不设置该属性，则需要手动建表。在实际开发中，可以自主选择以下两种方法：

- 由 Domain object -> mapping->db（官方推荐）。
- 由 DB 开始，用工具生成 mapping 和 Domain object（使用较多）。

（4）<property name="show_sql">true</property>可显示运行过程中执行的 sql 语句，一般调试时可设上，这样便于观察代码执行的 sql 语句的细节。

（5）<mapping resource="…"/>用来设置映射文件的位置。

12.3.4 Hibernate 映射文件

Hibernate 的映射文件把一个 PO 对象和一个数据表联系起来。通常一个 PO 类对应一个扩展名为.hbm.xml 的映射文件，一个最简单的映射文件模板如下：

```
<?xml version="1.0"?>
<!DOCTYPE hibernate-mapping PUBLIC
        "-//Hibernate/Hibernate Mapping DTD 3.0//EN"
        "http://hibernate.sourceforge.net/hibernate-mapping-3.0.dtd">
<hibernate-mapping package="domain">
<class name="User">
  <id name="id">
    <generator class="increment" />
  </id>
  <property name="name"/>
  <property name="birthday" />
</class>
</hibernate-mapping>
```

说明：

（1）映射文件的主名同 PO 类名相同，文件和 PO 字节码文件放置在一起。

（2）Hibernate 映射文件用于说明 Java 对象与哪个表中的记录相对应，以及 Java 对象的各个属性分别对应表中哪一列，不同性质的属性（例如主键和普通属性）用不同的标签来映射，如果 Java 对象的某个属性不需要存在数据库中，则映射文件中就不需要配置这个属性。

（3）<class>定义类，该元素的常用属性如下。

- name：指定持久化类的名称。
- table：对应数据库表名，如果省略则同类名一致。
- catalog：指定数据库名称。

（4）<id>定义主键，Hibernate 使用 OID（对象标识符）标识对象的唯一性，OID 是关系数据库中主键在 Java 对象模型中的等价物。在运行时，Hibernate 根据 OID 来维持 Java 对象和数据库表中记录的对应关系。该元素常用属性如下。

- name：持久化类的标识符属性的名字。
- type：标识 Hibernate 基本类型。
- column：数据库表的主键字段名。

（5）<generator>设置主键生成方式，该元素的作用是指定主键的生成器，通过 class 属性指定生成器对应的类。

Hibernate 提供的常用内置生成器如下。

- increment：递增，主键值是自动增长的。
- assigned：主键值通过程序指定。
- native：由数据库类型决定主键生成方式。

（6）<property>定义属性，常用属性如下。

- name：持久化类的属性名。
- column：数据库表的字段名。

12.4 Hibernate 运行过程与编程步骤

前几节介绍了 Hibernate 的构成与工作原理，下面给出使用 Hibernate 的编程方法和过程。

12.4.1 Hibernate 运行过程

（1）应用程序先调用 Configuration 类，该类读取配置文件和映射文件，根据这些信息生成 SessionFactory 对象。

（2）由 SessionFactory 对象生成一个 Session 对象，并用 Session 对象生成 Transaction 对象。

（3）通过 Session 对象的方法对 PO 进行加载、保存、更新、删除等操作；在查询的情况下，通过 Session 对象生成一个 Query 对象执行查询操作。

（4）如果没有异常，Transaction 对象将提交操作结果到数据库中，否则事务将回滚。

该运行过程可表示为图 12-5。

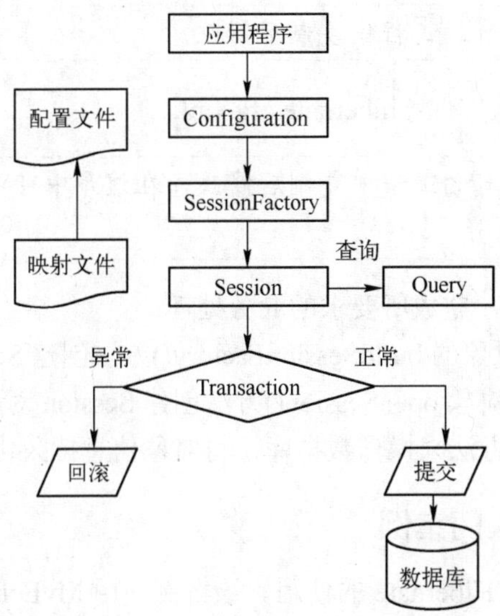

图 12-5 Hibernate 运行过程

由图 12-5 可得到 Hibernate 操作数据库的基本步骤：

（1）先初始化 Hibernate，创建一个 SessionFactory 实例。

（2）接下来每次执行数据库事务时，先从 SessionFactory 中获取得一个 Session 实例。

（3）通过 Session 对象的 get()、load()、save()、update()、delelte()、saveOrUpdate()等方法实现对数据库的操作，查询通过 Query 对象实现。

关键代码示例：

```
//（1）启动 Hibernate--◊ 初始化，注册 hibernate 的启动
Configuration   cf=new Configuration();
cf.configure();
//（2）创建一个 SessoinFactory,形成工厂模式；
 SessionFactory sf=cf.buildSessionFactory();
 // SessionFactory 创建并打开新的 Session(会话)，有会话完成具体操作
 Session s=sf.openSession();
//（3）数据库访问代码，将一个对象的信息保存到数据库中
 //---完成该工作是一个事务处理
  Transaction tx=s.beginTransaction();          //事务开始
  user u=new user();
  u.setBirthday(new Date());
  u.setName("zhangsan");
  s.save(u);
  tx.commit();                                  //事务提交
  //（4）完成操作，关闭会话
  s.close();
```

12.4.2 使用 Hibernate 编程步骤

使用 Hibernate 编程，首先要创建一个 Web 工程（或 Java 工程），然后按以下步骤实现。

（1）配置环境，加载 Hibernate 的 jar 文件，以及用于连接数据库的 jar 文件。

（2）编写持久化类（POJO 类）。

（3）编写映射文件：Xxxxx.hbm.xml，其中，Xxxxx 一般采用 POJO 名称。

📖 提示：该文件可以从已有的工程中复制后修改。

（4）编写 Hibernate 配置文件：hibernate.cfg.xml。

📖 提示：该文件可以从已有的工程中复制后修改，在该步中可以利用映射文件信息，实现自动创建数据库。

（5）调用 Hibernate API，完成所要求的业务处理：

- 使用 Configuration 对象的 buildSessionFactory()方法创建 SessionFactory 对象。
- 使用 SessionFactory 对象 openSession()方法创建 Session 对象。
- 使用 Session 的相应方法来操作数据库，将对象信息持久化到数据库。

12.4.3 Hibernate 编程入门案例

下面通过一个实例介绍 Hibernate 的使用。该案例使用 MyEclipse 开发工具。

【例 12-1】 利用 Hibernate 实现用户信息的注册，即将用户注册页面的提交信息，利用 Hibernate 将注册信息通过持久化对象写到 MySql 数据库中。

【分析】

（1）用户的注册信息为编号（int id）、姓名（String name）、出生日期（String birthday，采用格式：YYYY-MM-DD）。对于该案例，采用 JSP、Servlet 和 Hibernate 技术实现。

其中对数据库的操作在 Servlet 中实现，同时，在 Servlet 中利用 Hibernate 实现数据库的连接及其添加注册信息操作。

（2）该问题的处理流程是：首先通过提交页面（login.jsp）提交登录信息；然后进入 Servlet（LonginServlet.java）实现注册处理，该注册处理从提交页面获取注册信息的值，然后由 Hibernate 完成注册操作。

【设计】 该问题的设计关键是：Hibernate 对数据库的操作过程。在实现时，按前面介绍的方法和步骤。

【实现】 按开发过程，其实现步骤如下。

（1）建立 Web 工程：HibernateTest。

（2）加入有关的 jar 包：将 12.1.2 节介绍的 8 个 Hibernate 核心 jar 包和 MySql 驱动程序 jar 包加入到工程中。

（3）建立对象模型——User 类，其代码如下：

```
package domain;
import java.util.Date;
public class User {
    private   int id;
    private   String name;
    private   String birthday;
    //省略了 get、set 方法
}
```

（4）建立映射文件 User.hbm.xml，该映射文件要求与持久对象放在同一个包内。命名规范：持久类类名.hbm.xml。在这里采用 User.hbm.xml。其代码如下：

```
<?xml version="1.0"?>
```

```
<!DOCTYPE hibernate-mapping PUBLIC
      "-//Hibernate/Hibernate Mapping DTD 3.0//EN"
      "http://hibernate.sourceforge.net/hibernate-mapping-3.0.dtd">
<hibernate-mapping package="domain">          //类“User”所在的包名
   <class name="User">                         //建立的 POJO 名称：User
      <id name="id">                           //类中定义的属性，并作为主键
         <generator class="native"/>           //主键形成方式：由 hibernate 自动创建主键值
      </id>
      <property name="name"/>                  //类中定义的属性
      <property name="birthday" />             //类中定义的属性
   </class>
</hibernate-mapping>
```

（5）建立数据库配置文件 hibernate.cfg.xml。该文件建立在 scr 目录下。其配置信息有采用 MySQL 数据库，其数据库名为 test，数据库操作用户名为 root，密码为 123456，数据库编码为 UTF-8。同时，利用映射文件信息，实现自动创建数据库表 user。具体配置信息如下：

```
<!DOCTYPE hibernate-configuration PUBLIC
      "-//Hibernate/Hibernate Configuration DTD 3.0//EN"
      "http://hibernate.sourceforge.net/hibernate-configuration-3.0.dtd">
<hibernate-configuration>
   <session-factory>
      <property name="connection.driver_class">com.mysql.jdbc.Driver</property>
      <property name="connection.url">
         jdbc:mysql://localhost:3306/test?useUnicode=true&characterEncoding=utf-8
      </property>
      <property name="connection.username">root</property>
      <property name="connection.password">123456</property>
      <!—指定数据库方言，采用的是 MySQL 数据库—>
      <property name="dialect">org.hibernate.dialect.MySQLDialect</property>
      <!—根据映射文件，自动创建数据库表，但数据库 test 要在 MySQl 中先创建—>
      <property name="hbm2ddl.auto">update</property>
      <property name="show_sql">true</property>
      <mapping resource="domain/User.hbm.xml"/>        //指定映射文件
   </session-factory>
</hibernate-configuration>
```

📖 说明：<property name="hbm2ddl.auto">update</property>的作用是：Hibernate 自动根据映射文件在数据库下建表。

（6）设计提交注册信息页面：login.jsp，其代码如下：

```
<%@ page language="java"   pageEncoding="UTF-8"%>
<html>
  <head><title>用户注册提交页面</title></head>
  <body>
    <form   action="loginservlet" method="post">
          用户名：<input type="text" name="xm"><br><br>
          出生日期：<input type="text" name="brithday"><br><br>
          <input type="submit" value="登录">
    </form>
```

```
    </body>
</html>
```

（7）在 Servlet 中调用 Hibernate API 完成数据库操，创建 Servlet：LoginServlet.java，其代码如下：

```
package servlets;
import java.io.IOException;
import java.sql.*;
import javax.servlet.ServletException;
import javax.servlet.http.HttpServlet;
import javax.servlet.http.HttpServletRequest;
import javax.servlet.http.HttpServletResponse;
import org.hibernate.Session;
import org.hibernate.SessionFactory;
import org.hibernate.Transaction;
import org.hibernate.cfg.Configuration;
import domain.User;
public class LoginServlet extends HttpServlet {
    public void doGet(HttpServletRequest request, HttpServletResponse response)
            throws ServletException, IOException {
        request.setCharacterEncoding("UTF-8");
        String name=request.getParameter("name");
        String brithday=request.getParameter("brithday");
        Configuration cfg = new Configuration();
        cfg.configure();
        SessionFactory sessionFactory = cfg.buildSessionFactory();
        Session session = null;
        Transaction tx = null;
        try {
            session = sessionFactory.openSession();
            tx = session.beginTransaction();
            User user = new User();
            user.setName(name);
            user.setBirthday(brithday);
            session.save(user);
            tx.commit();
        } catch (Exception e) {
            if (tx != null)   tx.rollback();
            throw e;
        } finally {
            if (session != null)   session.close();
            PrintWriter out = response.getWriter();
            out.println("注册操作完成！ ");
        }
    }
    public void doPost(HttpServletRequest request, HttpServletResponse response)
            throws ServletException, IOException {
        doGet(request, response);
    }
}
```

装载 hibernate 容器，创建出 Session 对象，利用该会话对象，实现有关的操作。

（8）Servlet 的配置文件 web.xml，其配置的关键信息如下：

```
<servlet>
   <servlet-name>LoginServlet</servlet-name>
   <servlet-class>servlets.LoginServlet</servlet-class>
</servlet>
<servlet-mapping>
   <servlet-name>LoginServlet </servlet-name>
   <url-pattern>/loginservlet</url-pattern>
</servlet-mapping>
```

上面的 8 步完成后，进行部署并运行，当运行结束后，打开数据库 test 和数据库表 user，查看插入的信息。

注意：本案例为了突出 Hibernate 技术，在这里淡化了页面的设计。在后面将介绍 Struts2 与 Hibernate 集成的设计案例。

12.5 Hibernate 的实体映射

在 Hibernate 中，建立数据库表与持久对象之间的映射是 Hibernate 的关键，本节介绍 Hibernate 实体映射的有关知识。

12.5.1 实体映射基础

Hibernate 实体映射是在映射文件中实现配置的，其配置信息包括数据库表与持久对象之间、属性与字段之间、关键字段的创建等问题。

1．持久对象类与数据表的映射

<hibemate-mapping>元素是对象——关系映射文件的根元素，其他元素必须嵌入在该元素以内，<class>元素用于指定类和表的映射。<class>元素的属性 name 指定类名，table 属性指定表名，catalog 属性指定数据库名。

使用格式：

```
<class name="类名称" table="数据表名称" catalog="数据库名称">
……
</class>
```

当 table 属性缺省时，使用 name 属性值作为数据表名称。

2．字段与属性的映射

字段的映射使用<class>的子元素<property>。

使用格式：

```
<property name="属性名称" type="属性值类型">
    <column name="数据表字段名称" />
</property>
```

3．主键映射

在选用这些 Hibernate 内置的标识生成器时，应根据所选用的数据库产品而定。如果数据库产品为 MySQL 或 SQL Server，则优先考虑 identity 生成器；如果是 Oracle 则可考虑 sequence 生成器；如果想提高应用的可移植性，开发跨平台的应用则选用 native 生成器。

Hibernate 的主键映射就是将数据库中的主键与持久化类的对象标识符（OID）进行映

射，同时指定一款标识生成器。

例如，MySQL、Sybase、DB2 或 SQL Server 数据库的主键映射如下：

```
<id name="categoryId" type="java.lang.Integer">
    <column name="category_id" />
    <generator class="identity" />
</id>
```

12.5.2 实体关系映射

实体关系是指实体与实体之间的关系，要从方向性和数量性两个方面来考虑。

两个实体间的关系从方向上可分为单向关联和双向关联。单向关联是一个实体中引用了另外一个实体；双向关联是两个实体之间可以相互获得对方对象的引用。

两个实体间的关系从引用的数量上可分为一对一（One to One）、一对多（One to Many）、多对多（Many to Many）3 种。这里介绍常用的一对一、多对一。

1．一对一映射

Hibernate 有两种映射实体一对一关联关系的实现方式。

第一种映射方式：共享主键方式，限制两个数据表的主键使用相同的值，通过主键形成一对一映射关系。

以 Person（人）和 Id_Card（身份证）实体双向关联为例，它们的类及映射文件如下：

（1）Person 类（省略 set 和 get 方法）

```
public class Person {
    private int id;
    private String name;
    private IdCard  idCard;
}
```

（2）Id_Card 类（省略 set 和 get 方法）

```
public class IdCard {
    private int id;
    private Date usefulLife;
    private Person person;
}
```

（3）Person 映射文件

```
<?xml version="1.0"?>
<!DOCTYPE hibernate-mapping PUBLIC
        "-//Hibernate/Hibernate Mapping DTD 3.0//EN"
        "http://hibernate.sourceforge.net/hibernate-mapping-3.0.dtd">
<hibernate-mapping package="domain">
    <class name="Person">
        <id name="id">
            <generator class="native" />
        </id>
        <property name="name"/>
        <one-to-one name="idCard"></one-to-one>
    </class>
</hibernate-mapping>
```

（4）Id_Card 映射文件

```
<?xml version="1.0"?>
<!DOCTYPE hibernate-mapping PUBLIC
        "-//Hibernate/Hibernate Mapping DTD 3.0//EN"
        "http://hibernate.sourceforge.net/hibernate-mapping-3.0.dtd">
<hibernate-mapping package="domain">
    <class name="IdCard">
        <id name="id">
            <generator class="foreign">
                <param name="property">person</param>
            </generator>
        </id>
        <property name="usefulLife"/>
        <one-to-one name="person" constrained="true"></one-to-one>
    </class>
</hibernate-mapping>
```

📖 说明：在 Id_Card 映射文件中，<one-to-one>元素的属性 constrained="true"表示 Id_Card 引用了 Person 的主键作为外键。

第 2 种映射方式：唯一外键方式，一个表的外键和另一个表的唯一主键对应形成一对一映射关系，这种一对一的关系其实就是多对一关联关系的一种特殊情况而已。

仍然以 Person 和 Id_Card 实体双向关联为例，它们类表示同上，映射文件如下：

（1）Person 映射文件（和上面相同）

```
<?xml version="1.0"?>
<!DOCTYPE hibernate-mapping PUBLIC
        "-//Hibernate/Hibernate Mapping DTD 3.0//EN"
        "http://hibernate.sourceforge.net/hibernate-mapping-3.0.dtd">
<hibernate-mapping package="domain">
    <class name="Person">
        <id name="id">
            <generator class="native" />
        </id>
        <property name="name"/>
        <one-to-one name="idCard" />
    </class>
</hibernate-mapping>
```

（2）Id_Card 映射文件

```
<?xml version="1.0"?>
<!DOCTYPE hibernate-mapping PUBLIC
        "-//Hibernate/Hibernate Mapping DTD 3.0//EN"
        "http://hibernate.sourceforge.net/hibernate-mapping-3.0.dtd">
<hibernate-mapping package="domain">
    <class name="IdCard">
        <id name="id">
            <generator class="native"/>
        </id>
        <property name="usefulLife"/>
        <many-to-one name="person" column="person_id" unique="true" />
```

```
    </class>
</hibernate-mapping>
```

读者可以观察两种方式下表格结构的不同并编写测试实例。

2．一对多（One to Many）映射和多对一（many to one）映射

一对多（或多对一）关系很常见，例如：班级和学生、客户与订单、部门与员工等。它又有两种关联方式：单向关联和双向关联。单向关联只需在一方进行映射配置，而双向关联则需要在关联的双方进行映射配置。

这里以 Employee（雇员）和 Department（部门）实体双向关联为例，介绍它们的映射方法。

首先，在多方增加对一方的引用，并使用<many-to-one>标记进行映射，类和映射文件如下。

（1）Employee 类（省略 set 和 get 方法）

```
public class Employee {
    private int id;
    private String name;
    private Department depart;
}
```

（2）Department 类（省略 set 和 get 方法）

```
public class Department {
    private int id;
    private String name;
}
```

（3）Employee 配置文件

```
<?xml version="1.0"?>
<!DOCTYPE hibernate-mapping PUBLIC
      "-//Hibernate/Hibernate Mapping DTD 3.0//EN"
      "http://hibernate.sourceforge.net/hibernate-mapping-3.0.dtd">
<hibernate-mapping package="domain">
    <class name="Employee">
        <id name="id">
            <generator class="native" />
        </id>
        <property name="name"/>
        <many-to-one name="depart" column="depart_id"></many-to-one>
    </class>
</hibernate-mapping>
```

📖 说明：column="depart_id"中 depart_id 是外键，对应 Deparment 表的主键。

（4）Department 配置文件

```
<?xml version="1.0"?>
<!DOCTYPE hibernate-mapping PUBLIC
      "-//Hibernate/Hibernate Mapping DTD 3.0//EN"
      "http://hibernate.sourceforge.net/hibernate-mapping-3.0.dtd">
<hibernate-mapping package="domain">
    <class name="Department">
        <id name="id">
```

```
            <generator class="native" />
        </id>
        <property name="name"/>
    </class>
</hibernate-mapping>
```

其次，在一方增加对多方的引用，并使用<one-to-many>标记进行映射，只需在上面例子的基础上做如下改动。

（1）在 Department 类中添加成员“private Set<Employee> employees;”。

（2）在 Department 映射文件中添加：

```
<set name="employees">
    <key column="depart_id"/>
    <one-to-many class="Employee"/>
</set>
```

请读者观察表格结构并编写测试实例对上述关联关系进行测试。

12.6 Hibernate 的实体操作与数据查询

实体操作主要通过 Session 实例来完成的，复杂的数据查询需要通过 Query 实例完成。本节介绍 Hibernate 对实体的操作和数据查询。

12.6.1 实体操作

实体操作主要包括实体的创建、修改实体、删除实体、更新实体以及根据主键查询实体。

1．持久化实体（创建实体）

将内存中的实体对象写入到数据表中，在表中反应的是新增了一行记录，对应 SQL 的 Insert 语句。持久化实体可通过 save()方法。例如：

```
session.save(user);   //session 为 Hibernate 会话对象,user 为用户实体对象
```

2．修改实体

已持久化的实体，修改后可以通过 update()方法将其重新保存。例如：

```
session.update(user);
```

3．删除实体

将持久化的实体从数据库中删除，可以通过 delete()方法。例如：

```
session.delete(user);
```

4．持久化或更新

saveOrUpdate(Object obj)方法将根据指定对象的状态不同进行分别处理。如果指定对象为临时对象，saveorupdate(object obj)方法就相当于 save(qobject obj)方法；如果指定对象为游离对象，saveOrUpdate(Object obj)方法就相当于 update(Object obj)方法；如果指定对象为持久对象，则直接返回。

```
session.saveOrUpdate(user);
```

5．根据主键查询实体

通过 load()方法或 get()方法可以根据主键查询实体。两个方法的不同目前者支持延迟加

载，查找不到时抛出异常；后者总是立即加载对象，在没有找到时返回 null。例如：

```
User user = session.get(User.class, userId);
```

6．执行复杂查询

要执行复杂查询，需要利用 Session 建立 Query 对象，将在下面的知识中介绍。

12.6.2 数据查询

Hibernate 提供了多种数据查询方式，分别如下：

- OID 检索方式：利用 Session 的 get()和 load()方法加载指定的 OID 对象。
- 对象导航检索方式：通过已经加载的对象，导航到其他对象。
- HQL（Hibernate Query Lanaguage）检索方式：通过 Query 使用面向对象的 HQL 查询语言。
- QBC（Query By Criteria）检索方式：使用 QBC API 检索对象。
- 本地 SQL 检索方式：Hibernate 完全支持 SQL 语句。

1．Query API

如果根据主键查询一个实体，可以直接使用 session 的 load()方法或 get()方法。但是要进行复杂的查询，需要使用 Query 对象。Query 对象可以由 session 创建。

- session.createQuery()：使用 HQL 查询语句创建查询。
- session.createFilter(ts, null)：使用集合对象及过滤条件创建查询。第一个参数指定一个持久化对象的集合，这个集合是否已经被初始化并没有关系，但它所属的对象必须处于持久化状态；否则抛出异常。第二个参数指定过滤条件，它由合法的 HQL 查询语句组成。
- session.createSQLQuery(null)：使用本地 SQL 创建查询。

2．使用 Query 进行查询的基本步骤

以查询用户为例，为了说明问题，这里同时给出了 3 种查询。假设数据表为 user，用户类为 User。

（1）编写查询语句。例如：

```
String hql1= "select c from user c where c.userName =:userName and c.userPwd =:userPwd";
//使用命名参数
String hql2= "select c from user c where c.userName = ? and c.userPwd = ?"; //使用位置参数
String hql3= "select c from user c";                                    //有多个结果的查询
```

（2）建立查询。例如：

```
Query query1 = session.createQuery(hql1);
Query query2 = session.createQuery(hql2);
Query query3 = session.createQuery(hql3);
```

（3）设置查询中的参数。例如：

```
query1.setParameter("userName", "wangjun");
query1.setParameter("userPwd", "1234");
query2.setParameter(0, "wangjun");                                  //注意位置参数是从 0 开始
query2.setParameter(1, "1234");
```

（4）执行查询。例如：

```
query1.setMaxResults(1);//最多返回一个结果
User user1 = (User)query1.uniqueResult();
query2.setMaxResults(1);//最多返回一个结果
User user2 = (User)query2. uniqueResult();
List<User> users = query3.list();//返回多个结果
```

3．设置分页

分页是查询中最常用的功能，当查询结果很多时，通常要将查询结果分页显示。在Hibernate中，查询结果的分页主要是通过以下方法：用 setFirstResult()设置起始位置（索引位置是从0开始），用 setMaxResults()设置返回最大记录数。

例如，若页号为 pageNo，页大小为 pageSize，设置分页的语句如下：

```
query.setFirstResult((pageNo-1)*pageSize);
query.setMaxResults(pageSize);
```

4．查询结果的处理

Query 对象提供了以下 3 种执行查询的方法。

- List list()：执行 SELECT 查询，并且查询结果为结果集。
- Object uniqueResult()：执行 SELECT 查询，并且查询结果只有一个。
- int executeUpdate()：执行 UPDATE 更新或 DELETE 删除，结果返回成功更新或删除的记录数。

（1）实体类型、实体集合类型。例如：

```
String hql1 = "select c from YbUser c where c.userId = ? ";
Query query1 = session.createQuery(hql1);
query1.setParameter(1,1);
YbUser ybUser= (YbUser)query1.uniqueResult();
String hql2 = "select c from YbUser c";
Query query2 = session.createQuery(hql2);
List<YbUser> ybUsers = query2.list();
```

（2）Java 基本数据类型、String、JDBC 数据类型。例如：

```
String hql = "select count(*) from user c";
Query query =session.createQuery(hql);
int count = ((Long)query.uniqueResult()).intValue();
```

（3）Object[]数组集合。例如：

```
String hql = "select c.userName,c.userEmail from user c";
Query query = session.createQuery(hql);
List list = query.list();
for(int i = 0 ; i < list.size() ; i++){
    Object[] o = (Object[])list.get(i);
    String userName=(String)o[0];
    String userEmail=(String)o[1];
    System.out.println(userName+","+userEmail);
}
```

（4）自定义类型。例如：

```
String hql = "select new Login(c.userName,c.userEmail) from user c";
Query query = session.createQuery(hql);
List<Login> list = query.list();
```

12.6.3 案例——使用 Hibernate 实现 UserDao

第 7 章曾使用 JDBC 实现了 UserDao，本案例用 Hibernate 实现。创建 HibernateUtil 类和 UserDaoHibernate 类，为实现数据库的操作提供统一的接口，便于系统的开发和设计。

对于 DAO 的有关观念和性质，请参看第 7 章。

1．HibernateUtil 类的设计

该类主要提供两个方法，即获得 session 对象和释放 session 对象。

Configuration 和 SessionFactory 对象的创建放在静态初始化器中，只在类初始化时执行一次。代码如下：

```
import org.hibernate.Session;
import org.hibernate.SessionFactory;
import org.hibernate.cfg.Configuration;
public final class HibernateUtil {
	private static SessionFactory sessionFactory;
	private static ThreadLocal session = new ThreadLocal();
	private HibernateUtil(){}
	static {
		Configuration cfg = new Configuration();
		cfg.configure();
		sessionFactory = cfg.buildSessionFactory();
	}

	public static Session getThreadLocalSession() {
		Session s = (Session) session.get();
		if (s == null) {
			s = sessionFactory.openSession();
			session.set(s);
		}
		return s;
	}
	public static void closeSession() {
		Session s = (Session) session.get();
		if (s != null) {
			s.close();
			session.set(null);
		}
	}
}
```

📖 说明：HibernateUtil 类中使用 ThreadLocal 类管理 session 对象。ThreadLocal 为每一个使用某变量的线程都提供一个该变量值的副本，使每一个线程都可以独立地改变自己的副本，而不会和其他线程的副本冲突。从线程的角度看，就好像每一个线程都完全拥有一个该变量，这就解决了 Servlet 非线程安全的问题。在本例中 ThreadLocal 主要作用：实现一个线程内部的多个操作共享一个 session，避免反复获取 Session；但同时又可以避免多线程之间因数据共享所带来的线程安全问题。ThreadLocal 类的详细用法读者可以参考 Java 类库手册。

2．UserDaoHibernate 类的设计

该类封装了数据库的基本操作，用 Hibernate 实现，其关键代码如下：

```
public class UserDaoHibernate {
    public void saveUser(User user) {
        Session s = null;
        Transaction tx = null;
        try {
            s = HibernateUtil.getSession();
            tx = s.beginTransaction();
            s.save(user);
            tx.commit();
        } finally {HibernateUtil.closeSession();}
    }
    public void updateUser(User user) {
        Session s = null;
        Transaction tx = null;
        try {
            s = HibernateUtil. getThreadLocalSession();
            tx = s.beginTransaction();
            s.update(user);
            tx.commit();
        } finally {HibernateUtil.closeSession();}
    }
    public void remove(User user) {
        Session s = null;
        Transaction tx = null;
        try {
            s = HibernateUtil. getThreadLocalSession();
            tx = s.beginTransaction();
            s.delete(user);
            tx.commit();
        } finally {HibernateUtil.closeSession();}
    }
    public User findUserById(int id) {
        Session s = null;
        try {
            s = HibernateUtil. getThreadLocalSession();
            User user = (User) s.get(User.class, id);
            return user;
        } finally {HibernateUtil.closeSession();}
    }
    public List<User> QueryAll() {
        Session s = null;
        try {
            s = HibernateUtil. getThreadLocalSession();
            Query query=s.createQuery("from User");
            return query.list();
        } finally {HibernateUtil.closeSession();}
    }
}
```

12.7 综合案例——基于 Struts2+Hibernate 的学生信息管理系统

1．功能介绍

本实例使用 Struts2+Hibernate 开发一个学生信息管理系统，通过对学生信息的增、删、改、查来熟悉 Hibernate 中常用方法的使用。项目使用的是 MySQL 数据库，数据库名为 student，表为 stuinfo，表的字段以及数据类型如图 12-6 所示：

图 12-6　stuinfo 表结构

2．运行截图

（1）程序运行首页面如图 12-7 所示。

（2）浏览学生信息页面如图 12-8 所示。

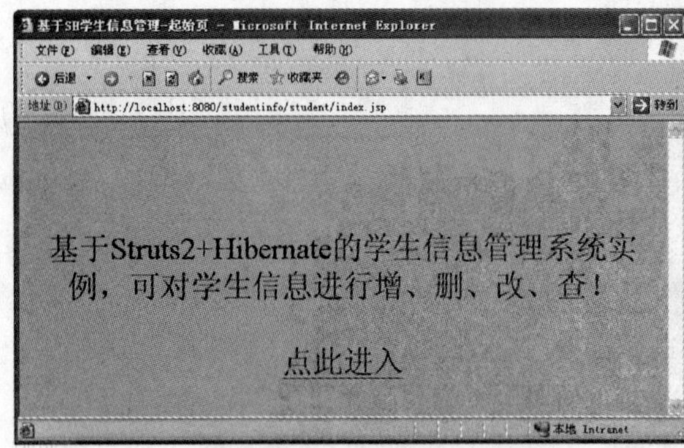

图 12-7　系统首页面　　　　图 12-8　浏览学生信息页面

（3）添加学生信息页面如图 12-9 所示。

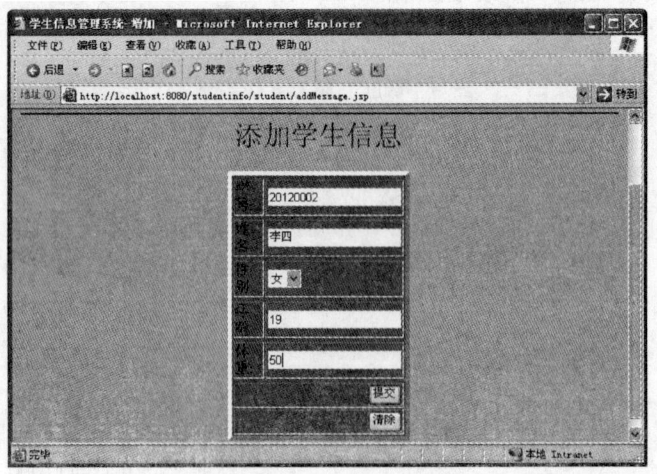

图 12-9　添加学生信息页面

（4）修改学生信息页面如图 12-10 所示。

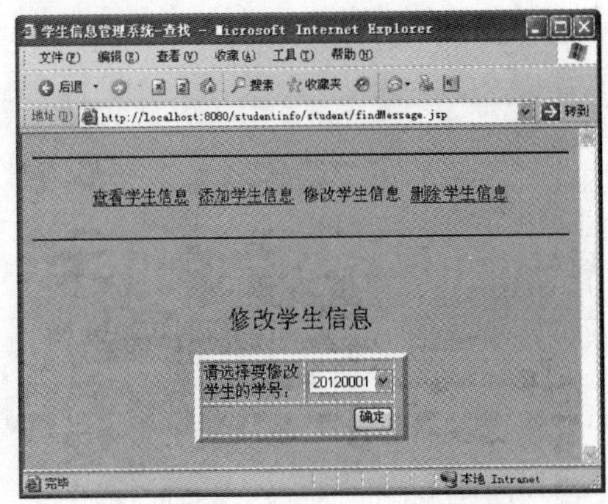

a)

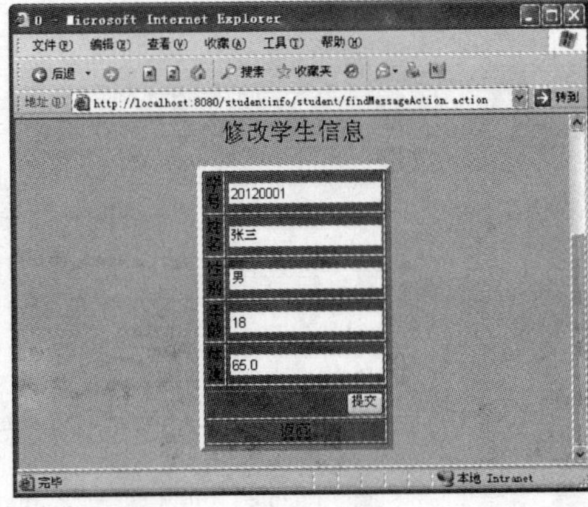

b)

图 12-10　修改学生信息页面

a) 查询要修改的学生页面　b) 修改信息页面

（5）删除学生记录首页面如图 12-11 所示。

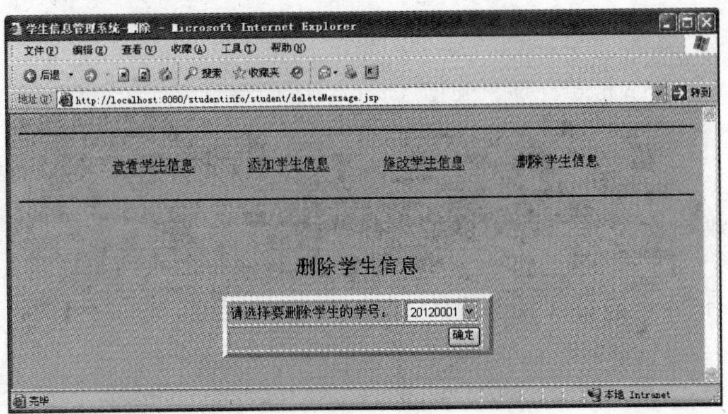

图 12-11　删除学生记录页面

3．设计思路

本例使用 Struts+Hibernate 实现，使用 Struts 框架的关键步骤是 Struts 配置文件 struts.xml 的设计（系统包含哪些 Action 类及页面），它是总的设计蓝图，配置文件设计好后就按照它去设计页面和相关类。使用 Hibernate 框架完成数据访问层的实现，在本例中是对学生信息表的增删改查。

4．文件结构

系统主要包含：7 个页面、5 个 Action 类、1 个 PO 类及映射文件、1 个 Dao 类、1 个 Hibernate 工具类、struts 配置文件、hibernate 配置文件，文件结构如图 12-12 所示。

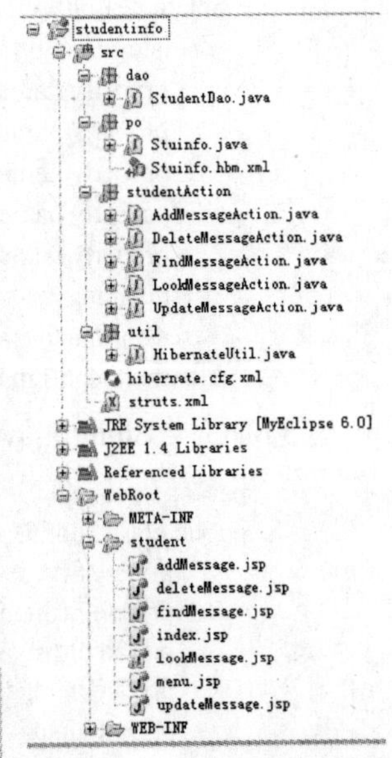

图 12-12　系统目录结构图

5．核心代码清单

（1）Struts 配置文件——struts.xml，代码如下：

```
<!DOCTYPE struts PUBLIC
"-//Apache Software Foundation//DTD Struts Configuration 2.0//EN"
"http://struts.apache.org/dtds/struts-2.0.dtd">
```

```
<struts>
    <!-- Configuration for the default package. -->
   <package name="default" extends="struts-default">

      <action name="lookMessageAction" class="studentAction.LookMessageAction">
         <result name="success">/student/lookMessage.jsp</result>
         <result name="input">/student/index.jsp</result>
      </action>
      <action name="addMessageAction" class="studentAction.AddMessageAction">
         <result name="success" type="chain">lookMessageAction</result>
         <result name="input">/student/addMessage.jsp</result>
      </action>
      <action name="findMessageAction" class="studentAction.FindMessageAction">
         <result name="success">/student/updateMessage.jsp</result>
         <result name="input">/student/findMessage.jsp</result>
      </action>
      <action name="updateMessageAction" class="studentAction.UpdateMessageAction">
         <result name="success" type="chain">lookMessageAction</result>
         <result name="input">/student/updateMessage.jsp</result>
      </action>
      <action name="deleteMessageAction" class="studentAction.DeleteMessageAction">
         <result name="success" type="chain">lookMessageAction</result>
         <result name="input">/student/deleteMessage.jsp</result>
      </action>
   </package>
</struts>
```

（2）Hibernate 配置文件——hibernate.cfg.xml，其代码如下：

```
<?xml version="1.0" encoding="UTF-8"?>
<!DOCTYPE hibernate-configuration PUBLIC "-//Hibernate/Hibernate Configuration DTD 3.0//EN"
"http://hibernate.sourceforge.net/hibernate-configuration-3.0.dtd">
<hibernate-configuration>
  <session-factory>
    <property name="hibernate.dialect">org.hibernate.dialect.MySQLDialect</property>
    <property name="hibernate.connection.driver_class">com.mysql.jdbc.Driver</property>
    <property name="hibernate.connection.url">jdbc:mysql://localhost:3306/student</property>
    <property name="hibernate.connection.username">root</property>
    <property name="hibernate.connection.password">sa</property>
    <mapping resource="po/Stuinfo.hbm.xml"/>
  </session-factory>
</hibernate-configuration>
```

（3）PO 类 Stuinfo.java（get、set 方法省略），其代码如下：

```
package po;
public class Stuinfo   implements java.io.Serializable {
      private String id;
      private String name;
      private String sex;
      private int age;
      private float weight;
}
```

（4）Hibernate 映射文件——Stuinfo.hbm.xml，其代码如下：

```
<?xml version="1.0"?>
<!DOCTYPE hibernate-mapping PUBLIC "-//Hibernate/Hibernate Mapping DTD 3.0//EN"
"http://hibernate.sourceforge.net/hibernate-mapping-3.0.dtd">
<!-- Generated 2011-12-9 12:17:31 by Hibernate Tools 3.2.1.GA -->
<hibernate-mapping>
    <class name="po.Stuinfo" table="stuinfo" catalog="student">
        <id name="id" type="string">
            <column name="id" length="20" />
            <generator class="assigned" />
        </id>
        <property name="name" type="string">
            <column name="name" length="20" not-null="true" />
        </property>
        <property name="sex" type="string">
            <column name="sex" length="5" not-null="true" />
        </property>
        <property name="age" type="int">
            <column name="age" not-null="true" />
        </property>
        <property name="weight" type="float">
            <column name="weight" precision="10" scale="0" not-null="true" />
        </property>
    </class>
</hibernate-mapping>
```

（5）页面以添加记录页面 addMessage.jsp 为例，其代码如下：

```
<%@page contentType="text/html" pageEncoding="UTF-8"%>
<%@taglib prefix="s" uri="/struts-tags"%>
<!DOCTYPE html>
<html>
    <head>
    <meta http-equiv="Content-Type" content="text/html; charset=UTF-8">
    <title><s:text name="学生信息管理系统-增加" /></title>
    </head>
    <body bgcolor="pink">
    <s:div align="center">
        <s:include value="menu.jsp">
         <s:param name="oper">2</s:param>
        </s:include>
        <center><font color="red" size="6">添加学生信息</font></center>
    </s:div>
    <s:form action="addMessageAction" method="post" >
      <table align="center" width="30%" bgcolor="gray" border="5">
        <tr>
        <td><s:textfield name="stuinfo.id" label="学号" maxLength="16"></s:textfield></td>
        <td><s:textfield name="stuinfo.name" label="姓名" maxLength="16" /></td>
        <td><s:select name="stuinfo.sex" label="性别" list="{'男','女'}" /></td>
        <td><s:textfield name="stuinfo.age" label="年龄" /></td>
        <td><s:textfield name="stuinfo.weight" label="体重" /></td>
        <td colspan="2">
```

```
                    <s:submit value="提交" />
                    <s:reset value="清除" />
                </td>
                    </tr>
                </table>
            </s:form>
        </body>
</html>
```

（6）Action 类以 AddMessageAction 为例，其代码如下：

```
package studentAction;
import java.util.List;
import po.Stuinfo;
import com.opensymphony.xwork2.ActionSupport;
import dao.StudentDao;
public class AddMessageAction extends ActionSupport {
        private Stuinfo stuinfo;
        public Stuinfo getStuinfo() {return stuinfo;}
        public void setStuinfo(Stuinfo stuinfo) {this.stuinfo = stuinfo;}
        public void validate() {
        if (stuinfo.getId() == null || stuinfo.getId().length() == 0) {
                addFieldError("stuinfo.id", "id 不能为空!");
        } else {
                StudentDao dao = new StudentDao();
                List list = dao.findInfo("id", stuinfo.getId());
                if (!list.isEmpty()) {
                        addFieldError("stuinfo.id", " id 不能重复");
                }
        }
        if (stuinfo.getName() == null || stuinfo.getName().length() == 0) {
                addFieldError("stuinfo.name", "姓名不能为空");
        }
        if (stuinfo.getAge() > 130) {
                addFieldError("stuinfo.age", "年龄值非法");
        }
        if (stuinfo.getWeight() > 500) {
                addFieldError("stuinfo.weight", "体重值非法 ");
        }
        }
        public String execute() throws Exception {
        StudentDao dao = new StudentDao();
        String message = "input";
        boolean save = dao.saveInfo(stuinfo);
        if (save) {
                message = "success";
        }
        return message;
        }
}
```

（7）Hibernate 工具类与 Dao 类同上一案例类似，不再给出。

本章小结

本章介绍了 Hibernate 框架的基本知识，包括 Hibernate 核心组件、工作原理、编程步骤和实体映射的基本方法，最后通过两个案例说明 Hibernate 的具体应用。

习题

1．完善学生信息管理系统，增加如下功能：

（1）记录的分页浏览。

（2）按照某个字段输入搜索关键字模糊分页查询。

（3）每条记录前加选择复选框，批量删除所选记录。

2．基于 Struts2+Hibernate，设计一个简单的网上名片管理系统，实现名片的增、删、改、查等操作。

该名片管理系统包括如下功能。

（1）用户登录与注册

用户登录：在登录时，如果用户名和密码正确，进入系统页面。

用户注册：新用户应该先注册，然后再登录该系统。

（2）名片管理

增加名片：以仿真形式（按常用的名片格式）增加名片信息。

修改名片：以仿真形式（按常用的名片格式）修改名片信息。

查询名片：以模糊查询方式查询名片。

删除名片：名片的删除由两种方式实现，即把名片移到回收站，把名片彻底删除。

（3）回收站管理

还原：把回收站中的名片还原回收。

彻底删除：把名片彻底从回收站删除。

浏览/查询：可以模糊查询、浏览回收站中的名片。

参考文献

[1] 刘聪．零基础学 Java Web 开发：JSP+Servlet+Struts+Spring+Hibernate+Ajax[M]．北京：机械工业出版社，2008.

[2] 胡书敏，陈宝峰，程炜杰．Java 第一步——基础+设计模式+Servlet+EJB+Struts+Spring+Hibernate[M]．北京：清华大学出版社，2009.

[3] 杨树林，胡洁萍．Java Web 应用技术与案例教程[M]．北京：人民邮电出版社，2011.

[4] 杨树林，胡洁萍．JavaEE 企业级架构开发技术与案例教程[M]．北京：机械工业出版社，2012.

[5] 龚永罡，陈秀新．Java Web 应用开发使用教程[M]．北京：机械工业出版社，2010.

[6] Marty Hall，Larry Brown Yaakov Chaikin．Servlet 与 JSP 核心编程（第 2 卷）[M]．胡书敏，译．2 版．北京：清华大学出版社．2009.

[7] Marty Hall，Larry Brown．Servlet 与 JSP 核心编程[M]．赵学良，译．2 版．北京：清华大学出版社，2006.

[8] 甘勇．JSP 程序设计技术教程[M]．北京：清华大学出版社，2010.

[9] 张志峰，申红雪．Struts2+Hibernate 框架技术教程[M]．北京：清华大学出版社，2012.

[10] 邬继成．J2EE 开源编程精要 15 讲——整合 Eclipse、Struts、Hibernate 和 Spring 的 Java Web 开发[M]．北京：电子工业出版社，2008.

[11] 郭珍，王国辉．JSP 程序设计教程[M]．北京：人民邮电出版社，2008.

[12] 孙延鹏，吕晓鹏．Web 程序设计——JSP[M]．北京：人民邮电出版社，2008.